"十三五"应用型本科院校系列教材/数学

U0211616

Mathematics Basics On Economics Ⅰ: Calculus

经济数学基础（一）
微积分

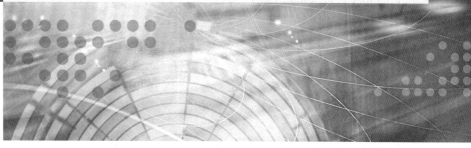

主　编　凌春英　李宗秀

副主编　侯嫚丹　吴海燕　刘　辉
　　　　郑金山　郎奠波

主　审　张永士

哈尔滨工业大学出版社
HITP　HARBIN INSTITUTE OF TECHNOLOGY PRESS

内容简介

本书为应用型本科院校规划教材,是按照传承与改革的精神,依据教育部高等教育司审定的"高等学校财经管理类"专业核心课程《经济数学基础教学大纲》,结合编者多年将数学与经济学相结合的教学实践成果编写而成的.

全书共分为 8 章,分别为函数、极限与连续、导数与微分、微分中值定理与导数的应用、不定积分、定积分及其应用、多元函数的微积分、无穷级数和微分方程与差分方程. 每章后面都有与之相应的应用实例.

本书是应用型本科院校经济管理类各专业学生的推荐教材,也可作为相关专业学生的学习参考书和从事经济管理工作人员的参考书.

图书在版编目(CIP)数据

经济数学基础(一):微积分/凌春英,李宗秀主编. —哈尔滨:哈尔滨工业大学出版社,2017.8(2023.9 重印)
ISBN 978 - 7 - 5603 - 6593 - 0

Ⅰ.①经… Ⅱ.①凌… ②李… Ⅲ.①经济数学-高等学校-教材②微积分-高等学校-教材 Ⅳ.①F224.0

中国版本图书馆 CIP 数据核字(2017)第 088292 号

策划编辑 杜 燕
责任编辑 杜 燕
出版发行 哈尔滨工业大学出版社
社 址 哈尔滨市南岗区复华四道街 10 号 邮编 150006
传 真 0451-86414749
网 址 http://hitpress.hit.edu.cn
印 刷 哈尔滨久利印刷有限公司
开 本 787mm×960mm 1/16 印张 24 字数 516 千字
版 次 2017 年 8 月第 1 版 2023 年 9 月第 5 次印刷
书 号 ISBN 978 - 7 - 5603 - 6593 - 0
定 价 43.00 元

(如因印装质量问题影响阅读,我社负责调换)

《“十三五”应用型本科院校系列教材》编委会

序

哈尔滨工业大学出版社策划的《"十三五"应用型本科院校系列教材》即将付梓,诚可贺也。

该系列教材卷帙浩繁,凡百余种,涉及众多学科门类,定位准确,内容新颖,体系完整,实用性强,突出实践能力培养。不仅便于教师教学和学生学习,而且满足就业市场对应用型人才的迫切需求。

应用型本科院校的人才培养目标是面对现代社会生产、建设、管理、服务等一线岗位,培养能直接从事实际工作、解决具体问题、维持工作有效运行的高等应用型人才。应用型本科与研究型本科和高职高专院校在人才培养上有着明显的区别,其培养的人才特征是:①就业导向与社会需求高度吻合;②扎实的理论基础和过硬的实践能力紧密结合;③具备良好的人文素质和科学技术素质;④富于面对职业应用的创新精神。因此,应用型本科院校只有着力培养"进入角色快、业务水平高、动手能力强、综合素质好"的人才,才能在激烈的就业市场竞争中站稳脚跟。

目前国内应用型本科院校所采用的教材往往只是对理论性较强的本科院校教材的简单删减,针对性、应用性不够突出,因材施教的目的难以达到。因此亟须既有一定的理论深度又注重实践能力培养的系列教材,以满足应用型本科院校教学目标、培养方向和办学特色的需要。

哈尔滨工业大学出版社出版的《"十三五"应用型本科院校系列教材》,在选题设计思路上认真贯彻教育部关于培养适应地方、区域经济和社会发展需要的"本科应用型高级专门人才"精神,根据前黑龙江省委书记吉炳轩同志提出的关于加强应用型本科院校建设的意见,在应用型本科试点院校成功经验总结的基础上,特邀请黑龙江省9所知名的应用型本科院校的专家、学者联合编写。

本系列教材突出与办学定位、教学目标的一致性和适应性,既严格遵照学科体系的知识构成和教材编写的一般规律，又针对应用型本科人才培养目标及与之相适应的教学特点，精心设计写作体例，科学安排知识内容，围绕应用讲授理论，做到"基础知识够用、实践技能实用、专业理论管用"。同时注意适当融入新理论、新技术、新工艺、新成果，并且制作了与本书配套的 PPT 多媒体教学课件，形成立体化教材，供教师参考使用。

《"十三五"应用型本科院校系列教材》的编辑出版，是适应"科教兴国"战略对复合型、应用型人才的需求，是推动相对滞后的应用型本科院校教材建设的一种有益尝试，在应用型创新人才培养方面是一件具有开创意义的工作，为应用型人才的培养提供了及时、可靠、坚实的保证。

希望本系列教材在使用过程中，通过编者、作者和读者的共同努力，厚积薄发、推陈出新、细上加细、精益求精，不断丰富、不断完善、不断创新，力争成为同类教材中的精品。

前　言

　　数学是自然科学的基本语言,是人类知识结构中的重要一环,是应用数学模型探索世界物质运动机理的主要手段。对于经管专业的大学生而言,高等数学教育不仅仅是一种学习专业的工具。中外大量的教育实践充分显示,优秀的高等数学教育,是对人的理性思维品格和思辨能力的培养、是对人的聪明智慧的启发、是对人的潜能与创造力的开发,其价值远非一般专业技术教育可比。

　　进入 21 世纪,我国高等教育实现了从精英教育到大众化教育的过渡,教育规模的迅速扩大,高等数学课程在教与学两个方面都产生了新的问题和挑战。一方面,学生数学基础更加参差不齐;另一方面,现代社会对人才数学素质的要求越来越高。从 2014 年开始,国务院引导一批非研究型本科高校向应用技术性转型,为解决新建本科高校这些问题和挑战提供了契机。现在的问题是教材建设严重滞后,目前的本科高等数学教材主要是面向教学型和研究型普通高校,而缺乏面向应用型本科的教材,因此,编写应用型本科高校教材成为当前的重要任务。

　　基于以上考虑,我们编写了这套《经济数学基础》(内容包括微积分、线性代数、概率统计三部分),编写过程主要突出以下几点:

　　1. 以《基本要求》为指导。编写中认真贯彻了教育部《经济管理类数学基础课教学基本要求》,注重讲清用数学知识解决实际问题的基本思想和方法,培养学生的逻辑能力、应用能力和创新思维能力。

　　2. 注重学法指导。每章前列出了学习目标和要求,使学生明确学习目标,帮助学生把握学习重点,提高学习的自觉性。

　　3. 优化内容结构。与传统教材相比,全书对有关内容进行了整合,本着"必需,够用"原则,对部分内容进行了合并,加强了知识间的联系。

　　4. 弱化定理公式的推导证明。缩减了复杂的理论推导,运用几何直观和实际背景介绍帮助学生对理论问题的理解。

　　5. 加强数学知识的实际应用。选编了一些与经济密切相关的例题与习题,用于课堂教学和学生课后练习。每章专门编写了一节"经济应用实例",丰富了教学内容,培养学生运用数学知识解决实际问题的能力。

　　6. 注重数学文化的熏陶。增加了延伸阅读,教材中穿插了许多数学小故事、相关的数学史和数学家的阅读材料,增加了教材的可读性和趣味性。

7.加强与中学内容的衔接。对基本概念的讲述,多从初等数学说起,采用"低起点,慢爬坡"的方式将高等数学概念与中学数学相关内容对接,自然过渡,打消学生的"恐高症"。

8.注重精讲多练。教材尽量压缩理论叙述,适当增加例题习题篇幅,为突出教师的主导作用和学生的主体地位、增加师生互动提供资源保证。

本书共分8章,第1章函数、极限与连续,主要内容是介绍函数的概念及其性质;数列极限的概念,函数极限的概念,极限的求法以及连续与间断;第2章导数与微分,主要内容是导数的概念与求法,微分的概念以及导数与微分的关系;第3章微分中值定理与导数的应用,主要内容是微分中值定理与导数的应用(包括绘制图形及经济应用);第4章不定积分,主要内容是不定积分的概念与求法;第5章定积分及其应用,主要内容是定积分的概念与求法,揭示不定积分与定积分之间的内涵;定积分在几何上和经济上的应用;第6章多元函数的微积分,主要内容是多元函数的微分学(偏导数、条件极值等)和积分学(二重积分等);第7章无穷级数,主要内容是常数项级数的概念与求法、幂级数的概念与求法;第8章微分方程与差分方程,主要内容是微分方程的概念,一阶、二阶微分方程的求法,差分方程的概念,一阶、二阶差分方程的求法。每章最后都有与之相应的经济应用实例。

教材是实现人才培养目标的重要载体,教材编写直接关系到教学质量,对人才培养的质量起到举足轻重的作用。以教材为载体,以教师为主导,以学生为主体,是高等数学教学应遵循的教学规律。近年来,各种教育理念,诸如微课堂、慕课、翻转课堂等,无一不在颠覆传统单一的教学模式,不断带来全新的教学体验,也接受教学实践的检验。我们编写这套经管类高等数学教材,是应用型本科高校教学改革的一项尝试。本书的编者都是应用型本科高校的一线数学教师,在长期的教学实践中积累了丰富的教学经验。在本书编写过程中,紧密结合经济管理专业特点,把数学知识在经济管理中的应用融合到教学中,更符合应用型本科人才培养目标。

本书由凌春英、李宗秀任主编,张永士任主审。其中第1章和第3章由李宗秀编写,第2章由吴海燕编写,第4章和第5章由凌春英编写,第6章由侯嫚丹编写,第7章由郑金山编写,第8章由刘辉编写,第1章(1.1和1.2)、第6章(6.1和6.2)以及附录由郎奠波编写,全书由主编总纂定稿。

本书在编写过程中得到了黑龙江财经学院副院长于长福、教务处处长庹莉的宝贵指导和支持,在此一并致以诚挚的谢意。

由于编者水平有限,疏漏和不当之处在所难免,敬请读者不吝赐教,使之日臻完善。

编　者

2017 年 3 月 10 日于哈尔滨

目　　录

第1章

Chapter 1

函数、极限与连续

╔═══════════════╗
　学习目标和要求
╚═══════════════╝

1. 了解函数的概念,灵活求解给定函数的定义域,掌握基本初等函数的基本性质及特点,理解复合函数的概念,掌握常见的经济函数并会建立简单的实际问题的函数关系式.

2. 理解函数极限的定义,理解无穷小量与无穷大量的概念及性质.掌握极限的求解方法,灵活运用极限的四则运算法则计算极限,掌握两个重要极限形式及转化方法,会用无穷小等价代换求解极限.

3. 理解连续函数的概念和性质,会判别间断点及其类型,掌握连续函数在闭区间上的性质.

4. 了解极限在经济问题中的应用,并会利用极限知识解决一些简单的经济问题.

函数是微积分学的主要研究对象. 极限的概念是微积分学中最基本、最重要的概念之一,是建立微积分学其他基本概念的理论基础. 极限的理论和方法几乎渗透到微积分学的各个方面,应用极限的思想可以将某些复杂困难的问题看作是简单易解的问题. 因此,掌握极限的理论和方法,对于学习微积分学来说是十分重要的. 本章主要介绍函数的概念与性质、基本初等函数、极限的概念、性质和计算方法,在此基础上,讨论函数的连续性.

1.1　函　数

函数是经济数学中重要的基本概念,也是微积分学的主要研究对象,它反映了现实世界中量与量之间的依存关系.

1.1.1　函数的概念

在事物的同一变化过程中,有两类基本的量:一类是保持固定不变的量,称为**常量**,通常用字母 $a,b,c,\cdots$ 来表示;另一类是不断变化的量,称为**变量**,通常用字母 $x,y,z,\cdots$ 来表示. 一般情况下几个变量会同时变化,这些变量的变化并不是孤立的,而是相互联系并遵循一定规则的. 这种规则通常用函数来描述.

【**例1.1**】　设某商场购进某种商品 1 000 kg,按每千克 6 元的价格出售. 当售出的数量为 Q kg 时,其收入 R 可按公式

$$R = 6Q, Q \in [0, 1\ 000]$$

算出唯一确定的数值.

【**例1.2**】　根据国家统计局公布的统计数字,我国2002 ~ 2009 年工业总产值如表1.1 所示.

表 1.1

年份 t/ 年	2002	2003	2004	2005	2006	2007	2008	2009
总产值 y/ 亿元	110 776	142 271	201 722	251 619	316 589	405 177	507 285	548 311

表 1.1 描述的是我国工业总产值在 2002 ~ 2009 年这 8 年的情况. 对于任何年份 $t \in$ {2002,2003,2004,2005,2006,2007,2008,2009},由表 1.1 所示的对应规则可唯一确定该年的工业总产值.

【**例1.3**】　中央电视台每天都播放天气预报,气象局采用自动温度记录仪记录温度,图 1.1 记录了某地某天 24 h 的气温变化规律.

图 1.1 表示了温度和时间的关系,虽然不存在任何计算温度的公式(否则就不需要气象局了),但是对于任意的时刻 t_0,都有唯一确定的气温 T_0.

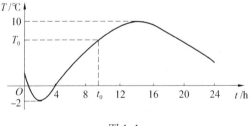

图 1.1

以上三个实例的实际意义虽然不同,但均通过一定的对应规则(公式、表、图)来反映两个变量之间的依赖关系,这就是初等数学中学习过的函数关系.

1. 函数的概念

定义 1.1　设 D 为一个给定的非空数集. 若对于 D 内的每一个 x,按照某一规则 f,均有唯一确定的 y 值与之对应,则称变量 y 为变量 x 的函数,记作

$$y = f(x) \tag{1.1}$$

其中 x 称为自变量,y 称为因变量,f 称为对应法则,非空数集 D 称为函数的定义域.

对应法则 f 也可以用其他字母来表示,如 g,φ,F 等.

当自变量 x 在定义域 D 内任取一个数值 x_0 时,因变量 y 按照给定的对应法则 f,求出的对应值 y_0 称为函数 $y = f(x)$ 在 $x = x_0$ 处的**函数值**,记作 $y_0 = f(x)\mid_{x=x_0}$ 或 $y_0 = f(x_0)$. 全体函数值构成的集合称为函数的**值域**,记作 $Z = \{y \mid y = f(x), x \in D\}$.

【例 1.4】　设 $f(x) = x^2 - x + 2$,求 $f(0),f(2),f(-x),f\left(\dfrac{1}{x}\right)$.

解
$$f(0) = 0^2 - 0 + 2 = 2, f(2) = 2^2 - 2 + 2 = 4$$
$$f(-x) = (-x)^2 - (-x) + 2 = x^2 + x + 2$$
$$f\left(\frac{1}{x}\right) = \left(\frac{1}{x}\right)^2 - \frac{1}{x} + 2 = \frac{1}{x^2} - \frac{1}{x} + 2$$

2. 函数的表示方法

函数的表示方法主要有三种:解析法、列表法和图示法.

用数学表达式(也称**解析表达式**,简称**解析式**)来表示因变量 y 与自变量 x 的关系,这种表示函数的方法称为**解析法**或**公式法**,如例 1.1.

用一个表格来表示函数的方法称为**列表法**,如例 1.2.

有时为了更加直观、形象,在坐标系中,用一条曲线来表示函数,这种方法称为**图示法**,如例 1.3.

3. 区间与邻域

集合通常可以用区间来表示. 设 $a,b \in \mathbf{R}$,且 $a < b$,则

开区间:$(a,b) = \{x \mid a < x < b\}$,见图 1.2(a);

闭区间:$[a,b] = \{x \mid a \leqslant x \leqslant b\}$,见图 1.2(b);

半开区间:$[a,b) = \{x \mid a \leqslant x < b\}$,$(a,b] = \{x \mid a < x \leqslant b\}$,分别见图 1.2(c),(d);

无穷区间:$[a,+\infty) = \{x \mid x \geqslant a\}$,$(-\infty,b] = \{x \mid x \leqslant b\}$,$(a,+\infty) = \{x \mid x > a\}$,$(-\infty,b) = \{x \mid x < b\}$,分别见图 1.2(e),(f),(g),(h),而 $(-\infty,+\infty) = \{x \mid x \in \mathbf{R}\}$ 也是一种无穷区间,它表示整个数轴.

定义 1.2　设 δ 为某个正数,称开区间 $(x_0 - \delta, x_0 + \delta)$ 为点 x_0 的邻域,记作 $U(x_0,\delta)$. 点 x_0 称为邻域的中心,δ 称为邻域的半径,见图 1.3(a). 点 x_0 的邻域去掉中心 x_0 后的集合 $(x_0 - \delta,$

$x_0 + \delta) \backslash \{x_0\}$ 称为点 x_0 的空心邻域或去心邻域,记作 $\mathring{U}(x_0, \delta)$,见图 1.3(b). 开区间 $(x_0 - \delta,$ $x_0)$ 称为点 x_0 的左邻域,开区间 $(x_0, x_0 + \delta)$ 称为点 x_0 的右邻域.

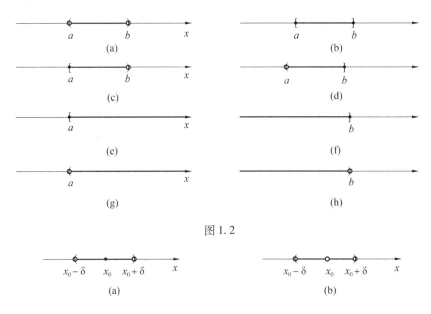

图 1.2

图 1.3

点 x_0 的邻域也可以用绝对值不等式的形式来表示,具体表示方法为

$$U(x_0, \delta) = \{x \mid |x - x_0| < \delta\}$$

而点 x_0 的空心邻域用绝对值不等式表示为

$$\mathring{U}(x_0, \delta) = \{x \mid 0 < |x - x_0| < \delta\}$$

例如:$\{x \mid |x - 2| < 0.01\}$ 表示以点 $x_0 = 2$ 为中心,以 $\delta = 0.01$ 为半径的邻域;而 $\{x \mid 0 < |2x - 3| < 1\}$ 表示以点 $x_0 = \dfrac{3}{2}$ 为中心,以 $\delta = \dfrac{1}{2}$ 为半径的空心邻域.

4. 函数的定义域

在实际问题中,函数定义域需要根据实际意义来确定,当函数用解析表达式表示时,函数定义域就是自变量所取的能使该解析表达式有意义的一切实数值. 寻求函数 $y = f(x)$ 定义域时,通常有以下几点需要注意:

(1) 当解析式中含有分式时,定义域为全体实数中去掉使分母为 0 的 x 值后所成的集合;

(2) 当解析式中含有偶次根式时,定义域为偶次根式下的表达式非负的 x 值所成的集合;

(3) 当解析式中含有对数表达式时,定义域为使真数表达式为正的 x 值所成的集合;

(4) 当解析式中含有反三角函数式 $\arcsin u, \arccos u$ 且 $u = u(x)$ 时,定义域为使表达式 $|u| \leqslant 1$ 成立的所有 x 值所成的集合;

（5）当解析式中含有多个函数表达式时,定义域为每个函数定义域相交的 x 值所成的集合.

【例 1.5】　求下列函数的定义域.

$(1) y = \arccos \dfrac{x+1}{4} + \sqrt{x^2 + x - 2}$;　　$(2) y = \dfrac{\ln(x+1)}{\sqrt{x-1}}$.

解　（1）要使函数有意义,有 $\begin{cases} -1 \leqslant \dfrac{x+1}{4} \leqslant 1 \\ x^2 + x - 2 \geqslant 0 \end{cases}$,即 $\begin{cases} -5 \leqslant x \leqslant 3 \\ x \leqslant -2 \text{ 或 } x \geqslant 1 \end{cases}$,所以函数的定义域

为 $[-5, -2] \cup [1,3]$;

（2）要使函数有意义,有 $\begin{cases} x+1 > 0 \\ x-1 > 0 \end{cases}$,即 $x > 1$,所以函数的定义域为 $(1, +\infty)$.

【例 1.6】　设函数 $y = f(x)$ 的定义域为 $[0,1]$,求函数 $y = f\left(x + \dfrac{1}{3}\right) + f\left(x - \dfrac{1}{3}\right)$ 的定义域.

解　根据题意有 $\begin{cases} 0 \leqslant x + \dfrac{1}{3} \leqslant 1 \\ 0 \leqslant x - \dfrac{1}{3} \leqslant 1 \end{cases}$,即 $\begin{cases} -\dfrac{1}{3} \leqslant x \leqslant \dfrac{2}{3} \\ \dfrac{1}{3} \leqslant x \leqslant \dfrac{4}{3} \end{cases}$,所以所求函数的定义域为

$\left[\dfrac{1}{3}, \dfrac{2}{3}\right]$.

定义域 D 和对应法则 f 是确定函数关系的两个要素,若两个函数的定义域 D 和对应法则 f 都相同,则称这两个函数为**相同函数**. 至于自变量和因变量用什么符号表示则无关紧要. 例如: $y = f(x)$ 与 $u = f(t)$ 为相同函数,而 $y = x$ 与 $y = (\sqrt{x})^2$ 由于定义域不同,则为不同函数.

5. 分段函数

定义 1.3　若函数在其定义域的不同部分由不同的解析式表示,则称这种函数为分段函数.

【例 1.7】　绝对值函数

$$y = |x| = \begin{cases} x, & x \geqslant 0 \\ -x, & x < 0 \end{cases} \tag{1.2}$$

其定义域为 $(-\infty, +\infty)$,值域为 $[0, +\infty)$,见图 1.4.

【例 1.8】　函数

$$y = \operatorname{sgn} x = \begin{cases} 1, & x > 0 \\ 0, & x = 0 \\ -1, & x < 0 \end{cases} \tag{1.3}$$

称为**符号函数**. 其定义域为 $(-\infty, +\infty)$,值域为 $\{-1, 0, 1\}$,见图 1.5.

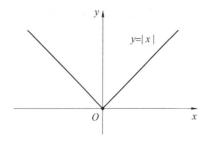

图 1.4

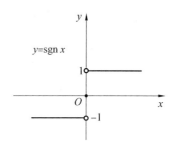

图 1.5

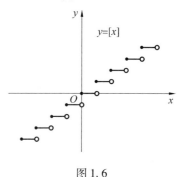

图 1.6

【例 1.9】 设 x 为任意实数,不超过 x 的最大整数称为 x 的**整数部分**,记作 $[x]$. 将 x 看做自变量,则函数

$$y = [x] \qquad (1.4)$$

称为**取整函数**. 其定义域为 $(-\infty, +\infty)$,值域为整数集 **Z**. 例如:$[\pi] = 3$,$[-1] = -1$,$[-3.5] = -4$,见图 1.6.

分段函数在其整个定义域内是一个函数,而不是几个函数. 分段函数的定义域为每一部分定义域的并集.

【例 1.10】 设函数

$$f(x) = \begin{cases} x + 1, & x \leqslant -1 \\ x^2, & -1 < x < 1 \\ x - 1, & x \geqslant 1 \end{cases}$$

求 $f(-2)$,$f(0)$,$f(1)$ 及函数的定义域.

解
$$f(-2) = (-2) + 1 = -1$$
$$f(0) = 0^2 = 0, f(1) = 1 - 1 = 0$$

则函数的定义域为 $(-\infty, +\infty)$.

6. 反函数

设某种商品单价为 p,价格 p 在一定时期内可视为常量,商品销售量为 Q,则收入 R 是销售量 Q 的函数

$$R = pQ$$

其中 Q 是自变量.

若已知收入 R,反过来求销售量 Q,则有

$$Q = \frac{R}{p}$$

其中 R 是自变量,这时,销售量 Q 就变成了收入 R 的函数.

上面的两个式子是同一种关系的两种写法,但从函数的角度来看,由于对应法则不同,它们是两个不相同的函数,这两个函数的关系就是下面介绍的互为反函数的关系.

定义 1.4　设 $y = f(x)$ 的值域为 **Z**,若对于 **Z** 内的每一个 y 值都存在唯一确定的 x 值与之对应,即满足 $y = f(x)$,则 x 可看做 y 的函数,记作

$$x = \varphi(y)$$

称 $x = \varphi(y)$ 为 $y = f(x)$ 的反函数,并称 $y = f(x)$ 为 $x = \varphi(y)$ 的直接函数. $x = \varphi(y)$ 也记作

$$x = f^{-1}(y)$$

习惯上,总是用 x 表示自变量,用 y 表示因变量,所以通常将 $x = f^{-1}(y)$ 改写成

$$y = f^{-1}(x) \tag{1.5}$$

反之,$y = f(x)$ 也是 $y = f^{-1}(x)$ 的反函数,即它们**互为反函数**.由定义 1.4 可知,反函数的定义域是直接函数的值域,而反函数的值域是直接函数的定义域.显然,单调函数一定有反函数,且与直接函数有相同的单调性.若函数在整个定义域 D 上不是单调的,但它在某个区间 $I(I \subset D)$ 上却是单调的,则函数 $y = f(x)$ 在区间 I 上存在反函数.例如:函数 $y = \sin x$ 在定义域 $(-\infty, +\infty)$ 上不存在反函数,但若考虑它的定义域的子区间 $\left[-\dfrac{\pi}{2}, \dfrac{\pi}{2}\right]$,则存在反函数 $y = \arcsin x$,其定义域为 $[-1, 1]$,值域为 $\left[-\dfrac{\pi}{2}, \dfrac{\pi}{2}\right]$.

函数 $y = f(x)$ 与其反函数 $y = f^{-1}(x)$ 的图象关于直线 $y = x$ 对称,这是因为这两个函数自变量与因变量互换的缘故.

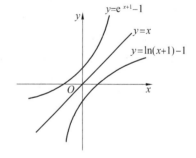

图 1.7

【例 1.11】　求 $y = \ln(x+1) - 1$ 的反函数.

解　函数 $y = \ln(x+1) - 1$ 的定义域为 $(-1, +\infty)$,值域为 $(-\infty, +\infty)$.解得

$$x = e^{y+1} - 1$$

交换 x 和 y 得

$$y = e^{x+1} - 1, x \in (-\infty, +\infty), y \in (-1, +\infty)$$

即 $y = e^{x+1} - 1$ 是 $y = \ln(x+1) - 1$ 的反函数,见图 1.7.

【例 1.12】　设函数 $y = f(x) = \begin{cases} x - 1, & x < 0 \\ x^2, & x \geq 0 \end{cases}$,求函数 $y = f(x)$ 的反函数.

解　当 $x < 0$ 时,$y < -1$,且由 $y = x - 1$,解得

$$x = y + 1$$

交换 x 和 y 得

$$y = x + 1, x < -1$$

当 $x \geqslant 0$ 时, $y \geqslant 0$, 且由 $y = x^2$, 解得

$$x = \sqrt{y}$$

交换 x 和 y 得

$$y = \sqrt{x}, x \geqslant 0$$

所以, $y = f(x)$ 的反函数为

$$f^{-1}(x) = \begin{cases} x + 1, & x < -1 \\ \sqrt{x}, & x \geqslant 0 \end{cases}$$

见图 1.8.

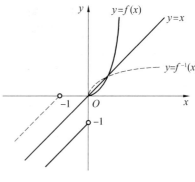

图 1.8

1.1.2　函数的几种特性

1. 有界性

定义 1.5　设函数 $y = f(x)$ 的定义域为 D, 数集 $X \subset D$, 若存在一个正数 M, 使得对于任意的 $x \in X$, 恒有 $| f(x) | \leqslant M$, 则称函数 $y = f(x)$ 在 X 上有界; 若不存在这样的正数 M, 则称函数 $y = f(x)$ 在 X 上无界. 若存在常数 M_1, 使 $f(x) \leqslant M_1$, 则称函数 $y = f(x)$ 在 X 上有上界; 若存在常数 M_2, 使 $f(x) \geqslant M_2$, 则称函数 $y = f(x)$ 在 X 上有下界.

显然, 有界函数必有上界和下界; 反之, 既有上界又有下界的函数必有界.

函数 $y = f(x)$ 在 X 上有界的几何意义是: 曲线 $y = f(x)$ 在 X 内夹在 $y = -M$ 和 $y = M$ 两条直线之间, 见图 1.9.

注意　(1) 当一个函数 $y = f(x)$ 在 X 上有界时, 正数 M 的取法不是唯一的, 例如: $y = \sin x$ 在 $(-\infty, +\infty)$ 内有界, 即 $| \sin x | \leqslant 1$. 此时 M 可以取 1, 但 M 也可以取 2, 因为 $| \sin x | \leqslant 2$ 总是成立的, 实际上 M 可以取任何大于等于 1 的数.

(2) 有界性依赖于自变量的取值范围, 例如: $y = \dfrac{1}{x}$ 在开区间 $(1, 2)$ 内有界, 但在开区间 $(0, 1)$ 内无界, 见图 1.10.

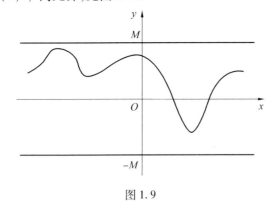

图 1.9

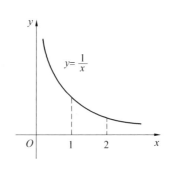

图 1.10

2. 奇偶性

定义1.6　设函数 $y = f(x)$ 的定义域 D 关于原点对称(即当 $x \in D$ 时,有 $-x \in D$),若对于任意的 $x \in D$,恒有

(1) $f(-x) = -f(x)$,则称函数 $y = f(x)$ 为奇函数;

(2) $f(-x) = f(x)$,则称函数 $y = f(x)$ 为偶函数.

奇函数的图象关于原点对称,见图 1.11;偶函数的图象关于 y 轴对称,见图 1.12.

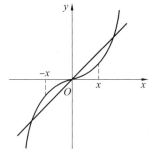

图 1.11

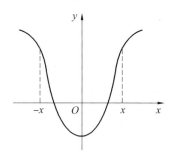

图 1.12

既不是奇函数也不是偶函数的函数称为**非奇非偶函数**.

以下假设函数 $f(x)$ 和函数 $g(x)$ 的定义域的交集是非空的,则容易验证

(1) 若 $f(x), g(x)$ 均为奇函数(或偶函数),则 $f(x) \pm g(x)$ 也为奇函数(或偶函数),且 $f(x)g(x)$ 必为偶函数;

(2) 若 $f(x), g(x)$ 一个为奇函数一个为偶函数,则 $f(x) \pm g(x)$ 为非奇非偶函数,而 $f(x)g(x)$ 必为奇函数.

【例1.13】　判断下列函数的奇偶性:

(1) $f(x) = x^3 \sin x$;　(2) $f(x) = x(1-x)$;　(3) $f(x) = \ln(x + \sqrt{1+x^2})$.

解　(1) 对任意的 $x \in \mathbf{R}$,都有

$$f(-x) = (-x)^3 \sin(-x) = x^3 \sin x = f(x)$$

所以, $f(x)$ 在 $\mathbf{R}$ 上是偶函数.

(2) 对任意的 $x \in \mathbf{R}$,都有

$$f(-x) = (-x)[1-(-x)] = -x(1+x)$$

可知, $f(-x) \neq -f(x)$,且 $f(-x) \neq f(x)$,所以 $f(x)$ 在 $\mathbf{R}$ 上是非奇非偶函数.

(3) 对任意的 $x \in \mathbf{R}$,都有

$$f(-x) = \ln(-x + \sqrt{1+(-x)^2}) = \ln \frac{(-x+\sqrt{1+x^2})(x+\sqrt{1+x^2})}{x+\sqrt{1+x^2}}$$

$$= \ln(x+\sqrt{1+x^2})^{-1} = -\ln(x+\sqrt{1+x^2}) = -f(x)$$

所以, $f(x)$ 在 $\mathbf{R}$ 上是奇函数.

3. 单调性

定义 1.7 设函数 $y = f(x)$ 的定义域为 D,区间 $I \subset D$,若对于任意的 $x_1, x_2 \in I$ 且 $x_1 < x_2$,恒有

(1) $f(x_1) < f(x_2)$,则称函数 $y = f(x)$ 在区间 I 内单调增加;

(2) $f(x_1) > f(x_2)$,则称函数 $y = f(x)$ 在区间 I 内单调减少.

单调增加函数图象沿 x 轴正向逐渐上升,见图 1.13;单调减少函数图象沿 x 轴正向逐渐下降,见图 1.14.

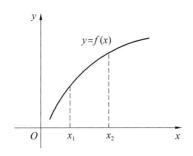
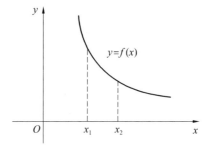

图 1.13 　　　　　　　　　　　　图 1.14

【例 1.14】 判断函数 $f(x) = -x^3 + 1$ 在区间 $(-\infty, 0)$ 内的单调性.

解 对任意的 $x_1, x_2 \in (-\infty, 0)$,且 $x_1 < x_2$,有

$$f(x_1) - f(x_2) = (-x_1^3 + 1) - (-x_2^3 + 1) = x_2^3 - x_1^3 = (x_2 - x_1)(x_2^2 + x_1 x_2 + x_1^2) > 0$$

即 $f(x_1) > f(x_2)$,所以 $f(x) = -x^3 + 1$ 在 $(-\infty, 0)$ 上单调减少.

4. 周期性

定义 1.8 设函数 $y = f(x)$ 的定义域为 D,若存在正数 T,使得对于任意的 $x \in D$,且 $x \pm T \in D$,恒有

$$f(x + T) = f(x)$$

则称函数 $y = f(x)$ 为周期函数. 常数 T 称为函数 $y = f(x)$ 的周期. 若函数 $y = f(x)$ 有周期,则周期必有无穷多个,在这无穷多个周期中最小正数 T_0 称为函数 $y = f(x)$ 的最小正周期,通常周期函数的周期是指最小正周期.

图 1.15 表示周期为 l 的一个周期函数,在每个长度为 l 的区间上,函数的图形有相同的形状.

例如:函数 $y = \sin x, y = \cos x$ 是周期函数且周期 $T = 2\pi$,函数 $y = A\sin(\omega t + \varphi)$(或 $y = A\cos(\omega t + \varphi)$)的周期为 $\dfrac{2\pi}{\omega}$,所以函数

$$y = \sin^2 x = \frac{1}{2}(1 - \cos 2x)$$

的周期 $T = \dfrac{2\pi}{2} = \pi$；函数 $y = \tan x, y = \cot x$ 也是周期函数且周期 $T = \pi$. 函数

$y = A\tan(\omega t + \varphi)$（或 $y = A\cot(\omega t + \varphi)$）的周期为 $\dfrac{\pi}{\omega}$.

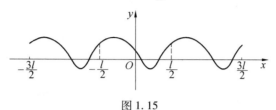

图 1.15

1.1.3 复合函数与初等函数

通常称下列六类函数为**基本初等函数**.

常数函数：$y = C$（C 为常数）；

幂函数：$y = x^{\mu}$（μ 为常数）；

指数函数：$y = a^x$（a 为常数，$a > 0$ 且 $a \neq 1$）；

对数函数：$y = \log_a x$（a 为常数，$a > 0$ 且 $a \neq 1$）；

三角函数：$y = \sin x, y = \cos x, y = \tan x, y = \cot x, y = \sec x, y = \csc x$；

反三角函数：$y = \arcsin x, y = \arccos x, y = \arctan x, y = \operatorname{arccot} x$.

1. 常数函数：$y = C$（C 为常数）

如图 1.16 所示，常数函数 $y = C$（C 为常数）是
一条与 x 轴平行的直线.

2. 幂函数：$y = x^{\mu}$（μ 为常数）

当 μ 取不同值时，幂函数的定义域是不同的，
但无论 μ 取何值，幂函数在 $(0, +\infty)$ 内总有定
义，并且图象均过点 $(1,1)$，当 $\mu > 0$ 时，函数在

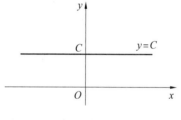

图 1.16

$(0, +\infty)$ 内单调增加且无界；当 $\mu < 0$ 时，函数在 $(0, +\infty)$ 内单调减少且无界，见图1.17（a），
（b），（c）.

例如：$y = x^2$ 的定义域为 $(-\infty, +\infty)$，偶函数，在 $(0, +\infty)$ 内单调增加且无界；$y = \sqrt{x}$ 的
定义域为 $[0, +\infty)$，在定义域内单调增加且无界；$y = x^3$ 的定义域为 $(-\infty, +\infty)$，奇函数，在
$(-\infty, +\infty)$ 内单调增加且无界；$y = \dfrac{1}{x}$ 的定义域为 $(-\infty, 0) \cup (0, +\infty)$，奇函数，在
$(0, +\infty)$ 内单调减少且无界.

3. 指数函数：$y = a^x$（a 为常数，$a > 0$ 且 $a \neq 1$）

定义域为 $(-\infty, +\infty)$，值域为 $(0, +\infty)$，其图象均过点 $(0,1)$.

11

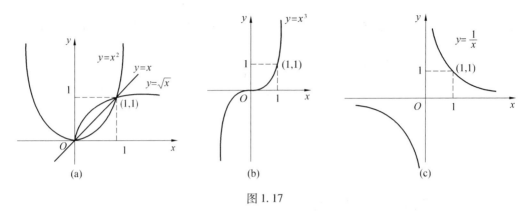

图 1.17

当 $a > 1$ 时,函数单调增加且无界;当 $0 < a < 1$ 时,函数单调减少且无界,见图 1.18.
特殊地,当 $a = \mathrm{e}$(e 为无理数,$\mathrm{e} = 2.718\ 281\ 8\cdots$) 时,指数函数为

$$y = \mathrm{e}^x \tag{1.6}$$

图象见图 1.19.

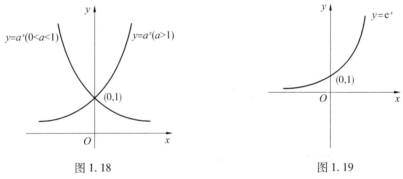

图 1.18   图 1.19

4. 对数函数:$y = \log_a x$(a 为常数,$a > 0$ 且 $a \neq 1$)

定义域为 $(0, +\infty)$,值域为 $(-\infty, +\infty)$,其图象均过点 $(1,0)$.

当 $a > 1$ 时,函数单调增加且无界;当 $0 < a < 1$ 时,函数单调减少且无界,见图 1.20.

以 10 为底的对数函数 $y = \log_{10} x$ 称为**常用对数函数**,记作

$$y = \lg x$$

以 e 为底的对数函数 $y = \log_e x$ 称为**自然对数函数**,记作

$$y = \ln x \tag{1.7}$$

图象见图 1.21.

当 $a > 0, b > 0$ 时,常用对数公式有

$$\log_c a + \log_c b = \log_c ab, \log_c a - \log_c b = \log_c \frac{a}{b}, \log_c a^b = b\log_c a, a^x = \mathrm{e}^{x\ln a}, y = \log_a b = \frac{\log_c b}{\log_c a}$$

对数函数 $y = \log_a x$ 和指数函数 $y = a^x$ 互为反函数,它们的图象关于直线 $y = x$ 对称.

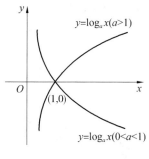

图 1.20

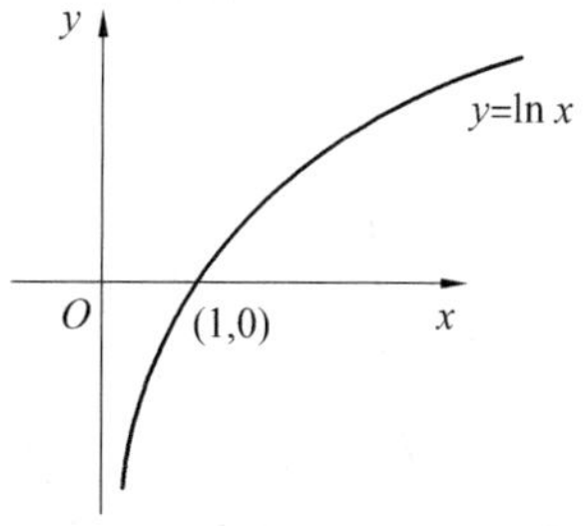

图 1.21

5. 三角函数

在微积分中,三角函数的自变量 x 一律用弧度表示. 弧度与角度之间的换算公式为

$$360° = 2\pi \text{ 弧度};1° = \frac{\pi}{180} \text{ 弧度};1 \text{ 弧度} = \frac{180°}{\pi}$$

（1）正弦函数与余弦函数

正弦函数 $y = \sin x$ 与余弦函数 $y = \cos x$ 定义域均为 $(-\infty,+\infty)$,值域均为 $[-1,1]$,且均为以 2π 为周期的周期函数. $y = \sin x$ 是奇函数,$y = \cos x$ 是偶函数,见图 1.22 和图 1.23.

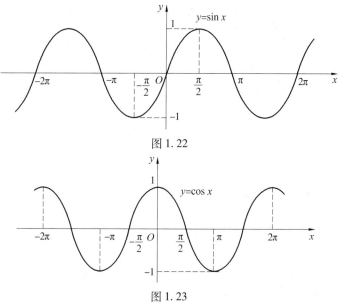

图 1.22

图 1.23

（2）正切函数与余切函数

正切函数 $y = \tan x$ 的定义域为 $D = \{x \mid x \in \mathbf{R}, x \neq k\pi + \dfrac{\pi}{2}, k \in \mathbf{Z}\}$.

13

余切函数 $y = \cot x$ 的定义域为 $D = \{x \mid x \in \mathbf{R}, x \neq k\pi, k \in \mathbf{Z}\}$.

$y = \tan x$ 与 $y = \cot x$ 值域均为 $(-\infty, +\infty)$, 均为以 π 为周期的奇函数,见图 1.24 和图 1.25.

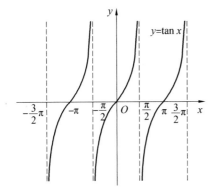

图 1.24   图 1.25

(3) 正割函数与余割函数

正割函数 $y = \sec x = \dfrac{1}{\cos x}$, 定义域为 $D = \{x \mid x \in \mathbf{R}, x \neq k\pi + \dfrac{\pi}{2}, k \in \mathbf{Z}\}$.

余割函数 $y = \csc x = \dfrac{1}{\sin x}$, 定义域为 $D = \{x \mid x \in \mathbf{R}, x \neq k\pi, k \in \mathbf{Z}\}$.

正割函数 $y = \sec x$ 和余割函数 $y = \csc x$ 值域均为 $(-\infty, -1] \cup [1, +\infty)$, 均为以 2π 为周期的周期函数. $y = \sec x$ 是偶函数, $y = \csc x$ 是奇函数.

(4) 常用的三角函数基本公式

① 基本关系式

$$\sin^2\alpha + \cos^2\alpha = 1; 1 + \tan^2\alpha = \sec^2\alpha; 1 + \cot^2\alpha = \csc^2\alpha$$

② 二倍角公式

$$\sin 2\alpha = 2\sin\alpha\cos\alpha$$

$$\cos 2\alpha = \cos^2\alpha - \sin^2\alpha = 2\cos^2\alpha - 1 = 1 - 2\sin^2\alpha$$

$$\tan 2\alpha = \frac{2\tan\alpha}{1 - \tan^2\alpha}$$

6. 反三角函数

由于三角函数均为周期函数,对值域中的任何 y 值均有无穷多个 x 值与之对应,为了考虑它们的反函数,必须考虑 x 的取值范围,使得三角函数在该区间内是单调的.

(1) 反正弦函数: $y = \arcsin x$

定义域为 $[-1, 1]$, 值域为 $\left[-\dfrac{\pi}{2}, \dfrac{\pi}{2}\right]$, 是单调增加有界的奇函数. 与 $y = \sin x$ 在

$\left[-\dfrac{\pi}{2},\dfrac{\pi}{2}\right]$ 上互为反函数,见图 1. 26. 例如:$\arcsin\dfrac{1}{2}=\dfrac{\pi}{6}$,$\arcsin 1=\dfrac{\pi}{2}$,$\arcsin\left(-\dfrac{\sqrt{3}}{2}\right)=-\dfrac{\pi}{3}$.

（2）反余弦函数:$y=\arccos x$

定义域为 $[-1,1]$,值域为 $[0,\pi]$,是单调减少有界的非奇非偶函数. 与 $y=\cos x$ 在 $[0,\pi]$ 上互为反函数,见图 1. 27. 例如:$\arccos 0=\dfrac{\pi}{2}$,$\arccos 1=0$,$\arccos\left(-\dfrac{1}{2}\right)=\dfrac{2\pi}{3}$.

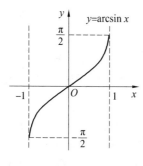

图 1. 26

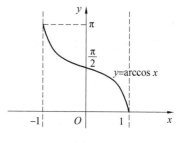

图 1. 27

（3）反正切函数:$y=\arctan x$

定义域为 $(-\infty,+\infty)$,值域为 $\left(-\dfrac{\pi}{2},\dfrac{\pi}{2}\right)$,是单调增加有界的奇函数. 与 $y=\tan x$ 在 $\left(-\dfrac{\pi}{2},\dfrac{\pi}{2}\right)$ 上互为反函数,见图 1. 28. 例如:$\arctan 1=\dfrac{\pi}{4}$,$\arctan 0=0$,$\arctan(-\sqrt{3})=-\dfrac{\pi}{3}$.

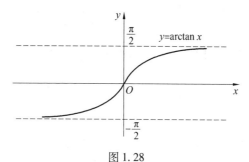

图 1. 28

（4）反余切函数:$y=\operatorname{arccot} x$

定义域 $(-\infty,+\infty)$,值域为 $(0,\pi)$,是单调减少有界的非奇非偶函数. 与 $y=\cot x$ 在 $(0,\pi)$ 上互为反函数,见图 1. 29. 例如:$\operatorname{arccot}\left(-\dfrac{\sqrt{3}}{3}\right)=\dfrac{2\pi}{3}$,$\operatorname{arccot} 1=\dfrac{\pi}{4}$,$\operatorname{arccot}\left(-\dfrac{\sqrt{3}}{3}\right)=\dfrac{2\pi}{3}$.

设有两个函数 $y=\sin u$ 和 $u=x^2$,将 $u=x^2$ 代入 $y=\sin u$ 中得 $y=\sin x^2$,则称函数 $y=\sin x^2$ 是由 $y=\sin u$ 和 $u=x^2$ 复合而成的函数.

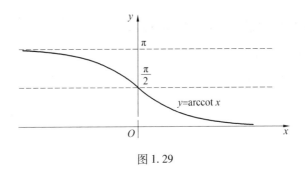

图 1.29

定义 1.9 设 $y = f(u)$ 是自变量为 u 的函数,$u = \varphi(x)$ 是自变量为 x 的函数,若函数 $u = \varphi(x)$ 的值域全部或部分包含于函数 $y = f(u)$ 的定义域中,则 y 可以通过中间变量 u 构成 x 的函数,称 y 为 x 的复合函数,记作

$$y = f[\varphi(x)] \tag{1.8}$$

注意 (1) 不是任意两个函数都可以复合成一个函数的. 例如:函数 $y = \arcsin u$ 与 $u = x^2 + 2$ 就不能复合成一个函数. 因为 $u = x^2 + 2$ 的值域是 $[2, +\infty)$,不在 $y = \arcsin u$ 的定义域 $[-1, 1]$ 中;

(2) 复合函数的中间变量可以不止一个. 例如:$y = \ln u, u = \cos v, v = \sqrt{x}$,则函数 $y = \ln \cos \sqrt{x}$ 就是通过两个中间变量 u 和 v 复合成的 x 的函数;

(3) 复合函数通常不一定是由纯粹的基本初等函数复合而成,而更多的是由基本初等函数经过四则运算形成的函数复合而成. 所以,复合函数的合成和分解往往是对这些函数而言的.

【例 1.15】 设 $f(x) = 3^x, g(x) = x^3$,求 $f[g(x)], g[f(x)]$.

解 $f[g(x)] = 3^{x^3}, g[f(x)] = (3^x)^3 = 3^{3x} = 27^x$.

【例 1.16】 指出下列复合函数的复合过程:

$(1) y = \arctan 5^{\sin x}$;　$(2) y = \ln \ln \ln \ln x$;　$(3) y = e^{\cos^2 \frac{1}{x}}$.

解 (1) 设 $v = \sin x, u = 5^v$,则函数 $y = \arctan 5^{\sin x}$ 是由 $y = \arctan u, u = 5^v, v = \sin x$ 复合而成的;

(2) 设 $w = \ln x, v = \ln w, u = \ln v$,则函数 $y = \ln \ln \ln \ln x$ 是由 $y = \ln u, u = \ln v, v = \ln w, w = \ln x$ 复合而成的;

(3) 设 $w = \dfrac{1}{x}, v = \cos w, u = v^2$,则函数 $y = e^{\cos^2 \frac{1}{x}}$ 是由 $y = e^u, u = v^2, v = \cos w, w = \dfrac{1}{x}$ 复合而成的.

定义 1.10 由基本初等函数经过有限次四则运算和有限次复合所构成的并且只能用一个解析表达式表示的函数称为初等函数.

例如: $y = \mathrm{e}^{\sqrt{x}} + \cos(\ln x)$, $y = \arctan \dfrac{\sqrt{1 + \sin x}}{\sqrt{1 - \sin x}}$, $y = \dfrac{2^x + \sqrt[3]{x^2 + 5}}{\log_2(3x - 1) - x\sec x}$ 都是初等函数,

有理整函数 $y = a_0 x^n + a_1 x^{n-1} + \cdots + a_{n-1} x + a_n$ 和**有理分式函数** $y = $ $\dfrac{a_0 x^n + a_1 x^{n-1} + \cdots + a_{n-1} x + a_n}{b_0 x^m + b_1 x^{m-1} + \cdots + b_{m-1} x + b_m}$ $(a_0, b_0 \neq 0)$ 也为基本初等函数. 而 $y = 1 - x + x^2 - x^3 + x^4 - \cdots$ 不满足有限次运算,因此不是初等函数. 分段函数一般不是初等函数,因为分段函数在其定义域内是由多个解析式表示的,但绝对值函数 $y = \sqrt{x^2} = |x|$ 是初等函数,而分段函数在其定义域的各分段区间上的解析式常由初等函数表示,故仍可通过初等函数来研究它们.

初等函数是微积分学的主要研究对象,在以后章节中还会遇到隐函数、变上限积分函数和幂指函数等非初等函数,但对它们的研究也离不开初等函数.

1.2　经济学中常用的函数

在社会经济现象中,往往同时有几个量变化着,且它们总是相互依存,遵循着一定的规律. 描述经济活动中诸多变量依存关系的函数称为**经济函数**. 如需求函数、供给函数、总成本函数、总收入函数和总利润函数等,本节重点介绍经济学中几个常用的函数.

这里特别说明,有些经济函数往往与产品的产量、需求量和销售量有关,当产销平衡时,产品的产量 = 需求量 = 销售量.

本书中除特殊说明外,对产量、需求量和销售量不加以区分,均用 Q 表示.

1.2.1　需求函数与供给函数

1. 需求函数

某一商品的**需求量** Q 是指在一定的价格条件下,一定时期内消费者愿意而且有支付能力购买的商品的数量. 它与该商品的价格 p 密切相关,即需求量 Q 是商品价格 p 的函数,称为**需求函数**. 记作

$$Q = Q(p) \tag{1.9}$$

通常情况下,降低商品价格需求量增加,提高商品价格需求量减少,若不考虑其他因素的影响,需求量 Q 是商品价格 p 的线性函数,即

$$Q = a - bp \quad (a > 0, b > 0)$$

此时,需求量 Q 是商品价格 p 的单调减少函数.

常见的需求函数还有

(1) 二次需求函数: $Q = a - bp - cp^2 \quad (a > 0, b > 0, c > 0)$;

(2) 指数需求函数: $Q = a\mathrm{e}^{-bp} \quad (a > 0, b > 0)$.

需求函数 $Q = Q(p)$ 的反函数,即为**价格函数**. 记作

$$p = p(Q) \tag{1.10}$$

2. 供给函数

某一商品的**供给量** S 是指在一定的价格条件下,一定时期内生产者愿意生产并可供出售的商品的数量. 供给量也是由多个因素决定的,若不考虑其他因素的影响,则供给量 S 是价格 p 的函数,称为**供给函数**. 记作

$$S = S(p) \tag{1.11}$$

通常情况下,降低商品价格供给量减少,提高商品价格供给量增加. 故供给函数是价格的单调增加函数,常见的供给函数有:

(1) 线性函数: $S = ap + b$ $(a > 0)$;

(2) 幂函数: $S = kp^a$ $(a > 0)$;

(3) 指数函数: $S = ae^{bp}$ $(a > 0, b > 0)$.

使商品的需求量与供给量相等的价格,称为**均衡价格**,记为 p_0. 当市场价格 p 高于均衡价格 p_0 时,供给量将增加而需求量则相应地减少;反之,市场价格 p 低于均衡价格 p_0 时,供给量减少而需求量增加. 市场价格调节就是这样来实现的,如图 1.30 所示,图中 S, Q 依次为供给曲线和需求曲线.

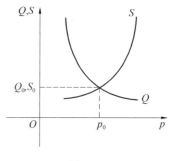

图 1.30

【**例 1.17**】 (1) 已知鸡蛋的收购价格为 5 元/kg 时,每月能收购 5 000 kg,若收购价格每千克提高 0.1 元,则每月收购量可增加 500 kg. 求鸡蛋的线性供给函数.

(2) 已知鸡蛋的销售价格为 8 元/kg 时,每月能销售 5 000 kg,若销售价格每千克降低 0.5 元,则每月销售量可增加 500 kg. 求鸡蛋的线性需求函数.

(3) 求鸡蛋的均衡价格 p_0.

解 (1) 设鸡蛋的线性供给函数为

$$S = ap + b$$

其中 S 为供给量,p 为收购价格. 根据题意

$$\begin{cases} 5\ 000 = 5a + b \\ 5\ 000 + 500 = (5 + 0.1)a + b \end{cases}$$

解得 $a = 5\ 000, b = -20\ 000$. 于是,所求鸡蛋的线性供给函数为

$$S = 5\ 000p - 20\ 000$$

(2) 设鸡蛋的线性需求函数为

$$Q = c - dp$$

其中 Q 为需求量,p 为销售价格. 根据题意

$$\begin{cases} 5\ 000 = c - 8d \\ 5\ 000 + 500 = c - (8 - 0.5)d \end{cases}$$

解得 $c = 13\ 000, d = 1\ 000$. 于是, 所求鸡蛋的线性需求函数为

$$Q = 13\ 000 - 1\ 000p$$

（3）令 $Q = S$, 得

$$13\ 000 - 1\ 000p = 5\ 000p - 20\ 000$$

解得

$$p_0 = 5.5\ （元/\text{kg}）$$

1.2.2　总成本函数、总收入函数和总利润函数

1. 总成本函数

产品成本是以货币形式表现的企业生产和销售产品的全部费用支出, **总成本函数**表示费用总额与产量之间的依存关系.

一般地, 总成本函数 $C(Q)$ 由固定成本 C_1 和可变成本 $C_2(Q)$ 两部分组成, 固定成本 C_1 与产量 Q 无关, 如设备维修费, 企业管理费等; 可变成本 $C_2(Q)$ 随产量 Q 的增加而增加, 如原材料费, 动力费等. 即

$$C(Q) = C_1 + C_2(Q) \tag{1.12}$$

只给出总成本并不能说明企业生产和经营的好坏, 为了评价企业的生产状况, 需要计算产品的平均成本, 即生产 Q 件产品时, 产品的总成本平均值, 称为**平均成本**, 记作 $\overline{C(Q)}$. 即

$$\overline{C(Q)} = \frac{C(Q)}{Q} = \frac{C_1}{Q} + \frac{C_2(Q)}{Q} \tag{1.13}$$

其中 $\dfrac{C_2(Q)}{Q}$ 称为**平均可变成本**.

【例 1.18】　已知某种产品的总成本函数为

$$C(Q) = \frac{Q^2}{4} + 2\ 000$$

求当生产 100 个该产品时的总成本和平均成本.

解　由题意, 产量为 100 个时的总成本为

$$C(100) = \frac{100^2}{4} + 2\ 000 = 4\ 500$$

产量为 100 个时的平均成本为

$$\overline{C(100)} = \frac{C(100)}{100} = \frac{4\ 500}{100} = 45$$

2. 总收入函数

总收入函数 $R(Q)$ 是销售 Q 单位产品所得的全部收入. 设该产品的单位售价为 p（p 为常数）, 销售量为 Q, 则总收入函数为

$$R(Q) = pQ \tag{1.14}$$

3. 总利润函数

总利润函数 $L(Q)$ 是销售 Q 单位产品获得的总收入与投入的总成本之差,即

$$L(Q) = R(Q) - C(Q) \tag{1.15}$$

【例 1.19】 设生产某种产品 Q 件的总成本为 $C(Q) = 0.5Q^2 + 3Q + 20$(单位:万元),若每售出一件该产品的收入是 20 万元,求售出 20 件该产品时的总利润.

解 因为售出 Q 件该产品的总收入函数为 $R(Q) = 20Q$,所以总利润函数为

$$L(Q) = R(Q) - C(Q) = 20Q - (0.5Q^2 + 3Q + 20) = -0.5Q^2 + 17Q - 20$$

当 $Q = 20$ 时,总利润为

$$L(20) = -0.5 \times 20^2 + 17 \times 20 - 20 = 120(万元)$$

4. 库存函数

无论是生产厂家还是商家,都要设置仓库用来贮存原料或者商品,因此库存问题也就成了必须要面对的问题.

设某生产厂家(或商家)在一个计划周期 T(例如一年)内,对原料(或商品)的总需求量 a 是一定的,由于资金和仓库容量等因素,显然,不可能将全部原料或商品的总需求量 a 一次性采购进来(简称**进货**). 因此,一般情况下所采用的都是等量分批进货的方法,在"一致需求,均匀消耗,瞬间入库,不许短缺" 的条件下,考虑均匀地分 n 次进货,每次进货批量为 $Q = \dfrac{a}{n}$,进货周期为 $t = \dfrac{T}{n}$. 设单位商品的年贮存费用为 c,批量采购费用为 b(不随采购量的多少而变化),每次进货量相同,进货间隔时间不变,消耗贮存产品是均匀的,则库存按平均库存计算,可记为 $\dfrac{Q}{2}$. 则总费用为采购费用 $\dfrac{ab}{Q}$ 与库存费用 $\dfrac{cQ}{2}$ 之和,即

$$P(Q) = \frac{ab}{Q} + \frac{cQ}{2}, \quad 0 < Q \leqslant a$$

或

$$P(n) = bn + \frac{ac}{2n}$$

1.3 极限的概念

极限的思想是由于求某些实际问题的精确解而产生的. 例如,我国古代数学家刘徽(公元 3 世纪)利用圆内接正多边形来推算圆面积的方法 —— 割圆术,就是极限思想在几何学上的应用. 又如,春秋战国时期的哲学家庄子(公元前 4 世纪)在《庄子·天下篇》中对"截丈问题"有一段名言:"一尺之锤,日截其半,万世不竭",其中也隐含了深刻的极限思想.

1.3.1 数列的极限

定义 1.11 若按照某一个特定规则,将无穷多个数排列成

$$x_1, x_2, \cdots, x_n, \cdots$$

形式,则称其为数列,记为 $\{x_n\}$. 其中 x_n 称为数列的通项或一般项,n 取正整数,称为 x_n 的下标.

下面是数列的例子.

(1) $\left\{\dfrac{1}{n}\right\}$: $1, \dfrac{1}{2}, \dfrac{1}{3}, \dfrac{1}{4}, \dfrac{1}{5}, \cdots$;

(2) $\{n\}$: $1, 2, 3, 4, 5, \cdots$;

(3) $\{(-1)^n\}$: $-1, 1, -1, 1, -1, \cdots$;

(4) $\left\{\dfrac{1+(-1)^{n-1}}{n}\right\}$: $2, 0, \dfrac{2}{3}, 0, \dfrac{2}{5}, \cdots$;

(5) $\left\{\dfrac{n+(-1)^n}{n}\right\}$: $0, \dfrac{3}{2}, \dfrac{2}{3}, \dfrac{5}{4}, \dfrac{4}{5}, \cdots$.

从以上数列可以看出,对于某一给定数列 $\{x_n\}$,它的第 i 项($i = 1, 2, \cdots$)的取值是由其下标 i 唯一确定的. 则可以将数列 $\{x_n\}$ 看做定义在正整数集上的特殊函数,称为**下标函数**,记为 $x_n = f(n)$.

故上述数列相应的下标函数分别为:(1)$f(n) = \dfrac{1}{n}$;(2)$f(n) = n$;(3)$f(n) = (-1)^n$;(4)$f(n) = \dfrac{1+(-1)^{n-1}}{n}$;(5)$f(n) = \dfrac{n+(-1)^n}{n}$.

通过观察发现,当下标 n 无限增大时,上述数列的通项 x_n 有两种变化趋势. 一种是通项 x_n 无限趋近于某个常数 A,例如(1),(4)中 x_n 无限趋近于 0,(5)中 x_n 无限趋近于 1,此时称数列 $\{x_n\}$ 是**收敛**的. 另一种是当 n 无限增大时,通项 x_n 不趋近于某个常数,例如(2)和(3),此时称数列 $\{x_n\}$ 是**发散**的.

为了区分当下标 n 无限增大时,通项 x_n 的不同变化趋势,有必要给出数列极限的定义. 通过上面的分析,首先给出数列极限的直观定义.

定义 1.12 已知数列 $\{x_n\}$ 和常数 A. 若当 n 无限增大(记为 $n \to \infty$)时,通项 x_n 无限趋近于 A(记为 $x_n \to A$),则称数列 $\{x_n\}$ 有极限,极限为 A,亦称数列 $\{x_n\}$ 收敛于 A. 记为

$$\lim_{n \to \infty} x_n = A \text{ 或 } x_n \to A, n \to \infty$$

例如:(1),(4)和(5)中的数列是有极限的,极限分别为 0,0 和 1,记为(1)$\lim\limits_{n \to \infty} \dfrac{1}{n} = 0$;(4)$\lim\limits_{n \to \infty} \dfrac{1+(-1)^{n-1}}{n} = 0$;(5)$\lim\limits_{n \to \infty} \dfrac{n+(-1)^n}{n} = 1$.

定义 1.12 给出了数列极限的直观定义,但还不是其严格定义. 下面对数列 $\{x_n\} = \left\{\dfrac{n+(-1)^n}{n}\right\}$ 的极限进一步讨论,最后给出数列极限的严格定义.

对于数列 $\left\{\dfrac{n+(-1)^n}{n}\right\}$，当 n 无限增大时，通项 x_n 无限趋近于常数 1，即 x_n 与 1 的距离

$$\left|\frac{n+(-1)^n}{n}-1\right|=\left|\frac{(-1)^n}{n}\right|=\frac{1}{n}$$

可以任意小. 因此说数列 $\left\{\dfrac{n+(-1)^n}{n}\right\}$ 以 1 为极限.

那么，如何用数学语言来表达"可以任意小"呢？ 现在，给出一个任意的正数 ε，使

$$\left|\frac{n+(-1)^n}{n}-1\right|=\frac{1}{n}<\varepsilon \tag{1.16}$$

由于 ε 的任意性，可取 ε 是一个非常小的正数，表 1.2 列出了 ε 与 n 的取值情况.

表 1.2

ε	0.1	0.01	0.001	0.000 1	$\cdots$	10^{-k}
n	>10	$>10^2$	$>10^3$	$>10^4$	$\cdots$	$>10^k$

由表 1.2 可以看出，若令 $\varepsilon=0.1$，则由式(1.16)得，$n>\dfrac{1}{\varepsilon}=10$，数列 $\{x_n\}$ 去掉前 10 项后，第 11 项以后的所有项都可以满足式(1.16)，即数列 $\{x_n\}$ 去掉有限项后剩余的无穷多项与 1 的距离都小于任意给定的正数 ε；再如令 $\varepsilon=0.01$，则由式(1.16)，得 $n>\dfrac{1}{\varepsilon}=100$，即数列 $\{x_n\}$ 去掉有限项(前 100 项)后剩余的无穷多项与 1 的距离也都小于 ε；……；令 $\varepsilon=10^{-k}$，则有 $n>10^k$，即数列 $\{x_n\}$ 去掉有限项(前 10^k 项)后剩余的无穷多项与 1 的距离都小于 ε.

从上面的分析可以看出以下两点：

(1) 当考察数列 $\{x_n\}$ 与某一常数 A 的距离是否任意小时，往往事先给定任意小的正数 ε，考虑该数列的无穷多项是否可以满足条件 $|x_n-A|<\varepsilon$，而可以允许数列中存在有限项不满足这个条件；

(2) 在这个过程中，数列 $\{x_n\}$ 去掉的有限项的项数(记为 N)，往往依赖于给定的正数 ε，可记为 $N=N(\varepsilon)$.

下面，给出数列极限的分析定义(亦称数列极限的 $\varepsilon-N$ 语言).

定义 1.13 已知数列 $\{x_n\}$ 和常数 A. 若对于任意给定的 $\varepsilon>0$，存在正整数 N，使当 $n>N$ 时，恒有不等式

$$|x_n-A|<\varepsilon \tag{1.17}$$

成立. 则称数列 $\{x_n\}$ 以 A 为极限，记为

$$\lim_{n\to\infty}x_n=A \text{ 或 } x_n\to A,n\to\infty$$

式(1.17)实际上是一个绝对值不等式，解此不等式，得

$$A-\varepsilon<x_n<A+\varepsilon$$

即 $x_n\in(A-\varepsilon,A+\varepsilon)$，而 $(A-\varepsilon,A+\varepsilon)$ 是一个以 A 为中心，以 ε 为半径的邻域. 所以当

考察某个常数 A 是否为数列 $\{x_n\}$ 的极限时, 常考虑对于任意给定的 $\varepsilon > 0$, 数列 $\{x_n\}$ 去掉有限项后剩余的无穷多项是否都位于以 A 为中心, 以 ε 为半径的邻域内, 见图 1.31.

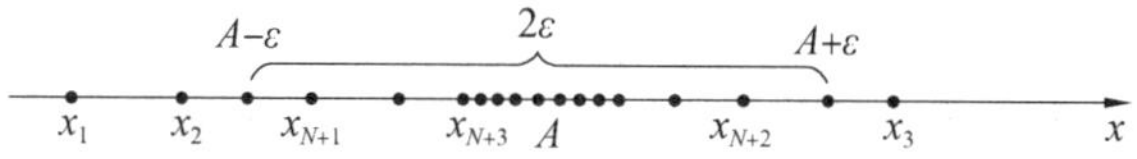

图 1.31

从图 1.31 也可以看出, N 是有限的, N 以后的项是无限的, 用有限来研究无限正是极限的 $\varepsilon - N$ 语言的辩证思想. 数列极限的分析定义往往用来证明某数列极限是否为某个常数, 这里仅举一例, 让读者做一了解.

【例 1.20】　利用数列极限的分析定义证明 $\lim\limits_{n \to \infty} \dfrac{2n + 1}{n} = 2$.

分析　对任意给定的 $\varepsilon > 0$, 若使不等式

$$| x_n - 2 | = \left| \frac{2n + 1}{n} - 2 \right| = \frac{1}{n} < \varepsilon$$

成立, 只需使

$$n > \frac{1}{\varepsilon}$$

成立.

证明　对任意给定的 $\varepsilon > 0$, 取 $N = \left[\dfrac{1}{\varepsilon} \right]$, 则当 $n > N$ 时, 恒有

$$| x_n - 2 | = \left| \frac{2n + 1}{n} - 2 \right| = \frac{1}{n} < \varepsilon$$

则由数列极限的分析定义, 可知

$$\lim_{n \to \infty} \frac{2n + 1}{n} = 2$$

1.3.2　函数的极限

以上介绍了作为下标函数的数列 $\{x_n\}$ 的极限概念, 下面将介绍函数 $f(x)$ 的极限. 由于自变量 x 取值的多样性, 根据 x 的不同趋近方式, 将函数 $f(x)$ 的极限分为如下六种形式: $\lim\limits_{x \to x_0} f(x), \lim\limits_{x \to x_0^-} f(x), \lim\limits_{x \to x_0^+} f(x), \lim\limits_{x \to \infty} f(x), \lim\limits_{x \to +\infty} f(x), \lim\limits_{x \to -\infty} f(x)$.

1. $x \to x_0$ 时函数 $f(x)$ 的极限

考虑函数 $f(x) = 2(x + 1)$. 由观察可知, 当 x 无限趋近于 1(记为 $x \to 1$) 时, 函数 $f(x)$ 的值无限趋近于 4(记为 $f(x) \to 4$), 见图 1.32. 则称数 4 为 $x \to 1$ 时 $f(x)$ 的极限, 并记为

$$\lim_{x \to 1} f(x) = \lim_{x \to 1} 2(x + 1) = 4$$

类似地, 可知: $\lim\limits_{x \to 2} (5x + 3) = 13, \lim\limits_{x \to -1} \dfrac{1}{2x + 1} = -1$.

上面提到的 3 个例子,函数 $f(x)$ 在 $x = x_0$ 处都是有定义的. 下面考虑当 $x \to 1$ 时,函数 $f(x) = \dfrac{2(x^2 - 1)}{x - 1}$ 是否有极限.

由图 1.33 观察可得,虽然 $f(x) = \dfrac{2(x^2 - 1)}{x - 1}$ 在 $x = 1$ 处无定义,但是当 $x \to 1$ 时,函数 $f(x) \to 4$. 这是因为无论是自变量 x 还是函数 $f(x)$,考虑它们的趋近过程是一个变化的过程. 当考虑 $x \to 1$ 函数 $f(x)$ 的变化趋势时,考虑的是点 $x_0 = 1$ 的空心邻域,在此空心邻域内,因为

$$f(x) = \frac{2(x^2 - 1)}{x - 1} = 2(x + 1)$$

所以,有

$$\lim_{x \to 1} f(x) = \lim_{x \to 1} \frac{2(x^2 - 1)}{x - 1} = \lim_{x \to 1} 2(x + 1) = 4$$

故为了统一起见,当考虑 $x \to x_0$ 函数 $f(x)$ 的极限时,只考虑点 x_0 的空心邻域.

下面给出当 $x \to x_0$ 时函数 $f(x)$ 极限的直观定义.

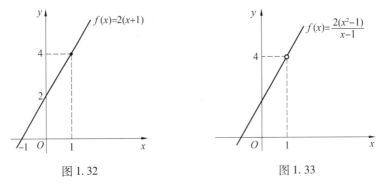

图 1.32   图 1.33

定义 1.14 已知函数 $f(x)$ 和常数 A. 若 $f(x)$ 在点 x_0 的某空心邻域内有定义,且当 $x \to x_0$ 但 $x \neq x_0$ 时,$f(x)$ 无限趋近于 A. 则称函数 $f(x)$ 当 $x \to x_0$ 时有极限,且极限值为 A,记为

$$\lim_{x \to x_0} f(x) = A \text{ 或 } f(x) \to A, x \to x_0$$

下面以 $x \to 1$ 时 $f(x) = \dfrac{2(x^2 - 1)}{x - 1}$ 的极限为例,通过分析得到 $x \to x_0$ 时函数 $f(x)$ 的极限的严格定义.

当 $x \to 1$ 且 $x \neq 1$ 时,$f(x) = \dfrac{2(x^2 - 1)}{x - 1} \to 4$ 是指

$$|f(x) - 4| = \left| \frac{2(x^2 - 1)}{x - 1} - 4 \right| = |2(x + 1) - 4| = 2|x - 1| \tag{1.18}$$

可以任意小. 确切地说,不论正数 ε 多么小,只要 x 是点 1 的空心邻域内充分接近于点 1 的点,则必有 $|f(x) - 4| < \varepsilon$ 成立. 则由式(1.18)可知,$|f(x) - 4| = 2|x - 1| < \varepsilon$,即 $|x - 1| <$

$\dfrac{\varepsilon}{2}$, 亦即满足不等式 $0 < |x - 1| < \dfrac{\varepsilon}{2}$ 的 x, 都能使不等式

$$|f(x) - 4| < \varepsilon$$

成立. 这就是"当 $x \to 1$ 时, 函数 $f(x) = \dfrac{2(x^2 - 1)}{x - 1}$ 无限趋近于 4"所要表达的意义. 现给出函数 $f(x)$ 当 $x \to x_0$ 时有极限的分析定义(亦称函数极限的 $\varepsilon - \delta$ 语言).

定义 1.15　已知函数 $f(x)$ 和常数 A. 若对于任意给定的 $\varepsilon > 0$, 存在 $\delta > 0$, 使当 $0 < |x - x_0| < \delta$ 时, 恒有不等式

$$|f(x) - A| < \varepsilon \tag{1.19}$$

成立. 则称函数 $f(x)$ 当 $x \to x_0$ 时有极限, 且极限值为 A, 记为

$$\lim_{x \to x_0} f(x) = A \text{ 或 } f(x) \to A, x \to x_0$$

对于定义 1.15, 作两点说明:

(1) 若 $x \to x_0$ 时函数 $f(x)$ 有极限, 则 $f(x)$ 在 x_0 的某空心邻域内必须有定义;

(2) 当 $x \to x_0$ 时函数 $f(x)$ 是否有极限, 与 $f(x)$ 在 x_0 处是否有定义或 $f(x)$ 在 x_0 处的函数值 $f(x_0)$ 无关.

解不等式 (1.19), 得 $A - \varepsilon < f(x) < A + \varepsilon$. 即若 $\lim_{x \to x_0} f(x) = A$, 则当自变量 x 进入 x_0 的某空心邻域 $(x_0 - \delta, x_0) \cup (x_0, x_0 + \delta)$ 内时, 函数值 $f(x)$

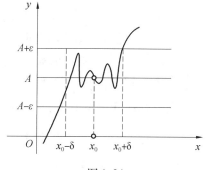

图 1.34

落入以 A 为中心, 以 ε 为半径的邻域 $(A - \varepsilon, A + \varepsilon)$ 内, 见图 1.34.

下面利用定义 1.15 证明函数极限的存在性, 使读者对此有个简单的了解.

【例 1.21】　利用分析定义证明 $\lim\limits_{x \to \frac{1}{2}} \dfrac{4x^2 - 1}{2x - 1} = 2$.

分析　对于任意给定的 $\varepsilon > 0$, 若要使

$$\left| \dfrac{4x^2 - 1}{2x - 1} - 2 \right| = |2x + 1 - 2| = |2x - 1| < \varepsilon$$

成立, 即有

$$\left| x - \dfrac{1}{2} \right| < \dfrac{\varepsilon}{2}$$

证明　对任意给定的 $\varepsilon > 0$, 取 $\delta = \dfrac{\varepsilon}{2}$, 则当 $0 < \left| x - \dfrac{1}{2} \right| < \delta$ 时, 恒有不等式

$$\left| \dfrac{4x^2 - 1}{2x - 1} - 2 \right| = |2x - 1| < \varepsilon$$

成立. 则由极限的分析定义, 可知

$$\lim_{x \to \frac{1}{2}} \frac{4x^2 - 1}{2x - 1} = 2$$

以上 $x \to x_0$ 时函数 $f(x)$ 的极限是在点 x_0 的空心邻域 $(x_0 - \delta, x_0) \cup (x_0, x_0 + \delta)$ 内考虑的. 若只在点 x_0 的左邻域 $(x_0 - \delta, x_0)$ 或点 x_0 的右邻域 $(x_0, x_0 + \delta)$ 内考虑时, 函数 $f(x)$ 也可能有极限, 称为点 x_0 的**左极限**或**右极限**. 下面给出这两种极限形式的直观定义.

定义 1.16 已知函数 $f(x)$ 和常数 A. 若 x 在点 x_0 的左邻域 $(x_0 - \delta, x_0)$ (或右邻域 $(x_0, x_0 + \delta)$) 内趋近于 x_0 时, 函数 $f(x)$ 无限趋近于 A. 则称函数 $f(x)$ 当 $x \to x_0^-$ (或 $x \to x_0^+$) 时有极限, 且极限值为 A, 并称此极限为 $f(x)$ 在点 x_0 处的左(或右)极限, 记为

$$\lim_{x \to x_0^-} f(x) = A \ (\text{或} \lim_{x \to x_0^+} f(x) = A)$$

有时也简记为

$$f(x_0 - 0) = A \ (\text{或} f(x_0 + 0) = A)$$

函数的左、右极限与函数的极限是互不相同的三个概念, 但它们之间又存在着一定的关系. 下面不加证明的给出如下重要定理:

定理 1.1 极限 $\lim\limits_{x \to x_0} f(x)$ 存在且等于 A 的充分必要条件是左极限 $\lim\limits_{x \to x_0^-} f(x)$ 和右极限 $\lim\limits_{x \to x_0^+} f(x)$ 同时存在且都等于 A. 即

$$\lim_{x \to x_0} f(x) = A \Leftrightarrow \lim_{x \to x_0^-} f(x) = \lim_{x \to x_0^+} f(x) = A \tag{1.20}$$

【**例 1.22**】 已知函数

$$f(x) = \begin{cases} x - 1, & x < 0 \\ x^3, & x > 0 \end{cases}$$

讨论极限 $\lim\limits_{x \to 0} f(x)$ 是否存在.

解 函数 $f(x)$ 的图象如图 1.35 所示, 可知

$$\lim_{x \to 0^-} f(x) = \lim_{x \to 0^-} (x - 1) = -1, \ \lim_{x \to 0^+} f(x) = \lim_{x \to 0^+} x^3 = 0$$

因为 $\lim\limits_{x \to 0^-} f(x) \neq \lim\limits_{x \to 0^+} f(x)$, 故由定理 1.1 可知, $\lim\limits_{x \to 0} f(x)$ 不存在.

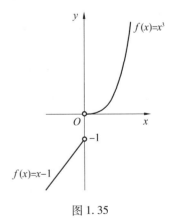

图 1.35

【**例 1.23**】 讨论极限 $\lim\limits_{x \to 0} \dfrac{|x|}{x}$ 是否存在.

解 因为

$$\lim_{x \to 0^-} \frac{|x|}{x} = \lim_{x \to 0^-} \frac{-x}{x} = \lim_{x \to 0^-} (-1) = -1, \ \lim_{x \to 0^+} \frac{|x|}{x} = \lim_{x \to 0^+} \frac{x}{x} = \lim_{x \to 0^+} 1 = 1$$

显然, $\lim\limits_{x \to 0^-} \dfrac{|x|}{x} \neq \lim\limits_{x \to 0^+} \dfrac{|x|}{x}$, 故由定理 1.1 可知, 极限 $\lim\limits_{x \to 0} \dfrac{|x|}{x}$ 不存在.

2. $x \to \infty$ 时函数 $f(x)$ 的极限

考虑函数 $f(x) = \dfrac{1}{x}$, 可以看出当 $|x|$ 无限增大(记为 $x \to \infty$)时, 函数 $f(x)$ 的值无限趋近于 0, 见图 1.36.

下面给出 $x \to \infty$ 时, 函数 $f(x)$ 的极限的直观定义.

定义 1.17　已知函数 $f(x)$ 和常数 A. 若当 $x \to \infty$ 时, 函数 $f(x)$ 无限趋近于 A, 则称当 $x \to \infty$ 时, 函数 $f(x)$ 有极限, 且极限值为 A, 记为

$$\lim_{x \to \infty} f(x) = A \text{ 或 } f(x) \to A, x \to \infty$$

例如, 从直观上可以看出 $\lim\limits_{x \to \infty} \dfrac{1}{x^2} = 0$, $\lim\limits_{x \to \infty} e^{-x^2} = 0$.

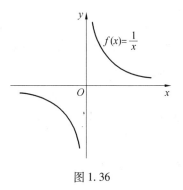

图 1.36

由 $x \to \infty$ 时 $f(x) \to A$ 的直观分析可知, 当 $|x|$ 充分大时, $|f(x) - A|$ 可以任意小. 则借鉴数列极限的 $\varepsilon - N$ 语言, 可得如下分析定义(亦称为函数极限的 $\varepsilon - X$ 语言).

定义 1.18　已知函数 $f(x)$ 和常数 A. 若对于任意给定的 $\varepsilon > 0$, 存在 $X = X(\varepsilon) > 0$, 使得当 $|x| > X$ 时, 恒有不等式

$$|f(x) - A| < \varepsilon$$

成立. 则称函数 $f(x)$ 当 $x \to \infty$ 时有极限, 且极限值为 A, 记为

$$\lim_{x \to \infty} f(x) = A \text{ 或 } f(x) \to A, x \to \infty$$

由定义 1.18 知, 对于任意给定 $\varepsilon > 0$, 存在 $X > 0$, 当自变量 x 进入区域 $(-\infty, -X) \cup (X, +\infty)$ 时, 恒有 $A - \varepsilon < f(x) < A + \varepsilon$, 即函数 $f(x)$ 的值落入以 A 为中心, 以 ε 为半径的邻域内, 见图 1.37.

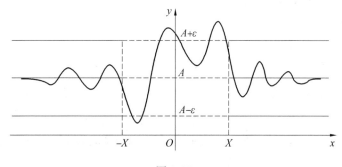

图 1.37

若当自变量 x 沿 x 轴的正向无限增大(或负向无限减小)时, 函数 $f(x)$ 无限趋近于常数 A, 就产生了另外两种类型的极限.

定义 1.19 已知函数 $f(x)$ 和常数 A. 若当自变量 x 沿 x 轴的正向无限增大(或负向无限减小)(记为 $x \to +\infty$(或 $x \to -\infty$))时,函数 $f(x)$ 无限趋近于 A. 则称函数 $f(x)$ 当 $x \to +\infty$(或 $x \to -\infty$)时有极限,且极限值为 A,记为

$$\lim_{x \to +\infty} f(x) = A(\text{或} \lim_{x \to -\infty} f(x) = A)$$

对于 $\lim\limits_{x \to +\infty} f(x)$,$\lim\limits_{x \to -\infty} f(x)$ 和 $\lim\limits_{x \to \infty} f(x)$ 这三个不同的极限,也有类似于定理 1.1 的结论.

定理 1.2 极限 $\lim\limits_{x \to \infty} f(x)$ 存在且等于 A 的充分必要条件是极限 $\lim\limits_{x \to +\infty} f(x)$ 和 $\lim\limits_{x \to -\infty} f(x)$ 同时存在且都等于 A. 即

$$\lim_{x \to \infty} f(x) = A \Leftrightarrow \lim_{x \to +\infty} f(x) = \lim_{x \to -\infty} f(x) = A$$

【例 1.24】 讨论极限 $\lim\limits_{x \to \infty} \arctan x$ 是否存在?

解 由图 1.38 易见有

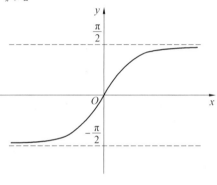

$$\lim_{x \to +\infty} \arctan x = \frac{\pi}{2}$$

$$\lim_{x \to -\infty} \arctan x = -\frac{\pi}{2}$$

因为 $\lim\limits_{x \to +\infty} \arctan x \neq \lim\limits_{x \to -\infty} \arctan x$,故由定理 1.2 可知,$\lim\limits_{x \to \infty} \arctan x$ 不存在.

图 1.38

请读者自行思考 $\lim\limits_{x \to \infty} \mathrm{e}^x$ 和 $\lim\limits_{x \to \infty} \dfrac{x}{\sqrt{x^2+1}}$ 是否存在.

1.3.3 函数极限的性质

下面不加证明的只对 $x \to x_0$ 时函数 $f(x)$ 的极限性质进行叙述,对于 $n \to \infty$ 时的数列极限及函数极限的其他形式也有类似的结果.

性质 1(唯一性) 若 $\lim\limits_{x \to x_0} f(x)$ 存在,则极限值唯一.

性质 2(局部有界性) 若 $\lim\limits_{x \to x_0} f(x)$ 存在,则函数 $f(x)$ 在点 x_0 的某空心邻域内有界.

性质 3(局部保号性) 若 $\lim\limits_{x \to x_0} f(x) = A$ 且 $A > 0$(或 $A < 0$),则在点 x_0 的某空心邻域内恒有

$$f(x) > 0(\text{或} f(x) < 0)$$

性质 4 若 $\lim\limits_{x \to x_0} f(x) = A$,且在点 x_0 的某空心邻域内恒有 $f(x) \geq 0$(或 $f(x) \leq 0$),则 $A \geq 0$(或 $A \leq 0$).

性质 5 若 $\lim\limits_{x \to x_0} f(x) = A$,$\lim\limits_{x \to x_0} g(x) = B$,且在点 x_0 的某空心邻域内恒有 $f(x) \geq g(x)$,则 $A \geq B$.

1.4　无穷小量与无穷大量

1.4.1　无穷小量的定义

定义 1.20　极限为 0 的量称为无穷小量, 即若 $\lim f(x) = 0$, 则称 $f(x)$ 为无穷小量, 其中 $\lim f(x)$ 称为变量极限.

例如, 数列 $\dfrac{1}{n}$ 是 $n \to \infty$ 时的无穷小量, $\dfrac{1}{x}$ 是 $x \to \infty$ 时的无穷小量, $x - 1$ 是 $x \to 1$ 时的无穷小量, x^2 是 $x \to 0$ 时的无穷小量.

理解无穷小量的定义应注意以下几点:

(1) 无穷小量的定义适用于数列极限和函数极限的六种形式;

(2) 无穷小量是极限为 0 的变量, 是一种变化趋势, 而不是非常小的数(常量);

(3) 无穷小量与自变量的趋近方式有关, 例如, 当 $x \to 0$ 时, x^2 是无穷小量, 而当 $x \to 1$ 时, 因为 $\lim\limits_{x \to 1} x^2 = 1$, 所以 x^2 就不是无穷小量;

(4) 数 0 可以看做自变量任何趋近方式下的无穷小量(因为 $\lim 0 = 0$), 而无穷小量不一定是 0.

无穷小量与函数极限之间存在着一定的关系, 这种关系在之后讨论中经常会用到. 下面以 $x \to x_0$ 为例给出揭示无穷小量与函数极限关系的定理, 此定理的结论对于自变量 x 的其他趋近方式($x \to x_0^+$, $x \to x_0^-$, $x \to \infty$, $x \to +\infty$, $x \to -\infty$)仍然成立.

定理 1.3(无穷小量与函数极限的关系)　当 $x \to x_0$ 时, 函数 $f(x)$ 有极限且等于 A 的充分必要条件是 $f(x)$ 在点 x_0 的某空心邻域内可以表示为常数 A 与无穷小量 α 之和, 即有

$$\lim_{x \to x_0} f(x) = A \Leftrightarrow f(x) = A + \alpha$$

其中 α 是 $x \to x_0$ 时的无穷小量.

证明　**必要性**　因为 $\lim\limits_{x \to x_0} f(x) = A$, 则对任意给定的 $\varepsilon > 0$, 存在 $\delta > 0$, 当 $0 < |x - x_0| < \delta$ 时, 恒有不等式

$$|f(x) - A| < \varepsilon$$

成立. 记 $\alpha = f(x) - A$, 则有

$$|f(x) - A| = |\alpha| = |\alpha - 0| < \varepsilon$$

即 $\lim\limits_{x \to x_0} \alpha = 0$, 亦即 α 为 $x \to x_0$ 时的无穷小量, 而 $\alpha = f(x) - A$, 则 $f(x) = A + \alpha$.

充分性　已知 $f(x) = A + \alpha$, 其中 α 是 $x \to x_0$ 时的无穷小量, 即 $\lim\limits_{x \to x_0} \alpha = 0$, 而由极限定义有, 对于任意给定的 $\varepsilon > 0$, 存在 $\delta > 0$, 当 $0 < |x - x_0| < \delta$ 时, 恒有

$$|\alpha - 0| < \varepsilon$$

而 $\alpha = f(x) - A$,则有

$$|\alpha - 0| = |(f(x) - A) - 0| = |f(x) - A| < \varepsilon$$

故有

$$\lim_{x \to x_0} f(x) = A$$

1.4.2 无穷小量的性质

性质 1 有限个无穷小量的和仍为无穷小量;

性质 2 有限个无穷小量的积仍为无穷小量;

性质 3 无穷小量与有界变量的积仍为无穷小量;

性质 4 无穷小量除以极限不为 0 的量仍为无穷小量.

无穷小量的性质适用于极限的各种形式,下面仅针对 $x \to x_0$ 给出证明过程.

证明 先证性质 1 以两个无穷小量为例,已知 α 和 β 是 $x \to x_0$ 时的无穷小量,即 $\lim\limits_{x \to x_0} \alpha = 0, \lim\limits_{x \to x_0} \beta = 0$. 则由极限定义可知,对于任意给定的 $\varepsilon > 0$,存在 $\delta_1 > 0$,当 $0 < |x - x_0| < \delta_1$ 时,恒有 $|\alpha| < \dfrac{\varepsilon}{2}$ 成立;同时存在 $\delta_2 > 0$,当 $0 < |x - x_0| < \delta_2$ 时,恒有 $|\beta| < \dfrac{\varepsilon}{2}$ 成立. 取 $\delta = \min\{\delta_1, \delta_2\}$,则当 $0 < |x - x_0| < \delta$ 时,恒有

$$|\alpha + \beta| \leqslant |\alpha| + |\beta| < \frac{\varepsilon}{2} + \frac{\varepsilon}{2} = \varepsilon$$

由极限的分析定义,可知

$$\lim_{x \to x_0} (\alpha + \beta) = 0$$

即 $\alpha + \beta$ 是 $x \to x_0$ 时的无穷小量.

性质 2 的证明过程与性质 1 类似,不再赘述.

下证性质 3 设 $f(x)$ 是有界函数,即存在 $M > 0$,使 $|f(x)| < M$. 又设 α 为 $x \to x_0$ 时的无穷小量,则对任意给定的 $\varepsilon > 0$,存在 $\delta > 0$,使得当 $0 < |x - x_0| < \delta$ 时,恒有 $|\alpha| < \dfrac{\varepsilon}{M}$. 于是有

$$|\alpha f(x) - 0| = |\alpha| \cdot |f(x)| < \frac{\varepsilon}{M} \cdot M = \varepsilon$$

根据函数极限的分析定义可知,$\lim\limits_{x \to x_0} \alpha f(x) = 0$,即 $\alpha f(x)$ 是 $x \to x_0$ 时的无穷小量.

性质 4 的证明过程比较繁琐,这里不作证明.

【例 1.25】 求 $\lim\limits_{x \to 0} x \sin \dfrac{1}{x}$.

解 因为 $x \neq 0$ 时,有 $\left| \sin \dfrac{1}{x} \right| \leqslant 1$,所以当 $x \neq 0$ 时,$\sin \dfrac{1}{x}$ 是有界变量;又因为 $x \to 0$ 时,x 是无穷小量. 于是,由性质 3 可知

$$\lim_{x \to 0} x \sin \frac{1}{x} = 0$$

1.4.3　无穷小量的阶的比较

由无穷小量的性质可知,两个无穷小量的和、差及乘积仍为无穷小量. 但是,两个无穷小量的商情况则比较复杂. 例如,$x \to 0$ 时,x,x^2,$2x$ 和 $x - x^2$ 都是无穷小量,由于它们趋近于 0 的速度各不相同,它们之间比值的极限也会不同. 容易看出

$$\lim_{x \to 0} \frac{2x}{x} = 2,\ \lim_{x \to 0} \frac{x^2}{x} = 0,\ \lim_{x \to 0} \frac{x - x^2}{x} = 1$$

一般地,有如下定义:

定义 1.21　设 α 和 β 是关于自变量同一趋近方式下的两个无穷小量,且

$$\lim \frac{\beta}{\alpha} = A$$

(1) 若 $A = 0$,则称 β 是比 α 高阶的无穷小量,记为 $\beta = o(\alpha)$,或称 α 是比 β 低阶的无穷小量.

(2) 若 $A = C$(其中 C 为任意非零常数),则称 α 与 β 是同阶的无穷小量,记为 $\alpha = O(\beta)$. 特别地,若 $A = 1$,则称 α 与 β 是等价的无穷小量,记为 $\alpha \sim \beta$.

例如,由上面的讨论可知,当 $x \to 0$ 时,x^2 是比 x 高阶的无穷小量,记为 $x^2 = o(x)$;$2x$ 与 x 是同阶的无穷小量,记为 $2x = O(x)$,但 $2x$ 与 x 不是等价的无穷小量;$x - x^2$ 与 x 是等价的无穷小量,记为 $x - x^2 \sim x$,它们也是同阶的无穷小量.

对于等价的无穷小量和同阶的无穷小量有如下关系:等价的无穷小量一定是同阶的无穷小量,而同阶的无穷小量不一定是等价的无穷小量.

后面将会看到,利用等价的无穷小量,可以简化某些极限的求解过程.

1.4.4　无穷大量

当 $x \to \infty$ 时,发现函数 $f(x) = x^2$ 的值会无限增大,再如函数 $g(x) = \frac{1}{x}$ 在 $x \to 0$ 时的绝对值也无限增大. 这种在自变量的某一趋近方式下,具有函数的绝对值无限增大的性质的函数是大量存在的,将它们称为**无穷大量**. 虽然具有这种性质的函数在某种固定变化趋势下极限不存在(如函数 x^2 在 $x \to \infty$ 时的极限),但为了便于叙述函数的这种性质,通常说它们的极限是无穷大,并借用函数极限的记法,下面给出无穷大量的直观定义.

定义 1.22　在某一个趋近方式下,函数的绝对值 $|f(x)|$ 无限增大,则称 $f(x)$ 为此趋近方式下的无穷大量. 记为 $\lim f(x) = \infty$ 或 $f(x) \to \infty$.

例如,上面所举的两个例子,函数 x^2 是 $x \to \infty$ 时的无穷大量,记为 $\lim\limits_{x \to \infty} x^2 = \infty$;函数 $\frac{1}{x}$ 是 $x \to 0$ 时的无穷大量,记为 $\lim\limits_{x \to 0} \frac{1}{x} = \infty$. 再如,函数 e^x 是 $x \to +\infty$ 时的无穷大量(此时 $e^x \to +\infty$),

记为 $\lim\limits_{x\to+\infty}e^x=\infty$,函数 $\tan x$ 是 $x\to\dfrac{\pi}{2}^+$ 时的无穷大量(此时 $\tan x\to-\infty$),记为 $\lim\limits_{x\to\frac{\pi}{2}^+}\tan x=\infty$.

理解无穷大量的定义,要注意以下几点:

(1)无穷大量的定义,适用于数列和函数的所有极限形式;

(2)无穷大量是相对于自变量的某一趋近方式而言的. 例如,$x\to0$ 时,$\dfrac{1}{x^2}$ 是无穷大量;而 $x\to2$ 时,$\dfrac{1}{x^2}$ 就不是无穷大量.

1.4.5　无穷小量与无穷大量的关系

无穷小量与无穷大量之间有着十分密切的关系. 易证:在自变量的同一趋近方式下,无穷大量的倒数是无穷小量,即若 $\lim f(x)=\infty$,则 $\lim\dfrac{1}{f(x)}=0$;无穷小量(若不取 0 值)的倒数是无穷大量,即若 $\lim f(x)=0(f(x)\neq0)$,则 $\lim\dfrac{1}{f(x)}=\infty$. 例如,$\lim\limits_{x\to0}x^2=0$ 而 $\lim\limits_{x\to0}\dfrac{1}{x^2}=+\infty$;再如,$\lim\limits_{x\to1}\dfrac{1}{x-1}=\infty$ 而 $\lim\limits_{x\to1}(x-1)=0$.

1.5　极限的四则运算法则

本节讨论极限的求法,主要是建立极限的四则运算法则. 利用此法则,可以求某些函数的极限,以后还将介绍求极限的其他方法.

在下面的讨论中,记号"lim"下面没有标明自变量的变化过程,说明下面定理和推论的结论适用于所有极限形式.

定理 1.4　若 $\lim f(x)=A,\lim g(x)=B$,其中 A,B 为常数,则极限 $\lim[f(x)\pm g(x)]$ 和 $\lim[f(x)\cdot g(x)]$ 也都存在,且有

$$\lim[f(x)\pm g(x)]=A\pm B=\lim f(x)\pm\lim g(x)$$
$$\lim[f(x)\cdot g(x)]=AB=\lim f(x)\cdot\lim g(x)$$

证明　设 $\lim f(x)=A,\lim g(x)=B$,则由定理 1.3,有

$$f(x)=A+\alpha,g(x)=B+\beta$$

其中 α 和 β 是 x 同一趋近方式下的无穷小量. 于是,有

$$f(x)\pm g(x)=(A\pm B)+(\alpha\pm\beta)$$
$$f(x)\cdot g(x)=AB+(A\beta+B\alpha+\alpha\beta)$$

由无穷小量的性质可知,$(\alpha\pm\beta)$ 和 $(A\beta+B\alpha+\alpha\beta)$ 都是无穷小量. 因此,由定理 1.3 可知

$$\lim[f(x) \pm g(x)] = A \pm B = \lim f(x) \pm \lim g(x)$$

$$\lim[f(x) \cdot g(x)] = AB = \lim f(x) \cdot \lim g(x)$$

上述运算法则可推广到有限个函数的和、差、积的情形.

推论 1　若 $\lim f(x) = A$, 其中 A 为常数, 则对于任意常数 C, 有

$$\lim Cf(x) = CA = C\lim f(x)$$

推论 2　设极限 $\lim f_1(x), \lim f_2(x), \cdots, \lim f_n(x)$ 都存在, $a_1, a_2, \cdots, a_n$ 为任意常数, 则有

$$\lim[a_1 f_1(x) + a_2 f_2(x) + \cdots + a_n f_n(x)] = a_1 \lim f_1(x) + a_2 \lim f_2(x) + \cdots + a_n \lim f_n(x)$$

推论 3　若 $\lim f(x) = A$, 其中 A 为常数, n 为正整数, 则有

$$\lim[f(x)]^n = A^n = [\lim f(x)]^n$$

定理 1.5　若 $\lim f(x) = A, \lim g(x) = B \neq 0$, 其中 A, B 为常数, 则极限 $\lim \dfrac{f(x)}{g(x)}$ 也存在, 且有

$$\lim \frac{f(x)}{g(x)} = \frac{A}{B} = \frac{\lim f(x)}{\lim g(x)}$$

推论 4　若 $\lim f(x) = A \neq 0$, 其中 A 为常数, n 为正整数, 则有

$$\lim[f(x)]^{-n} = A^{-n} = [\lim f(x)]^{-n}$$

值得注意的是, 利用极限四则运算法则求极限时, 必须满足定理的条件: 参加求极限的函数应该为有限个, 且每个函数的极限都必须存在; 考虑商的极限时, 还需要求分母的极限不为 0. 即在上述条件下, 极限号可以打开.

【例 1.26】　求 $\lim\limits_{x \to 1}(3x^3 + 6x^2 + 7x - 6)$.

解　由定理 1.4 及推论 2, 有

$$\lim_{x \to 1}(3x^3 + 6x^2 + 7x - 6) = 3\lim_{x \to 1}x^3 + 6\lim_{x \to 1}x^2 + 7\lim_{x \to 1}x - \lim_{x \to 1}6$$

$$= 3 + 6 + 7 - 6 = 10$$

小结　形如

$$P_n(x) = a_0 x^n + a_1 x^{n-1} + \cdots + a_{n-1}x + a_n$$

的有理整函数, 其中 $a_0, a_1, \cdots, a_{n-1}, a_n$ 为任意常数且 $a_0 \neq 0$, n 称为有理整函数 $P_n(x)$ 的**最高次数**. 例如, 例 1.26 中所求极限的函数即为 3 次有理整函数. 一般情况下, 有理整函数 $P_n(x)$ 当 $x \to x_0$ 时的极限是 $P_n(x)$ 在 x_0 处的函数值, 即

$$\lim_{x \to x_0} P_n(x) = \lim_{x \to x_0}(a_0 x^n + a_1 x^{n-1} + \cdots + a_{n-1}x + a_n)$$

$$= a_0 x_0^n + a_1 x_0^{n-1} + \cdots + a_{n-1}x_0 + a_n$$

【例 1.27】　求 $\lim\limits_{x \to \sqrt{3}} \dfrac{x^2 - 3}{x^2 + 1}$.

解　因为分子极限 $\lim\limits_{x \to \sqrt{3}}(x^2 - 3) = 0$, 而分母 $\lim\limits_{x \to \sqrt{3}}(x^2 + 1) = 4 \neq 0$. 故有

$$\lim_{x \to \sqrt{3}} \frac{x^2 - 3}{x^2 + 1} = \frac{\lim\limits_{x \to \sqrt{3}}(x^2 - 3)}{\lim\limits_{x \to \sqrt{3}}(x^2 + 1)} = \frac{0}{4} = 0$$

【例1.28】 求 $\lim\limits_{x \to 2} \dfrac{x^2 + x - 6}{x^2 - 4}$.

解 因为 $\lim\limits_{x \to 2}(x^2 + x - 6) = \lim\limits_{x \to 2}(x^2 - 4) = 0$，说明分子、分母同时含有公因子 $x - 2$，将分子、分母同时因式分解，约分化简，得

$$\lim_{x \to 2} \frac{x^2 + x - 6}{x^2 - 4} = \lim_{x \to 2} \frac{(x - 2)(x + 3)}{(x - 2)(x + 2)} = \lim_{x \to 2} \frac{x + 3}{x + 2} = \frac{5}{4}$$

【例1.29】 求 $\lim\limits_{x \to 1} \dfrac{2x - 3}{x^2 - 5x + 4}$.

解 此时分母 $\lim\limits_{x \to 1}(x^2 - 5x + 4) = 0$，故此题不能利用定理 1.5，而分子 $\lim\limits_{x \to 1}(2x - 3) = -1 \neq 0$，考虑其倒数的极限，则有

$$\lim_{x \to 1} \frac{x^2 - 5x + 4}{2x - 3} = \frac{\lim\limits_{x \to 1}(x^2 - 5x + 4)}{\lim\limits_{x \to 1}(2x - 3)} = \frac{0}{-1} = 0$$

即函数 $\dfrac{x^2 - 5x + 4}{2x - 3}$ 是 $x \to 1$ 时的无穷小量，而在 x 的同一趋近方式下，无穷小量与无穷大量互为倒数. 故函数 $\dfrac{2x - 3}{x^2 - 5x + 4}$ 是 $x \to 1$ 时的无穷大量，即

$$\lim_{x \to 1} \frac{2x - 3}{x^2 - 5x + 4} = \infty$$

小结 例 1.27 至 1.29 都是求两个有理整函数的商当 $x \to x_0$ 时的极限，但对于不同的情形，求极限的方法也不相同，现将求极限的方法总结如下：

已知两个有理整函数 $f(x)$ 和 $g(x)$（因为此时有理整函数的最高次数较低，故简记为 $f(x)$ 和 $g(x)$），求 $\lim\limits_{x \to x_0} \dfrac{f(x)}{g(x)}$.

（1）若 $\lim\limits_{x \to x_0} g(x) \neq 0$，则

$$\lim_{x \to x_0} \frac{f(x)}{g(x)} = \frac{\lim\limits_{x \to x_0} f(x)}{\lim\limits_{x \to x_0} g(x)} = \frac{f(x_0)}{g(x_0)}$$

（2）若 $\lim\limits_{x \to x_0} f(x) = \lim\limits_{x \to x_0} g(x) = 0$，则说明 $f(x)$ 和 $g(x)$ 含有相同公因子 $x - x_0$，此时分子分母同时因式分解，约分，再求极限；

（3）若 $\lim\limits_{x \to x_0} g(x) = 0$，$\lim\limits_{x \to x_0} f(x) \neq 0$，则 $\lim\limits_{x \to x_0} \dfrac{f(x)}{g(x)}$ 不存在，即 $\dfrac{f(x)}{g(x)}$ 是 $x \to x_0$ 时的无穷大量，且有

$$\lim_{x \to x_0} \frac{f(x)}{g(x)} = \infty, \ + \infty \ \text{或} - \infty$$

【例 1.30】　求 $\lim\limits_{x \to 0} \dfrac{\sqrt{x^2 + 4} - 2}{\sqrt{x^2 + 9} - 3}$.

解　因为 $\lim\limits_{x \to 0}(\sqrt{x^2 + 4} - 2) = \lim\limits_{x \to 0}(\sqrt{x^2 + 9} - 3) = 0$,故此题可看做两个无穷小量相除再求极限,记为 $\dfrac{0}{0}$ 型. 又因为 $\lim\limits_{x \to 0}(\sqrt{x^2 + 9} - 3) = 0$,故不能直接利用定理 1.5,因为分子分母都含有根式,故想到采取分子分母同时有理化的方法,即

$$\lim_{x \to 0} \frac{\sqrt{x^2 + 4} - 2}{\sqrt{x^2 + 9} - 3} \overset{\frac{0}{0}}{=} \lim_{x \to 0} \frac{\sqrt{x^2 + 4} - 2}{\sqrt{x^2 + 9} - 3} \cdot \frac{\sqrt{x^2 + 4} + 2}{\sqrt{x^2 + 9} + 3} \cdot \frac{\sqrt{x^2 + 9} + 3}{\sqrt{x^2 + 4} + 2}$$

$$= \lim_{x \to 0} \frac{x^2(\sqrt{x^2 + 9} + 3)}{x^2(\sqrt{x^2 + 4} + 2)} = \frac{\lim\limits_{x \to 0}(\sqrt{x^2 + 9} + 3)}{\lim\limits_{x \to 0}(\sqrt{x^2 + 4} + 2)} = \frac{6}{4} = \frac{3}{2}$$

【例 1.31】　求 $\lim\limits_{n \to \infty}(\sqrt{n + 1} - \sqrt{n})$.

解　因为 $\lim\limits_{n \to \infty}\sqrt{n + 1} = \lim\limits_{n \to \infty}\sqrt{n} = + \infty$,则此题可看做两个无穷大量相减再求极限,记为 $\infty - \infty$ 型. 与例 1.30 类似,仍采取分子有理化,有

$$\lim_{n \to \infty}(\sqrt{n + 1} - \sqrt{n}) \overset{\infty - \infty}{=} \lim_{n \to \infty}(\sqrt{n + 1} - \sqrt{n}) \cdot \frac{\sqrt{n + 1} + \sqrt{n}}{\sqrt{n + 1} + \sqrt{n}}$$

$$= \lim_{n \to \infty} \frac{1}{\sqrt{n + 1} + \sqrt{n}} = 0$$

小结　当被求极限的函数中含有根式时,考虑分子或分母或分子分母同时有理化,去掉影响作出判断的根式.

【例 1.32】　求 $\lim\limits_{x \to 0} \dfrac{(1 + x)^m - 1}{x}$,$m$ 为正整数.

解　因为 $\lim\limits_{x \to 0}[(1 + x)^m - 1] = \lim\limits_{x \to 0} x = 0$,故此题也是 $\dfrac{0}{0}$ 型. 又因为

$$(1 + x)^m = C_m^0 + C_m^1 x + C_m^2 x^2 + \cdots + C_m^i x^i + \cdots + C_m^m x^m$$

$$= 1 + mx + \frac{m(m - 1)}{2}x^2 + \cdots + \frac{m(m - 1)\cdots(m - i + 1)}{i!}x^i + \cdots + x^m$$

而

$$\frac{(1 + x)^m - 1}{x} = m + \frac{m(m - 1)}{2}x + \cdots + \frac{m(m - 1)\cdots(m - i + 1)}{i!}x^{i-1} + \cdots + x^{m-1}$$

则

$$\lim_{x \to 0} \frac{(1+x)^m - 1}{x} = m$$

小结　例 1.32 实际上给出了一类求极限问题的公式.

例如,当 $m = 2$ 时,有 $\lim\limits_{x \to 0} \dfrac{(1+x)^2 - 1}{x} = 2$;当 $m = 3$ 时,有 $\lim\limits_{x \to 0} \dfrac{(1+x)^3 - 1}{x} = 3$. 而当 m 取负整数时,有

$$\lim_{x \to 0} \frac{(1+x)^m - 1}{x} = \lim_{x \to 0} \left[\frac{1 - (1+x)^{-m}}{x} \cdot (1+x)^m \right] = \lim_{x \to 0} \frac{1 - (1+x)^{-m}}{x} \cdot \lim_{x \to 0} (1+x)^m$$

$$= -(-m) \cdot 1 = m$$

例如,当 $m = -2$ 时,有 $\lim\limits_{x \to 0} \dfrac{(1+x)^{-2} - 1}{x} = -2$. 而当 m 取分数时,也有

$$\lim_{x \to 0} \frac{(1+x)^m - 1}{x} = m$$

例如,当 $m = \dfrac{1}{2}$ 时,即 $\lim\limits_{x \to 0} \dfrac{(1+x)^{\frac{1}{2}} - 1}{x} = \dfrac{1}{2}$.

综上所述,当 m 为任意实数时,恒有

$$\lim_{x \to 0} \frac{(1+x)^m - 1}{x} = m$$

【例 1.33】　求 $\lim\limits_{x \to \infty} \dfrac{3x^2 - 2x - 1}{2x^3 - x^2 + 5}$.

解　此题中分子、分母都是有理整函数,且有 $\lim\limits_{x \to \infty}(3x^2 - 2x - 1) = +\infty$,$\lim\limits_{x \to \infty}(2x^3 - x^2 + 5) = \infty$. 则此题可看做两个无穷大量相除再求极限,记为 $\dfrac{\infty}{\infty}$ 型. 此时,令分子、分母同时除以 x 的最高次项 (x^3),有

$$\lim_{x \to \infty} \frac{3x^2 - 2x - 1}{2x^3 - x^2 + 5} \overset{\frac{\infty}{\infty}}{=} \lim_{x \to \infty} \frac{\dfrac{3}{x} - \dfrac{2}{x^2} - \dfrac{1}{x^3}}{2 - \dfrac{1}{x} + \dfrac{5}{x^3}} = \frac{0}{2} = 0$$

【例 1.34】　求 $\lim\limits_{x \to \infty} \dfrac{2x^4 + x^3 - 2}{x^3 - 2x^2 + 2}$.

解　因为 $\lim\limits_{x \to \infty} \dfrac{x^3 - 2x^2 + 2}{2x^4 + x^3 - 2} \overset{\frac{\infty}{\infty}}{=} \lim\limits_{x \to \infty} \dfrac{\dfrac{1}{x} - \dfrac{2}{x^2} + \dfrac{2}{x^4}}{2 + \dfrac{1}{x} - \dfrac{2}{x^4}} = 0$. 故由无穷小量与无穷大量的关系,有

$$\lim_{x \to \infty} \frac{2x^4 + x^3 - 2}{x^3 - 2x^2 + 2} = \infty$$

【例 1.35】　求 $\lim\limits_{n\to\infty}\dfrac{1+2+\cdots+n}{(n+3)(n+4)}$.

解　$\lim\limits_{n\to\infty}\dfrac{1+2+\cdots+n}{(n+3)(n+4)}\overset{\frac{\infty}{\infty}}{=\!=\!=}\lim\limits_{n\to\infty}\dfrac{\dfrac{(n+1)n}{2}}{n^2+7n+12}=\lim\limits_{n\to\infty}\dfrac{1+\dfrac{1}{n}}{2+\dfrac{14}{n}+\dfrac{24}{n^2}}=\dfrac{1}{2}$

小结　一般地,设有理整函数

$$P_n(x)=a_0x^n+a_1x^{n-1}+\cdots+a_{n-1}x+a_n,a_0\neq 0$$
$$Q_m(x)=b_0x^m+b_1x^{m-1}+\cdots+b_{m-1}x+b_m,b_0\neq 0$$

则有

$$\lim_{x\to\infty}\frac{P_n(x)}{Q_m(x)}=\begin{cases}0, & n<m\\[2mm]\dfrac{a_0}{b_0}, & n=m\\[3mm]\infty, & n>m\end{cases} \tag{1.21}$$

【例 1.36】　已知 $\lim\limits_{x\to\infty}\left(\dfrac{x^2+1}{x+1}-ax-b\right)=0$,求 a,b 的值.

解　由已知

$$\lim_{x\to\infty}\left(\frac{x^2+1}{x+1}-ax-b\right)=\lim_{x\to\infty}\frac{(1-a)x^2-(a+b)x+1-b}{x+1}=0$$

则根据式(1.21),若要使上式成立,只能使作为分子的多项式 $(1-a)x^2-(a+b)x+1-b$ 的最高次数小于作为分母的多项式 $x+1$ 的最高次数,而 $x+1$ 的最高次数为 1,即多项式 $(1-a)x^2-(a+b)x+1-b$ 的最高次数应该小于 1,则有 x^2 及 x 前面的系数为 0,即有

$$\begin{cases}1-a=0\\a+b=0\end{cases}$$

得 $a=1,b=-1$.

1.6　极限存在性准则与两个重要极限

1.6.1　极限存在性准则

定理 1.6　若数列 $\{x_n\},\{y_n\}$ 和 $\{z_n\}$ 满足下列条件:

(1) $y_n\leqslant x_n\leqslant z_n,n=1,2,3,\cdots$;

(2) $\lim\limits_{n\to\infty}y_n=\lim\limits_{n\to\infty}z_n=a$.

则数列 $\{x_n\}$ 的极限存在,且

$$\lim_{n\to\infty}x_n=a$$

证明   因为 $\lim\limits_{n\to\infty} y_n = a$, $\lim\limits_{n\to\infty} z_n = a$,则对任意给定的 $\varepsilon > 0$,存在正整数 N_1, N_2,使得当 $n > N_1$ 时恒有 $|y_n - a| < \varepsilon$,当 $n > N_2$ 时恒有 $|z_n - a| < \varepsilon$,取 $N = \max\{N_1, N_2\}$,则当 $n > N$ 时,同时有

$$|y_n - a| < \varepsilon, |z_n - a| < \varepsilon$$

即

$$a - \varepsilon < y_n < a + \varepsilon, a - \varepsilon < z_n < a + \varepsilon$$

则由条件(1),恒有

$$a - \varepsilon < y_n \leqslant x_n \leqslant z_n < a + \varepsilon$$

即

$$|x_n - a| < \varepsilon$$

由数列极限的分析定义,有

$$\lim_{n\to\infty} x_n = a$$

利用此定理求极限,关键是构造出 y_n 和 z_n 满足条件(1),还应具有相同的极限且容易求得.

【例 1.37】   求 $\lim\limits_{n\to\infty}\left(\dfrac{1}{\sqrt{n^2+1}} + \dfrac{1}{\sqrt{n^2+2}} + \cdots + \dfrac{1}{\sqrt{n^2+n}}\right)$.

解   令 $x_n = \dfrac{1}{\sqrt{n^2+1}} + \dfrac{1}{\sqrt{n^2+2}} + \cdots + \dfrac{1}{\sqrt{n^2+n}}$,则 x_n 为 n 项相加,且第 i 个加式为 $\dfrac{1}{\sqrt{n^2+i}}$,$i = 1, 2, \cdots, n$,因为 $1 \leqslant i \leqslant n$,故 $\dfrac{1}{\sqrt{n^2+n}} \leqslant \dfrac{1}{\sqrt{n^2+i}} \leqslant \dfrac{1}{\sqrt{n^2+1}}$,$i = 1, 2, \cdots, n$,即有

$$\frac{n}{\sqrt{n^2+n}} \leqslant x_n \leqslant \frac{n}{\sqrt{n^2+1}}$$

而

$$\lim_{n\to\infty} \frac{n}{\sqrt{n^2+n}} = \lim_{n\to\infty} \frac{1}{\sqrt{1+\dfrac{1}{n}}} = 1, \lim_{n\to\infty} \frac{n}{\sqrt{n^2+1}} = \lim_{n\to\infty} \frac{1}{\sqrt{1+\dfrac{1}{n^2}}} = 1$$

则由定理 1.6,可知

$$\lim_{n\to\infty}\left(\frac{1}{\sqrt{n^2+1}} + \frac{1}{\sqrt{n^2+2}} + \cdots + \frac{1}{\sqrt{n^2+n}}\right) = 1$$

上述关于数列极限的存在性定理可以推广到函数极限的情形,以 $x \to x_0$ 为例.

定理 1.7   若函数 $g(x), f(x), h(x)$ 满足下列条件:

(1) 当 $0 < |x - x_0| < \delta (\delta > 0)$ 时,有 $g(x) \leqslant f(x) \leqslant h(x)$;

(2) $\lim\limits_{x\to x_0} g(x) = \lim\limits_{x\to x_0} h(x) = A$.

则极限 $\lim\limits_{x \to x_0} f(x)$ 存在且等于 A,即

$$\lim_{x \to x_0} f(x) = A$$

【例 1.38】　求 $\lim\limits_{x \to +\infty} (1 + 2^x + 3^x)^{\frac{1}{x}}$.

解　因为当 $x \to +\infty$ 时,恒有

$$3 = (3^x)^{\frac{1}{x}} < (1 + 2^x + 3^x)^{\frac{1}{x}} < (3 \times 3^x)^{\frac{1}{x}} = 3 \times 3^{\frac{1}{x}}$$

而 $\lim\limits_{x \to +\infty} 3 = \lim\limits_{x \to +\infty} (3 \times 3^{\frac{1}{x}}) = 3$,则由定理 1.7,有

$$\lim_{x \to +\infty} (1 + 2^x + 3^x)^{\frac{1}{x}} = 3$$

由于定理 1.6 和定理 1.7 要求三个数列(或函数)满足条件(1),所以常称定理 1.6 和定理 1.7 为**两边夹定理**或**夹逼定理**.

定义 1.23　已知数列 $\{x_n\}$,若存在常数 $M > 0$,使

$$|x_n| \leqslant M, n = 1, 2, \cdots$$

则称数列 $\{x_n\}$ 有界;若存在常数 M,使

$$x_n \leqslant M, n = 1, 2, \cdots$$

则称数列 $\{x_n\}$ 有上界;若存在常数 M,使

$$x_n \geqslant M, n = 1, 2, \cdots$$

则称数列 $\{x_n\}$ 有下界.

定义 1.24　若数列 $\{x_n\}$ 满足条件

$$x_1 \leqslant x_2 \leqslant \cdots \leqslant x_n \leqslant x_{n+1} \leqslant \cdots$$

则称数列 $\{x_n\}$ 是单调增加的;若数列 $\{x_n\}$ 满足条件

$$x_1 \geqslant x_2 \geqslant \cdots \geqslant x_n \geqslant x_{n+1} \geqslant \cdots$$

则称数列 $\{x_n\}$ 是单调减少的.单调增加和单调减少的数列统称为单调数列.

定理 1.8　单调增加有上界的数列必有极限;单调减少有下界的数列必有极限.

从数轴上看,对应于单调数列的点 x_n 只能向一个方向移动,所以只有两种可能情形:或者点 x_n 沿数轴移向无穷远($x_n \to +\infty$ 或 $x_n \to -\infty$);或者点 x_n 无限趋近于某一个定点 A,见图 1.39,也就是数列 x_n 趋向一个常数.但现在假定数列是有界的,而有界数列的点 x_n 都落在数轴上某个闭区间 $[-M, M]$ 内,因此上述第一种情形就不可能发生了,这就表示这个数列趋于一个常数,并且这个常数的绝对值不超过 M.

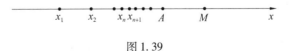

图 1.39

1.6.2　两个重要极限

下面将给出求极限的两个重要公式 —— 两个重要极限. 它们分别是两个极限存在性定理的应用,其中两边夹定理的应用是第一重要极限,即 $\lim\limits_{x \to 0} \dfrac{\sin x}{x} = 1$;定理 1.8 的应用是第二重要极限,即 $\lim\limits_{x \to \infty} \left(1 + \dfrac{1}{x}\right)^x = \mathrm{e}$.

1. $\lim\limits_{x \to 0} \dfrac{\sin x}{x} = 1$

证明　因为 $\dfrac{\sin x}{x}$ 是偶函数,故只对 $x \to 0^+$ 的情况进行讨论.

作一单位圆,见图 1.40,设 $\angle AOB = x$, $0 < x < \dfrac{\pi}{2}$,点 A 处有一圆的切线与 OB 的延长线交于点 D,过点 B 再作 OA 的垂线,垂足为 C. 故

$$\sin x = CB, \ x = \widehat{AB}, \ \tan x = AD$$

易见

$$\sin x < x < \tan x$$

从而

$$1 < \frac{x}{\sin x} < \frac{1}{\cos x}$$

又因为

$$0 < 1 - \cos x = 2 \sin^2 \frac{x}{2} < 2 \cdot \left(\frac{x}{2}\right)^2 < \frac{x^2}{2}$$

则有

$$\lim\limits_{x \to 0}(1 - \cos x) = 0$$

即 $\lim\limits_{x \to 0} \cos x = 1$, $\lim\limits_{x \to 0} 1 = 1$,则由定理 1.7,得

$$\lim\limits_{x \to 0} \frac{\sin x}{x} = 1$$

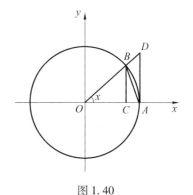

图 1.40

【**例 1.39**】　求 $\lim\limits_{x \to 0} \dfrac{\tan x}{x}$.

解　$\lim\limits_{x \to 0} \dfrac{\tan x}{x} = \lim\limits_{x \to 0} \dfrac{\sin x}{x} \cdot \dfrac{1}{\cos x} = \lim\limits_{x \to 0} \dfrac{\sin x}{x} \cdot \lim\limits_{x \to 0} \dfrac{1}{\cos x} = 1.$

【例 1.40】　求 $\lim\limits_{x\to\infty} x\sin\dfrac{1}{x}$.

解　作变量替换,令 $t=\dfrac{1}{x}$,则 $x\to\infty$ 时,$t\to 0$,即有

$$\lim_{x\to\infty} x\sin\frac{1}{x} = \lim_{t\to 0}\frac{1}{t}\sin t = \lim_{t\to 0}\frac{\sin t}{t} = 1$$

小结　(1) 实际上,$\lim\limits_{x\to 0}\dfrac{\sin x}{x}=1$ 是第一重要极限的标准形式,许多函数求极限的问题都可归结为第一重要极限. 当利用第一重要极限求极限时,必须满足:分子中求正弦的变量与分母保持一致;无论 x 采取何种趋近方式,关于 x 的变量 $f(x)$ 是这种趋近方式下的无穷小量. 通过上面的分析,第一重要极限的通式可记为

$$\lim_{f(x)\to 0}\frac{\sin\left[f(x)\right]}{f(x)} = 1 \tag{1.22}$$

(2) 由第 1.4 节性质 3 可知,$\lim\limits_{x\to\infty}\dfrac{\sin x}{x}=0$,$\lim\limits_{x\to 0} x\sin\dfrac{1}{x}=0$,由第一重要极限有 $\lim\limits_{x\to\infty} x\sin\dfrac{1}{x}=1$,

$\lim\limits_{x\to 0}\dfrac{\sin x}{x}=1$.

【例 1.41】　求 $\lim\limits_{x\to 0}\dfrac{1-\cos x}{\dfrac{x^2}{2}}$.

解　因为 $1-\cos x = 2\sin^2\dfrac{x}{2}$,则有

$$\lim_{x\to 0}\frac{1-\cos x}{\dfrac{x^2}{2}} = \lim_{x\to 0}\frac{2\sin^2\left(\dfrac{x}{2}\right)}{\dfrac{x^2}{2}} = \lim_{x\to 0}\left[\frac{\sin\left(\dfrac{x}{2}\right)}{\dfrac{x}{2}}\right]^2 = \left[\lim_{x\to 0}\frac{\sin\left(\dfrac{x}{2}\right)}{\dfrac{x}{2}}\right]^2 = 1^2 = 1$$

2. $\lim\limits_{x\to\infty}\left(1+\dfrac{1}{x}\right)^x = \mathrm{e}$

证明　先考虑 x 取正整数 n 且 $n\to\infty$ 的情形.

设 $x_n=\left(1+\dfrac{1}{n}\right)^n$,可以先证明数列 $\{x_n\}$ 单调增加且有上界,则

(1) $x_n < x_{n+1}$,$n=1,2,3,\cdots$,即 $\{x_n\}$ 为单调增加的数列;

(2) $x_n < 3$,即数列 $\{x_n\}$ 有上界.

根据定理 1.8,$\lim\limits_{n\to\infty} x_n$ 存在. 通常用字母 e 表示此极限,即

$$\lim_{n\to\infty}\left(1+\frac{1}{n}\right)^n = \mathrm{e}$$

此极限属于 1^∞ 型,当 $x\to+\infty$ 时,设 $n\leqslant x < n+1$,则有

$$\left(1+\frac{1}{n+1}\right)^n < \left(1+\frac{1}{x}\right)^x < \left(1+\frac{1}{n}\right)^{n+1}$$

且 n 与 x 同时趋于 $+\infty$,因为

$$\lim_{n\to\infty}\left(1+\frac{1}{n+1}\right)^n = \lim_{n\to\infty}\frac{\left(1+\frac{1}{n+1}\right)^{n+1}}{1+\frac{1}{n+1}} = e$$

$$\lim_{n\to\infty}\left(1+\frac{1}{n}\right)^{n+1} = \lim_{n\to\infty}\left(1+\frac{1}{n}\right)^n \cdot \left(1+\frac{1}{n}\right) = e$$

则由两边夹定理,得

$$\lim_{x\to+\infty}\left(1+\frac{1}{x}\right)^x = e$$

令 $x=-(t+1)$,则 $x\to-\infty$ 时,$t\to+\infty$. 从而

$$\lim_{x\to-\infty}\left(1+\frac{1}{x}\right)^x = \lim_{t\to+\infty}\left(1-\frac{1}{t+1}\right)^{-(t+1)} = \lim_{t\to+\infty}\left(\frac{t}{t+1}\right)^{-(t+1)} = \lim_{t\to+\infty}\left(1+\frac{1}{t}\right)^{t+1}$$

$$= \lim_{t\to+\infty}\left(1+\frac{1}{t}\right)^t \cdot \left(1+\frac{1}{t}\right) = e$$

因此,有

$$\lim_{x\to\infty}\left(1+\frac{1}{x}\right)^x = e$$

这个数 e 是无理数,它的值是

$$e = 2.718\ 281\ 828\ 459\ 045\cdots$$

由 $y=u(x)^{v(x)}$ 所确定的 y 关于 x 的函数称为**幂指函数**. 第二重要极限常用于此类幂指函数求极限的问题,其通式为

$$\lim_{f(x)\to\infty}\left[1+\frac{1}{f(x)}\right]^{f(x)} = e \text{ 或} \lim_{f(x)\to0}\left[1+f(x)\right]^{\frac{1}{f(x)}} = e \tag{1.23}$$

有

$$\lim_{x\to0}(1+x)^{\frac{1}{x}} = e$$

【例 1.42】 求 $\lim\limits_{x\to0}(1-2x)^{\frac{1}{x}}$.

解 令 $u=-\frac{1}{2x}$,则当 $x\to0$ 时,$u\to\infty$,即有

$$\lim_{x\to0}(1-2x)^{\frac{1}{x}} = \lim_{u\to\infty}\left(1+\frac{1}{u}\right)^{-2u} = \left[\lim_{u\to\infty}\left(1+\frac{1}{u}\right)^u\right]^{-2} = e^{-2}$$

【例 1.43】 求 $\lim\limits_{x\to\infty}\left(\frac{x-1}{x+1}\right)^x$.

解法一 因为 $\frac{x-1}{x+1}=1+\frac{-2}{x+1}$,故

$$\lim_{x \to \infty} \left(\frac{x-1}{x+1} \right)^x = \lim_{x \to \infty} \left(1 + \frac{-2}{x+1} \right)^x = \lim_{x \to \infty} \left(1 + \frac{-2}{x+1} \right)^{-\frac{x+1}{2} \times (-2) - 1} = \frac{\left[\lim_{x \to \infty} \left(1 + \frac{-2}{x+1} \right)^{-\frac{x+1}{2}} \right]^{-2}}{\lim_{x \to \infty} \left(1 + \frac{-2}{x+1} \right)}$$

$$= \frac{\mathrm{e}^{-2}}{1} = \mathrm{e}^{-2}$$

解法二　因为 $\dfrac{x-1}{x+1} = \dfrac{1 - \dfrac{1}{x}}{1 + \dfrac{1}{x}}$,则有

$$\lim_{x \to \infty} \left(\frac{x-1}{x+1} \right)^x = \lim_{x \to \infty} \left(\frac{1 - \dfrac{1}{x}}{1 + \dfrac{1}{x}} \right)^x = \frac{\left[\lim_{x \to \infty} \left(1 - \dfrac{1}{x} \right)^{-x} \right]^{-1}}{\lim_{x \to \infty} \left(1 + \dfrac{1}{x} \right)^x} = \frac{\mathrm{e}^{-1}}{\mathrm{e}} = \mathrm{e}^{-2}$$

利用第二重要极限求幂指函数的极限时,一般比较繁琐.下面将例 1.43 的两种求解方法总结归纳,整理如下:

解法一　(1) 将幂指函数 $u(x)^{v(x)}$ 整理成 $\left[1 + f(x) \right]^{v(x)}$ 形式,其中 $\lim u(x) = 1$, $\lim v(x) = \infty$, $\lim f(x) = 0$;

(2) $\lim u(x)^{v(x)} = \lim \left[1 + f(x) \right]^{v(x)} = \mathrm{e}^{\lim f(x) \cdot v(x)}$.

解法二　(1) 分子、分母同时除以 x 的最高次数,再分别整理成式(1.23)的形式;

(2) 分子、分母分别利用第二重要极限方法求极限.

【例 1.44】　求 $\lim\limits_{x \to \infty} \left(\dfrac{3+x}{2+x} \right)^{2x}$.

解法一　$\quad \lim\limits_{x \to \infty} \left(\dfrac{3+x}{2+x} \right)^{2x} = \lim\limits_{x \to \infty} \left(1 + \dfrac{1}{x+2} \right)^{2x} = \mathrm{e}^{\lim\limits_{x \to \infty} \frac{1}{x+2} \cdot 2x} = \mathrm{e}^2$

解法二　$\quad \lim\limits_{x \to \infty} \left(\dfrac{3+x}{2+x} \right)^{2x} = \lim\limits_{x \to \infty} \dfrac{\left[\left(1 + \dfrac{3}{x} \right)^{\frac{x}{3}} \right]^6}{\left[\left(1 + \dfrac{2}{x} \right)^{\frac{x}{2}} \right]^4} = \dfrac{\mathrm{e}^6}{\mathrm{e}^4} = \mathrm{e}^2$

1.6.3　利用等价无穷小求极限

由第一重要极限 $\lim\limits_{x \to 0} \dfrac{\sin x}{x} = 1$,例 1.39 中 $\lim\limits_{x \to 0} \dfrac{\tan x}{x} = 1$,例 1.41 中 $\lim\limits_{x \to 0} \dfrac{1 - \cos x}{\dfrac{x^2}{2}} = 1$,根据定

义 1.21 可知:

当 $x \to 0$ 时,$\sin x \sim x$,$\tan x \sim x$,$1 - \cos x \sim \dfrac{x^2}{2}$,易得 $\sin ax \sim ax$,$\tan ax \sim ax$,其中 a 为

非零常数.

对于两个无穷小量之比的极限,可以用它们的等价无穷小量之比来做代换. 即

定理 1.9 设 $\alpha, \alpha', \beta, \beta'$ 都是关于自变量某一变化趋势下的无穷小量,且

$$\alpha \sim \alpha', \beta \sim \beta', \lim \frac{\alpha'}{\beta'} \text{ 存在}$$

则 $\lim \dfrac{\alpha}{\beta}$ 也存在,且有

$$\lim \frac{\alpha}{\beta} = \lim \frac{\alpha'}{\beta'}$$

事实上

$$\lim \frac{\alpha}{\beta} = \lim\left(\frac{\alpha}{\alpha'} \cdot \frac{\alpha'}{\beta'} \cdot \frac{\beta'}{\beta}\right) = \left(\lim \frac{\alpha}{\alpha'}\right) \cdot \left(\lim \frac{\alpha'}{\beta'}\right) \cdot \left(\lim \frac{\beta'}{\beta}\right) = \lim \frac{\alpha'}{\beta'}$$

【例 1.45】 求 $\lim\limits_{x \to 0} \dfrac{\tan 3x}{\sin 2x}$.

解 因为 $x \to 0$ 时, $\tan 3x \sim 3x$, $\sin 2x \sim 2x$, 则

$$\lim_{x \to 0} \frac{\tan 3x}{\sin 2x} = \lim_{x \to 0} \frac{3x}{2x} = \frac{3}{2}$$

在求函数的极限时, 函数中的无穷小量因子, 可以用其等价的无穷小量来代换. 即若 $\alpha \sim \alpha', \beta \sim \beta'$, 则当极限存在时, 有

$$\lim \frac{\alpha f(x)}{g(x)} = \lim \frac{\alpha' f(x)}{g(x)}, \lim \frac{f(x)}{\beta g(x)} = \lim \frac{f(x)}{\beta' g(x)}, \lim \frac{\alpha f(x)}{\beta g(x)} = \lim \frac{\alpha' f(x)}{\beta' g(x)}$$

【例 1.46】 求 $\lim\limits_{x \to 0} \dfrac{x \sin x}{1 - \cos x}$.

解 因为 $x \to 0$ 时, $\sin x \sim x$, $1 - \cos x \sim \dfrac{x^2}{2}$, 故 $x \sin x \sim x^2$, 则有

$$\lim_{x \to 0} \frac{x \sin x}{1 - \cos x} = \lim_{x \to 0} \frac{x^2}{\dfrac{x^2}{2}} = 2$$

【例 1.47】 求 $\lim\limits_{x \to 0} \dfrac{\tan x - \sin x}{x^3}$.

解
$$\lim_{x \to 0} \frac{\tan x - \sin x}{x^3} = \lim_{x \to 0} \frac{\sin x(1 - \cos x)}{x^3 \cos x} = \lim_{x \to 0} \frac{1}{\cos x} \cdot \lim_{x \to 0} \frac{\sin x(1 - \cos x)}{x^3}$$

$$= \lim_{x \to 0} \frac{x \cdot \left(\dfrac{x^2}{2}\right)}{x^3} = \frac{1}{2}$$

注意 无穷小量做等价代换时, 只能代换函数的因子, 如若将例 1.47 的分子中 $\tan x$ 与 $\sin x$ 同时代换为 x, 则会得出极限为 0 的错误结果.

1.7 函数的连续性

现实世界中观察到的许多现象都是连续变化的,如气温的变化、植物的生长、国民收入的变化等.这种现象在函数关系上的反映,就是函数的连续性.例如,就气温的变化来看,当时间变动微小时,气温的变化也很微小,这种特点就是所谓的连续性.

1.7.1 连续函数的概念

为了便于讨论,先给出变量的改变量的概念.

定义 1.25 设变量 u 从初值 u_0 改变到终值 u_1,则称终值与初值之差 $u_1 - u_0$ 为变量 u 的改变量(亦称增量),记为 $\Delta u = u_1 - u_0$.

例如,对于函数 $y = f(x)$,当自变量 x 从初值 x_0 改变到终值 x_1 时,其改变量为 $\Delta x = x_1 - x_0$;相应地,函数 $f(x)$ 从初值 $f(x_0)$ 改变到终值 $f(x_1)$,其改变量为 $\Delta y = f(x_1) - f(x_0)$.

注意 改变量可以是正的,可以是负的,也可以是 0.

函数 $y = f(x)$ 在点 x_0 处连续,是指自变量在点 x_0 处取得微小的改变量 Δx 时,相应的函数值的改变量 Δy 也很小.

下面给出函数 $y = f(x)$ 在点 x_0 处连续的严格定义.

定义 1.26 已知函数 $y = f(x)$ 在点 x_0 的某邻域内有定义.如果自变量在点 x_0 处的改变量 Δx 趋近于 0 时,相应的函数改变量 Δy 也趋近于 0,即有

$$\lim_{\Delta x \to 0} \Delta y = \lim_{\Delta x \to 0} [f(x_0 + \Delta x) - f(x_0)] = 0$$

则称函数 $f(x)$ 在点 x_0 处连续,并称点 x_0 为 $f(x)$ 的连续点.

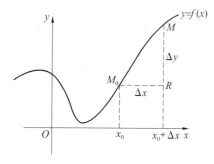

图 1.41

函数 $f(x)$ 在点 x_0 处连续,表现在图形上是指,当 $\Delta x \to 0$ 时,曲线 $y = f(x)$ 上的动点 $M(x, f(x))$ 无限趋近于该曲线上的定点 $M_0(x_0, f(x_0))$,见图 1.41.

若函数 $f(x)$ 在区间 I 内每一点都连续,则称 $f(x)$ 为区间 I 内的**连续函数**.函数的连续性在几何上表现为连续函数的图形是一条连续不间断的曲线.

【例 1.48】 证明函数 $y = x^2$ 在任意点 x 处皆连续.

证明 任意取定一点 x_0,则有

$$\Delta y = (x_0 + \Delta x)^2 - x_0^2 = 2x_0 \Delta x + (\Delta x)^2$$

即

$$\lim_{\Delta x \to 0} \Delta y = \lim_{\Delta x \to 0} (2x_0 + \Delta x) \Delta x = 0$$

故函数 $y = x^2$ 在点 x_0 处连续. 再由点 x_0 的任意性,可知函数 $y = x^2$ 在任意点 x 处皆连续.

【例 1.49】 证明函数 $y = \ln x(x > 0)$ 在任意点 x 处皆连续.

证明 任意取定一点 $x_0 > 0$,则有

$$\Delta y = \ln(x_0 + \Delta x) - \ln x_0 = \ln \frac{x_0 + \Delta x}{x_0} = \ln\left(1 + \frac{\Delta x}{x_0}\right)$$

因为当 $\Delta x \to 0$ 时,$\dfrac{\Delta x}{x_0} \to 0$ 是无穷小量,所以

$$\lim_{\Delta x \to 0} \Delta y = \lim_{\Delta x \to 0} \ln\left(1 + \frac{\Delta x}{x_0}\right) = \ln 1 = 0$$

于是由定义可知,函数 $y = \ln x$ 在点 x_0 处连续. 再由点 x_0 的任意性,可知函数 $y = \ln x$ 在任意点 $x(x > 0)$ 处皆连续.

实际上,第 1 节提到的六种基本初等函数在其定义域内都是连续的.

在定义 1.26 中,若令 $x = x_0 + \Delta x$,即 $\Delta x = x - x_0$,则 $\Delta x \to 0$ 等价于 $x \to x_0$,相应地

$$\Delta y = f(x_0 + \Delta x) - f(x_0) = f(x) - f(x_0) \to 0$$

等价于 $f(x) \to f(x_0)$. 于是,得到函数 $f(x)$ 在点 x_0 处连续的等价定义.

定义 1.27 已知函数 $y = f(x)$ 在点 x_0 的某一邻域内有定义. 若有

$$\lim_{x \to x_0} f(x) = f(x_0)$$

则称函数 $f(x)$ 在点 x_0 处连续,称点 x_0 为 $f(x)$ 的连续点.

若只考虑单侧极限,则有

定义 1.28 已知函数 $y = f(x)$ 在点 x_0 的某一邻域内有定义. 若 $\lim\limits_{x \to x_0^-} f(x) = f(x_0)$,则称函数 $f(x)$ 在点 x_0 处左连续;若 $\lim\limits_{x \to x_0^+} f(x) = f(x_0)$,则称函数 $f(x)$ 在点 x_0 处右连续.

定理 1.10 函数 $f(x)$ 在点 x_0 处连续的充分必要条件是函数 $f(x)$ 在点 x_0 处既左连续又右连续,即

$$\lim_{x \to x_0} f(x) = f(x_0) \Leftrightarrow \lim_{x \to x_0^-} f(x) = \lim_{x \to x_0^+} f(x) = f(x_0)$$

【例 1.50】 讨论函数

$$f(x) = \begin{cases} 1 + \dfrac{x}{2}, & x \leq 0 \\ 1 + x^2, & 0 < x \leq 1 \\ 4 - x, & x > 1 \end{cases}$$

在点 $x = 0$ 和 $x = 1$ 处的连续性.

解 在 $x = 0$ 处,有

$$f(0) = 1 + \frac{0}{2} = 1, \lim_{x \to 0^-} f(x) = \lim_{x \to 0^-}\left(1 + \frac{x}{2}\right) = 1, \lim_{x \to 0^+} f(x) = \lim_{x \to 0^+}(1 + x^2) = 1$$

则有 $\lim\limits_{x\to 0} f(x) = 1 = f(0)$，故函数 $f(x)$ 在点 $x = 0$ 处连续.

在 $x = 1$ 处，有

$$f(1) = 1 + 1^2 = 2$$

$$\lim_{x\to 1^-} f(x) = \lim_{x\to 1^-}(1 + x^2) = 2$$

$$\lim_{x\to 1^+} f(x) = \lim_{x\to 1^+}(4 - x) = 3$$

由于 $\lim\limits_{x\to 1^-} f(x) \neq \lim\limits_{x\to 1^+} f(x)$，因此 $\lim\limits_{x\to 1} f(x)$ 不存在，故函数 $f(x)$ 在点 $x = 1$ 处不连续.

又因为 $\lim\limits_{x\to 1^-} f(x) = f(1)$，故函数在点 $x = 1$ 处左

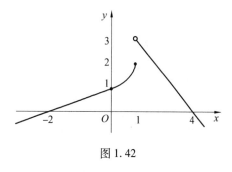

图 1.42

连续，函数图象见图 1.42.

1.7.2　函数的间断点

函数连续性的定义是相当严格的，由定义 1.27 可知，函数 $f(x)$ 在点 x_0 处连续必须满足三个条件：

(1) $f(x)$ 在点 x_0 处有定义；

(2) $\lim\limits_{x\to x_0} f(x)$ 存在；

(3) $\lim\limits_{x\to x_0} f(x) = f(x_0)$.

如果三个条件中至少有一个不满足，则函数 $f(x)$ 在点 x_0 处就是不连续的，即是间断的.

设函数 $f(x)$ 在点 x_0 的某空心邻域内有定义. 在此前提下，如果函数 $f(x)$ 有下列三种情形之一：

(1) $f(x)$ 在点 x_0 处无定义；

(2) $\lim\limits_{x\to x_0} f(x)$ 不存在；

(3) $\lim\limits_{x\to x_0} f(x) = A$，但是 $A \neq f(x_0)$.

则称 $f(x)$ 在点 x_0 处间断，其中 x_0 称为间断点.

一般地，有

定义 1.29　已知函数 $f(x)$ 在点 x_0 的某空心邻域内有定义，如果函数 $f(x)$ 在点 x_0 处不连续，则称点 x_0 为函数 $f(x)$ 的间断点.

例如，在例 1.50 中，当 $x = 1$ 时，函数 $f(x)$ 不连续，故 $x = 1$ 为函数 $f(x)$ 的间断点.

函数的间断点可分为两类. 如果 x_0 是 $f(x)$ 的间断点，且 $f(x)$ 在点 x_0 处的左、右极限都存在，则称 x_0 是函数 $f(x)$ 的**第一类间断点**；如果 x_0 是函数 $f(x)$ 的间断点，且 $f(x)$ 在点 x_0 处的左、右极限至少有一个不存在，则称 x_0 是函数 $f(x)$ 的**第二类间断点**.

第一类间断点分为可去间断点和跳跃间断点.

可去间断点是指函数 $f(x)$ 在点 x_0 处左、右极限都存在且相等，但不等于函数 $f(x)$ 在点 x_0

处的函数值. 即

$$\lim_{x \to x_0} f(x) \neq f(x_0)$$

例如,$x = 2$ 就是函数 $f(x) = \dfrac{x^2 - 4}{x - 2}$ 的可去间断点,这是因为 $\lim\limits_{x \to 2} f(x) = 4$,但是函数 $f(x)$ 在 $x = 2$ 处无定义.

对于可去间断点 x_0,如果用极限值定义函数值 $f(x_0)$,则点 x_0 可由间断点变为连续点. 例如,对于函数 $f(x) = \dfrac{x^2 - 4}{x - 2}$,令 $f(2) = 4$,即得到新函数

$$g(x) = \begin{cases} \dfrac{x^2 - 4}{x - 2}, & x \neq 2 \\ 4, & x = 2 \end{cases}$$

此时,点 $x = 2$ 就是 $g(x)$ 的连续点了.

跳跃间断点是指函数 $f(x)$ 在点 x_0 处左、右极限都存在但不相等,例如,例 1.50 中点 $x = 1$ 就是 $f(x)$ 的跳跃间断点.

再如,函数

$$f(x) = \begin{cases} x + 1, & x < 0 \\ 0, & x \geq 0 \end{cases}$$

因为

$$\lim_{x \to 0^-} f(x) = 1, \lim_{x \to 0^+} f(x) = 0, \lim_{x \to 0^-} f(x) \neq \lim_{x \to 0^+} f(x)$$

故 $x = 0$ 为 $f(x)$ 的跳跃间断点.

第二类间断点分为无穷间断点和非无穷间断点.

无穷间断点是指函数 $f(x)$ 在点 x_0 处左、右极限至少有一个为 ∞. 例如,点 $x = 0$ 是函数 $f(x) = \dfrac{1}{x}$ 的无穷间断点. 这是因为 $\lim\limits_{x \to 0^-} f(x) = -\infty$,$\lim\limits_{x \to 0^+} f(x) = +\infty$.

振荡间断点是非无穷间断点中的一种类型,是指当 $x \to x_0$ 时,函数 $f(x)$ 的变化趋势为无限次的振荡. 例如,点 $x = 0$ 是函数 $f(x) = \sin \dfrac{1}{x}$ 的振荡间断点.

那么,如何寻找函数的间断点呢? 一般来说,初等函数无意义的点一定是间断点;分段函数的分段点也可能是间断点.

例如:分段函数

$$f(x) = \begin{cases} 1, & x < -1 \\ x, & -1 \leq x < 1 \\ 2 - x, & 1 < x \leq 2 \\ \dfrac{1}{x - 2}, & x > 2 \end{cases}$$

$x = -1$ 是函数 $f(x)$ 的跳跃间断点,因为 $\lim\limits_{x \to -1^-} f(x) = 1$,而 $\lim\limits_{x \to -1^+} f(x) = -1$;$x = 1$ 是函数 $f(x)$ 的可去间断点,因为 $\lim\limits_{x \to 1^-} f(x) = \lim\limits_{x \to 1^+} f(x) = 1$,但函数 $f(x)$ 在 $x = 1$ 处无定义,若令 $f(x) = 1$,则 $f(x)$ 在 $x = 1$ 处就连续了;$x = 2$ 是函数 $f(x)$ 的无穷间断点,因为 $\lim\limits_{x \to 2^-} f(x) = 0$,而 $\lim\limits_{x \to 2^+} f(x) = +\infty$.

1.7.3   函数在连续点处的性质与初等函数的连续性

函数连续性的概念是建立在极限理论基础上的,因而利用函数极限的性质可得到函数在连续点处的性质.

1. 函数在连续点处的性质

定理 1.11   已知函数 $f(x)$ 和 $g(x)$ 在点 x_0 处连续,则有

(1) $f(x) \pm g(x)$ 在点 x_0 处连续;

(2) $f(x) \cdot g(x)$ 在点 x_0 处连续;

(3) 若 $g(x_0) \neq 0$,则 $\dfrac{f(x)}{g(x)}$ 在点 x_0 处连续.

定理 1.12   已知函数 $u = g(x)$ 在 $x = x_0$ 处连续,$y = f(u)$ 在 $u_0 = g(x_0)$ 处连续,则复合函数 $y = f[g(x)]$ 在点 x_0 处连续.

通过定理 1.12 可以得到如下结论

$$\lim_{x \to x_0} f[g(x)] = f[g(x_0)] = f\left[\lim_{x \to x_0} g(x)\right]$$

这表明,对于连续函数来说,极限符号与函数符号可以交换顺序.

2. 初等函数的连续性

定理 1.13   初等函数在其定义区间内每一点处都是连续的.

利用函数的连续性求函数极限,是一个有效的方法,下面举例说明.

【例 1.51】   求 $\lim\limits_{x \to 0} \dfrac{\ln(1 + x)}{x}$.

解   由 $\lim\limits_{x \to 0}(1 + x)^{\frac{1}{x}} = e$ 和对数函数的连续性,有

$$\lim_{x \to 0} \frac{\ln(1 + x)}{x} = \lim_{x \to 0} \ln(1 + x)^{\frac{1}{x}} = \ln \lim_{x \to 0}(1 + x)^{\frac{1}{x}} = \ln e = 1$$

不难求出

$$\lim_{x \to 0} \frac{\log_a(1 + x)}{x} = \frac{1}{\ln a}$$

【例 1.52】   求 $\lim\limits_{x \to 0} \dfrac{e^x - 1}{x}$.

解   令 $u = e^x - 1$,则 $x = \ln(u + 1)$. 由 e^x 的连续性知,$x \to 0$ 时 $u \to 0$. 于是,有

$$\lim_{x \to 0} \frac{e^x - 1}{x} = \lim_{u \to 0} \frac{u}{\ln(1 + u)} = \frac{1}{\lim\limits_{u \to 0} \dfrac{\ln(1 + u)}{u}} = 1$$

同理可得

$$\lim_{x \to 0} \frac{a^x - 1}{x} = \ln a$$

【例 1.53】 求 $\lim\limits_{x \to 0} \dfrac{\arcsin x}{x}$.

解 令 $u = \arcsin x$,则 $x = \sin u$. 由 $\arcsin x$ 的连续性知,$x \to 0$ 时 $u \to 0$. 于是,有

$$\lim_{x \to 0} \frac{\arcsin x}{x} = \lim_{u \to 0} \frac{u}{\sin u} = 1$$

易得

$$\lim_{x \to 0} \frac{\arctan x}{x} = 1$$

由上述三例,又得到了四对当 $x \to 0$ 时的等价无穷小量,即当 $x \to 0$ 时

$$\ln(1 + x) \sim x, \mathrm{e}^x - 1 \sim x, \arcsin x \sim x, \arctan x \sim x$$

1.7.4 闭区间上连续函数的性质

定义 1.30 如果函数 $f(x)$ 在开区间 (a, b) 内每一点都连续,则称函数 $f(x)$ 在开区间 (a, b) 内连续,亦称函数 $f(x)$ 是在开区间 (a, b) 内的连续函数;如果函数 $f(x)$ 在开区间 (a, b) 内连续,并在左端点 a 处右连续,在右端点 b 处左连续,则称函数 $f(x)$ 在闭区间 $[a, b]$ 上连续,亦称函数 $f(x)$ 是在闭区间 $[a, b]$ 上的连续函数.

闭区间上连续函数的性质,是继续分析和讨论某些数学问题的理论根据. 这些性质的几何意义明显,易于理解,证明从略.

定理 1.14(有界性定理) 如果函数 $f(x)$ 在闭区间 $[a, b]$ 上连续,则 $f(x)$ 在 $[a, b]$ 上必有界.

定理 1.15(最值定理) 如果函数 $f(x)$ 在闭区间 $[a, b]$ 上连续,则 $f(x)$ 在闭区间 $[a, b]$ 上必能取得最大值 M 和最小值 m.

定理 1.16(介值定理) 如果函数 $f(x)$ 在闭区间 $[a, b]$ 上连续,且最大值和最小值分别为 M 和 m,则对于介于 M 和 m 之间的任意实数 $C(m < C < M)$,至少存在一点 $\xi \in (a, b)$,使得

$$f(\xi) = C$$

定理 1.15 和定理 1.16 的几何意义见图 1.43.

定理 1.17(零值定理) 如果函数 $f(x)$ 在闭区间 $[a, b]$ 上连续,且 $f(a)$ 与 $f(b)$ 异号(即 $f(a) \cdot f(b) < 0$),则至少存在一点 $\xi \in (a, b)$,使得

$$f(\xi) = 0$$

定理 1.17 的几何意义见图 1.44.

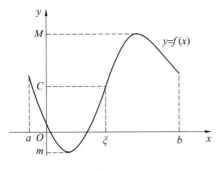
图 1.43

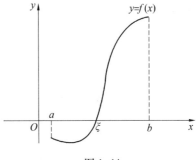
图 1.44

零值定理常用来证明方程实根的存在性问题.

【例 1.54】   证明方程 $x^3 - 4x^2 + 1 = 0$ 在 $(0,1)$ 内至少有一个实根.

证明   令函数 $f(x) = x^3 - 4x^2 + 1$,则 $f(x)$ 在闭区间 $[0,1]$ 上连续. 因为 $f(0) = 1 > 0$, $f(1) = -2 < 0$. 即 $f(0) \cdot f(1) < 0$,则由定理 1.17 有,至少存在一点 $\xi \in (0,1)$,使 $f(\xi) = 0$. 即方程 $x^3 - 4x^2 + 1 = 0$ 在 $(0,1)$ 内至少有一个实根.

1.8   经济应用实例:连续复利与外币兑换

1.8.1   复利与连续复利

复利与连续复利不是同一概念. 下面以银行存款的增长情况为例说明这个问题.

设某顾客在银行存入本金 A_0 元,若存款的年利率为 r,计算 t 年后该顾客存款的本利之和 A_t.

若每年结算一次,则

第一年末的本利之和是

$$A_1 = A_0 + A_0 r = A_0 (1 + r)$$

第二年末的本利之和是

$$A_2 = A_1 + A_1 r = A_1 (1 + r) = A_0 (1 + r)^2$$

……

第 t 年末的本利之和是

$$A_t = A_0 (1 + r)^t \tag{1.24}$$

若每月结算一次(即每年结算 12 次),则月利率可以以 $\dfrac{r}{12}$ 计,于是由式(1.24)可得,第 t 年末的本利之和是

$$A_t = A_0 \left(1 + \frac{r}{12}\right)^{12t}$$

若每天结算一次(即每年结算365次),则日利率可以以 $\dfrac{r}{365}$ 计,于是由式(1.24)可得,第 t 年末的本利之和是

$$A_t = A_0 \left(1 + \frac{r}{365} \right)^{365t}$$

综上可知,若每年(期)结算 m 次,则第 t 年(期)末的本利之和是

$$A_t = A_0 \left(1 + \frac{r}{m} \right)^{mt}$$

这里不论 m 是多少次,只要是按上述计算本利之和的都称之为**复利**.

【例1.55】 现将10 000元存入银行,期限2年,每年结算一次,年利率为4.15%.若按复利计息,2年后可得利息是多少元?

解 由于 $A_0 = 10\ 000$, $t = 2$, $r = 4.15\%$,则按式(1.24),2年后的本利和为

$$A_2 = A_0 (1 + r)^2 = 10\ 000 \times (1 + 4.15\%)^2 = 10\ 847.222\ 5$$

即2年后的利息为

$$A_2 - A_0 = 10\ 847.222\ 5 - 10\ 000 = 847.222\ 5$$

利用二项式定理可以证明,对任意的正整数 m,有

$$A_0 \left(1 + \frac{r}{m} \right)^{mt} < A_0 \left(1 + \frac{r}{m+1} \right)^{(m+1)t}$$

这意味着每年(期)结算的次数越多,则第 t 年(期)末的本利之和就越大.但这绝不意味着随着结算次数的增加可以使第 t 年(期)末的本利之和无限制地增大.事实上,只要利用第二重要极限计算一下 $m \to \infty$ 时第 t 年(期)末的本利之和的极限,就不难得出正确的答案.

$$\lim_{m \to \infty} A_0 \left(1 + \frac{r}{m} \right)^{mt} = A_0 \lim_{m \to \infty} \left[\left(1 + \frac{r}{m} \right)^{\frac{m}{r}} \right]^{rt} = A_0 e^{rt} \qquad (1.25)$$

在这个计算过程中,$m \to \infty$ 表明结算周期变得无穷小,这就意味着银行要连续不断地向顾客付利息,这种计利方式就称为**连续复利**.

【例1.56】 有20 000元存入银行,按年利率3.25%进行连续复利计算,求20年末的本利和.

解 $A_0 = 20\ 000$, $t = 20$, $r = 3.25\%$,则按照式(1.25),有20年末的本利和为

$$\lim_{m \to \infty} A_0 \left(1 + \frac{r}{m} \right)^{mt} = A_0 e^{rt} = 20\ 000 \times e^{3.25\% \times 20} \approx 38\ 310.817$$

1.8.2 外币兑换与股票交易中的涨、跌停板

按某个时期的汇率,若将美元兑换成加拿大元,面值增加12%;而将加拿大元兑换成美元,面值减少12%.现有一美国人准备到加拿大度假,他将一定数额的美元兑换成加元,但后来因故未能出行,于是他又将加元兑换成了美元.经过这样一来一回的兑换,结果白白亏损了

部分钱. 这是为什么?

对于这个问题, 只要将两种不同的兑换用函数关系表示出来进行分析, 就不难发现造成他亏损的原因:

设 x 美元可兑换的加元数为 $y = f(x)$, y 加元可兑换的美元数为 $z = Q(y)$, 则

$$y = f(x) = x + 0.12x = 1.12x$$
$$z = Q(y) = y - 0.12y = 0.88y$$

于是, 先把 x 美元兑换成加元, 可得的加元数为 $f(x)$; 再把这些加元兑换成美元, 所得的美元应为 $z = Q[f(x)]$, 即

$$z = Q[f(x)] = 0.88f(x) = 0.88 \times 1.12x = 0.985\,6x < x$$

显然他亏损了 1.44%. 之所以会出现这样的结果, 是因为两种兑换所对应的函数不是互为反函数. 如果是互为反函数, 则根据 $f[f^{-1}(x)] = x$ 的性质, 应有 $Q[f(x)] = x$, 他就不会亏损.

类似的例子还有股票交易中的涨、跌停板. 上海及深圳证券交易所为抑制股票市场中的过度投机, 规定了一只股票在一个交易日内的涨、跌幅度均不得超过 10% 的限制, 分别称之为涨停板和跌停板. 假若某只股票第一个交易日涨停, 而第二个交易日又跌停, 则股价并不是简单地回到原地, 而是比上涨前更低了. 这其中的道理与造成外币兑换损失的原理是完全相同的.

极限思想的起源与发展

如果把数学比作一个浩瀚无边而又奇异神秘的宇宙, 那么极限思想就是这个宇宙中最闪亮最神秘最牵动人心的恒星之一.

极限思想, 起源于著名的阿基里斯悖论 —— 一个困扰了数学界十几个世纪的问题. 阿基里斯悖论是由古希腊的著名哲学家芝诺提出的, 他的话援引如下:"阿基里斯不能追上一只逃跑的乌龟, 因为在他到达乌龟所在的地方所花的那段时间里, 乌龟能够走开. 然而即使它等着他, 阿基里斯也必须首先到达他们之间一半路程的目标, 并且, 为了他能到达这个中点, 他必须首先到达距离这个中点一半路程的目标, 这样无限继续下去. 从概念上, 面临这样一个倒退, 他甚至不可能开始, 因此运动是不可能的."就是这样一个从直觉与现实两个角度都不可能的问题困扰了世人十几个世纪, 直至十七世纪随着微积分的发展, 极限的概念得到进一步的完善, 人们对阿基里斯悖论造成的困惑才得以解除.

无独有偶, 我国春秋战国时期的哲学名著《庄子》记载着惠施的一句名言"一尺之锤, 日取其半, 万事不竭."也就是说, 从一尺长的竿, 每天截取前一天剩下的一半, 随着时间的流逝, 竿会越来越短, 长度越来越趋近于零, 但又永远不会等于零. 这更是从直观上体现了极限思想. 我国古代的刘徽和祖冲之计算圆周率时所采用的"割圆术"则是极限思想的一种基本应用. 所谓"割圆术", 就是随着半径为 R 的圆的内接正多边形的边数 n 一倍一倍地增多, 多边形的面积 A_n 就越来越接近于圆的面积 πR^2. 在有限次的过程中, 用正多边形的面积来逼近圆的面积, 只能

达到近似的程度. 但可以想象,如果把这个过程无限次地继续下去,就能得到精确的圆面积.

极限思想是到了 16 世纪才得以进一步发展的,那时的极限思想是在欧洲资本主义萌芽时期,生产力得到极大发展,生产和技术中大量问题无法用初等数学解决的前提下,一批先进数学家们才进入极限思想的领域进行深入研究,这时极限思想的发展与微积分的建立越来越紧密相连了. 科学家们为了获得更高的生产力,不断的进入了极限思想的研究中,这是促进极限发展、建立微积分的社会背景. 从这一时期开始,极限与微积分开始形成密不可分的关系,并且最终成为微积分的直接基础. 尽管极限概念被明确提出,可是它仍然过于直观,与数学上追求严密的原则相抵触. 于是,人们继续对极限进行深入的探索,推动极限进入了发展的第三个阶段. 值得注意的是,极限思想的完善与微积分的严格化密切相关.18 世纪时,罗宾斯、达朗贝尔与罗伊坦艾等人先后明确地表示必须将极限作为微积分的基础,并且都对极限做出了定义. 然而他们仍然没有摆脱对几何直观的依赖. 尽管如此,他们对极限的定义也是有所突破的,极限思想也是无时无刻不在进步着. 直至 19 世纪,维尔斯特拉斯提出了极限的静态定义即"$\varepsilon - N$"定义. 这也体现出了数学概念的抽象性,越抽象越远离原型,然而越能精确地反映原型的本质. 不管怎么说,极限终于迎来了属于自己的严格意义上的定义,为以后极限思想的进一步发展以及微积分的发展开辟了新的道路. 在极限思想的发展历程中,变量与常量,有限与无限,近似与精确的对立统一关系体现得淋漓尽致.

习 题 一

1. 求下列函数的函数值:

(1) 设 $f(x) = x^2 + 5$,求 $f(1)$,$f(2)$,$f(a)$,$f\left(\dfrac{1}{x}\right)$,$f[f(x)]$,$\dfrac{1}{f(x)}$.

(2) 设 $g(x) = \begin{cases} 2^x, & -3 < x < 0 \\ 2, & 0 \leq x < 1 \\ x - 1, & 1 \leq x < 3 \end{cases}$,求 $g(-1)$,$g(0)$,$g(2)$.

2. 求下列函数的定义域:

(1) $y = \dfrac{1}{x^2 + x - 2}$;   (2) $y = \sqrt{9 - x^2}$;

(3) $y = \sqrt{\ln(5 - x)}$;   (4) $y = \ln \ln x$;

(5) $y = \arccos \dfrac{x}{3} + \lg \dfrac{x}{x - 2}$;   (6) $y = \dfrac{\sqrt{x + 1}}{\log_a(2 + x)}$;

(7) $f(x) = \begin{cases} -1, & x < 0 \\ 1, & x \geq 0 \end{cases}$;   (8) $f(x) = \begin{cases} x^2 - 8, & 0 < x < 1 \\ e^x - 1, & x \geq 1 \end{cases}$.

3. 判断下列函数的奇偶性:

$(1) f(x) = \dfrac{\cos x}{1 - x^2}$;　　　　　　　$(2) f(x) = x(x - 1)(x + 1)$;

$(3) f(x) = x \sin x$;　　　　　　　　　$(4) f(x) = x \cdot \dfrac{a^x - 1}{a^x + 1}$;

$(5) f(x) = \dfrac{e^x - e^{-x}}{e^x + e^{-x}}$;　　　　　　$(6) f(x) = \sin x - \cos x + 1$.

4. 判断下列函数在其定义域内的单调性:

$(1) y = 3x - 6$;　　$(2) y = 2^{x-1}$;　　$(3) y = x + \ln x$.

5. 设 $f(x) = 2x^2 + x, g(x) = e^{x-1}$, 求 $f[g(x)], g[f(x)]$.

6. 求下列所给函数构成的复合函数:

$(1) y = e^u, u = v^3, v = \sin x$;

$(2) y = u^2, u = 1 + \sqrt{v}, v = x^2 + 2$;

$(3) y = \arctan u, u = 3^v, v = \cos x$;

$(4) y = \arcsin u, u = v^2, v = \lg w, w = 2x + 1$.

7. 指出下列复合函数的复合过程:

$(1) y = \sin(1 - 3x)$;　　　　　　　$(2) y = [1 + \ln(x + 1)]^2$;

$(3) y = \sqrt{\ln(\sqrt{x} + 1)}$;　　　　　　$(4) y = 5^{\ln \sin x}$;

$(5) y = \log_2 x \cdot \arccos e^x$;　　　　$(6) y = \arctan^2 \dfrac{2x}{1 - x^2}$.

8. 设商品的需求函数与供给函数分别为 $Q(p) = \dfrac{5\,600}{p}$ 和 $S(p) = p - 10$.

(1) 求均衡价格, 并求此时的需求量与供给量;

(2) 在同一坐标中画出需求函数与供给函数的曲线;

(3) 何时供给曲线过 p 轴, 这一点的经济意义是什么?

9. 某厂生产一种元器件, 计划最多日产 100 件, 每日的固定成本为 150 元, 每件的平均可变成本为 10 元.

(1) 求该厂此元器件的日总成本函数及平均成本函数;

(2) 若每件售价为 14 元, 写出总收入函数;

(3) 写出利润函数.

10. 写出下列数列的前五项, 并观察哪个数列收敛, 哪个数列发散. 对于收敛数列指出其极限.

$(1) u_n = \dfrac{3n - 2}{n}$;　　　　　　　$(2) u_n = 1 + (-1)^{n-1}$;

$(3) u_n = 1 - \left(-\dfrac{1}{3}\right)^n$;　　　　　$(4) u_n = \dfrac{n^2 - 1}{2n}$.

11. 判断下列结论是否正确:

(1) 无穷小量是非常小的正数;(　　　)

(2) 无穷小量是 0;(　　　)

(3) 0 是无穷小量;(　　　)

(4) $\dfrac{1}{x}$ 是无穷小量;(　　　)

(5) 任意两个无穷小量都可比较阶的高低;(　　　)

(6) 两个无穷小量的商仍是无穷小量;(　　　)

(7) 两个无穷大量的和仍是无穷大量;(　　　)

(8) 两个无穷大量的积仍是无穷大量;(　　　)

(9) 无界变量一定是无穷大量. (　　　)

12. 填空,当 $x \to 0$ 时(在括号内填:高阶、低阶、同阶或等价):

(1) $x^3 + 100x^2$ 是 x 的(　　　) 无穷小量;

(2) $2x^2 - x^3$ 是 x^2 的(　　　) 无穷小量;

(3) $1 - \cos x$ 是 x^3 的(　　　) 无穷小量;

(4) $\ln(1 + 2x)$ 是 x 的(　　　) 无穷小量;

(5) $e^{x^2} - 1$ 是 x^2 的(　　　) 无穷小量;

(6) $x + \sin x$ 是 x 的(　　　) 无穷小量;

(7) $\arctan x - x$ 是 x 的(　　　) 无穷小量.

13. 求下列极限:

(1) $\lim\limits_{x \to 1}(x^2 - 2x + 6)$;

(2) $\lim\limits_{x \to \infty}\left(2 - \dfrac{1}{x} + \dfrac{1}{x^2}\right)$;

(3) $\lim\limits_{x \to \infty}\left(1 + \dfrac{1}{x}\right)\left(2 - \dfrac{1}{x^2}\right)$;

(4) $\lim\limits_{x \to -2}\dfrac{-2x - 1}{x^2 - 2x + 1}$;

(5) $\lim\limits_{x \to 1}\dfrac{x^2 - 2x + 1}{x^2 - 1}$;

(6) $\lim\limits_{x \to 3}\dfrac{x - 3}{x^2 - 9}$;

(7) $\lim\limits_{h \to 0}\dfrac{(x + h)^2 - x^2}{h}$;

(8) $\lim\limits_{x \to 1}\dfrac{4x - 1}{x^2 + 2x - 3}$;

(9) $\lim\limits_{x \to 1}\dfrac{3x^2 - 3}{2x^3 + 1}$;

(10) $\lim\limits_{x \to 0}\dfrac{\sqrt{1 + x} - 1}{x}$;

(11) $\lim\limits_{x \to +\infty}\left(\sqrt{x^2 - 1} - \sqrt{x + 1}\right)$;

(12) $\lim\limits_{x \to 1}\dfrac{\sqrt{x + 3} - 2}{\sqrt{x} - 1}$;

(13) $\lim\limits_{x \to +\infty} x\left(\sqrt{1 + x^2} - x\right)$;

(14) $\lim\limits_{n \to \infty}\dfrac{1 + 2 + 3 + \cdots + (n - 1)}{n^2}$;

（15）$\lim\limits_{n \to \infty}\left(1 + \dfrac{1}{2} + \dfrac{1}{2^2} + \cdots + \dfrac{1}{2^n}\right)$；　　（16）$\lim\limits_{x \to \infty} \dfrac{(x + 8)^7 (3x - 1)^{13}}{(2x - 3)^{20}}$；

（17）$\lim\limits_{n \to \infty} \dfrac{2n^3 + n^2 - 3}{n^3 + n + 2}$；　　（18）$\lim\limits_{x \to \infty} \dfrac{2x + 1}{x^2}$；

（19）$\lim\limits_{n \to \infty} \dfrac{2n + 1}{\sqrt{n^2 + n}}$；　　（20）$\lim\limits_{x \to +\infty} \dfrac{3x^3 + 5x^2 + 4}{\sqrt{x^6} + 4}$；

（21）$\lim\limits_{x \to +\infty} \left(\sqrt{x^2 + x + 1} - \sqrt{x^2 - x + 1}\right)$.

14. 已知 $\lim\limits_{x \to 3} \dfrac{x^2 - 2x + k}{x - 3} = 4$，求 k 的值.

15. 已知 $\lim\limits_{x \to 1} \dfrac{x^2 + ax + b}{x - 1} = 3$，求 a, b 的值.

16. 讨论下列函数在给定点处的极限是否存在：

（1）$f(x) = \begin{cases} 3x + 2, & x < 0 \\ x^2 + 1, & 0 < x \leq 1 \\ \dfrac{2}{x}, & x > 1 \end{cases}$，在 $x = 0$ 和 $x = 1$ 处；

（2）$f(x) = \dfrac{|x|}{x}$，在 $x = 0$ 处；

（3）$f(x) = \begin{cases} \dfrac{\ln x}{x - 1}, & x > 1 \\ \dfrac{\sqrt{2 - x} - x}{1 - x}, & 0 < x < 1 \end{cases}$，在 $x = 1$ 处.

17. 利用极限的存在性定理证明：

（1）$\lim\limits_{n \to \infty}\left(\dfrac{n}{n^2 + 1} + \dfrac{n}{n^2 + 2} + \cdots + \dfrac{n}{n^2 + n}\right) = 1$；

（2）$\lim\limits_{n \to \infty} \dfrac{n!}{n^n} = 0$；　　（3）$\lim\limits_{n \to \infty} \sqrt[n]{1 + 2^n + 5^n} = 5$.

18. 求下列极限：

（1）$\lim\limits_{x \to 0} \dfrac{\sin 3x}{\sin \dfrac{x}{2}}$；　　（2）$\lim\limits_{x \to 0} \dfrac{\tan 2x}{\sin 5x}$；

（3）$\lim\limits_{x \to 0} \dfrac{x^2}{\sin^2\left(\dfrac{x}{2}\right)}$；　　（4）$\lim\limits_{x \to 0} \dfrac{\tan 2x - \sin x}{x}$；

（5）$\lim\limits_{x \to 0} \dfrac{5x - \sin 3x}{\tan 2x}$；　　（6）$\lim\limits_{x \to 0} x\cot x$；

$(7) \lim\limits_{x \to 0} \dfrac{1 - \cos 2x}{x \sin x}$;

$(8) \lim\limits_{x \to 0} \dfrac{2x - \sin x}{2x + \sin x}$;

$(9) \lim\limits_{x \to \infty} \left(1 - \dfrac{1}{x}\right)^{x}$;

$(10) \lim\limits_{x \to \infty} \left(\dfrac{1 + x}{x - 2}\right)^{x}$;

$(11) \lim\limits_{x \to \infty} \left(\dfrac{2x}{2x + 1}\right)^{3x-1}$;

$(12) \lim\limits_{x \to +\infty} \left(1 + \dfrac{2}{x}\right)^{x-2}$;

$(13) \lim\limits_{x \to 0} (1 - \sin x)^{\frac{1}{x}}$;

$(14) \lim\limits_{x \to \infty} \left(\dfrac{x - 2}{x + 2}\right)^{x}$;

$(15) \lim\limits_{x \to 0} \left(\dfrac{2 - x}{2}\right)^{\frac{1}{x}}$;

$(16) \lim\limits_{n \to \infty} 2^{n} \sin \dfrac{x}{2^{n}}$.

19. 已知$\lim\limits_{x \to 0} \dfrac{f(x)}{x^{2}} = 2$,求$\lim\limits_{x \to 0} \dfrac{f(x)}{1 - \cos x}$.

20. 讨论函数$f(x)$在$x = 0$处的连续性:

$(1) f(x) = \begin{cases} x \sin \dfrac{1}{x}, & x \neq 0 \\ 0, & x = 0 \end{cases}$;

$(2) f(x) = \begin{cases} \mathrm{e}^{x}, & x \leqslant 0 \\ \dfrac{\sin x}{x}, & x > 0 \end{cases}$;

$(3) f(x) = \begin{cases} \dfrac{1 - \cos x}{x^{2}}, & x < 0 \\ x - 1, & x \geqslant 0 \end{cases}$;

$(4) f(x) = \begin{cases} \dfrac{x}{1 - \sqrt{1 - x}}, & x < 0 \\ x + 2, & x \geqslant 0 \end{cases}$.

21. 求下列函数的间断点并说明类型:

$(1) f(x) = \dfrac{x^{2} - 1}{x^{2} - 3x + 2}$;

$(2) f(x) = \dfrac{\sin x}{x}$;

$(3) f(x) = \begin{cases} x - 1, & x \leqslant 1 \\ 3 - x, & x > 1 \end{cases}$;

$(4) f(x) = \begin{cases} x^{2}, & x \leqslant 0 \\ \ln x, & x > 0 \end{cases}$;

$(5) f(x) = \dfrac{\mathrm{e}^{3x} - 1}{x(x - 1)}$;

$(6) f(x) = \dfrac{x}{|x|}$.

22. 求常数a和b,使下列函数在其定义域内连续:

$(1) f(x) = \begin{cases} \mathrm{e}^{x}, & x < 0 \\ a + x, & x \geqslant 0 \end{cases}$;

$(2) f(x) = \begin{cases} ax + 1, & |x| \leqslant 1 \\ x^{2} + x + b, & |x| > 1 \end{cases}$;

$(3) f(x) = \begin{cases} a + x^{2}, & x < 0 \\ 1, & x = 0 \\ \ln(b + 2x), & x > 0 \end{cases}$;

$(4) f(x) = \begin{cases} \dfrac{\sin x}{x}, & x < 0 \\ a, & x = 0 \\ \sqrt{1 - x^{2}}, & x > 0 \end{cases}$.

23. 求下列极限:

$(1) \lim\limits_{x \to 0} \dfrac{\arctan x}{x}$;

$(2) \lim\limits_{x \to +\infty} \dfrac{\ln(1 + x) - \ln x}{x}$;

（3）$\lim\limits_{x\to 0}(1 + 2x)^{x+\frac{1}{x}}$；

（4）$\lim\limits_{x\to 0}\sqrt{2 - \dfrac{\sin 2x}{x}}$；

（5）$\lim\limits_{\alpha\to\frac{\pi}{4}}(\sin 2\alpha)^3$；

（6）$\lim\limits_{x\to 0}(1 + 3\tan^2 x)^{\cot^2 x}$；

（7）$\lim\limits_{x\to +\infty}\cos(\sqrt{x + 1} - \sqrt{x})$；

（8）$\lim\limits_{x\to 2}\dfrac{e^x}{2x + 1}$.

24. 证明下列各题：

（1）证明方程 $x^3 - 3x = 1$ 在 $(1,2)$ 内至少有一个实根；

（2）证明方程 $e^x - 3x = 0$ 在 $(0,1)$ 内至少有一个实根；

（3）证明方程 $\sin x + x + 1 = 0$ 在 $\left(-\dfrac{\pi}{2}, \dfrac{\pi}{2}\right)$ 内至少有一个实根；

（4）证明曲线 $y = x^4 - 3x^2 + 7x - 10$ 在 $x = 1$ 与 $x = 2$ 之间至少与 x 轴有一个交点.

第2章

Chapter 2

导数与微分

1. 理解掌握导数与微分的概念及其关系;了解导数的几何意义,理解函数可导性与连续性之间的关系.

2. 掌握导数的四则运算法则及基本初等函数的导数公式,会求复合函数、反函数、隐函数的导数以及简单的高阶导数.

3. 了解微分的运算法则及微分形式的不变性;会求初等函数的微分,了解微分在近似计算中的应用.

4. 了解导数概念在经济管理中的应用,并会利用导数解决一些简单的经济问题.

在自然科学、社会科学以及经济活动中,除了需要了解变量之间的函数关系,还经常会遇到以下问题:(1)求给定函数 $y = f(x)$ 相对于自变量 x 的变化率;(2)当自变量 x 发生微小变化时,求函数 $y = f(x)$ 的改变量的近似值. 而这两个问题恰恰与微分学中的两个重要概念(导数与微分)密切相关. 本章以极限概念为基础,引入导数与微分的概念,并介绍了导数与微分的计算方法. 同时,以导数概念为基础,介绍了经济学中十分重要的两个概念:边际与弹性,最后以具体应用实例介绍了它们的一些简单应用.

2.1　导数的概念

2.1.1　引例

为了说明微分学的基本概念 —— 导数,下面讨论三个问题:切线问题、瞬时速度问题和总产量的变化率问题,切线问题和瞬时速度问题在历史上与导数概念的形成有密切的关系,而总产量的变化率问题是经济学中导数概念的一个具体体现.

1. 平面曲线的切线斜率

在给出平面曲线的切线斜率之前,首先思考一下:什么叫做平面曲线的切线. 中学里曾经给出过,圆的切线可定义为"与曲线只有一个交点的直线". 这个定义只适用于少数几种曲线,而对于科学技术领域和经济学中研究的其他曲线就未必合适了. 如对于抛物线 $y = x^2$,在原点 O 处两个坐标轴均符合上述定义,但实际上只有 x 轴是该抛物线在原点 O 处的切线. 下面就一般的平面曲线给出切线的定义.

设有曲线 L 及 L 上的一点 M,见图2.1,在点 M 外另取 L 上的一动点 N,作割线 MN. 当点 N 沿曲线 L 趋向于点 M 时,若割线 MN 的极限位置 MT 存在,则称直线 MT 为曲线 L 在点 M 处的**切线**. 这里极限位置的含义是:当弦长 $|\overline{MN}|$ 趋于 0 时,$\angle NMT$ 也趋于 0.

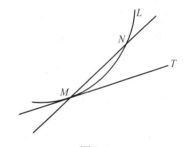

图 2.1

现在就曲线 L 为函数 $y = f(x)$ 的图象来讨论切线问题. 设 $M(x_0, y_0)$ 是曲线 L 上的一点,见图2.2,则 $y_0 = f(x_0)$. 根据上述切线的定义,要求曲线 L 在点 M 处的切线,只要求出切线的斜率即可. 为此,在点 M 外另取 L 上的一点 $N(x_0 + \Delta x, y_0 + \Delta y)$(不妨设 $\Delta x > 0$),过点 N 作 x 轴的垂线与过点 M 的 x 轴的平行线交于一点 R,则有 $MR \perp NR$. 于是割线 MN 的斜率为

$$\tan \varphi = \frac{NR}{MR} = \frac{\Delta y}{\Delta x} = \frac{f(x_0 + \Delta x) - f(x_0)}{\Delta x}$$

其中 φ 为割线 MN 的倾角. 当点 N 沿曲线 L 趋向于点 M 时,$\Delta x \to 0$. 若 $\Delta x \to 0$ 时,上式的极限存在,记为 k,即

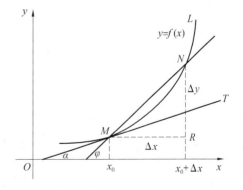

图 2.2

$$k = \lim_{\Delta x \to 0} \frac{\Delta y}{\Delta x} = \lim_{\Delta x \to 0} \frac{f(x_0 + \Delta x) - f(x_0)}{\Delta x}$$

则此极限 k 为割线斜率的极限,也就是**切线的斜率**,这里 $k = \tan \alpha$,其中 α 是切线 MT 的倾角,于是通过点 $M(x_0, y_0)$ 且以 k 为斜率的直线 MT 便是曲线 L 在点 M 处的切线.

2. 变速直线运动的瞬时速度

假设一物体做变速直线运动,在 $[0, t]$ 这段时间内所经过的路程为 s,则 s 是时间 t 的函数 $s = s(t)$.求该物体在时刻 $t_0 \in [0, t]$ 的瞬时速度 $v(t_0)$.

首先考虑物体在时刻 t_0 附近很短一段时间内的运动.设物体从 t_0 到 $t_0 + \Delta t$ 这段时间间隔内路程从 $s(t_0)$ 变到 $s(t_0 + \Delta t)$,其改变量为

$$\Delta s = s(t_0 + \Delta t) - s(t_0)$$

在这段时间间隔内的平均速度为

$$\bar{v} = \frac{\Delta s}{\Delta t} = \frac{s(t_0 + \Delta t) - s(t_0)}{\Delta t}$$

当时间间隔很小时,可以认为物体在时间 $[t_0, t_0 + \Delta t]$ 内近似地做匀速运动.因此,可以用 $\bar{v}$ 作为 $v(t_0)$ 的近似值,且 Δt 越小,其近似程度越好.当时间间隔 $\Delta t \to 0$ 时,我们将平均速度 $\bar{v}$ 的极限称为时刻 t_0 的**瞬时速度**,即

$$v(t_0) = \lim_{\Delta t \to 0} \frac{\Delta s}{\Delta t} = \lim_{\Delta t \to 0} \frac{s(t_0 + \Delta t) - s(t_0)}{\Delta t}$$

3. 某产品总产量的瞬时变化率

已知某产品的总产量 Q 是时间 t 的函数,记为 $Q = Q(t)$.下面考虑若总产量函数 $Q = Q(t)$ 已知,如何求该产品在时刻 t_0 的总产量的瞬时变化率 $q(t_0)$.

众所周知,某产品在时刻 t_0 到 $t_0 + \Delta t$ 这段时间间隔内的总产量的平均变化率为

$$\bar{q} = \frac{\Delta Q}{\Delta t} = \frac{Q(t_0 + \Delta t) - Q(t_0)}{\Delta t}$$

若该产品的总产量是均匀增加的,则 $\bar{q}$ 是个常量,即 $q(t_0) = \bar{q}$.

而在一般情况下,某产品的总产量常常不是均匀增加的,即 $\bar{q}$ 不是常量.此时,当时间间隔 Δt 很小时,总产量来不及有太大的变化,可以认为总产量是均匀增加的,而且 Δt 越小,总产量被看做均匀增加的程度就越好.因此可以将产品在时刻 t_0 处的总产量变化率 $q(t_0)$ 描述为:当 $\Delta t \to 0$ 时,若总产量的平均变化率 $\frac{\Delta Q}{\Delta t}$ 的极限存在,$q(t_0)$ 即为此极限值,即

$$q(t_0) = \lim_{\Delta t \to 0} \frac{\Delta Q}{\Delta t} = \lim_{\Delta t \to 0} \frac{Q(t_0 + \Delta t) - Q(t_0)}{\Delta t}$$

以上三例虽然实际意义不同,但解决问题的思路相同,并且其数学形式均归结为计算函数改变量 Δy 与其对应的自变量的改变量 Δx 比值 $\frac{\Delta y}{\Delta x}$(当 $\Delta x \to 0$ 时)的极限,即 $\lim_{\Delta x \to 0} \frac{\Delta y}{\Delta x}$.在自然科

学和工程技术领域内,还有众多概念,如细杆的线密度、电流强度、人口增长率以及经济学中的边际成本与边际利润等,最终均可归结为上述形式的极限. 若撇开这些量的具体意义,抽象出它们数量关系方面的共性,即可得到函数导数的概念.

2.1.2　导数的定义

1. 函数在一点处的导数与导函数

定义 2.1　设函数 $y = f(x)$ 在点 x_0 的某个邻域内有定义,当自变量 x 在点 x_0 处取得改变量 Δx(点 $x_0 + \Delta x$ 仍在该邻域内) 时,相应地函数(因变量)y 取得改变量 $\Delta y = f(x_0 + \Delta x) - f(x_0)$,若 Δy 与 Δx 之比(当 $\Delta x \to 0$ 时) 的极限存在,则称函数 $y = f(x)$ 在点 x_0 处可导,x_0 为 $f(x)$ 的可导点,并称此极限为函数 $y = f(x)$ 在点 x_0 处的导数,记为 $f'(x_0)$,即

$$f'(x_0) = \lim_{\Delta x \to 0} \frac{\Delta y}{\Delta x} = \lim_{\Delta x \to 0} \frac{f(x_0 + \Delta x) - f(x_0)}{\Delta x} \tag{2.1}$$

导数也常记作 $y'|_{x=x_0}$,$\dfrac{\mathrm{d}y}{\mathrm{d}x}\Big|_{x=x_0}$ 或 $\dfrac{\mathrm{d}f(x)}{\mathrm{d}x}\Big|_{x=x_0}$.

函数 $f(x)$ 在点 x_0 处可导有时也说成函数 $f(x)$ 在点 x_0 处**具有导数**或**导数存在**.

若令 $x = x_0 + \Delta x$,则当 $\Delta x \to 0$ 时,$x \to x_0$,于是得到一个 $f'(x_0)$ 的等价定义形式

$$f'(x_0) = \lim_{x \to x_0} \frac{f(x) - f(x_0)}{x - x_0} \tag{2.2}$$

若上述极限不存在,则称函数 $f(x)$ 在点 x_0 处**不可导**或**没有导数**,x_0 为 $f(x)$ 的**不可导点**. 特别当上述极限为无穷大时,此时导数不存在,为方便起见,也往往说函数 $f(x)$ 在点 x_0 处的导数为无穷大,并记作 $f'(x_0) = \infty$.

利用函数在某一点处导数定义形式的多样性,可以求一些特殊的极限.

【例 2.1】　已知 $f'(1) = 3$,求下列极限:

$(1)\ \lim\limits_{\Delta x \to 0} \dfrac{f(1 + 2\Delta x) - f(1)}{\Delta x}$;$(2)\ \lim\limits_{h \to 0} \dfrac{f(1 + h) - f(1 - h)}{h}$.

解　$(1)\ \lim\limits_{\Delta x \to 0} \dfrac{f(1 + 2\Delta x) - f(1)}{\Delta x} = 2 \lim\limits_{\Delta x \to 0} \dfrac{f(1 + 2\Delta x) - f(1)}{2\Delta x} = 2 \cdot f'(1) = 6$;

$(2)\ \lim\limits_{h \to 0} \dfrac{f(1 + h) - f(1 - h)}{h} = 2 \lim\limits_{h \to 0} \dfrac{f(1 + h) - f(1 - h)}{2h} = 2 \cdot f'(1) = 6.$

在实际问题的研究中,需要讨论各种具有不同意义的变量的变化"快慢"问题,在数学上就是所谓**函数的变化率问题**. 导数概念就是函数的变化率这一概念的精确描述.

上面讲的是函数在一点处可导,若函数 $y = f(x)$ 在开区间 I 内每点处均可导,则称函数 $y = f(x)$ 在开区间 I 内可导. 这时对于区间 I 内的每一个确定的 x 值,均对应着 $f(x)$ 的每一个确定的导数值. 这样就构成了一个新的函数,这个函数称为 $y = f(x)$ 的**导函数**,记作 y',$f'(x)$,$\dfrac{\mathrm{d}y}{\mathrm{d}x}$ 或 $\dfrac{\mathrm{d}f(x)}{\mathrm{d}x}$.

在式(2.1)中,将 x_0 换成 x,即得导函数的定义式

$$f'(x) = \lim_{\Delta x \to 0} \frac{f(x + \Delta x) - f(x)}{\Delta x}$$

注意 在上式中虽然 x 可以取区间 I 内的任何数值,但在取极限的过程中,x 是常量,Δx 是变量.

导函数 $f'(x)$ 也常简称为导数. 显然,函数 $f(x)$ 在点 x_0 处的导数 $f'(x_0)$ 就是导函数 $f'(x)$ 在 $x = x_0$ 处的函数值,即

$$f'(x_0) = f'(x)\mid_{x = x_0}$$

物理学中,若物体的运动规律为 $s = s(t)$,则物体在时刻 t 的瞬时速度为路程对时间的变化率,即

$$v = \lim_{\Delta t \to 0} \frac{\Delta s}{\Delta t} = s'(t)$$

又因为加速度是速度对时间的变化率,故物体在时刻 t 的加速度为

$$a = \lim_{\Delta t \to 0} \frac{\Delta v}{\Delta t} = v'(t)$$

经济学中,若产品的总产量函数为 $Q = Q(t)$,则产品在时刻 t 的总产量变化率为

$$q = \lim_{\Delta t \to 0} \frac{\Delta Q}{\Delta t} = Q'(t)$$

2. 求导数举例

下面根据导数定义求一些简单函数的导数.

【例 2.2】 求函数 $f(x) = C$(C 为常数)的导数.

解 $$f'(x) = \lim_{\Delta x \to 0} \frac{f(x + \Delta x) - f(x)}{\Delta x} = \lim_{\Delta x \to 0} \frac{C - C}{\Delta x} = 0$$

即

$$(C)' = 0$$

这就是说,常数的导数等于 0.

【例 2.3】 求函数 $f(x) = x^n$(n 为正整数)的导数.

解 $$f'(x) = \lim_{\Delta x \to 0} \frac{f(x + \Delta x) - f(x)}{\Delta x} = \lim_{\Delta x \to 0} \frac{(x + \Delta x)^n - x^n}{\Delta x}$$
$$= \lim_{\Delta x \to 0} \frac{C_n^1 x^{n-1} \Delta x + C_n^2 x^{n-2}(\Delta x)^2 + \cdots + (\Delta x)^n}{\Delta x} = n x^{n-1}$$

即

$$(x^n)' = n x^{n-1}$$

一般地,对于幂函数 $y = x^\mu$(μ 为常数),有

$$(x^\mu)' = \mu x^{\mu-1}$$

这就是幂函数的导数公式. 此公式的证明将在以后讨论. 利用这些公式, 可以很方便地求出幂函数的导数, 例如:

当 $\mu = \dfrac{1}{2}$ 时, $y = x^{\frac{1}{2}} = \sqrt{x}\,(x > 0)$ 的导数为 $(x^{\frac{1}{2}})' = \dfrac{1}{2}x^{\frac{1}{2}-1} = \dfrac{1}{2}x^{-\frac{1}{2}}$, 即

$$(\sqrt{x})' = \frac{1}{2\sqrt{x}}$$

当 $\mu = -1$ 时, $y = x^{-1} = \dfrac{1}{x}\,(x \neq 0)$ 的导数为 $(x^{-1})' = -1 \cdot x^{-1-1} = -x^{-2}$, 即

$$\left(\frac{1}{x}\right)' = -\frac{1}{x^2}$$

【例 2.4】　求函数 $f(x) = \sin x$ 的导数.

解　　　$f'(x) = \lim\limits_{\Delta x \to 0} \dfrac{f(x + \Delta x) - f(x)}{\Delta x} = \lim\limits_{\Delta x \to 0} \dfrac{\sin(x + \Delta x) - \sin x}{\Delta x}$

$$= \lim_{\Delta x \to 0} \frac{2\cos\dfrac{2x + \Delta x}{2}\sin\dfrac{\Delta x}{2}}{\Delta x} = \lim_{\Delta x \to 0}\cos\left(x + \frac{\Delta x}{2}\right)\frac{\sin\dfrac{\Delta x}{2}}{\dfrac{\Delta x}{2}} = \cos x$$

即

$$(\sin x)' = \cos x$$

这就是说, 正弦函数的导数是余弦函数.

用类似的方法, 可求得

$$(\cos x)' = -\sin x$$

这就是说, 余弦函数的导数是负的正弦函数.

【例 2.5】　求函数 $f(x) = a^x\,(a > 0, a \neq 1)$ 的导数.

解　　　$f'(x) = \lim\limits_{\Delta x \to 0} \dfrac{f(x + \Delta x) - f(x)}{\Delta x} = \lim\limits_{\Delta x \to 0} \dfrac{a^{x+\Delta x} - a^x}{\Delta x}$

$$= a^x \lim_{\Delta x \to 0} \frac{a^{\Delta x} - 1}{\Delta x} = a^x \lim_{\Delta x \to 0} \frac{e^{\Delta x \ln a} - 1}{\Delta x}$$

由于当 $\Delta x \to 0$ 时, $\Delta x \ln a \to 0$, 此时 $e^{\Delta x \ln a} - 1 \sim \Delta x \ln a$, 所以

$$f'(x) = a^x \lim_{\Delta x \to 0} \frac{\Delta x \ln a}{\Delta x} = a^x \ln a$$

即

$$(a^x)' = a^x \ln a$$

特别地, 当 $a = e$ 时, 有

$$(e^x)' = e^x$$

上式表明, 以 e 为底的指数函数的导数就是它本身, 这是以 e 为底的指数函数的一个重要

特性.

【例2.6】 求函数 $f(x) = \log_a x (a > 0, a \neq 1)$ 的导数.

解 $f'(x) = \lim\limits_{\Delta x \to 0} \dfrac{f(x + \Delta x) - f(x)}{\Delta x} = \lim\limits_{\Delta x \to 0} \dfrac{\log_a(x + \Delta x) - \log_a x}{\Delta x}$

$$= \lim\limits_{\Delta x \to 0} \frac{\log_a\left(1 + \dfrac{\Delta x}{x}\right)}{\Delta x} = \lim\limits_{\Delta x \to 0} \log_a\left(1 + \frac{\Delta x}{x}\right)^{\frac{1}{\Delta x}} = \log_a e^{\frac{1}{x}} = \frac{1}{x \ln a}$$

即

$$(\log_a x)' = \frac{1}{x \ln a}$$

特别地,当 $a = e$ 时,有

$$(\ln x)' = \frac{1}{x}$$

3. 单侧导数

根据函数 $f(x)$ 在点 x_0 处的导数 $f'(x_0)$ 的定义,导数

$$f'(x_0) = \lim\limits_{\Delta x \to 0} \frac{f(x_0 + \Delta x) - f(x_0)}{\Delta x}$$

是一个极限,而极限存在的充分必要条件是左、右极限都存在且相等. 因此,$f'(x_0)$ 存在(即 $f(x)$ 在点 x_0 处可导)的充分必要条件是左、右极限

$$\lim\limits_{\Delta x \to 0^-} \frac{f(x_0 + \Delta x) - f(x_0)}{\Delta x} \text{ 和 } \lim\limits_{\Delta x \to 0^+} \frac{f(x_0 + \Delta x) - f(x_0)}{\Delta x}$$

都存在且相等,这两个极限分别称为函数 $f(x)$ 在点 x_0 处的**左导数**和**右导数**,记作 $f'_-(x_0)$ 和 $f'_+(x_0)$,即

$$f'_-(x_0) = \lim\limits_{\Delta x \to 0^-} \frac{f(x_0 + \Delta x) - f(x_0)}{\Delta x} \text{ 和 } f'_+(x_0) = \lim\limits_{\Delta x \to 0^+} \frac{f(x_0 + \Delta x) - f(x_0)}{\Delta x}$$

故有下面的结果:

结论 函数 $f(x)$ 在点 x_0 处可导的充分必要条件是左导数 $f'_-(x_0)$ 和右导数 $f'_+(x_0)$ 都存在且相等.

【例2.7】 判断函数 $f(x) = |x|$ 在 $x = 0$ 处是否可导.

解 因为 $f(0) = 0$,故

$$f'_+(0) = \lim\limits_{\Delta x \to 0^+} \frac{f(0 + \Delta x) - f(0)}{\Delta x} = \lim\limits_{\Delta x \to 0^+} \frac{|\Delta x|}{\Delta x} = \lim\limits_{\Delta x \to 0^+} \frac{\Delta x}{\Delta x} = 1$$

$$f'_-(0) = \lim\limits_{\Delta x \to 0^-} \frac{f(0 + \Delta x) - f(0)}{\Delta x} = \lim\limits_{\Delta x \to 0^-} \frac{|\Delta x|}{\Delta x} = \lim\limits_{\Delta x \to 0^-} \frac{-\Delta x}{\Delta x} = -1$$

所以,$f'(0) = \lim\limits_{\Delta x \to 0} \dfrac{f(0 + \Delta x) - f(0)}{\Delta x}$ 不存在. 即函数 $f(x) = |x|$ 在 $x = 0$ 处不可导,其函数图形

见图 2.3.

左导数和右导数统称为**单侧导数**.

若函数 $f(x)$ 在开区间 (a,b) 内可导,且 $f'_+(a)$ 及 $f'_-(b)$ 都存在,就说 $f(x)$ 在闭区间 $[a,b]$ 上可导.

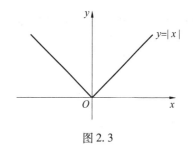

图 2.3

2.1.3　导数的几何意义

由前面的讨论可知:函数 $y=f(x)$ 在点 x_0 处的导数 $f'(x_0)$ 在几何上表示曲线 $y=f(x)$ 在点 $M(x_0,f(x_0))$ 处的切线的斜率,即

$$f'(x_0)=\tan\alpha$$

其中 α 是切线的倾角,见图 2.4.

若 $y=f(x)$ 在点 x_0 处的导数为无穷大,这时曲线 $y=f(x)$ 的割线以垂直于 x 轴的直线 $x=x_0$ 为极限位置,即曲线 $y=f(x)$ 在点 $M(x_0,f(x_0))$ 处具有垂直于 x 轴的切线 $x=x_0$.

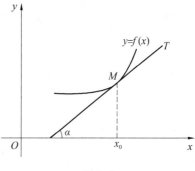

图 2.4

根据导数的几何意义并应用直线的点斜式方程,可知曲线 $y=f(x)$ 在点 $M(x_0,f(x_0))$ 处的**切线方程**为

$$y-f(x_0)=f'(x_0)(x-x_0)$$

过切点 $M(x_0,f(x_0))$ 且与切线垂直的直线称为直线 $y=f(x)$ 在点 M 处的**法线**. 若 $f'(x_0)\neq 0$,法线的斜率即为 $-\dfrac{1}{f'(x_0)}$,从而**法线方程**为

$$y-f(x_0)=-\frac{1}{f'(x_0)}(x-x_0)$$

【**例 2.8**】　求抛物线 $y=x^2$ 在点 $(-1,1)$ 处的切线方程和法线方程.

解　因为 $y'|_{x=-1}=2x|_{x=-1}=-2$,所求曲线的切线方程为

$$y-1=-2[x-(-1)]=-2(x+1)$$

即

$$2x+y+1=0$$

法线方程为 $y-1=\dfrac{1}{2}[x-(-1)]=\dfrac{1}{2}(x+1)$,即

$$x-2y+3=0$$

【例2.9】 求双曲线 $y = \dfrac{1}{x}$ 在点 $\left(\dfrac{1}{2}, 2\right)$ 处的切线方程和法线方程.

解 因为 $y'\Big|_{x=\frac{1}{2}} = -\dfrac{1}{x^2}\Big|_{x=\frac{1}{2}} = -4$，所求曲线的切线方程为 $y - 2 = -4\left(x - \dfrac{1}{2}\right)$，即

$$4x + y - 4 = 0$$

法线方程为 $y - 2 = \dfrac{1}{4}\left(x - \dfrac{1}{2}\right)$，即

$$2x - 8y + 15 = 0$$

2.1.4 函数的可导性与连续性的关系

设函数 $y = f(x)$ 在点 x 处可导，即

$$\lim_{\Delta x \to 0} \frac{\Delta y}{\Delta x} = f'(x)$$

存在，根据函数的极限与无穷小量的关系，有

$$\frac{\Delta y}{\Delta x} = f'(x) + \alpha$$

其中 α 为 $\Delta x \to 0$ 时的无穷小量. 上式两边同时乘以 Δx，得

$$\Delta y = f'(x)\Delta x + \alpha \Delta x$$

由此可见，当 $\Delta x \to 0$ 时，$\Delta y \to 0$，即函数 $y = f(x)$ 在点 x 处是连续的. 所以，若函数 $y = f(x)$ 在点 x 处可导，则函数在该点必连续.

反之，一个函数在某点连续却不一定在该点处可导. 下面举例说明.

【例2.10】 函数 $y = f(x) = \sqrt[3]{x}$ 在区间 $(-\infty, +\infty)$ 内连续，但在 $x = 0$ 处不可导. 这是因为在点 $x = 0$ 处有 $\lim\limits_{x \to 0} \sqrt[3]{x} = 0 = f(0)$，故连续. 又

$$\frac{f(0 + \Delta x) - f(0)}{\Delta x} = \frac{\sqrt[3]{\Delta x}}{\Delta x} = \frac{1}{(\Delta x)^{\frac{2}{3}}}$$

因而

$$\lim_{\Delta x \to 0} \frac{f(0 + \Delta x) - f(0)}{\Delta x} = \lim_{\Delta x \to 0} \frac{1}{(\Delta x)^{\frac{2}{3}}} = +\infty$$

即导数为无穷大(注意此时导数不存在).

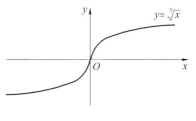

图2.5

表现在图形上为曲线 $y = \sqrt[3]{x}$ 在原点 O 处具有垂直于 x 轴的切线 $x = 0$，见图2.5.

【例2.11】 函数 $y = |x|$ 在 $(-\infty, +\infty)$ 内连续，但在例2.7中已经看到此函数在 $x = 0$ 处不可导，曲线 $y = |x|$ 在原点 O 处有两条切线，见图2.3.

综上所述，函数在某点连续是函数在该点可导的必要条件，但不是充分条件. 从而得出，若函数在某点处不连续，则它在该点处一定不可导.

在微积分理论尚不完善的时候，人们普遍认为连续函数除个别点外都是可导的. 1872年

德国数学家维尔斯特拉斯构造出一个处处连续但处处不可导的例子,这与人们基于直观的普遍认识大相径庭,从而震惊了数学界和思想界. 这就促使人们在微积分研究中从依赖于直观转向依赖于理性思维,从而大大促进了微积分逻辑基础的创建工作.

最后,来讨论一下分段函数在分段点处的可导性与连续性. 仅举例说明此类问题的解决方法.

【例 2.12】　讨论函数

$$f(x) = \begin{cases} x\sin\dfrac{1}{x}, & x \neq 0 \\ 0, & x = 0 \end{cases}$$

在 $x = 0$ 处的连续性与可导性.

解　因为

$$\lim_{x \to 0} f(x) = \lim_{x \to 0} x\sin\frac{1}{x} = 0 = f(0)$$

所以函数在 $x = 0$ 处连续. 又因为

$$f'(0) = \lim_{x \to 0} \frac{f(x) - f(0)}{x - 0} = \lim_{x \to 0} \frac{x\sin\dfrac{1}{x}}{x} = \lim_{x \to 0} \sin\frac{1}{x}$$

而 $\lim_{x \to 0} \sin\dfrac{1}{x}$ 不存在,所以 $f'(0)$ 不存在,即函数在 $x = 0$ 处不可导.

但函数

$$f(x) = \begin{cases} x^2\sin\dfrac{1}{x}, & x \neq 0 \\ 0, & x = 0 \end{cases}$$

在 $x = 0$ 处连续且可导,敬请读者思考.

【例 2.13】　设

$$f(x) = \begin{cases} \mathrm{e}^x, & x \leqslant 0 \\ x^2 + ax + b, & x > 0 \end{cases}$$

问 a, b 为何值时,函数 $f(x)$ 在 $x = 0$ 处可导.

解　函数 $f(x)$ 在 $x = 0$ 处可导,其必要条件是 $f(x)$ 在 $x = 0$ 处连续,即

$$\lim_{x \to 0^-} f(x) = \lim_{x \to 0^+} f(x) = f(0)$$

而 $f(0) = 1, \lim_{x \to 0^-} f(x) = \lim_{x \to 0^-} \mathrm{e}^x = 1, \lim_{x \to 0^+} f(x) = \lim_{x \to 0^+}(x^2 + ax + b) = b$. 所以,$b = 1$. 又

$$f'_-(0) = \lim_{x \to 0^-} \frac{f(x) - f(0)}{x - 0} = \lim_{x \to 0^-} \frac{\mathrm{e}^x - 1}{x} = 1$$

$$f'_+(0) = \lim_{x \to 0^+} \frac{f(x) - f(0)}{x - 0} = \lim_{x \to 0^+} \frac{(x^2 + ax + 1) - 1}{x} = a$$

若要 $f(x)$ 在 $x = 0$ 处可导,只有 $a = 1$.

所以,仅当 $a = 1, b = 1$ 时,函数 $f(x)$ 在 $x = 0$ 处可导.

另外,在求 a 的过程中可以这样考虑:因为 $f(x)$ 在 $x = 0$ 处可导,所以 $f'_-(0) = f'_+(0)$,且 $f'(x)$ 在 $x = 0$ 处连续,又

$$f'_-(0) = \lim_{x \to 0^-} (e^x)' = \lim_{x \to 0^-} e^x = 1, f'_+(0) = \lim_{x \to 0^+} (x^2 + ax + b)' = \lim_{x \to 0^+} (2x + a) = a$$

故 $a = 1$.

2.2 基本初等函数求导公式

在本节中,将介绍求导数的几个基本法则,以及 2.1 节中未讨论的几个基本初等函数的导数公式,借助于这些法则和基本初等函数的导数公式,就能比较方便地求出常见的初等函数的导数.

2.2.1 函数的和、差、积、商的求导法则

定理 2.1 若函数 $u = u(x)$ 及 $v = v(x)$ 均在点 x 处具有导数,那么它们的和、差、积、商(除分母为 0 的点外)均在点 x 处具有导数,且

(1) $[u(x) \pm v(x)]' = u'(x) \pm v'(x)$;

(2) $[u(x)v(x)]' = u'(x)v(x) + u(x)v'(x)$;

(3) $\left[\dfrac{u(x)}{v(x)}\right]' = \dfrac{u'(x)v(x) - u(x)v'(x)}{v^2(x)}, v(x) \neq 0$.

以上三个法则均可利用导数的定义和极限的运算法则来证明,下面以法则(2)为例.

证明

$$
\begin{aligned}
[u(x)v(x)]' &= \lim_{\Delta x \to 0} \frac{u(x + \Delta x)v(x + \Delta x) - u(x)v(x)}{\Delta x} \\
&= \lim_{\Delta x \to 0} \left[\frac{u(x + \Delta x) - u(x)}{\Delta x} \cdot v(x + \Delta x) + u(x) \cdot \frac{v(x + \Delta x) - v(x)}{\Delta x}\right] \\
&= \lim_{\Delta x \to 0} \frac{u(x + \Delta x) - u(x)}{\Delta x} \cdot \lim_{\Delta x \to 0} v(x + \Delta x) + u(x) \cdot \lim_{\Delta x \to 0} \frac{v(x + \Delta x) - v(x)}{\Delta x} \\
&= u'(x)v(x) + u(x)v'(x)
\end{aligned}
$$

其中 $\lim\limits_{\Delta x \to 0} v(x + \Delta x) = v(x)$ 是由于 $v'(x)$ 存在,故 $v(x)$ 在点 x 处连续,于是法则(2)获证.法则(2)可简单地表示为

$$(uv)' = u'v + uv'$$

定理 2.1 中的法则(1),(2)可推广到任意有限个可导函数的情况.例如,设 $u = u(x), v = v(x), w = w(x)$ 均可导,则有

$$(u + v - w)' = u' + v' - w'$$

$$(uvw)' = [(uv)w]' = (uv)'w + (uv)w' = (u'v + uv')w + uvw'$$

即

$$(uvw)' = u'vw + uv'w + uvw'$$

在法则(2)中,当 $v(x) = C$(C 为常数)时,有

$$(Cu)' = Cu'$$

【例 2.14】　已知 $f(x) = 2x^3 - 3x + \sin\dfrac{\pi}{7}$,求 $f'(x)$,$f'(2)$.

解　$f'(x) = \left(2x^3 - 3x + \sin\dfrac{\pi}{7}\right)' = (2x^3)' - (3x)' + \left(\sin\dfrac{\pi}{7}\right)' = 2 \times 3x^2 - 3 + 0$

$\qquad = 6x^2 - 3$

$$f'(2) = (6x^2 - 3)\mid_{x=2} = 6 \times 2^2 - 3 = 21$$

【例 2.15】　已知 $y = e^x(\sin x + \cos x)$,求 y'.

解　$y' = (e^x)'(\sin x + \cos x) + e^x(\sin x + \cos x)'$

$\qquad = e^x(\sin x + \cos x) + e^x(\cos x - \sin x) = 2e^x\cos x$

【例 2.16】　已知 $y = \tan x$,求 y'.

解　$\qquad y' = (\tan x)' = \left(\dfrac{\sin x}{\cos x}\right)' = \dfrac{(\sin x)'\cos x - \sin x(\cos x)'}{(\cos x)^2}$

$\qquad\qquad = \dfrac{\cos^2 x + \sin^2 x}{\cos^2 x} = \dfrac{1}{\cos^2 x} = \sec^2 x$

即正切函数的导数公式为

$$(\tan x)' = \sec^2 x$$

类似地,可求得余切函数的导数公式为

$$(\cot x)' = -\csc^2 x$$

【例 2.17】　已知 $y = \sec x$,求 y'.

解　$y' = (\sec x)' = \left(\dfrac{1}{\cos x}\right)' = \dfrac{(1)'\cos x - 1 \cdot (\cos x)'}{(\cos x)^2} = \dfrac{\sin x}{\cos^2 x} = \sec x\tan x$

即正割函数的导数公式为

$$(\sec x)' = \sec x\tan x$$

类似地,可求得余割函数的导数公式为

$$(\csc x)' = -\csc x\cot x$$

【例 2.18】　已知 $y = \dfrac{1 + \tan x}{\tan x} - 2\ln x + x\sqrt{x}$,求 y'.

解　由于 $y = 1 + \cot x - 2\ln x + x^{\frac{3}{2}}$,所以

$$y' = -\csc^2 x - \dfrac{2}{x} + \dfrac{3}{2}\sqrt{x}$$

2.2.2　反函数的求导法则

定理 2.2　若直接函数 $x = f(y)$ 在区间 I_y 内单调、可导且 $f'(y) \neq 0$，则它的反函数 $y = f^{-1}(x)$ 在区间 $I_x = \{ x \mid x = f(y), y \in I_y \}$ 内也可导，且

$$[f^{-1}(x)]' = \frac{1}{f'(y)} \quad \text{或} \quad \frac{\mathrm{d}y}{\mathrm{d}x} = \frac{1}{\mathrm{d}x/\mathrm{d}y} \tag{2.3}$$

证明　由于 $x = f(y)$ 在 I_y 内单调可导，由反函数的连续性可知，$x = f(y)$ 的反函数 $y = f^{-1}(x)$ 在 I_x 内也单调、连续.

任取 $x \in I_x$，给 x 以改变量 $\Delta x (\Delta x \neq 0, x + \Delta x \in I_x)$，由 $y = f^{-1}(x)$ 的单调性可知

$$\Delta y = f^{-1}(x + \Delta x) - f^{-1}(x) \neq 0$$

于是有

$$\frac{\Delta y}{\Delta x} = \frac{1}{\Delta x/\Delta y}$$

因 $y = f^{-1}(x)$ 连续，故

$$\lim_{\Delta x \to 0} \Delta y = 0$$

从而

$$[f^{-1}(x)]' = \lim_{\Delta x \to 0} \frac{\Delta y}{\Delta x} = \lim_{\Delta y \to 0} \frac{1}{\Delta x/\Delta y} = \frac{1}{f'(y)}$$

上述结论可简单地说成:反函数的导数等于直接函数的导数的倒数.

下面利用上述结论来求反三角函数的导数.

【例 2.19】　求函数 $y = \arcsin x (\mid x \mid < 1)$ 的导数.

解　$y = \arcsin x (\mid x \mid < 1)$ 是 $x = \sin y, y \in \left(-\dfrac{\pi}{2}, \dfrac{\pi}{2} \right)$ 的反函数，而函数 $x = \sin y$ 在开区间 $I_y = \left(-\dfrac{\pi}{2}, \dfrac{\pi}{2} \right)$ 内单调、可导，且 $(\sin y)' = \cos y > 0$. 因此，由式(2.3)在对应区间 $I_x = (-1, 1)$ 内有

$$(\arcsin x)' = \frac{1}{(\sin y)'} = \frac{1}{\cos y} = \frac{1}{\sqrt{1 - \sin^2 y}} = \frac{1}{\sqrt{1 - x^2}}$$

从而得反正弦函数的导数公式为

$$(\arcsin x)' = \frac{1}{\sqrt{1 - x^2}}, \mid x \mid < 1$$

类似地，反余弦函数的导数公式为

$$(\arccos x)' = -\frac{1}{\sqrt{1 - x^2}}, \mid x \mid < 1$$

【**例 2.20**】　求函数 $y = \arctan x$ 的导数.

解　$y = \arctan x$ 是 $x = \tan y, y \in \left(-\dfrac{\pi}{2}, \dfrac{\pi}{2} \right)$ 的反函数,而函数 $x = \tan y$ 在开区间 $I_y = \left(-\dfrac{\pi}{2}, \dfrac{\pi}{2} \right)$ 内单调、可导,且

$$(\tan y)' = \sec^2 y > 0$$

因此,由式(2.3)在对应区间 $I_x = (-\infty, \infty)$ 内有

$$(\arctan x)' = \frac{1}{(\tan y)'} = \frac{1}{\sec^2 y} = \frac{1}{1 + \tan^2 y} = \frac{1}{1 + x^2}$$

从而得反正切函数的导数公式为

$$(\arctan x)' = \frac{1}{1 + x^2}, x \in (-\infty, +\infty)$$

类似地,反余切函数的导数公式为

$$(\operatorname{arccot} x)' = -\frac{1}{1 + x^2}, x \in (-\infty, +\infty)$$

2.2.3　复合函数的求导法则

到目前为止,对于

$$\mathrm{e}^{x^2}, \sin \frac{2x}{1 + x^2}, \ln \tan x$$

这样的函数,还不知道它们是否可导,即使可导,如何求它们的导数,这些问题借助于下面的重要法则可以得到解决,从而使可求导数的函数范围得到很大的扩充. 尤其是对于 2.1 节中一般的幂函数求导公式,也可利用此法则加以证明.

定理 2.3　若函数 $u = \varphi(x)$ 在点 x 处可导,而函数 $y = f(u)$ 在点 $u = \varphi(x)$ 处可导,则复合函数 $y = f[\varphi(x)]$ 在点 x 处可导,且

$$\frac{\mathrm{d}y}{\mathrm{d}x} = f'(u) \cdot \varphi'(x) \quad \text{或} \frac{\mathrm{d}y}{\mathrm{d}x} = \frac{\mathrm{d}y}{\mathrm{d}u} \cdot \frac{\mathrm{d}u}{\mathrm{d}x} \tag{2.4}$$

上面复合函数的求导法则的证明及一些应用将在 2.3 节中详细给出,下面仅就一般幂函数的求导公式给出证明.

【**例 2.21**】　设 $x > 0, \mu$ 为常数. 证明幂函数的求导公式
$$(x^\mu)' = \mu x^{\mu-1}$$

证明　因为 $x^\mu = \mathrm{e}^{\mu \ln x}$,所以

$$(x^\mu)' = (\mathrm{e}^{\mu \ln x})' = \mathrm{e}^{\mu \ln x} \cdot (\mu \ln x)' = x^\mu \cdot \mu \cdot \frac{1}{x} = \mu x^{\mu-1}$$

2.2.4　基本初等函数求导公式

在上述各求导法则的基础上,已经导出了基本初等函数的导数公式. 为查找方便,现将基本初等函数的导数公式总结如下(其中 C, μ, a 为常数,且 $a > 0, a \neq 1$):

（1）$C' = 0$；

（2）$(x^{\mu})' = \mu x^{\mu-1}$；

（3）$(a^x)' = a^x \ln a$；

（4）$(e^x)' = e^x$；

（5）$(\log_a x)' = \dfrac{1}{x \ln a}$；

（6）$(\ln x)' = \dfrac{1}{x}$；

（7）$(\sin x)' = \cos x$；

（8）$(\cos x)' = -\sin x$；

（9）$(\tan x)' = \sec^2 x$；

（10）$(\cot x)' = -\csc^2 x$；

（11）$(\sec x)' = \sec x \tan x$；

（12）$(\csc x)' = -\csc x \cot x$；

（13）$(\arcsin x)' = \dfrac{1}{\sqrt{1-x^2}}$；

（14）$(\arccos x)' = -\dfrac{1}{\sqrt{1-x^2}}$；

（15）$(\arctan x)' = \dfrac{1}{1+x^2}$；

（16）$(\text{arccot } x)' = -\dfrac{1}{1+x^2}$.

上述基本初等函数的导数公式是计算一般初等函数导数的基础,因此,要求读者熟记这些基本公式.

2.3　复合函数、隐函数及对数求导法则

2.3.1　复合函数的求导法则

复合函数的求导法则在2.2节中的定理2.3已经给出,下面对式(2.4)加以证明:

定理 2.3 的证明　给 x 以改变量 $\Delta x (\Delta x \neq 0)$,于是函数 $u = \varphi(x)$ 有改变量 Δu(注意这里 Δu 有可能为0),又由 Δu 得函数 $y = f(u)$ 的改变量 Δy. 因函数 $y = f(u)$ 在点 u 处可导,故有

$$\lim_{\Delta u \to 0} \frac{\Delta y}{\Delta u} = f'(u)$$

存在,于是根据函数极限与无穷小量的关系,上式(当 $\Delta u \neq 0$ 时)可写成

$$\frac{\Delta y}{\Delta u} = f'(u) + \alpha$$

其中 α 为 $\Delta u \to 0$ 时的无穷小量,于是

$$\Delta y = f'(u)\Delta u + \alpha \Delta u \tag{2.5}$$

当 $\Delta u = 0$ 时,显然 $\Delta y = 0$. 这时规定 $\alpha = 0$. 即不论复合函数的中间变量 u 的改变量 Δu 是否为0,式(2.5)总成立.

用 $\Delta x (\Delta x \neq 0)$ 除式(2.5)的等号两边,得

$$\frac{\Delta y}{\Delta x} = f'(u)\frac{\Delta u}{\Delta x} + \alpha \cdot \frac{\Delta u}{\Delta x}$$

于是

$$\lim_{\Delta x \to 0} \frac{\Delta y}{\Delta x} = \lim_{\Delta x \to 0} \left[f'(u)\frac{\Delta u}{\Delta x} + \alpha \cdot \frac{\Delta u}{\Delta x} \right]$$

根据函数在某点可导必在该点连续的性质可知,当 $\Delta x \to 0$ 时, $\Delta u \to 0$,从而可推知

$$\lim_{\Delta x \to 0} \alpha = \lim_{\Delta u \to 0} \alpha = 0$$

又因 $u = \varphi(x)$ 在点 x 处可导,有

$$\lim_{\Delta x \to 0} \frac{\Delta u}{\Delta x} = \varphi'(x)$$

故

$$\lim_{\Delta x \to 0} \frac{\Delta y}{\Delta x} = f'(u) \lim_{\Delta x \to 0} \frac{\Delta u}{\Delta x}$$

即

$$\frac{\mathrm{d}y}{\mathrm{d}x} = f'(u) \cdot \varphi'(x) \text{ 或} \frac{\mathrm{d}y}{\mathrm{d}x} = \frac{\mathrm{d}y}{\mathrm{d}u} \cdot \frac{\mathrm{d}u}{\mathrm{d}x}$$

所以式(2.4)成立,定理 2.3 证毕.

对于多层复合函数,也有类似的求导法则,例如:

设 $y = f(u)$, $u = \varphi(v)$, $v = \psi(x)$ 构成复合函数,且满足相应的求导条件,则复合函数 $y = f\{\varphi[\psi(x)]\}$ 可导,且

$$\frac{\mathrm{d}y}{\mathrm{d}x} = f'(u) \cdot \varphi'(v) \cdot \psi'(x) \text{ 或} \frac{\mathrm{d}y}{\mathrm{d}x} = \frac{\mathrm{d}y}{\mathrm{d}u} \cdot \frac{\mathrm{d}u}{\mathrm{d}v} \cdot \frac{\mathrm{d}v}{\mathrm{d}x}$$

【例 2.22】　已知 $y = \mathrm{e}^{x^2}$,求 $\dfrac{\mathrm{d}y}{\mathrm{d}x}$.

解　$y = \mathrm{e}^{x^2}$ 可看做由 $y = \mathrm{e}^u$, $u = x^2$ 复合而成,因此

$$\frac{\mathrm{d}y}{\mathrm{d}x} = \frac{\mathrm{d}y}{\mathrm{d}u} \cdot \frac{\mathrm{d}u}{\mathrm{d}x} = \mathrm{e}^u \cdot 2x = 2x\mathrm{e}^{x^2}$$

【例 2.23】　已知 $y = \sin \dfrac{2x}{1+x^2}$,求 $\dfrac{\mathrm{d}y}{\mathrm{d}x}$.

解　$y = \sin \dfrac{2x}{1+x^2}$ 可看做由 $y = \sin u$, $u = \dfrac{2x}{1+x^2}$ 复合而成,因此

$$\frac{\mathrm{d}y}{\mathrm{d}x} = \frac{\mathrm{d}y}{\mathrm{d}u} \cdot \frac{\mathrm{d}u}{\mathrm{d}x} = \cos u \cdot \left(\frac{2x}{1+x^2}\right)' = \cos \frac{2x}{1+x^2} \cdot \frac{2(1+x^2) - (2x)^2}{(1+x^2)^2} = \frac{2(1-x^2)}{(1+x^2)^2} \cos \frac{2x}{1+x^2}$$

上述复合函数求导方法是从外到内层层求解的,故形象地称其为**链式法则**.

对于复合函数的分解熟悉后,就不必再写出中间变量,而可以直接采用下列例题的方式来计算.

【例 2.24】　已知 $y = \ln \tan x$,求 y'.

解　$y' = (\ln \tan x)' = \dfrac{1}{\tan x} \cdot (\tan x)' = \dfrac{\sec^2 x}{\tan x} = \dfrac{1}{\sin x \cos x} = 2\csc 2x$

【例 2. 25】 已知 $y = \sqrt[3]{1 - 2x^2}$,求 $\dfrac{dy}{dx}$.

解 $\dfrac{dy}{dx} = \left[(1 - 2x^2)^{\frac{1}{3}} \right]' = \dfrac{1}{3} (1 - 2x^2)^{-\frac{2}{3}} \cdot (1 - 2x^2)' = \dfrac{-4x}{3\sqrt[3]{(1 - 2x^2)^2}}$

【例 2. 26】 已知 $y = \ln \arctan \dfrac{x}{2}$,求 $\dfrac{dy}{dx}$.

解 $\dfrac{dy}{dx} = \left(\ln \arctan \dfrac{x}{2} \right)' = \dfrac{1}{\arctan \dfrac{x}{2}} \cdot \left(\arctan \dfrac{x}{2} \right)' = \dfrac{1}{\arctan \dfrac{x}{2}} \cdot \dfrac{1}{1 + \left(\dfrac{x}{2} \right)^2} \cdot \left(\dfrac{x}{2} \right)'$

$= \dfrac{2}{(x^2 + 4) \arctan \dfrac{x}{2}}$

【例 2. 27】 已知 $y = \ln |x|$,求 y'.

解 因为

$$\ln |x| = \begin{cases} \ln x, & x > 0 \\ \ln(-x), & x < 0 \end{cases}$$

所以,当 $x > 0$ 时

$$(\ln |x|)' = (\ln x)' = \dfrac{1}{x}$$

当 $x < 0$ 时

$$(\ln |x|)' = [\ln(-x)]' = \dfrac{1}{-x} \cdot (-x)' = \dfrac{1}{x}$$

因此

$$y' = (\ln |x|)' = \dfrac{1}{x}$$

【例 2. 28】 已知 $y = \ln(x + \sqrt{1 + x^2})$,求 $\dfrac{dy}{dx}$.

解 $\dfrac{dy}{dx} = [\ln(x + \sqrt{1 + x^2})]' = \dfrac{1}{x + \sqrt{1 + x^2}} \cdot (x + \sqrt{1 + x^2})'$

$= \dfrac{1}{x + \sqrt{1 + x^2}} \left[1 + \dfrac{1}{2\sqrt{1 + x^2}} (1 + x^2)' \right]$

$= \dfrac{1}{x + \sqrt{1 + x^2}} \left(1 + \dfrac{x}{\sqrt{1 + x^2}} \right) = \dfrac{1}{\sqrt{1 + x^2}}$

【例 2. 29】 已知 $y = \arccos \sqrt{1 - x^2}$,求 y'.

解 $y' = (\arccos \sqrt{1 - x^2})' = - \dfrac{1}{\sqrt{1 - (1 - x^2)}} \cdot \dfrac{-2x}{2\sqrt{1 - x^2}} = \dfrac{x}{|x| \sqrt{1 - x^2}}$

$$= \begin{cases} \dfrac{1}{\sqrt{1 - x^2}}, & 0 < x < 1 \\[3mm] -\dfrac{1}{\sqrt{1 - x^2}}, & -1 < x < 0 \end{cases}$$

【例 2.30】　已知 $y = \begin{cases} x^2 \sin \dfrac{1}{x}, & x \neq 0 \\[3mm] 0, & x = 0 \end{cases}$,求 $\dfrac{\mathrm{d}y}{\mathrm{d}x}$.

解　当 $x = 0$ 时,$\dfrac{\mathrm{d}y}{\mathrm{d}x}\Big|_{x=0} = \lim\limits_{x \to 0} \dfrac{x^2 \sin \dfrac{1}{x} - 0}{x - 0} = 0$;当 $x \neq 0$ 时,$\dfrac{\mathrm{d}y}{\mathrm{d}x} = 2x\sin\dfrac{1}{x} - \cos\dfrac{1}{x}$. 所以,

$$\dfrac{\mathrm{d}y}{\mathrm{d}x} = \begin{cases} 2x\sin\dfrac{1}{x} - \cos\dfrac{1}{x}, & x \neq 0 \\[3mm] 0, & x = 0 \end{cases}.$$

2.3.2　隐函数求导法则

前面讨论的函数 $y = f(x)$,均是以自变量 x 的明显形式表达因变量 y,例如

$$y = x^2\cos x$$

用这种方式表示的函数称为**显函数**,然而,表示变量之间对应关系的函数形式有多种,其中的一种表示形式是自变量 x 与因变量 y 之间的函数关系由方程

$$F(x,y) = 0$$

所确定,这时称由此确定的函数 $y(x)$ 为**隐函数**.

对于某些特殊情形的隐函数可以化为显函数,称为**隐函数的显化**. 例如由方程

$$x^2 + y^2 = 25, \ y > 0$$

所确定的隐函数化成显函数为

$$y = \sqrt{25 - x^2}, x \in [-5,5]$$

由方程 $\sqrt{y} + x^2 - 1 = 0$ 所确定的隐函数化成显函数为

$$y = (1 - x^2)^2, x \in [-1,1]$$

但对于方程

$$x^3 + y^3 = 6xy$$

所确定的隐函数 $y(x)$,要将其显化就非常困难,这要涉及三次方程的求根.

所以,有些方程所确定的隐函数是无法显化为初等函数的,甚至有些方程根本就不存在隐函数,例如:$x^2 + y^2 + 1 = 0$. 但在实际问题中,有时需要计算隐函数的导数,因此希望针对隐函数存在且可导的情况,找到一种方法可以直接通过方程求其所确定的隐函数的导数.

下面通过具体例子说明这种方法 —— 隐函数的求导方法.

【**例 2.31**】 求由方程 $x^3 + y^3 = 6xy$ 所确定的隐函数 $y = y(x)$ 的导数 $\dfrac{dy}{dx}$.

解 方程两边分别对 x 求导,注意 y 是 x 的函数 $y(x)$,得

$$3x^2 + 3y^2 \frac{dy}{dx} = 6y + 6x \frac{dy}{dx}$$

从而

$$\frac{dy}{dx} = \frac{2y - x^2}{y^2 - 2x}$$

【**例 2.32**】 求由方程 $e^y + xy - e = 0$ 所确定的隐函数 $y = y(x)$ 在 $x = 0$ 处的导数 $\left.\dfrac{dy}{dx}\right|_{x=0}$.

解 方程两边分别对 x 求导,得

$$e^y \frac{dy}{dx} + y + x \frac{dy}{dx} = 0$$

从而

$$\frac{dy}{dx} = -\frac{y}{e^y + x}, x + e^y \neq 0$$

因为当 $x = 0$ 时,由原方程得 $y = 1$,所以

$$\left.\frac{dy}{dx}\right|_{x=0} = -\frac{1}{e}$$

【**例 2.33**】 求椭圆 $\dfrac{x^2}{16} + \dfrac{y^2}{9} = 1$ 在点 $(2,$

$\dfrac{3}{2}\sqrt{3})$ 处的切线方程,见图 2.6.

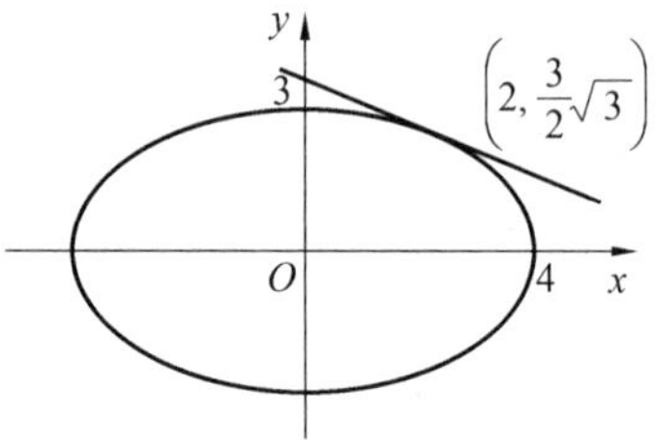

解 由导数的几何意义可知,所求切线的斜率为 $k = \left.\dfrac{dy}{dx}\right|_{x=2}$. 椭圆方程两边对 x 求导,得

$$\frac{x}{8} + \frac{2y}{9} \frac{dy}{dx} = 0$$

图 2.6

从而

$$\frac{dy}{dx} = -\frac{9x}{16y}$$

将 $x = 2, y = \dfrac{3}{2}\sqrt{3}$ 代入上式,得 $\left.\dfrac{dy}{dx}\right|_{x=2} = -\dfrac{\sqrt{3}}{4}$,于是所求的切线方程为

$$y - \frac{3}{2}\sqrt{3} = -\frac{\sqrt{3}}{4}(x - 2)$$

即

$$\sqrt{3}\,x + 4y - 8\sqrt{3} = 0$$

通过上面的例子可以总结出隐函数求导的要领:将方程 $F(x,y) = 0$ 两边同时对 x 求导,注意将 $y = y(x)$ 看成是 x 的函数,利用复合函数求导法,最后将 $\dfrac{\mathrm{d}y}{\mathrm{d}x}$ 通过 x 和 y 表示出来.

2.3.3　对数求导法则

在某些场合,利用所谓**对数求导法则**求导数比通常的方法简便些. 这种方法是先在 $y = f(x)$ 的两边取自然对数,然后再求出 y 的导数. 下面通过例子说明这种方法.

【例 2.34】　求 $y = x^{\sin x}(x > 0)$ 的导数.

解　此函数是**幂指函数**,为了求此函数的导数,可以先两边取自然对数,得

$$\ln y = \sin x \cdot \ln x$$

上式两边对 x 求导,注意 y 是 x 的函数,得

$$\frac{1}{y}y' = \cos x \cdot \ln x + \frac{\sin x}{x}$$

于是

$$y' = y\left(\cos x \cdot \ln x + \frac{\sin x}{x}\right) = x^{\sin x}\left(\cos x \cdot \ln x + \frac{\sin x}{x}\right)$$

对于一般形式的幂指函数

$$y = u^{v},\ u > 0 \tag{2.6}$$

若 $u = u(x), v = v(x)$ 均可导,则可类似于例 2.34 利用**对数求导法则**求出幂指函数 (2.6) 的导数如下:

先在两边取自然对数,得

$$\ln y = v\ln u$$

上式两边对 x 求导,注意 y, u, v 均为 x 的函数,得

$$\frac{1}{y}y' = v'\ln u + \frac{vu'}{u}$$

于是

$$y' = y\left(v'\ln u + \frac{vu'}{u}\right) = u^{v}\left(v'\ln u + \frac{vu'}{u}\right)$$

幂指函数 (2.6) 也可表示为

$$y = \mathrm{e}^{v\ln u},\ u > 0$$

这样便可直接求得

$$y' = \mathrm{e}^{v\ln u}\left(v'\ln u + \frac{vu'}{u}\right) = u^{v}\left(v'\ln u + \frac{vu'}{u}\right)$$

79

【例 2.35】 求 $y = \sqrt{\dfrac{(x-1)(x-2)}{(x-3)(x-4)}}$ 的导数.

解 先在两边取对数,得

$$\ln y = \frac{1}{2} \ln \left| \frac{(x-1)(x-2)}{(x-3)(x-4)} \right| = \frac{1}{2} (\ln |x-1| + \ln |x-2| - \ln |x-3| - \ln |x-4|)$$

上式两边对 x 求导,注意 y 是 x 的函数,得

$$\frac{1}{y} y' = \frac{1}{2} \left(\frac{1}{x-1} + \frac{1}{x-2} - \frac{1}{x-3} - \frac{1}{x-4} \right)$$

于是

$$y' = \frac{y}{2} \left(\frac{1}{x-1} + \frac{1}{x-2} - \frac{1}{x-3} - \frac{1}{x-4} \right)$$

$$= \frac{1}{2} \sqrt{\frac{(x-1)(x-2)}{(x-3)(x-4)}} \left(\frac{1}{x-1} + \frac{1}{x-2} - \frac{1}{x-3} - \frac{1}{x-4} \right)$$

上述对数求导法则对于求幂指函数和多个因式乘积形式的函数的导数还是比较方便的.

【例 2.36】 求由方程 $x^y = y^x (x > 0, y > 0)$ 所确定的隐函数 $y = y(x)$ 的导数 $\dfrac{\mathrm{d}y}{\mathrm{d}x}$.

解 方程两边同时取自然对数,得

$$y \ln x = x \ln y$$

上式两边对 x 求导,注意 y 是 x 的函数,得

$$y' \ln x + \frac{y}{x} = \ln y + \frac{x}{y} y'$$

于是

$$\frac{\mathrm{d}y}{\mathrm{d}x} = y' = \frac{\ln y - \dfrac{y}{x}}{\ln x - \dfrac{x}{y}} = \frac{xy \ln y - y^2}{xy \ln x - x^2}$$

2.4 高阶导数

在变速直线运动中,物体在时刻 t 的瞬时速度 $v(t)$ 是路程函数 $s(t)$ 对时间 t 的导数,即

$$v = \frac{\mathrm{d}s}{\mathrm{d}t} \text{ 或 } v = s'$$

而加速度 a 又是速度 v 对时间 t 的变化率,即速度 v 对时间 t 的导数,即

$$a = \frac{\mathrm{d}v}{\mathrm{d}t} = \frac{\mathrm{d}}{\mathrm{d}t} \left(\frac{\mathrm{d}s}{\mathrm{d}t} \right) \text{ 或 } a = (s')'$$

这种导数的导数 $\dfrac{\mathrm{d}}{\mathrm{d}t} \left(\dfrac{\mathrm{d}s}{\mathrm{d}t} \right)$ 或 $(s')'$ 称为 s 对 t 的**二阶导数**,记作

$$\frac{\mathrm{d}^2 s}{\mathrm{d} t^2} \text{ 或 } s''(t)$$

所以,直线运动中的加速度就是路程函数 s 对时间 t 的二阶导数.

一般地,函数 $y = f(x)$ 的导数 $y' = f'(x)$ 仍然是 x 的函数,称 $y' = f'(x)$ 的导数为 $y = f(x)$ 的**二阶导数**,记作 y'' 或 $\dfrac{\mathrm{d}^2 y}{\mathrm{d} x^2}$,即

$$y'' = (y')' \text{ 或 } \frac{\mathrm{d}^2 y}{\mathrm{d} x^2} = \frac{\mathrm{d}}{\mathrm{d} x}\left(\frac{\mathrm{d} y}{\mathrm{d} x}\right)$$

相应地,称 $y = f(x)$ 的导数 $f'(x)$ 为函数 $y = f(x)$ 的**一阶导数**.

类似地,二阶导数的导数,称为**三阶导数**,三阶导数的导数称为**四阶导数**,……,一般地,$(n-1)$ 阶导数的导数称为 n **阶导数**,分别记作

$$y''',\ y^{(4)},\ \cdots,\ y^{(n)} \text{ 或 } \frac{\mathrm{d}^3 y}{\mathrm{d} x^3}, \frac{\mathrm{d}^4 y}{\mathrm{d} x^4}, \cdots, \frac{\mathrm{d}^n y}{\mathrm{d} x^n}$$

函数 $y = f(x)$ 具有 n 阶导数,也常说函数 $f(x)$ 是 n **阶可导的**.二阶及二阶以上的导数统称为**高阶导数**.

显然,求高阶导数并不需要新的求导公式,只需要对函数 $f(x)$ 逐次求导即可.一般可通过从低阶导数找规律,得到函数的 n 阶导数.

函数 $f(x)$ 的各阶导数在 $x = x_0$ 处的数值记为

$$y'|_{x=x_0},\ y''|_{x=x_0},\cdots,y^{(n)}|_{x=x_0} \text{ 或 } \frac{\mathrm{d} y}{\mathrm{d} x}\bigg|_{x=x_0}, \frac{\mathrm{d}^2 y}{\mathrm{d} x^2}\bigg|_{x=x_0}, \cdots, \frac{\mathrm{d}^n y}{\mathrm{d} x^n}\bigg|_{x=x_0}$$

【**例 2.37**】　已知 $y = ax^2 + bx + c, a, b, c$ 为常数,求 y'''.

解　$y' = 2ax + b, y'' = 2a, y''' = 0$.

【**例 2.38**】　证明 $y = \mathrm{e}^x \sin x$ 满足关系式

$$y'' - 2y' + 2y = 0$$

证明　将 $y = \mathrm{e}^x \sin x$ 求导,得

$$y' = \mathrm{e}^x \sin x + \mathrm{e}^x \cos x = \mathrm{e}^x (\sin x + \cos x)$$

$$y'' = \mathrm{e}^x (\sin x + \cos x) + \mathrm{e}^x (\cos x - \sin x) = 2\mathrm{e}^x \cos x$$

于是

$$y'' - 2y' + 2y = 2\mathrm{e}^x \cos x - 2\mathrm{e}^x (\sin x + \cos x) + 2\mathrm{e}^x \sin x = 0$$

【**例 2.39**】　已知 $y = y(x)$ 由方程 $\mathrm{e}^y - xy = \mathrm{e}$ 所确定,求 $y''(0)$.

解　将 $x = 0$ 代入方程 $\mathrm{e}^y - xy = \mathrm{e}$ 得 $y = 1$.而利用隐函数求导法则,将方程 $\mathrm{e}^y - xy = \mathrm{e}$ 两边同时对 x 求导,有

$$\mathrm{e}^y y' - y - xy' = 0$$

将 $x = 0, y = 1$ 代入上式,得

$$y'(0) = \frac{1}{e}$$

再将方程 $e^y y' - y - xy' = 0$ 两边同时对 x 求导,有

$$e^y y'^2 + e^y y'' - 2y' - xy'' = 0$$

将 $x = 0, y = 1, y'(0) = \frac{1}{e}$ 代入上式,得

$$e \cdot \frac{1}{e^2} + ey''(0) - \frac{2}{e} = 0$$

从而

$$y''(0) = \frac{1}{e^2}$$

【例 2.40】 求由方程 $x - y + \frac{1}{2}\sin y = 0$ 所确定的隐函数 $y = y(x)$ 的二阶导数 $\dfrac{\mathrm{d}^2 y}{\mathrm{d}x^2}$.

解 应用隐函数求导法则,得

$$1 - \frac{\mathrm{d}y}{\mathrm{d}x} + \frac{1}{2}\cos y \frac{\mathrm{d}y}{\mathrm{d}x} = 0$$

于是

$$\frac{\mathrm{d}y}{\mathrm{d}x} = \frac{2}{2 - \cos y}$$

上式两边再对 x 求导,得

$$\frac{\mathrm{d}^2 y}{\mathrm{d}x^2} = \frac{-2\sin y \dfrac{\mathrm{d}y}{\mathrm{d}x}}{(2 - \cos y)^2} = \frac{-4\sin y}{(2 - \cos y)^3}$$

下面介绍几个初等函数的 n 阶导数.

【例 2.41】 求指数函数 $y = a^x(a > 0, a \neq 1)$ 的 n 阶导数.

解 $y' = a^x \ln a, y'' = a^x (\ln a)^2, y''' = a^x (\ln a)^3, y^{(4)} = a^x (\ln a)^4, \cdots$
从而推得

$$y^{(n)} = a^x (\ln a)^n$$

特别地,$a = e$ 时,有 $(e^x)^{(n)} = e^x$.

【例 2.42】 求正弦函数 $y = \sin x$ 的 n 阶导数.

解 $y' = \cos x = \sin\left(x + 1 \cdot \frac{\pi}{2}\right), y'' = \cos\left(x + \frac{\pi}{2}\right) = \sin\left(x + 2 \cdot \frac{\pi}{2}\right)$

$$y''' = \cos\left(x + 2 \cdot \frac{\pi}{2}\right) = \sin\left(x + 3 \cdot \frac{\pi}{2}\right), y^{(4)} = \cos\left(x + 3 \cdot \frac{\pi}{2}\right) = \sin\left(x + 4 \cdot \frac{\pi}{2}\right), \cdots$$

从而推得

$$y^{(n)} = \sin\left(x + n \cdot \frac{\pi}{2}\right)$$

即

$$(\sin x)^{(n)} = \sin\left(x + n \cdot \frac{\pi}{2}\right)$$

同理,可得

$$(\cos x)^{(n)} = \cos\left(x + n \cdot \frac{\pi}{2}\right)$$

【例 2.43】　求函数 $y = \ln(1 + x)$ 的 n 阶导数.

解　$y' = \dfrac{1}{1 + x}, y'' = -\dfrac{1}{(1 + x)^2}, y''' = (-1)^2 \dfrac{1 \times 2}{(1 + x)^3}, y^{(4)} = (-1)^3 \dfrac{1 \times 2 \times 3}{(1 + x)^4}, \cdots$

从而推得

$$y^{(n)} = (-1)^{n-1} \frac{1 \times 2 \times \cdots \times (n - 1)}{(1 + x)^n} = (-1)^{n-1} \frac{(n - 1)!}{(1 + x)^n}$$

即

$$\left[\ln(1 + x)\right]^{(n)} = (-1)^{n-1} \frac{(n - 1)!}{(1 + x)^n}$$

通常规定 $0! = 1$,所以这个公式当 $n = 1$ 时也成立.

特别地,作为上述例子的应用,函数 $y = \dfrac{1}{1 + x}$ 的 n 阶导数即为函数 $y = \ln(1 + x)$ 的 $n + 1$ 阶导数,所以有

$$\left(\frac{1}{1 + x}\right)^{(n)} = (-1)^n \frac{n!}{(1 + x)^{n+1}}$$

【例 2.44】　求幂函数 $y = x^\mu$ (μ 是任意常数) 的 n 阶导数.

解　$y' = \mu x^{\mu-1}, y'' = \mu(\mu - 1) x^{\mu-2}, y''' = \mu(\mu - 1)(\mu - 2) x^{\mu-3}$

$$y^{(4)} = \mu(\mu - 1)(\mu - 2)(\mu - 3) x^{\mu-4}, \cdots$$

从而推得

$$y^{(n)} = \mu(\mu - 1)(\mu - 2) \cdots (\mu - n + 1) x^{\mu-n}$$

即

$$(x^\mu)^{(n)} = \mu(\mu - 1)(\mu - 2) \cdots (\mu - n + 1) x^{\mu-n}$$

当 $\mu = n$ 时,得

$$(x^n)^{(n)} = n \times (n - 1) \times (n - 2) \times \cdots \times 3 \times 2 \times 1 = n!$$

而

$$(x^n)^{(n+1)} = 0$$

【例2.45】 求函数 $y = xe^x$ 的 n 阶导数.

解
$$y' = e^x x + e^x = e^x(x + 1), y'' = e^x(x + 1) + e^x = e^x(x + 2)$$
$$y''' = e^x(x + 2) + e^x = e^x(x + 3), y^{(4)} = e^x(x + 3) + e^x = e^x(x + 4), \cdots$$

从而推得

$$y^{(n)} = e^x(x + n)$$

即

$$(xe^x)^{(n)} = e^x(x + n)$$

2.5　函数的微分

2.5.1　微分的定义

先分析一个具体的问题:一块正方形金属薄片受温度变化的影响,其边长由 x_0 变为 $x_0 + \Delta x$,见图2.7,问此薄片的面积改变了多少?

设此薄片的边长为 x,面积为 S,则 S 是 x 的函数:$S = x^2$. 薄片受温度变化影响时,面积的改变量可以看成是当自变量 x 在 x_0 处得改变量 Δx 时函数 S 相应的改变量 ΔS,即

$$\Delta S = (x_0 + \Delta x)^2 - x_0^2 = 2x_0 \Delta x + (\Delta x)^2$$

从上式可以看出,ΔS 分成两部分,第一部分 $2x_0 \Delta x$ 是 Δx 的线性函数,即图2.7中带有斜线的两个矩形的面积之和,第二部分 $(\Delta x)^2$ 在图2.7中是带有交叉斜线的小正方形面积,当 $\Delta x \to 0$ 时,第二部分 $(\Delta x)^2$ 是比 Δx 高阶的无穷小量,即 $(\Delta x)^2 = o(\Delta x)$.

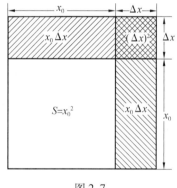

图2.7

由此可见,若边长改变很微小,即 $|\Delta x|$ 很小时,面积的改变量 ΔS 可近似地用第一部分 $2x_0 \Delta x$ 来代替,即 $\Delta S \approx 2x_0 \Delta x$.

对于一般函数 $y = f(x)$,若存在上述近似公式,则无论在理论上还是在实际应用中,均具有十分重要的意义.

定义2.2 设函数 $y = f(x)$ 在某区间内有定义,x_0 及 $x_0 + \Delta x$ 在此区间内,若函数的改变量

$$\Delta y = f(x_0 + \Delta x) - f(x_0)$$

可表示为

$$\Delta y = A\Delta x + o(\Delta x) \qquad (2.7)$$

其中 A 是不依赖于 Δx 的常数,且 $A \neq 0$,则称函数 $y = f(x)$ 在点 x_0 处是可微的,而 $A\Delta x$ 称为函数 $y = f(x)$ 在点 x_0 处的微分,记作 dy,即

$$\mathrm{d}y = A\Delta x \tag{2.8}$$

若改变量 Δy 不能表示为式(2.7)的形式,则称函数 $y = f(x)$ 在点 x_0 处不可微或微分不存在.

由式(2.7)可知当 $|\Delta x|$ 很微小时, $\Delta y \approx \mathrm{d}y = A\Delta x$,而 $A\Delta x$ 是 Δx 的线性函数,故有时也称 $\mathrm{d}y = A\Delta x$ 为函数改变量 Δy 的**线性主部**.

下面讨论函数"可微"与"可导"的关系:

定理 2.4　函数 $y = f(x)$ 在点 x_0 处可微的充分必要条件是函数 $y = f(x)$ 在点 x_0 处可导.

证明　**必要性**　设 $y = f(x)$ 在点 x_0 处可微分,则式(2.7)成立,将式(2.7)两边同时除以 $\Delta x \neq 0$,得

$$\frac{\Delta y}{\Delta x} = A + \frac{o(\Delta x)}{\Delta x}$$

于是,当 $\Delta x \to 0$ 时,由上式得

$$A = \lim_{\Delta x \to 0} \frac{\Delta y}{\Delta x} = f'(x_0)$$

因此,若 $f(x)$ 在点 x_0 处可微,则 $f(x)$ 在点 x_0 处也一定可导,且 $f'(x_0) = A$.

充分性　设 $y = f(x)$ 在点 x_0 处可导,则

$$\lim_{\Delta x \to 0} \frac{\Delta y}{\Delta x} = f'(x_0)$$

存在,由函数极限与无穷小量的关系,有

$$\frac{\Delta y}{\Delta x} = f'(x_0) + \alpha$$

其中 $\alpha \to 0 (\Delta x \to 0)$,由此又有

$$\Delta y = f'(x_0)\Delta x + \alpha \Delta x$$

$\alpha \Delta x = o(\Delta x)$,且 $f'(x_0)$ 不依赖于 Δx ,令 $A = f'(x_0)$,则上式相当于式(2.7),故 $f(x)$ 在点 x_0 处可微.

定理 2.4 表明,函数 $y = f(x)$ 在点 x 处可微与可导是等价的,且有 $A = f'(x)$.因此,函数的微分也可表示为

$$\mathrm{d}y = f'(x)\Delta x$$

当 $y = x$ 时,由上式得

$$\mathrm{d}y = \mathrm{d}x = (x')\Delta x = \Delta x$$

因此规定 $\Delta x = \mathrm{d}x$.于是,函数 $y = f(x)$ 的微分可写成

$$\mathrm{d}y = f'(x)\mathrm{d}x \tag{2.9}$$

由此得

$$\frac{\mathrm{d}y}{\mathrm{d}x} = f'(x)$$

此式表明,函数 $y = f(x)$ 的导数等于函数的微分与自变量的微分之商. 所以,有时导数也称为**微商**.

设 $y = f(u)$ 是可微函数. 若 u 是自变量,则由式(2.9) 有

$$dy = f'(u)du$$

若 $u = u(x)$ 是可微函数,则由式(2.9) 有

$$du = u'(x)dx$$

而对于复合函数 $y = f[u(x)]$,由式(2.9) 有

$$dy = \{f[u(x)]\}'dx = f'[u(x)]u'(x)dx = f'(u)du$$

由上述分析可知,若函数 $y = f(u)$ 可微,则不论 u 是自变量,或 u 是另一自变量 x 的可微函数 $u = u(x)$,其微分形式 $dy = f'(u)du$ 保持不变. 称微分的这一性质为**一阶微分形式的不变性**,简称为**微分形式的不变性**.

微分形式的不变性对微分计算有重要意义.

【例 2.46】 求下列函数的微分 dy:

$(1)y = xe^x;(2)y = e^{1-x}\sin 2x$

解 (1) 由式(2.9),得

$$dy = (xe^x)'dx = (e^x + xe^x)dx = e^x(1 + x)dx$$

(2) **解法一** 由式(2.9),得

$$dy = (e^{1-x}\sin 2x)'dx = (-e^{1-x}\sin 2x + 2e^{1-x}\cos 2x)dx = e^{1-x}(2\cos 2x - \sin 2x)dx$$

解法二 令 $u = 2x$,则 $1 - x = 1 - \frac{1}{2}u$, $y = e^{1-\frac{1}{2}u}\sin u$. 于是由微分形式的不变性,得

$$dy = (e^{1-\frac{1}{2}u}\sin u)'du = \left(-\frac{1}{2}e^{1-\frac{1}{2}u}\sin u + e^{1-\frac{1}{2}u}\cos u\right)du$$

$$= e^{1-x}\left(\cos 2x - \frac{1}{2}\sin 2x\right)d(2x) = e^{1-x}(2\cos 2x - \sin 2x)dx$$

2.5.2 微分的几何意义

为了对微分有比较直观的了解,下面来说明微分的几何意义.

在直角坐标系中,函数 $y = f(x)$ 的图形是一条曲线. 对于某一固定点 x_0,曲线上有一个确定点 $M(x_0, y_0)$,当自变量 x 在点 x_0 处有微小改变量 Δx 时,就得到曲线上另一点 $N(x_0 + \Delta x, y_0 + \Delta y)$. 过点 N 作 x 轴的垂线与过点 M 的与 x 轴平行的直线交于一点 Q,从图 2.8 可知

$$MQ = \Delta x, NQ = \Delta y$$

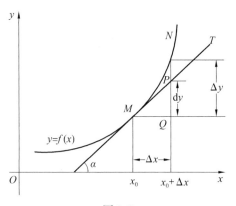

图 2.8

过点 M 作曲线的切线 MT,与 NQ 交于点 P,它的倾角为 α,则

$$PQ = MQ \cdot \tan \alpha = \Delta x \cdot f'(x_0)$$

即

$$dy = PQ$$

由此可见,对于可微函数 $y = f(x)$,当 Δy 是曲线 $y = f(x)$ 上的点的纵坐标的改变量时,dy 就是曲线的切线上该点的纵坐标的相应改变量. 当 $|\Delta x|$ 很小时,$|\Delta y - dy|$ 比 $|\Delta x|$ 小很多,因此在点 M 附近,可以用切线段来近似代替曲线段,数学上称之为**非线性函数的局部线性化**.

2.5.3　基本初等函数的微分公式与微分的运算法则

从函数微分的表达式 $dy = f'(x)dx$ 可以看出,要计算函数的微分,只要计算函数的导数即可.

因此,利用基本初等函数的导数公式与运算法则,可直接导出如下的微分公式和微分的运算法则.

1. 基本初等函数的微分公式

$(1) d(C) = 0;$ 　　　　　　　　　　$(2) d(x^{\mu}) = \mu x^{\mu-1}dx;$

$(3) d(a^x) = a^x \ln a dx;$ 　　　　　　$(4) d(e^x) = e^x dx;$

$(5) d(\log_a x) = \dfrac{1}{x \ln a}dx;$ 　　　　　$(6) d(\ln x) = \dfrac{1}{x}dx;$

$(7) d(\sin x) = \cos x dx;$ 　　　　　$(8) d(\cos x) = -\sin x dx;$

$(9) d(\tan x) = \sec^2 x dx;$ 　　　　$(10) d(\cot x) = -\csc^2 x dx;$

$(11) d(\sec x) = \sec x \tan x dx;$ 　　$(12) d(\csc x) = -\csc x \cot x dx;$

$(13) d(\arcsin x) = \dfrac{1}{\sqrt{1 - x^2}}dx;$ 　$(14) d(\arccos x) = -\dfrac{1}{\sqrt{1 - x^2}}dx;$

$(15) d(\arctan x) = \dfrac{1}{1 + x^2}dx;$ 　$(16) d(\text{arccot } x) = -\dfrac{1}{1 + x^2}dx.$

2. 基本微分运算法则

设函数 $u = u(x)$,$v = v(x)$ 均可微,则

$(1) d(u \pm v) = du \pm dv;$ 　　　　$(2) d(Cu) = Cdu;$

$(3) d(uv) = vdu + udv;$ 　　　　　$(4) d\left(\dfrac{u}{v}\right) = \dfrac{vdu - udv}{v^2}(v \neq 0);$

(5) 微分形式不变性法则:

设 $y = f(u)$,$u = u(x)$,则

$$dy = f'(u)du$$

现以乘积的微分法则为例加以证明.

根据函数微分的表达式,有 $d(uv) = (uv)'dx$,再根据乘积的求导法则,有 $(uv)' = u'v + uv'$.

于是
$$d(uv) = (u'v + uv')dx = u'vdx + uv'dx$$
由于 $u'dx = du, v'dx = dv$,所以
$$d(uv) = vdu + udv$$
(1)、(2)、(4)均可用类似的方法证明,(5)在前面已经介绍过.

【例 2.47】 求下列函数的微分 dy:

$(1) y = \dfrac{x}{1-x}; (2) y = \ln \sin \dfrac{x}{2}.$

解 (1) $dy = d\left(\dfrac{x}{1-x}\right) = \dfrac{(1-x)dx - xd(1-x)}{(1-x)^2} = \dfrac{(1-x)dx + xdx}{(1-x)^2} = \dfrac{1}{(1-x)^2}dx$

(2) $dy = d\left(\ln \sin \dfrac{x}{2}\right) = \dfrac{1}{\sin \dfrac{x}{2}}d\left(\sin \dfrac{x}{2}\right) = \dfrac{\cos \dfrac{x}{2}}{\sin \dfrac{x}{2}}d\left(\dfrac{x}{2}\right) = \dfrac{1}{2}\cot \dfrac{x}{2}dx$

【例 2.48】 求由方程 $y + xe^y = 1$ 所确定的隐函数 $y = y(x)$ 的微分 dy.

解 方程两边分别求微分,有
$$dy + d(xe^y) = 0$$
即
$$dy + e^y dx + xe^y dy = 0$$
从而
$$dy = -\frac{e^y}{1 + xe^y}dx$$

【例 2.49】 在下列括号中填入适合的函数,使等式成立:

$(1) d(\qquad) = \dfrac{1}{\sqrt{x}}dx; (2) d(\qquad) = e^{-3x}dx.$

解 (1) 因为 $d\sqrt{x} = \dfrac{1}{2\sqrt{x}}dx$,可知 $\dfrac{1}{\sqrt{x}}dx = 2d\sqrt{x} = d(2\sqrt{x})$,即
$$d(2\sqrt{x}) = \frac{1}{\sqrt{x}}dx$$

一般地,有
$$d(2\sqrt{x} + C) = \frac{1}{\sqrt{x}}dx, C \text{ 为任意常数}$$

(2) 因为 $d(e^{-3x}) = -3e^{-3x}dx$,可知 $e^{-3x}dx = -\dfrac{1}{3}d(e^{-3x}) = d\left(-\dfrac{1}{3}e^{-3x}\right)$,即
$$d\left(-\frac{1}{3}e^{-3x}\right) = e^{-3x}dx$$

一般地,有

$$d\left(-\frac{1}{3}e^{-3x} + C\right) = e^{-3x}dx, C \text{ 为任意常数}$$

2.5.4　微分在近似计算中的应用

在工程问题中,经常会遇到一些复杂的计算公式,若直接用这些公式进行计算,是很费力的,利用微分往往可以把一些复杂的计算公式用简单的近似公式来代替.

前面说过,若函数 $y = f(x)$ 在点 x_0 处的导数 $f'(x_0) \neq 0$,且 $|\Delta x|$ 很小时,有

$$\Delta y \approx dy = f'(x_0)\Delta x$$

这个式子也可以写成

$$\Delta y = f(x_0 + \Delta x) - f(x_0) \approx f'(x_0)\Delta x \tag{2.10}$$

或

$$f(x_0 + \Delta x) \approx f(x_0) + f'(x_0)\Delta x \tag{2.11}$$

在式(2.11)中令 $x = x_0 + \Delta x$,即 $\Delta x = x - x_0$,那么式(2.11)可改写为

$$f(x) \approx f(x_0) + f'(x_0)(x - x_0) \tag{2.12}$$

若 $f(x_0)$ 与 $f'(x_0)$ 均容易计算,那么可利用式(2.10)来近似计算 Δy,利用式(2.11)来近似计算 $f(x_0 + \Delta x)$,或利用式(2.12)来近似计算 $f(x)$.这种近似计算的实质就是用 x 的线性函数 $f(x_0) + f'(x_0)(x - x_0)$ 来近似表达函数 $f(x)$.从导数的几何意义可知,这也就是用曲线 $y = f(x)$ 在点 $(x_0, f(x_0))$ 处的切线近似代替该曲线(就切点邻近部分来说).

【例 2.50】　某工厂的日产量为 $Q(L) = 900L^{\frac{1}{3}}$,其中 L 表示工人的数量,现有 1 000 名工人,若想使日产量增加 15 单位,应增加多少名工人?

解　由式(2.10)有

$$\Delta Q \approx 900 \times \frac{1}{3}L^{-\frac{2}{3}}\Delta L = 300L^{-\frac{2}{3}}\Delta L$$

由于 $\Delta Q = 15$,故

$$\Delta L \approx \frac{L^{\frac{2}{3}}\Delta Q}{300} = \frac{1}{300} \times (1\ 000)^{\frac{2}{3}} \times 15 = 5$$

于是应增加 5 名工人.

【例 2.51】　有一批半径为 1 cm 的球,为了提高球面的光洁度,要镀上一层铜,厚度定为 0.01 cm.估计一下每只球需用铜多少克(铜的密度是 8.9 g/cm³)?

解　先求出镀层的体积等于两个球体体积之差,所以它就是球体体积 $V = \frac{4}{3}\pi R^3$ 当 R 自 $R_0 = 1$ 取得改变量 $\Delta R = 0.01$ 时的改变量 ΔV.下面求 V 对 R 的导数

$$V'\big|_{R = R_0} = \left(\frac{4}{3}\pi R^3\right)'\bigg|_{R = R_0} = 4\pi R_0^2$$

由式(2.10),得

$$\Delta V \approx 4\pi R_0^{\ 2}\Delta R$$

将 $R_0 = 1, \Delta R = 0.01$ 代入上式,得

$$\Delta V \approx 4 \times 3.14 \times 1^2 \times 0.01 = 0.125\ 6\ \text{cm}^3$$

于是镀每只球需用的铜约为

$$0.125\ 6 \times 8.9 = 1.117\ 84\ \text{g}$$

【例 2.52】 利用微分计算 $\cos 29°$ 的近似值.

解 $29°$ 可化为

$$29° = 30° - 1° = \frac{\pi}{6} - \frac{\pi}{180}$$

由于所求的是余弦函数的值,故设 $f(x) = \cos x.$ 此时 $f'(x) = -\sin x.$ 若取 $x_0 = \frac{\pi}{6}$,则 $f\left(\frac{\pi}{6}\right) = \cos \frac{\pi}{6} = \frac{\sqrt{3}}{2}$ 和 $f'\left(\frac{\pi}{6}\right) = -\sin \frac{\pi}{6} = -\frac{1}{2}$ 均容易计算,并且 $\Delta x = -\frac{\pi}{180}$ 比较小,应用式(2.11),得

$$\cos 29° = \cos\left(\frac{\pi}{6} - \frac{\pi}{180}\right) \approx \cos \frac{\pi}{6} + \left(-\sin \frac{\pi}{6}\right) \cdot \left(-\frac{\pi}{180}\right)$$

$$= \frac{\sqrt{3}}{2} + \frac{1}{2} \cdot \frac{\pi}{180} \approx 0.866\ 0 + 0.008\ 7 = 0.874\ 7$$

下面来推导一些常用的近似公式. 为此,在式(2.12)中取 $x_0 = 0$,于是得

$$f(x) \approx f(0) + f'(0)x \tag{2.13}$$

应用式(2.13)可以推得以下几个在工程中常用的近似公式(下面均假定 $|x|$ 是较小的数值)

(1) $\sqrt[n]{1+x} \approx 1 + \frac{1}{n}x$; (2) $\sin x \approx x$;

(3) $\tan x \approx x$; (4) $e^x \approx 1 + x$;

(5) $\ln(1+x) \approx x$.

证明 (1) 取 $f(x) = \sqrt[n]{1+x}$, 那么 $f(0) = 1, f'(0) = \frac{1}{n}(1+x)^{\frac{1}{n}-1}\bigg|_{x=0} = \frac{1}{n}$, 代入式(2.13),得

$$\sqrt[n]{1+x} \approx 1 + \frac{1}{n}x$$

(2) 取 $f(x) = \sin x$,那么 $f(0) = 0, f'(0) = \cos x|_{x=0} = 1$,代入式(2.13),得

$$\sin x \approx x$$

其他几个近似公式可用类似方法证明,这里从略.

【例 2.53】 求 $\sqrt{1.05}$ 的近似值.

解
$$\sqrt{1.05} = \sqrt{1 + 0.05}$$

这里 $x = 0.05$, 值较小, 利用近似公式 (1) ($n = 2$ 的情形), 得

$$\sqrt{1.05} \approx 1 + \frac{1}{2} \times 0.05 = 1.025$$

【例 2.54】 现有一笔金额为 P 的钱存入银行, 年复利率为 $i\%$, 问大约多少年后可使其终值翻番为 $2P$?

解 记 $r = i\%$, 则 t 年后该笔存款的终值为 $P(1 + r)^t$. 令 $P(1 + r)^t = 2P$, 则有

$$(1 + r)^t = 2, t\ln(1 + r) = \ln 2$$

$$t = \frac{\ln 2}{\ln(1 + r)} \approx \frac{\ln 2}{r} = \frac{\ln 2}{i\%} = \frac{100\ln 2}{i} \approx \frac{69.3}{i} \approx \frac{70}{i}$$

由此说明, 当 i 很小时 ($i < 10$), 约需 $\dfrac{70}{i}$ 年可使存款的终值翻番为 $2P$.

例如, 当 $i = 2$ 时, 大约 35 年后可翻番为 $2P$.

2.6　边际与弹性

边际分析与弹性分析是微观经济学、管理经济学等经济学的基本分析方法, 也是现代企业进行经营决策的基本方法. 本节介绍这两个分析方法的基本知识和简单应用. 应指出的是, 限于本课程的特点, 对于本节所涉及的一些经济变量的准确经济意义, 这里不多作说明, 只要求读者从"直觉"意义去理解即可.

2.6.1　边际与边际分析

边际概念是经济学中的一个重要的基本概念, 是一个与数学中导数概念密切相关的概念, 它反映了一个经济变量 y 相对于另一个经济变量 x 的变化率, 即

$$\frac{\Delta y}{\Delta x} \text{ 或 } \lim_{\Delta x \to 0} \frac{\Delta y}{\Delta x}$$

经济学中称其为 y 的边际, 其经济意义是, 变量 x 由 x 单位变为 $x + 1$ 单位 (即 x 增加 1 单位) 时, 变量 y 增加或减少的量 (或变量 y 的改变量).

1. 边际成本

设某产品产量为 Q 单位时, 其总成本为 $C = C(Q)$. 当产量由 Q 变为 $Q + \Delta Q$ 时, 总成本的改变量为

$$\Delta C = C(Q + \Delta Q) - C(Q)$$

总成本的平均变化率为

$$\frac{\Delta C}{\Delta Q} = \frac{C(Q + \Delta Q) - C(Q)}{\Delta Q}$$

称 $\dfrac{\Delta C}{\Delta Q}$ 为平均意义上的边际成本.

当总成本函数 $C(Q)$ 可导时,其在 Q 处的瞬时变化率

$$\lim_{\Delta Q \to 0} \frac{\Delta C}{\Delta Q} = \lim_{\Delta Q \to 0} \frac{C(Q + \Delta Q) - C(Q)}{\Delta Q} = C'(Q)$$

称为该产品在产量为 Q 单位时的**边际成本**.即边际成本是总成本函数关于产量的导数.

根据微分近似公式(2.10),有

$$\Delta C(Q) = C(Q + 1) - C(Q) \approx C'(Q)\big[(Q + 1) - Q\big] = C'(Q)$$

由上式可知,边际成本 $C'(Q)$ 的"经济意义"是:产量为 Q 单位时,再多生产一单位产品所需追加的成本.

注意　这里 $\Delta Q = 1$,在数学上不是一个"充分小的量",但在经济学中常视为"充分小的量".例如,对生产 1 000 台电视机的厂商而言,多生产 1 台电视机,显然是"充分小的量".

2. 边际收入

设某产品产量为 Q 单位时的总收入函数为 $R = R(Q)$,若 $R(Q)$ 可导,则总收入在 Q 处的瞬时变化率

$$R'(Q) = \lim_{\Delta Q \to 0} \frac{R(Q + \Delta Q) - R(Q)}{\Delta Q}$$

称为该产品在产量为 Q 单位时的**边际收入**,其经济意义是:产量为 Q 单位时,再多生产一单位产品所增加或减少的收入.

3. 边际利润

设某产品产量为 Q 单位时的总利润函数为 $L = L(Q)$. 若 $L(Q)$ 可导,则称 $L'(Q)$ 为产量为 Q 单位时的**边际利润**,其经济意义是:产量为 Q 单位时再多生产一单位产品所增加或减少的利润.

由于总利润等于总收入与总成本之差,即 $L(Q) = R(Q) - C(Q)$,故有

$$L'(Q) = R'(Q) - C'(Q)$$

即边际利润等于边际收入与边际成本之差.

【例 2.55】　设生产某产品 Q 单位的总成本为 $C(Q) = 1\,100 + \dfrac{Q^2}{1\,200}$,求:

(1)生产 900 单位时的总成本和平均成本;

(2)生产 900 单位到 1 000 单位时的总成本的平均变化率;

(3)生产 900 单位时的边际成本,并解释其经济意义.

解　(1)生产 900 单位时的总成本为

$$C(Q)\big|_{Q=900} = 1\,100 + \frac{900^2}{1\,200} = 1\,775$$

平均成本为

$$\overline{C(Q)}\big|_{Q=900} = \frac{1\,775}{900} \approx 1.97$$

（2）生产 900 单位到 1 000 单位时的总成本的平均变化率为

$$\frac{\Delta C(Q)}{\Delta Q} = \frac{C(1\,000) - C(900)}{1\,000 - 900} \approx \frac{1\,933 - 1\,775}{100} = 1.58$$

（3）边际成本函数 $C'(Q) = \frac{2Q}{1\,200} = \frac{Q}{600}$，当 $Q = 900$ 时的边际成本为

$$C'(Q)\mid_{Q=900} = 1.5$$

它表示当产量为 900 单位时，再增产或减产一单位，需增加或减少成本 1.5 单位.

【例 2.56】　设某产品的价格函数为 $p = 20 - \frac{Q}{5}$，其中 p 为价格，Q 为销售量，求销售量为 15 单位时的总收入、平均收入与边际收入，并求销售量从 15 单位增加到 20 单位时的收入的平均变化率.

解　总收入

$$R(Q) = Qp(Q) = 20Q - \frac{Q^2}{5}$$

销售 15 个单位时总收入

$$R(Q)\mid_{Q=15} = \left(20Q - \frac{Q^2}{5}\right)\Big|_{Q=15} = 255$$

平均收入

$$\overline{R(Q)}\mid_{Q=15} = \frac{R(Q)}{Q}\Big|_{Q=15} = \frac{255}{15} = 17$$

边际收入

$$R'(Q)\mid_{Q=15} = \left(20 - \frac{2}{5}Q\right)\Big|_{Q=15} = 14$$

当销售量从 15 单位增加到 20 单位时收入的平均变化率为

$$\frac{\Delta R}{\Delta Q} = \frac{R(20) - R(15)}{20 - 15} = \frac{320 - 255}{5} = 13$$

【例 2.57】　已知某产品的总成本函数为

$$C(Q) = 0.1Q^2 + 10Q + 1\,000$$

而需求函数为

$$Q = 350 - 5p$$

其中 p 为单位产品售价，Q 为需求量（即销售量）.

求边际利润函数，以及 $Q = 70,100$ 和 150 时的边际利润，并解释所得结果的经济意义.

解　总收入函数为 $R(Q) = pQ$，而由题设需求函数有 $p = \frac{1}{5}(350 - Q)$，于是总收入函数为

$$R(Q) = pQ = \frac{1}{5}(350 - Q)Q$$

所以,总利润函数为

$$L(Q) = R(Q) - C(Q) = -0.3Q^2 + 60Q - 1\,000$$

从而边际利润函数为

$$L'(Q) = -0.6Q + 60$$

由此,得

$$L'(70) = 18, L'(100) = 0, L'(150) = -30$$

由所得结果可知,当销售量为 70 单位时,再增加销售可使利润增加,且再多销售一单位产品,总利润约增加 18 单位;当销售量为 100 单位时,边际利润为 0,说明此时总利润达到最大值(第 3 章将给出最大值的定义),此时说明若再扩大销售将使总利润减少;当销售量为 150 单位时,再多销售一单位产品,总利润将减少 30 单位.

2.6.2 弹性与弹性分析

在边际分析中讨论的函数变化率与函数改变量均属于绝对量范围内的,在经济问题中,仅仅用绝对量的概念是不足以深入分析问题的. 例如:甲产品每单位价格 5 元,涨价 1 元;乙商品每单位价格 200 元,也涨价 1 元,两种商品价格的绝对改变量均为 1 元,哪个商品涨价幅度更大呢? 只要用它们与其原价相比就能获得问题的答案. 甲商品涨价百分比为 20%,乙商品涨价百分比为 0.5%,显然甲商品的涨价幅度比乙商品的涨价幅度更大,为此,有必要研究一下函数的相对改变量与相对变化率. 弹性作为经济学中的一个重要概念,正是解决此问题的.

下面给出一般函数的弹性定义:

定义 2.3 设函数 $y = f(x)$ 在点 $x_0(x_0 \neq 0)$ 的某邻域内有定义,且 $f(x_0) \neq 0$. 函数的相对改变量 $\dfrac{\Delta y}{y_0} = \dfrac{f(x_0 + \Delta x) - f(x_0)}{f(x_0)}$ 与自变量的相对改变量 $\dfrac{\Delta x}{x_0}$ 之比

$$\frac{\Delta y / y_0}{\Delta x / x_0} = \frac{f(x_0 + \Delta x) - f(x_0)}{\Delta x} \cdot \frac{x_0}{f(x_0)}$$

称为函数 $f(x)$ 从 $x = x_0$ 到 $x = x_0 + \Delta x$ 两点之间的平均相对变化率,亦称两点间的弹性或弧弹性. 若极限

$$\lim_{\Delta x \to 0} \frac{\Delta y / y_0}{\Delta x / x_0} = \lim_{\Delta x \to 0} \frac{f(x_0 + \Delta x) - f(x_0)}{\Delta x} \cdot \frac{x_0}{f(x_0)}$$

存在,则称此极限值为函数 $y = f(x)$ 在点 x_0 处的相对变化率,亦称为在点 x_0 处的点弹性. 记为

$$\frac{Ey}{Ex}\bigg|_{x=x_0} \quad \text{或} \quad E_x \big|_{x=x_0}$$

即

$$\frac{Ey}{Ex}\bigg|_{x=x_0} = \lim_{\Delta x \to 0} \frac{f(x_0 + \Delta x) - f(x_0)}{\Delta x} \cdot \frac{x_0}{f(x_0)} = \frac{f'(x_0)}{f(x_0)} \cdot x_0$$

当 x_0 为定值时,$\dfrac{Ey}{Ex}\Big|_{x=x_0}$ 为定值,且当 $|\Delta x|$ 很小时

$$\frac{Ey}{Ex}\Big|_{x=x_0} \approx \frac{\Delta y/f(x_0)}{\Delta x/x_0} = 弧弹性$$

一般地,若函数 $y = f(x)$ 在区间 (a,b) 内可导,且 $f(x) \neq 0$,则称

$$\frac{Ey}{Ex} = \frac{f'(x)}{f(x)} \cdot x = \frac{y'}{y} \cdot x$$

为函数 $y = f(x)$ 在区间 (a,b) 内的**点弹性函数**,简称为**弹性函数**.

由定义 2.3 可知,函数的弹性(点弹性或弧弹性)与变量 x 和 y 的计量单位无关,这使弹性概念在经济学中得到了广泛的应用.

由弹性的定义可知

$$\frac{Ey}{Ex} = \frac{y'}{y} \cdot x = \frac{y'}{y/x} = \left(\frac{边际函数}{平均函数}\right)$$

这样,弹性在经济学中又可理解为边际函数与平均函数之比.

【例 2.58】 求幂函数 $y = x^\mu,\mu \in \mathbf{R}$ 的弹性.

解
$$\frac{Ey}{Ex} = \frac{y'}{y} \cdot x = \frac{\mu x^{\mu-1}}{x^\mu} \cdot x = \mu$$

此例说明幂函数 $y = x^\mu,\mu \in \mathbf{R}$ 的弹性为 μ.

作为定义 2.3 的应用,下面介绍一下需求的价格弹性.

当弹性定义中的 y 被定义为需求量时就是需求弹性. 所谓需求的价格弹性是指当价格变化一定的百分比之后引起的需求量的反应程度. 而需求量往往是价格的减函数,所以在需求的价格弹性定义中添加了一个负号以保证需求的价格弹性值为正.

定义 2.4 设某商品的需求函数为 $Q = Q(p)$,p 为价格. 若需求函数 $Q = Q(p)$ 可导,则称

$$\frac{EQ}{Ep} = -\frac{Q'}{Q} \cdot p$$

为该产品的需求的价格弹性,简称需求弹性,常记为 ε_p.

【例 2.59】 若某需求函数 $Q = -100p + 3\,000$,求当 $p = 20$ 时需求的价格弹性.

解 $Q' = -100$,当 $p = 20$ 时,$Q = 1\,000$,所以 $\varepsilon_p = -\dfrac{-100}{1\,000} \times 20 = 2$.

在经济学中,需求的价格弹性的经济解释为:当价格为 p 时,价格每上涨 1%,需求量将减少 $\varepsilon_p\%$.

【例 2.60】 已知 $Q = 1\,600\mathrm{e}^{-\frac{1}{5}p}$,求 $p = 5$ 时的需求弹性,并对其经济意义作出解释.

解 $p = 5$ 时的需求弹性为

$$\frac{EQ}{Ep}\Big|_{p=5} = -\frac{Q'}{Q} \cdot p\Big|_{p=5} = -\frac{1\,600\mathrm{e}^{-\frac{1}{5}p} \times \left(-\dfrac{1}{5}\right)}{1\,600\mathrm{e}^{-\frac{1}{5}p}} \cdot p\Big|_{p=5} = 1$$

其经济意义为:当价格为5时,价格每上涨1%,其需求量将减少1%.

当 $\varepsilon_p = 1$ 时,称为**单位弹性**,此时商品需求量变动的百分比与价格变动的百分比相等;

当 $\varepsilon_p > 1$ 时,称为**高弹性**,此时商品需求量变动的百分比高于价格变动的百分比,价格的变动对需求量的影响较大;

当 $0 < \varepsilon_p < 1$ 时,称为**低弹性**,此时商品需求量变动的百分比低于价格变动的百分比,价格变动对需求量的影响不大.

在经济学中,除研究需求弹性外,由于需求量还与消费者收入有关,还需研究需求的收入弹性.另外,还有供给的价格弹性,供给的收入弹性,产量的资本投入弹性,产量的劳动投入弹性等弹性概念.读者可根据上面介绍的需求的价格弹性,对其他经济变量的弹性进行类似的讨论.

2.7　经济应用实例:定价问题与调配方案

2.7.1　手机制造商的定价问题

某手机制造商估计其产品在某地的需求价格弹性为 -1.2,需求收入弹性为3,当年该地区的销售量为90万单位.据悉,下一年居民实际收入将增加10%,制造商决定提高价格5%,问手机制造商应如何组织生产(即计划明年的生产量是多少)? 如果该手机制造商下一年的生产能力最多比当年可增加5%,为获得最大利润,该手机制造商应如何调整价格? 提价还是降价? 调整多少?

解　(1) 设需求函数为 $Q = f(p)$,p 为价格,需求收入函数为 $Q = g(R)$,R 为收入,Q_0 为当年该地区的销售量,依题意知,$\dfrac{\Delta Q / Q_0}{\Delta p / p} = -1.2$,$\dfrac{\Delta Q / Q_0}{\Delta R / R} = 3$,$Q_0 = 90$,$\dfrac{\Delta R}{R} = 10\%$,$\dfrac{\Delta p}{p} = 5\%$.

由 $\dfrac{\Delta Q / Q_0}{\Delta p / p} = -1.2$ 知,价格每提升1%,销售量将减少1.2%,这样由于公司提价5%,则销售量减少为 $5\% \times 1.2 = 6\%$,即 $\dfrac{\Delta Q_1}{Q_0} = 6\%$,$\Delta Q_1$ 表示由于公司提价减少的销售量.

又由于 $\dfrac{\Delta Q / Q_0}{\Delta R / R} = 3$,预计明年的收入将增加10%,$\dfrac{\Delta R}{R} = 10\%$,这样由于居民收入提高10%,将使销售量增加 $10\% \times 3 = 30\%$,即 $\dfrac{\Delta Q_2}{Q_0} = 30\%$,$\Delta Q_2$ 表示由于居民收入提高增加的销售量.

综合上述两个因素的影响知,明年的销售量将增加的百分比为

$$\frac{\Delta Q}{Q_0} = \frac{Q - Q_0}{Q_0} = 30\% - 6\% = 24\%$$

又 $Q_0 = 90$,该手机制造商明年的生产量最多应为

$$Q = Q_0 + Q_0 \cdot 24\% = 90 + 90 \times 24\% = 111.6(万单位)$$

（2）如果该手机制造商下一年的生产能力最多比当年可增加 5%，即 $\dfrac{\Delta Q}{Q_0} = 5\%$，下一年居民实际收入将增加 10%，将使销售量增加 $10\% \times 3 = 30\%$，如果手机制造商不采取提高价格的措施，产品将供不应求. 为缓解供求矛盾，同时也为厂家获取最大利润，只能采取提价措施.

由 $\dfrac{\Delta R}{R} = 10\%$，$\dfrac{\Delta Q/Q_0}{\Delta R/R} = 3$，知 $\dfrac{\Delta Q_2}{Q_0} = 30\%$

要使 $\dfrac{\Delta Q}{Q_0} = \dfrac{\Delta Q_1}{Q_0} + \dfrac{\Delta Q_2}{Q_0} = 5\% \Rightarrow \dfrac{\Delta Q_1}{Q_0} = -25\%$

又由 $\dfrac{\Delta Q/Q_0}{\Delta p/p} = -1.2$，即 $\dfrac{-25\%}{\Delta p/p} = -1.2$，故 $\dfrac{\Delta p}{p} \approx 20.83\%$

即手机制造商将销售价格提高 20.83%，在最大生产能力仅能提高 5% 的前提下供求才能达到平衡.

2.7.2　机械与人工的调配方案

某工程公司采用机械和人力联合作业的形式在各个工地进行施工. 经长期统计分析知，每周完成的工程量 W 与投入施工的机械台数 x 和工人人数 y 之间有如下的关系

$$W = 8x^2 y^{\frac{3}{2}}$$

一个时期以来，A 工地一直是 9 台机械和 16 名工人在施工. 若这个时候需要从 A 工地抽调一台机械支援 B 工地，则应补充多少名工人，才能使 A 工地的工程进度不受影响呢？

由于 A 工地现在每周的工程量为

$$W\bigg|_{\substack{x=9\\y=16}} = 8 \times 9^2 \times 16^{\frac{3}{2}} = 41\ 472$$

因此，上述问题即转化为工程量 41 472 保持不变的情况下，如何根据关系式

$$8x^2 y^{\frac{3}{2}} = 41\ 472$$

即

$$x^2 y^{\frac{3}{2}} = 5\ 184$$

求出工人人数 y 相对于机械台数 x 的变化率.

利用隐函数求导法则，上式两边同时对 x 求导，得

$$2xy^{\frac{3}{2}} + \frac{3}{2}x^2 y^{\frac{1}{2}} \cdot y' = 0$$

从而当 $x > 0, y > 0$ 时，有

$$y' = -\frac{2xy^{\frac{3}{2}}}{\dfrac{3}{2}x^2 y^{\frac{1}{2}}} = -\frac{4y}{3x}$$

于是

$$y' \Big|_{\substack{x=9 \\ y=16}} = -\frac{64}{27} \approx -2.37 \approx -3$$

这里的负号表示人数与机械台数变化的方向正好相反,即减少一台机械,大约需要增加3名工人才能使工程进度不受影响.

 微积分产生的背景及发展进程

17 世纪,微积分发展成为一门学科. 但是,微分和积分的思想在古代就已经产生了.

公元前 3 世纪,古希腊的阿基米德在研究解决抛物弓形的面积、球和球冠面积、螺线下面积和旋转双曲体体积问题中,就隐含着近代积分学的思想. 作为微分学基础的极限理论,早在古代就有比较清楚的论述. 比如我国的庄周所著的《庄子》一书的"天下篇"中,记有"一尺之锤,日取其半,万事不竭". 三国时期的刘徽在他的割圆术中提到"割之弥细,所失弥小,割之又割,以至于不可割,则与圆周合体而无所失矣." 这些都是朴素的、也是很典型的极限概念.

到了 17 世纪,有许多科学问题需要解决,这些问题也就成了促使微积分产生的因素. 归结起来,大约有4种主要类型的问题:第一类是研究运动的时候直接出现的,也就是求瞬时速度的问题;第二类问题是求曲线的切线问题;第三类问题是求函数的最大值和最小值问题;第四类问题是求曲线长、曲线围成的面积、曲面围成的体积、物体的重心、一个体积相当大的物体作用于另一物体上的引力等等.

17 世纪的许多著名的数学家、天文学家、物理学家都为解决上述几类问题做了大量的研究工作,如法国的费尔玛、笛卡儿、罗伯瓦、笛沙格;英国的巴罗、瓦利士;德国的开普勒;意大利的卡瓦列利等都提出许多很有建树的理论,为微积分的创立做出了贡献.

17 世纪下半叶,在前人工作的基础上,英国大科学家牛顿和德国数学家莱布尼茨分别在自己的国度里独自研究和完成了微积分的创立工作,虽然这只是十分初步的工作,但是他们的最大功绩是把两个貌似毫不相关的问题联系在一起,一个是切线问题(微分学的中心问题),一个是求积问题(积分学的中心问题).

牛顿和莱布尼茨建立微积分的出发点是直观的无穷小量,因此这门学科早期也称为无穷小分析,这正是现在数学中分析学这一大分支名称的来源. 牛顿研究微积分着重于从运动学来考虑,莱布尼茨却是侧重于几何学方面. 牛顿在1671年写了《流数法和无穷级数》这本书直到1736年才出版,他在这本书里指出,变量是由点、线、面的连续运动产生的,否定了以前自己认为的"变量是无穷小元素的静止集合". 他把连续变量叫做流动量,把这些流动量的导数叫做流数. 牛顿在流数术中所提出的中心问题是:已知连续运动的路径,求给定时刻的速度(微分法);已知运动的速度求给定时间内经过的路程(积分法). 德国的莱布尼茨是一个博学多才的学者,1684 年,他发表了公认的世界上最早的微积分文献,这篇文章有一个很长而且古怪的标题"一种求极大、极小和切线的新方法,它也适用于分式和无理量,以及这种新方法的奇妙类型的计算". 就是这样一篇仅有 6 页纸,说理也颇含糊的文章,却有着划时代的意义. 它已含有现代的微分符号和基本微分法则. 他是历史上最伟大的符号学者之一,他所创设的微积分符号,远远优于牛顿的符号,这对微积分的发展有极大的影响. 现在我们使用的微积分通用符号就是当时莱布尼茨精心选用的.

　　微积分学的诞生是数学史上的分水岭与转折点,是人类思维的最伟大的成就之一,极大地推动了数学的发展,过去很多初等数学束手无策的问题,运用微积分,往往迎刃而解,显示出微积分学的非凡威力. 但是围绕微积分的出现,曾引起了一场长达一百多年的争论,争论之一是"谁先发明了微积分?",争论之二是"微积分的基础问题?"认为牛顿的"刹那"或"无穷小量有时是零,有时不是零而是有限小量"和莱布尼茨的 dx,dy 都不能自圆其说. 事实上,牛顿和莱布尼茨确实是各自独立发明了微积分,而且在基础理论方面也确实都存在着一些缺陷. 这些基础方面的缺陷,最终导致了第二次数学危机的产生.

　　尽管微积分的兴起之初有这些不足,但是它在实践方面的胜利却使人大为信服,连贝克莱(曾严格批评牛顿提出的无穷小量是"逝去了量的鬼魂")也不得不承认"流数术是一把万能的钥匙,借着它,近代数学家打开了大自然的秘密". 经过一个多世纪的漫漫征程,几代数学家,包括达朗贝尔、拉格朗日、贝努里家族、拉普拉斯以及集众家之大成的欧拉等人的努力,数量惊人前所未有的处女地被开垦出来,微积分理论获得了空前丰富. 18 世纪甚至被称为"分析的世纪". 然而,与此同时 18 世纪粗糙的、不严密的工作也导致了谬误越来越多的局面,不和谐音的刺耳开始震动了数学家们的神经. 因此消除不和谐音,把分析重新建立在逻辑基础之上就成为数学家们迫在眉睫的任务.

　　直至 19 世纪初,以法国著名数学家柯西为首的科学家们,开始对微积分的理论进行了认真研究,建立了极限理论,后来又经过德国数学家维尔斯特拉斯进一步的严格化,使极限理论成为了微积分坚定牢固的基础. 这才使微积分进一步发展起来.

习　题　二

　　1. 设有一根细棒位于 x 轴上的闭区间 $[0,l]$ 处,对棒上任意一点 x,细棒分布在 $[0,x]$ 上的质量为 $m=m(x)$. 若细棒均匀,则称单位细棒的质量为该棒的线密度. 若细棒不均匀,应怎样确定该细棒在 $x_0 \in (0,l)$ 处的线密度.

　　2. 当物体的温度高于周围介质的温度时,物体就不断冷却. 若物体的温度 T 与时间 t 的函数关系为 $T=T(t)$,应怎样确定该物体在时刻 t 的冷却速度.

　　3. 利用导数定义求下列导数:

　　$(1)f(x)=4x^2$,求 $f'(x)$,$f'(-1)$;　　　　　　$(2)f(x)=\sqrt{x}$,求 $f'(x)$,$f'(2)$.

　　4. 下列各题中均假定 $f'(x_0)$ 存在,按照导数定义求下列极限,指出 A 表示什么?

$(1) \lim\limits_{\Delta x \to 0} \dfrac{f(x_0 - \Delta x) - f(x_0)}{2\Delta x} = A;$ $(2) \lim\limits_{h \to 0} \dfrac{f(x_0 + h) - f(x_0 - 2h)}{h} = A.$

5. (1) 已知 $f(x) = x(x-1)(x-2)\cdots(x-2\ 011)$,求 $f'(0)$.

(2) 设 $f(x) = (2^x - 1)\varphi(x)$,其中 $\varphi(x)$ 在 $x = 0$ 处连续,求 $f'(0)$.

6. 设函数 $f(x)$ 在 $x = 0$ 处可导,且 $f(0) = 0$,求

$(1) \lim\limits_{x \to 0} \dfrac{f(x)}{x};$ $(2) \lim\limits_{x \to 0} \dfrac{f(tx)}{x};$

$(3) \lim\limits_{x \to 0} \dfrac{f(tx)}{t}(t \neq 0);$ $(4) \lim\limits_{x \to 0} \dfrac{f(tx) - f(-tx)}{x}.$

7. 设 $\lim\limits_{x \to a} \dfrac{f(x) - f(a)}{x - a} = A$($A$ 为常数),判断下列命题的正确性:

$(1) f(x)$ 在点 a 可导; $(2) f(x) - f(a) = A(x - a) + o(x - a);$

$(3) \lim\limits_{x \to a} f(x)$ 存在; $(4) \lim\limits_{x \to a} f(x) = f(a).$

8. 求下列函数的导数:

$(1) y = \sqrt[5]{x^2};$ $(2) y = \dfrac{x\sqrt[3]{x^2}}{\sqrt{x^3}};$

$(3) y = 2^x \mathrm{e}^x;$ $(4) y = \dfrac{1}{x^2};$

$(5) y = \lg x;$ $(6) y = \sqrt{x\sqrt{x}}.$

9. 设 $f(x)$ 是可导的奇函数,证明 $f'(x)$ 为偶函数.

10. 若 $f(x)$ 为偶函数,且 $f'(0)$ 存在,证明 $f'(0) = 0$.

11. 求曲线 $y = \sin x$ 上点 $\left(\dfrac{\pi}{6}, \dfrac{1}{2}\right)$ 处的切线方程和法线方程.

12. 求过点 $(2, 0)$ 的一条直线,使它与曲线 $y = \dfrac{1}{x}$ 相切.

13. 讨论下列函数在给定点 $x = 0$ 处的连续性与可导性:

$(1) f(x) = \begin{cases} 1 + x, & x < 0 \\ 1 - x, & x \geqslant 0 \end{cases};$ $(2) f(x) = |\sin x|;$

$(3) f(x) = \begin{cases} x\arctan\dfrac{1}{x}, & x \neq 0 \\ 0, & x = 0 \end{cases};$ $(4) f(x) = \begin{cases} x^3\sin\dfrac{1}{x}, & x \neq 0 \\ 0, & x = 0 \end{cases}.$

14. 设函数

$$f(x) = \begin{cases} ax + b, & x > 1 \\ x^2, & x \leqslant 1 \end{cases}$$

为了使函数 $f(x)$ 在 $x = 1$ 处可导，a,b 应取什么值？

15. 设 $f(x) = (x - a)\varphi(x)$．若 $\varphi(x)$ 在 $x = a$ 处连续，问 $f(x)$ 在 $x = a$ 处是否可导？若 $\varphi(x)$ 在 $x = a$ 处有定义，但不连续，又有怎样结果．

16. 证明双曲线 $xy = a^2$ 上任意一点的切线与两坐标轴构成的三角形的面积均等于 $2a^2$．

17. 求下列函数的导数：

$(1)\ y = x^3 + \dfrac{7}{x^2} - \dfrac{2}{x} + 12$；

$(2)\ y = (\sqrt{x} + 1)\left(\dfrac{1}{\sqrt{x}} - 1\right)$；

$(3)\ y = 5x^2 - 2^x + 3e^x$；

$(4)\ y = 2\tan x + \sec x - 1$；

$(5)\ y = x^3\cos x$；

$(6)\ y = x^2\ln x$；

$(7)\ y = e^x\arctan x$；

$(8)\ y = x\sec^2 x - \tan x$；

$(9)\ y = \dfrac{x - 1}{x + 1}$；

$(10)\ y = \dfrac{e^x}{x^2} + \ln 2$；

$(11)\ y = \dfrac{x}{4^x}$；

$(12)\ y = \dfrac{1}{\arcsin x}$；

$(13)\ y = \dfrac{1 - \sin t}{1 + \cos t}$；

$(14)\ y = \dfrac{2\tan x - 1}{\tan x + 1}$；

$(15)\ y = \dfrac{x + \ln x}{x + e^x}$；

$(16)\ y = x^2\ln x \cdot \cos x$．

18. 求下列函数的导数：

$(1)\ y = (2x + 5)^3$；

$(2)\ y = \sin(2 - 3x)$；

$(3)\ y = \dfrac{1}{\sqrt{1 - x^2}}$；

$(4)\ y = \left(\dfrac{x}{1 + x}\right)^{10}$；

$(5)\ y = \arctan e^x$；

$(6)\ y = \arcsin^2 x$；

$(7)\ y = \arcsin(1 - 2x)$；

$(8)\ y = \arcsin\sqrt{1 - x^2}$；

$(9)\ y = e^{\arctan\sqrt{x}}$；

$(10)\ y = 2^{\frac{x}{\ln x}}$；

$(11)\ y = \arctan\dfrac{x + 1}{x - 1}$；

$(12)\ y = \dfrac{e^x - e^{-x}}{e^x + e^{-x}}$；

$(13)\ y = e^{-\sin^2\frac{1}{x}}$；

$(14)\ y = \ln\ln\ln x$；

$(15)\ y = e^{-\frac{x}{2}}\cos 2x$；

$(16)\ y = \ln(\sec x + \tan x)$；

$(17)\ y = \dfrac{1}{2}\tan^2 x + \ln\cos x$；

$(18)\ y = x\arccos x - \sqrt{1 - x^2}$；

$(19)\ y = \ln\cos\dfrac{1}{x}$；

$(20)\ y = \ln(1 + x + \sqrt{2x + x^2})$；

$(21)\ y = e^{-2x}(x^2 - x + 1)$；

$(22)\ y = x\arcsin(\ln x)$；

$(23) y = \ln \tan \dfrac{x}{2} - \cos x \cdot \ln \tan x;$ $\qquad (24) y = \ln(e^x + \sqrt{1 + e^{2x}});$

$(25) y = x \arcsin \dfrac{x}{2} + \sqrt{4 - x^2};$

$(26) y = \dfrac{1}{2} x \sqrt{x^2 + a^2} + \dfrac{a^2}{2} \ln(x + \sqrt{x^2 + a^2}).$

19. 求由下列方程所确定的隐函数 $y = y(x)$ 的导数 $\dfrac{\mathrm{d}y}{\mathrm{d}x}$:

$(1) \sqrt{x} + \sqrt{y} = a;$ $\qquad\qquad (2) xy = e^{x+y};$

$(3) \arctan \dfrac{y}{x} = \ln \sqrt{x^2 + y^2};$ $\qquad (4) \cos(xy) = x.$

20. 求曲线 $x^{\frac{2}{3}} + y^{\frac{2}{3}} = a^{\frac{2}{3}}$ 在点 $\left(\dfrac{\sqrt{2}}{4} a, \dfrac{\sqrt{2}}{4} a \right)$ 处的切线方程和法线方程.

21. 利用对数求导法求下列函数的导数:

$(1) y = x^{\sqrt{x}};$ $\qquad\qquad\qquad (2) y = (1 + \cos x)^{\frac{1}{x}};$

$(3) y = \sqrt{\dfrac{x - 1}{x(x + 3)}};$ $\qquad\qquad (4) y = \left(\dfrac{x}{a} \right)^b \cdot \left(\dfrac{b}{x} \right)^a \cdot \left(\dfrac{b}{a} \right)^x, a, b, x > 0.$

22. 求下列函数的二阶导数 y'':

$(1) y = \ln(1 - x^2);$ $\qquad\qquad (2) y = (1 + x^2) \arctan x;$

$(3) y = x e^{x^2};$ $\qquad\qquad\qquad (4) y = \ln(x + \sqrt{1 + x^2});$

$(5) y = 1 + x e^y;$ $\qquad\qquad\qquad (6) y = \tan(x + y).$

23. 已知 $x^2 + 2y^2 = 2$, 求 $y''|_{\left(1, \frac{\sqrt{2}}{2}\right)}$.

24. 已知 $xy - \sin(\pi y^2) = 0$, 求 $y'|_{(0, -1)}, y''|_{(0, -1)}$.

25. 已知 $f''(x)$ 存在, 求下列函数的二阶导数 $\dfrac{\mathrm{d}^2 y}{\mathrm{d}x^2}$:

$(1) y = f(x^2);$ $\qquad\qquad\qquad (2) y = f\left(\dfrac{1}{x} \right);$

$(3) y = e^{-f(x)};$ $\qquad\qquad\qquad (4) y = \ln[f(x)].$

26. 求下列函数的 n 阶导数:

$(1) y = \sin^2 x;$ $\qquad (2) y = x \ln x;$ $\qquad (3) y = \dfrac{1 - x}{1 + x};$

$(4) y = x^n + a_1 x^{n-1} + \cdots + a_{n-1} x + a_n (a_1, \cdots, a_{n-1}, a_n$ 均为常数$).$

27. 求下列函数的微分 $\mathrm{d}y$:

$(1) y = \dfrac{x}{1 - x};$ $\qquad\qquad\qquad (2) y = \arcsin \sqrt{1 - x^2};$

$(3)y = x^2 e^{2x}$;

$(4)y = e^{-x} \cos(3 - x)$;

$(5)y = e^x \sin^2 x$;

$(6)y = \tan^2(1 + 2x^2)$.

28. 求由下列方程所确定的隐函数 $y = y(x)$ 的微分 $\mathrm{d}y$:

$(1)y^2 - 2xy + b^2 = 0$, 其中 b 为常数;

$(2)x + y = \arctan(x - y)$;

$(3)y = \cos x + \dfrac{1}{2}\sin y$;

$(4)y^2 = x + \arccos y$.

29. 利用微分求下列各数的近似值:

$(1)e^{1.01}$;

$(2)\ln 1.001$;

$(3)\sin 29°$;

$(4)\sqrt[3]{996}$.

30. 当 $|x|$ 很小时, 证明下列近似公式:

$(1)\tan x \approx x$;

$(2)\ln(1 + x) \approx x$.

31. 设某产品的成本函数和收入函数分别为

$$C(Q) = 100 + 5Q + 2Q^2, R(Q) = 200Q + Q^2$$

其中 Q 表示产品的产量, 求:

(1) 边际成本函数、边际收入函数、边际利润函数;

(2) 已生产并销售 25 单位产品, 第 26 单位产品会有多少利润?

32. 求下列函数的弹性(其中 k, a 为常数):

$(1)y = kx^a$;

$(2)y = e^{kx}$;

$(3)y = 4 - \sqrt{x}$;

$(4)y = 10\sqrt{9 - x}$.

33. 某商品的需求函数为

$$Q = 150 - 2p^2$$

求:(1) 当 $p = 6$ 时的边际需求, 并说明其经济意义;

(2) 当 $p = 6$ 时的需求弹性, 并说明其经济意义;

(3) 当 $p = 6$ 时, 若价格下降 2%, 总收入将变化百分之几? 是增加还是减少?

第3章

Chapter 3

微分中值定理与导数的应用

┌──────────────┐
│ **学习目标和要求** │
└──────────────┘

　　1. 掌握微分中值定理及其应用,熟练掌握罗尔定理,并能利用罗尔定理证明相关问题,熟练掌握拉格朗日中值定理,学会构造辅助函数的思想和方法.

　　2. 灵活运用洛必达法则求解各种类型的极限,掌握洛必达法则的适用题型.

　　3. 掌握判别函数单调性、极值的方法,灵活利用函数的单调性证明不等式,理解极值存在的第二充分条件及其应用;掌握求解函数最值的方法,并灵活求解实际应用问题.

　　4. 理解曲线的凹凸性、拐点及渐近线等相关概念;掌握极值与最值在实际问题中的应用.

　　函数的导数刻画了函数相对于自变量的变化率,几何图形上就是用曲线的切线斜率反映曲线上点的变化情况,本章将利用函数的导数进一步研究函数及曲线的性态,并介绍导数在一些实际问题中的应用. 为此,先要介绍微分学中的几个中值定理,它们是导数应用的理论基础,是在导数理论与实际应用之间铺设的桥梁.

3.1　微分中值定理

　　微分中值定理给出了函数与其导数之间的联系,是研究导函数在区间上的整体性质的有力工具. 微分中值定理包括罗尔定理, 拉格朗日中值定理和柯西中值定理, 它们在微分学理论中占有重要地位.

3.1.1　罗尔*(Rolle) 定理

如图 3.1 所示, 函数 $y = f(x)$ 在区间 (a,b) 内是一条连续的光滑曲线. 这条曲线除端点外处处有不垂直于 x 轴的切线, 且两个端点 A,B 的纵坐标相等, 即 $f(a) = f(b)$. 则在这条曲线上存在这样的点 $C(\xi, f(\xi))$, 使得曲线在该点处的切线平行于 x 轴, 也就是说, 函数在点 C 处导数等于 0. 所以, 有如下定理.

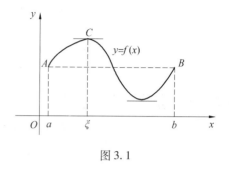

图 3.1

定理 3.1 (罗尔定理)　若函数 $f(x)$ 满足条件:

(1) 在闭区间 $[a,b]$ 上连续;

(2) 在开区间 (a,b) 内可导;

(3) 在区间端点处的函数值相等, 即 $f(a) = f(b)$. 则在开区间 (a,b) 内至少存在一点 ξ, 使得

$$f'(\xi) = 0 \tag{3.1}$$

证明　由于函数 $f(x)$ 在 $[a,b]$ 上连续, 根据连续函数的最值定理, 函数 $f(x)$ 在 $[a,b]$ 上必能取得最大值 M 和最小值 m.

下面分两种情况证明:

(1) 若 $M = m$, 则 $f(x)$ 在 $[a,b]$ 上恒为常数, 即

$$f(x) \equiv C$$

此时, 在开区间 (a,b) 内任何一点均有 $f'(x) = 0$. 因此, 取开区间 (a,b) 内任一点作为 ξ, 均有 $f'(\xi) = 0$.

(2) 若 $M > m$, 由于 $f(a) = f(b)$, 则最大值 M 和最小值 m 中至少有一个不在端点处取得. 不妨设 $M \neq f(a)$ (若 $m \neq f(a)$, 可以类似的证明), 于是在开区间 (a,b) 内至少存在一点 ξ, 使 $f(\xi) = M, \xi \in (a,b)$. 则对开区间 (a,b) 内的点 $\xi + \Delta x$, 总有

$$f(\xi + \Delta x) - f(\xi) \leqslant 0$$

---

*　**数学家小传**

罗尔:米歇尔·罗尔,1652—1719,法国数学家. 罗尔在 1691 年的论著《方程的解法》中论证了:在多项式方程的两个相邻的实根之间,至少有一个实根,但在一百多年后,1846 年尤斯托将这一定理推广到可微函数,尤斯托还把此定理命名为罗尔定理.

当 $\Delta x > 0$ 时,有

$$f'_+(\xi) = \lim_{\Delta x \to 0^+} \frac{f(\xi + \Delta x) - f(\xi)}{\Delta x} \leqslant 0$$

当 $\Delta x < 0$ 时,有

$$f'_-(\xi) = \lim_{\Delta x \to 0^-} \frac{f(\xi + \Delta x) - f(\xi)}{\Delta x} \geqslant 0$$

因为 $f'(\xi) = \lim_{\Delta x \to 0} \dfrac{f(\xi + \Delta x) - f(\xi)}{\Delta x}$ 存在,所以

$$0 \leqslant f'_-(\xi) = f'(\xi) = f'_+(\xi) \leqslant 0$$

即

$$f'(\xi) = 0$$

注意 (1)罗尔定理有三个条件:函数 $f(x)$ 在闭区间 $[a, b]$ 上连续,在开区间 (a, b) 内可导,$f(a) = f(b)$,三者缺一不可. 若定理的三个条件有一个不满足,则定理的结论可能不成立. 如图 3.2(a),(b),(c)所示的三个函数均不存在 ξ 点,使 $f'(\xi) = 0$.

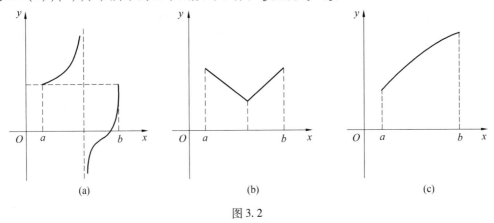

图 3.2

(2)罗尔定理的结论是至少存在一点 $\xi \in (a, b)$,使 $f'(\xi) = 0$. 因此不用去关心至多有多少个这样的点,至于 ξ 位于 (a, b) 内的具体位置,定理并未说明. 因为 ξ 的位置并不影响罗尔定理的应用.

由罗尔定理可知,罗尔定理的本质是存在这样的点 C,使过该点的切线与割线 AB 相互平行,简称切割平行.

【例 3.1】 求函数 $f(x) = x^2 - 2x - 3$ 在闭区间 $[-1, 3]$ 上满足罗尔定理中的 ξ 值.

解 因为 $f(x) = x^2 - 2x - 3$ 在闭区间 $[-1, 3]$ 上满足罗尔定理的三个条件. 所以存在 $\xi \in (-1, 3)$,使得

$$f'(\xi) = 2(x - 1)\big|_{x = \xi} = 2(\xi - 1) = 0$$

即

$$\xi = 1$$

【例3.2】 不求其导数,判断函数

$$f(x) = (x-1)(x-2)(x-3)$$

的导数方程 $f'(x) = 0$ 有几个实根.

解 因为 $f(1) = f(2) = f(3) = 0$ 且 $f(x)$ 在闭区间 $[1,2]$ 和 $[2,3]$ 上连续,在开区间 $(1,2)$ 和 $(2,3)$ 内可导. 所以 $f(x)$ 在闭区间 $[1,2]$ 和 $[2,3]$ 上分别满足罗尔定理的条件. 因此,在开区间 $(1,2)$ 内至少存在一点 ξ_1,使得 $f'(\xi_1) = 0$,即 $x = \xi_1$ 是导数方程 $f'(x) = 0$ 的一个实根;在开区间 $(2,3)$ 内至少存在一点 ξ_2,使得 $f'(\xi_2) = 0$,即 $x = \xi_2$ 是导数方程 $f'(x) = 0$ 的另一个实根. 又由于 $f'(x)$ 为二次函数,至多有两个实根. 所以导数方程 $f'(x) = 0$ 有两个实根且分别位于开区间 $(1,2)$ 和 $(2,3)$ 内.

3.1.2 拉格朗日*(Lagrange)中值定理

罗尔定理的第三个条件 $f(a) = f(b)$ 非常苛刻,而定理的约束条件越多,应用的范围就越狭窄,很多函数都不满足罗尔定理中的 $f(a) = f(b)$ 这个条件. 若取消条件 $f(a) = f(b)$,只保留前两个条件,定理将会有怎样的结论呢? 罗尔定理的切割平行是否还会成立呢? 这就是微分中一个非常重要的定理 —— 拉格朗日中值定理.

定理3.2(拉格朗日中值定理) 若函数 $f(x)$ 满足条件:

(1) 在闭区间 $[a,b]$ 上连续;

(2) 在开区间 (a,b) 内可导;

则在开区间 (a,b) 内至少存在一点 ξ,使得

$$f'(\xi) = \frac{f(b) - f(a)}{b - a}$$

或

$$f(b) - f(a) = f'(\xi)(b - a) \qquad (3.2)$$

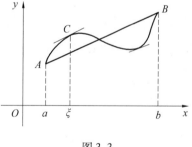

图 3.3

由图3.3可以看出,$\dfrac{f(b) - f(a)}{b - a}$ 为弦 AB 的斜率,而 $f'(\xi)$ 为曲线在点 C 处的切线斜率. 因此拉格朗日中值定理的几何意义是:如果连续曲

---

* **数学家小传**

拉格朗日:约瑟夫·路易斯·拉格朗日,1736—1813,法国数学家、物理学家. 他在数学、力学和天文学三个学科领域中都有历史性的贡献,其中尤以数学方面的成就最为突出. 拉格朗日科学研究所涉及的领域极其广泛,近百余年来,数学领域的许多新成就都可以直接或间接地溯源于拉格朗日的工作. 所以他在数学史上被认为是对分析数学的发展产生全面影响的数学家之一.

线 $y = f(x)$ 除端点 A,B 外处处具有不垂直于 x 轴的切线,那么在这条曲线上至少存在一个这样的点 $C(\xi, f(\xi))$,使曲线在该点处的切线平行于弦 AB. 拉格朗日中值定理几何直观说明,罗尔定理的切割平行的本质没有改变.

下面利用罗尔定理来证明拉格朗日中值定理. 为此希望构造一个新的函数 $F(x)$ 使它满足罗尔定理的三个条件,同时要使罗尔定理的结论 $f'(\xi) = 0$ 刚好是拉格朗日中值定理的结论. 这种通过构造函数来证明的方法称为**构造辅助函数法**.

具体分析如下:

要证 $f'(\xi) = \dfrac{f(b) - f(a)}{b - a}$ 即证 $f'(\xi) - \dfrac{f(b) - f(a)}{b - a} = 0$. 也就是

$$F'(\xi) = f'(\xi) - \frac{f(b) - f(a)}{b - a} = 0$$

显然,若 $F(x) = f(x) - \dfrac{f(b) - f(a)}{b - a} x$ 满足罗尔定理的三个条件,则式(3.2)得证. 前两个条件显然成立,又

$$F(a) = f(a) - \frac{f(b) - f(a)}{b - a} a = \frac{bf(a) - af(b)}{b - a}$$

$$F(b) = f(b) - \frac{f(b) - f(a)}{b - a} b = \frac{bf(a) - af(b)}{b - a}$$

从而第三个条件 $F(a) = F(b)$ 也满足.

证明 构造辅助函数 $F(x) = f(x) - \dfrac{f(b) - f(a)}{b - a} x$. 则 $F(x)$ 在闭区间 $[a,b]$ 上连续,在开区间 (a,b) 内可导,且有

$$F(a) = F(b) = \frac{bf(a) - af(b)}{b - a}$$

$F(x)$ 满足罗尔定理的三个条件,则在开区间 (a,b) 内至少存在一点 ξ,使得 $F'(\xi) = 0$. 又因

$$F'(x) = f'(x) - \frac{f(b) - f(a)}{b - a}$$

所以

$$F'(\xi) = f'(\xi) - \frac{f(b) - f(a)}{b - a} = 0$$

即

$$f'(\xi) = \frac{f(b) - f(a)}{b - a}, \quad a < \xi < b$$

在拉格朗日中值定理中,若取 x 与 $x + \Delta x$ 为 $[a,b]$ 上任意两个不同的点,则以 $x, x + \Delta x$ 为端点的区间内任意一个确定的点总可以表示为 $x + \theta \Delta x (0 < \theta < 1)$,于是,由拉格朗日中值定理得

$$f(x + \Delta x) - f(x) = f'(x + \theta \Delta x)\Delta x, 0 < \theta < 1 \tag{3.3}$$

即

$$\Delta y = f'(x + \theta \Delta x)\Delta x, \ 0 < \theta < 1 \tag{3.4}$$

在学习微分时,曾有

$$\Delta y \approx dy = f'(x)\Delta x$$

它表明,函数的微分 $dy = f'(x)\Delta x$ 是函数增量 Δy 的近似表达式. 式(3.4)却给出了自变量有限增量 $\Delta x(|\Delta x|$ 不一定很小) 与函数增量 Δy 之间的准确关系式,由近似到精确本身就是一个飞跃. 式(3.4) 称为**有限增量公式**. 拉格朗日中值定理也称为**微分中值定理**,它在微分学中占有重要地位,它精确地表达了函数在一个区间的增量与函数在这个区间内的某点处的导数之间的关系.

【例 3.3】　设 $f(x) = \ln x, x \in [1,e]$,求满足拉格朗日中值定理的 ξ 值.

解　$f(x) = \ln x$ 在 $[1,e]$ 上满足拉格朗日中值定理,则存在 $\xi \in (1,e)$ 使得 $f'(\xi) = \dfrac{\ln e - \ln 1}{e - 1} = \dfrac{1}{e - 1}$,又因 $f'(x) = \dfrac{1}{x}$,所以

$$f'(\xi) = \frac{1}{\xi} = \frac{1}{e - 1}$$

即

$$\xi = e - 1$$

【例 3.4】　证明当 $x > 0$ 时,$\dfrac{x}{1 + x} < \ln(1 + x) < x$.

证明　设 $f(x) = \ln(1 + x)$,则 $f(x)$ 在 $[0,x]$ 上满足拉格朗日中值定理,则存在 $\xi \in (0, x)$ 使得 $f'(\xi) = \dfrac{f(x) - f(0)}{x - 0} = \dfrac{\ln(1 + x)}{x}$,因为 $f'(x) = \dfrac{1}{1 + x}$,所以

$$f'(\xi) = \frac{1}{1 + \xi}$$

即

$$\frac{1}{1 + \xi} = \frac{\ln(1 + x)}{x}, 0 < \xi < x$$

又 $\dfrac{1}{1 + x} < \dfrac{1}{1 + \xi} < 1$,所以

$$\frac{1}{1 + x} < \frac{\ln(1 + x)}{x} < 1$$

从而

$$\frac{x}{1 + x} < \ln(1 + x) < x, x > 0$$

【例3.5】 设函数 $f(x)$ 在 $[0,1]$ 上连续，在 $(0,1)$ 内可导，且 $f(1) = 0$. 证明在 $(0,1)$ 内至少存在一点 ξ，使得

$$f'(\xi) = -\frac{1}{\xi}f(\xi)$$

证明 由于 $[xf(x)]' = f(x) + xf'(x)$，所以构造辅助函数 $F(x) = xf(x)$. 则 $F(x)$ 在闭区间 $[0,1]$ 上连续，在开区间 $(0,1)$ 内可导，且 $F(0) = 0 \cdot f(0) = 0$，$F(1) = 1 \cdot f(1) = 0$. 即 $F(x)$ 在 $[0,1]$ 上满足罗尔定理，则在 $(0,1)$ 内至少存在一点 ξ，使得 $F'(\xi) = 0$.

又因 $F'(x) = f(x) + xf'(x)$，所以

$$F'(\xi) = f(\xi) + \xi f'(\xi) = 0, \xi \in (0,1)$$

即

$$f'(\xi) = -\frac{1}{\xi}f(\xi), \xi \in (0,1)$$

已知常数函数的导数处处为0，反之，导数处处为0的函数是不是常数函数呢？根据拉格朗日中值定理可以得到下述推论：

推论1 若函数 $y = f(x)$ 在 (a,b) 内可导，且 $f'(x) \equiv 0$，则 $f(x)$ 在该区间内是一个常数.

证明 在 (a,b) 内任取两点 x_1, x_2，由拉格朗日中值定理可知，在 (x_1, x_2) 内存在 ξ，使得

$$f(x_1) - f(x_2) = f'(\xi)(x_1 - x_2) = 0$$

即 $f(x_1) = f(x_2)$. 由 x_1, x_2 的任意性得 $f(x)$ 在区间 (a,b) 内是一个常数.

推论2 若函数 $f(x)$ 和 $g(x)$ 在 (a,b) 内可导，且它们的导数处处相等，即 $f'(x) = g'(x)$，则 $f(x)$ 和 $g(x)$ 在 (a,b) 内只相差一个常数，即

$$f(x) - g(x) = C, a < x < b, C \text{ 为任意常数}$$

证明 构造辅助函数 $F(x) = f(x) - g(x)$. 则在 (a,b) 内，有

$$F'(x) = f'(x) - g'(x) \equiv 0$$

由推论1得，在 (a,b) 内 $F(x) = C$，即

$$f(x) - g(x) = C$$

【例3.6】 证明 $\arcsin x + \arccos x = \dfrac{\pi}{2}, x \in [-1,1]$.

证明 因为 $(\arcsin x + \arccos x)' = \dfrac{1}{\sqrt{1-x^2}} - \dfrac{1}{\sqrt{1-x^2}} = 0$，由推论1可知，在 $(-1,1)$ 内恒有

$$\arcsin x + \arccos x = C$$

令 $x = 0$，得 $C = \dfrac{\pi}{2}$，从而

$$\arcsin x + \arccos x = \frac{\pi}{2}, x \in (-1,1)$$

再由函数 $\arcsin x + \arccos x$ 在闭区间 $[-1,1]$ 上连续,可知

$$\arcsin x + \arccos x = \frac{\pi}{2}, x \in [-1,1]$$

3.1.3　柯西*(Cauchy) 中值定理

将一个函数的中值定理推广到两个函数上去是一个奇思妙想,而柯西中值定理完成了这一构想.

定理 3.3(柯西中值定理)　若函数 $f(x)$ 和 $g(x)$ 满足条件:

(1) 在闭区间 $[a,b]$ 上连续;

(2) 在开区间 (a,b) 内可导;

(3) $g'(x) \neq 0, x \in (a,b)$.

则在开区间 (a,b) 内至少存在一点 ξ,使得

$$\frac{f'(\xi)}{g'(\xi)} = \frac{f(b) - f(a)}{g(b) - g(a)} \tag{3.5}$$

证明　类似拉格朗日中值定理的证明,构造辅助函数

$$F(x) = f(x) - \frac{f(b) - f(a)}{g(b) - g(a)} g(x)$$

则 $F(x)$ 在 $[a,b]$ 上满足罗尔定理,则在 (a,b) 内至少存在一点 ξ,使得

$$\frac{f'(\xi)}{g'(\xi)} = \frac{f(b) - f(a)}{g(b) - g(a)}$$

【例 3.7】　设函数 $f(x)$ 在闭区间 $[0,1]$ 上连续,在开区间 $(0,1)$ 内可导,证明至少存在一点 $\xi \in (0,1)$,使

$$f'(\xi) = 2\xi[f(1) - f(0)]$$

证明　将 $f'(\xi) = 2\xi[f(1) - f(0)]$ 整理成 $\frac{f'(\xi)}{2\xi} = \frac{f(1) - f(0)}{1 - 0}$.

设 $g(x) = x^2$,则 $f(x), g(x)$ 在 $[0,1]$ 上满足柯西中值定理的条件,于是至少存在一点 $\xi \in (0,1)$,使

$$\frac{f'(\xi)}{2\xi} = \frac{f(1) - f(0)}{g(1) - g(0)} = \frac{f(1) - f(0)}{1 - 0}$$

---

*　**数学家小传**

柯西:1789—1857. 柯西是一位多产的数学家,他的全集从 1882 年开始出版到 1974 年才出齐最后一卷,总计 28 卷. 柯西在数学上的最大贡献是在微积分中引进了极限概念,并以极限为基础建立了逻辑清晰的分析体系. 这是微积分发展史上的精华,也是柯西对人类科学发展所做的巨大贡献. 柯西在其它方面的研究成果也很丰富. 复变函数的微积分理论就是由他创立的. 在代数方面、理论物理、光学、弹性理论方面,他也有突出贡献.

即存在 $\xi \in (0,1)$，使

$$f'(\xi) = 2\xi[f(1) - f(0)]$$

当 $g(x) = x$ 时，柯西中值定理即为拉格朗日中值定理. 所以柯西中值定理是拉格朗日中值定理的推广，而拉格朗日中值定理是柯西中值定理的特例. 式(3.2)中，当 $f(a) = f(b)$ 时，$f'(\xi) = 0$. 所以拉格朗日中值定理又是罗尔定理的推广，而罗尔定理也是拉格朗日中值定理的特例.

3.2　洛必达[*]（L'Hospital）法则

第1章曾经讨论过两个无穷小量的商的极限问题，它们有的存在有的不存在，例如 $\lim\limits_{x \to 0} \dfrac{\sin x}{x}$ 存在且等于1，而 $\lim\limits_{x \to 0} \dfrac{x - \sin x}{x^3}$ 不易求出，这类极限称为 $\dfrac{0}{0}$ **型未定式**. 类似地，两个无穷大量的商的极限也是有的存在有的不存在，这类极限称为 $\dfrac{\infty}{\infty}$ **型未定式**. 下面介绍一种求这类极限的方法——洛必达法则，作为中值定理的第一个应用.

下面以 $x \to x_0$ 为例，介绍一种求这两种未定式极限的既简便又有效的方法，此方法对于极限的其他趋近方式（$x \to x_0^-$，$x \to x_0^+$，$x \to \infty$，$x \to +\infty$，$x \to -\infty$）也成立，读者可类推.

3.2.1　$\dfrac{0}{0}$ 型未定式

定理3.4　若函数 $f(x)$ 和 $g(x)$ 满足条件

(1) $\lim\limits_{x \to x_0} f(x) = 0$，$\lim\limits_{x \to x_0} g(x) = 0$；

(2) 在点 x_0 的某个空心邻域 $\mathring{U}(x_0, \delta)$ 内可导，且 $g'(x) \neq 0$；

(3) $\lim\limits_{x \to x_0} \dfrac{f'(x)}{g'(x)} = A$（或 ∞）. 则

$$\lim_{x \to x_0} \frac{f(x)}{g(x)} = \lim_{x \to x_0} \frac{f'(x)}{g'(x)} = A(\text{或} \infty) \tag{3.6}$$

＊　**数学家小传**

洛必达:1661—1704,法国数学家. 他最重要的著作是《阐明曲线的无穷小与分析》,这本书是世界上第一本系统的微积分学教科书,他由一组定义和公理出发,全面地阐述变量、无穷小量、切线、微分等概念,这对传播新创建的微积分理论起了很大的作用. 且在十八世纪为一模范著作,在书中第九章记载着约翰·贝努里在1694年7月22日告诉他的一个著名定理即洛必达法则,就是求一个分式当分子和分母都趋于零时的极限的法则. 后人误以为是他的发明,故洛必达法则之名沿用至今. 洛必达于前言中向莱布尼茨和贝努里致谢,特别是约翰·贝努里.

证明　因为极限 $\lim\limits_{x \to x_0} \dfrac{f(x)}{g(x)}$ 与函数值 $f(x_0)$ 和 $g(x_0)$ 无关,由(1)不妨补充定义

$$f(x_0) = g(x_0) = 0$$

则 $f(x)$ 与 $g(x)$ 在点 x_0 处连续,那么对于点 x_0 的邻域内任意点 $x(x \neq x_0)$,$f(x)$ 与 $g(x)$ 在区间 (x, x_0)(或 (x_0, x))上满足柯西中值定理的条件,所以存在 ξ 介于 x_0 与 x 之间,使得

$$\frac{f(x)}{g(x)} = \frac{f(x) - f(x_0)}{g(x) - g(x_0)} = \frac{f'(\xi)}{g'(\xi)}$$

当 $x \to x_0$ 时,$\xi \to x$,则

$$\lim_{x \to x_0} \frac{f(x)}{g(x)} = \lim_{\xi \to x_0} \frac{f'(\xi)}{g'(\xi)} = \lim_{x \to x_0} \frac{f'(x)}{g'(x)} = A(\text{或} \infty)$$

若 $\lim\limits_{x \to x_0} \dfrac{f'(x)}{g'(x)}$ 仍是 $\dfrac{0}{0}$ 型未定式,且 $f'(x)$ 与 $g'(x)$ 满足定理 3.4 中的条件,则

$$\lim_{x \to x_0} \frac{f(x)}{g(x)} = \lim_{x \to x_0} \frac{f'(x)}{g'(x)} = \lim_{x \to x_0} \frac{f''(x)}{g''(x)}$$

而且可以以此类推,直到不是未定式为止. 这种用导数求函数极限的方法就是洛必达法则.

【例 3.8】　求 $\lim\limits_{x \to 0} \dfrac{x - \sin x}{\sin^3 x}$.

解　由于 $\lim\limits_{x \to 0}(x - \sin x) = 0$,$\lim\limits_{x \to 0} \sin^3 x = 0$. 因此这是一个 $\dfrac{0}{0}$ 型未定式,由洛必达法则得

$$\lim_{x \to 0} \frac{x - \sin x}{\sin^3 x} = \lim_{x \to 0} \frac{x - \sin x}{x^3} \overset{\frac{0}{0}}{=} \lim_{x \to 0} \frac{1 - \cos x}{3x^2} = \lim_{x \to 0} \frac{\sin x}{6x} = \frac{1}{6}$$

【例 3.9】　求 $\lim\limits_{x \to 0} \dfrac{e^x + e^{-x} - 2}{x^2}$.

解　当 $x \to 0$ 时, $\lim\limits_{x \to 0}(e^x + e^{-x} - 2) = 0$,$\lim\limits_{x \to 0} x^2 = 0$. 因此这是一个 $\dfrac{0}{0}$ 型未定式,由洛必达法则得

$$\lim_{x \to 0} \frac{e^x + e^{-x} - 2}{x^2} \overset{\frac{0}{0}}{=} \lim_{x \to 0} \frac{e^x - e^{-x}}{2x} \overset{\frac{0}{0}}{=} \lim_{x \to 0} \frac{e^x + e^{-x}}{2} = 1$$

例 3.8 和例 3.9 说明有时需要多次应用洛必达法则,直到不是未定式为止,才能求出极限.

【例 3.10】　求 $\lim\limits_{x \to 0} \dfrac{\cos x - \sqrt{x + 1}}{x^3}$.

解　当 $x \to 0$ 时, $\lim\limits_{x \to 0}(\cos x - \sqrt{x + 1}) = 0$,$\lim\limits_{x \to 0} x^3 = 0$. 因此这是一个 $\dfrac{0}{0}$ 型未定式,由洛必达法则得

$$\lim_{x \to 0} \frac{\cos x - \sqrt{x+1}}{x^3} \overset{\frac{0}{0}}{=} \lim_{x \to 0} \frac{-\sin x - \frac{1}{2\sqrt{x+1}}}{3x^2} = -\infty$$

3.2.2 $\frac{\infty}{\infty}$ 型未定式

定理 3.5 设函数 $f(x)$ 和 $g(x)$ 满足

(1) $\lim\limits_{x \to x_0} f(x) = \infty$, $\lim\limits_{x \to x_0} g(x) = \infty$;

(2) 在点 x_0 的某个空心邻域 $\mathring{U}(x_0, \delta)$ 内可导,且 $g'(x) \neq 0$;

(3) $\lim\limits_{x \to x_0} \dfrac{f'(x)}{g'(x)} = A$ (或 ∞).

则

$$\lim_{x \to x_0} \frac{f(x)}{g(x)} = \lim_{x \to x_0} \frac{f'(x)}{g'(x)} = A(或 \infty) \tag{3.7}$$

【例 3.11】 求 $\lim\limits_{x \to +\infty} \dfrac{\ln x}{x^\mu}, \mu > 0$.

解 当 $x \to +\infty$ 时, $\lim\limits_{x \to +\infty} \ln x = +\infty$, $\lim\limits_{x \to +\infty} x^\mu = +\infty$,这是 $\frac{\infty}{\infty}$ 型未定式,由洛必达法则得

$$\lim_{x \to +\infty} \frac{\ln x}{x^\mu} \overset{\frac{\infty}{\infty}}{=} \lim_{x \to +\infty} \frac{\frac{1}{x}}{\mu x^{\mu-1}} = \lim_{x \to +\infty} \frac{1}{\mu x^\mu} = 0$$

【例 3.12】 求 $\lim\limits_{x \to +\infty} \dfrac{x^n}{e^{\lambda x}}, n$ 为正整数, $\lambda > 0$.

解 当 $x \to +\infty$ 时, $\lim\limits_{x \to +\infty} x^n = +\infty$, $\lim\limits_{x \to +\infty} e^{\lambda x} = +\infty$,这是 $\frac{\infty}{\infty}$ 型未定式. 由洛必达法则得

$$\lim_{x \to +\infty} \frac{x^n}{e^{\lambda x}} \overset{\frac{\infty}{\infty}}{=} \lim_{x \to +\infty} \frac{n x^{n-1}}{\lambda e^{\lambda x}} \overset{\frac{\infty}{\infty}}{=} \lim_{x \to +\infty} \frac{n(n-1)x^{n-2}}{\lambda^2 e^{\lambda x}} \overset{\frac{\infty}{\infty}}{=} \cdots \overset{\frac{\infty}{\infty}}{=} \lim_{x \to +\infty} \frac{n!}{\lambda^n e^{\lambda x}} = 0$$

事实上,若例 3.12 中的 n 不是正整数,而是任何正数,则极限仍为 0.

例 3.11 和例 3.12 说明当 $x \to +\infty$ 时,对数函数 $\ln x$,幂函数 $x^\mu(\mu > 0)$ 和指数函数 $e^{\lambda x}(\lambda > 0)$ 的极限虽然均为无穷大,但这三个函数趋近 $+\infty$ 的速度却不一样, x^μ 趋近 $+\infty$ 的速度比 $\ln x$ 快得多,而 $e^{\lambda x}$ 趋近 $+\infty$ 的速度又比 x^μ 快得多. 因此,当 $x \to +\infty$ 时, $\ln x$ 是 x^μ 的低阶无穷大, x^μ 又是 $e^{\lambda x}$ 的低阶无穷大.

【例 3.13】 求 $\lim\limits_{x \to 1^-} \dfrac{\ln \tan \dfrac{\pi x}{2}}{\ln(1-x)}$.

解 当 $x \to 1^-$ 时, $\lim\limits_{x \to 1^-} \ln \tan \dfrac{\pi x}{2} \to +\infty$, $\lim\limits_{x \to 1^-} \ln(1-x) \to -\infty$,因此,这是一个 $\frac{\infty}{\infty}$ 型未定式,

由洛必达法则得

$$\lim_{x \to 1^-} \frac{\ln \tan \frac{\pi x}{2}}{\ln(1-x)} \overset{\frac{\infty}{\infty}}{=} \lim_{x \to 1^-} \frac{\frac{1}{\tan \frac{\pi x}{2}} \cdot \sec^2 \frac{\pi x}{2} \cdot \frac{\pi}{2}}{\frac{-1}{1-x}} = \lim_{x \to 1^-} \frac{\pi(x-1)}{\sin \pi x} \overset{\frac{0}{0}}{=} \lim_{x \to 1^-} \frac{\pi}{\pi \cos \pi x} = -1$$

例 3.13 说明 $\dfrac{0}{0}$ 型和 $\dfrac{\infty}{\infty}$ 型未定式的洛必达法则可以同时使用.

3.2.3　其他类型的未定式

除 $\dfrac{0}{0}$ 型和 $\dfrac{\infty}{\infty}$ 型未定式外,还有其他类型的未定式:$0 \cdot \infty$ 型,$\infty - \infty$ 型,0^0 型,1^∞ 型和 ∞^0

型. 在求极限时可适当变换,先将它们化成 $\dfrac{0}{0}$ 型或 $\dfrac{\infty}{\infty}$ 型未定式,再用洛必达法则求解.

【例 3.14】　求 $\lim\limits_{x \to 0^+} x^2 \ln x$.

解　当 $x \to 0^+$ 时,$\lim\limits_{x \to 0^+} x^2 = 0$,$\lim\limits_{x \to 0^+} \ln x = -\infty$,这是 $0 \cdot \infty$ 型未定式,则

$$\lim_{x \to 0^+} x^2 \ln x \overset{0 \cdot \infty}{=} \lim_{x \to 0^+} \frac{\ln x}{x^{-2}} \overset{\frac{\infty}{\infty}}{=} \lim_{x \to 0^+} \frac{\frac{1}{x}}{-2x^{-3}} = \lim_{x \to 0^+} \left(-\frac{x^2}{2} \right) = 0$$

事实上,$\lim\limits_{x \to 0^+} x^n \ln x = 0$,$n$ 为正整数.

【例 3.15】　求 $\lim\limits_{x \to 0} \left[\dfrac{1}{x} - \dfrac{1}{\ln(1+x)} \right]$.

解　当 $x \to 0$ 时,$\lim\limits_{x \to 0} \dfrac{1}{x} = \infty$,$\lim\limits_{x \to 0} \dfrac{1}{\ln(1+x)} = \infty$,这是 $\infty - \infty$ 型未定式,则

$$\lim_{x \to 0} \left[\frac{1}{x} - \frac{1}{\ln(1+x)} \right] \overset{\infty - \infty}{=} \lim_{x \to 0} \frac{\ln(1+x) - x}{x \ln(1+x)}$$

因为 $x \to 0$ 时,$\ln(1+x) \sim x$,所以

$$\lim_{x \to 0} \left[\frac{1}{x} - \frac{1}{\ln(1+x)} \right] = \lim_{x \to 0} \left[\frac{\ln(1+x) - x}{x^2} \right] \overset{\frac{0}{0}}{=} \lim_{x \to 0} \frac{\frac{1}{1+x} - 1}{2x} = \lim_{x \to 0} \frac{1 - (1+x)}{2x(1+x)}$$

$$= \lim_{x \to 0} \frac{-1}{2(1+x)} = -\frac{1}{2}$$

【例 3.16】　求 $\lim\limits_{x \to 0^+} x^x$.

解　这是 0^0 型未定式,则

$$\lim_{x \to 0^+} x^x \overset{0^0}{=} e^{\lim\limits_{x \to 0^+} \ln x^x} = e^{\lim\limits_{x \to 0^+} x \ln x} \overset{0 \cdot \infty}{=} e^0 = 1$$

【例 3.17】 求 $\lim\limits_{x \to 1} x^{\frac{1}{1-x}}$.

解 这是 1^{∞} 型未定式,则

$$\lim_{x \to 1} x^{\frac{1}{1-x}} = e^{\lim\limits_{x \to 1} \ln x^{\frac{1}{1-x}}} = e^{\lim\limits_{x \to 1} \frac{\ln x}{1-x}} \overset{\frac{0}{0}}{=} e^{\lim\limits_{x \to 1} \frac{\frac{1}{x}}{-1}} = e^{-1}$$

【例 3.18】 求 $\lim\limits_{x \to 0^+} (\cot x)^{\sin x}$.

解 这是 ∞^0 型未定式,则

$$\lim_{x \to 0^+} (\cot x)^{\sin x} \overset{\infty^0}{=} e^{\lim\limits_{x \to 0^+} \ln (\cot x)^{\sin x}} = e^{\lim\limits_{x \to 0^+} \sin x \ln \cot x} \overset{0 \cdot \infty}{=} e^{\lim\limits_{x \to 0^+} \frac{\ln \cot x}{\csc x}}$$

$$\overset{\frac{\infty}{\infty}}{=} e^{\lim\limits_{x \to 0^+} \frac{\tan x \cdot (-\csc^2 x)}{-\cot x \csc x}} = e^{\lim\limits_{x \to 0^+} \frac{\sin x}{\cos^2 x}} = e^0 = 1$$

【例 3.19】 求 $\lim\limits_{x \to \infty} \dfrac{x + \sin x}{x}$.

解 这是 $\dfrac{\infty}{\infty}$ 型未定式,若由洛必达法则得

$$\lim_{x \to \infty} \frac{x + \sin x}{x} = \lim_{x \to \infty} \frac{1 + \cos x}{1}$$

而 $\lim\limits_{x \to \infty} (1 + \cos x)$ 不存在,由此得 $\lim\limits_{x \to \infty} \dfrac{x + \sin x}{x}$ 不存在,事实上

$$\lim_{x \to \infty} \frac{x + \sin x}{x} = \lim_{x \to \infty} \left(1 + \frac{\sin x}{x}\right) = 1$$

故此时洛必达法则失效,这说明洛必达法则只是一种求未定式极限的方法,当定理条件满足时,所求极限当然存在(或为 ∞). 而当定理条件不满足时,所求极限却不一定不存在. 例 3.19 就说明当 $\lim\limits_{x \to \infty} \dfrac{f'(x)}{g'(x)}$ 不存在(等于无穷大的情况除外) 时,$\lim\limits_{x \to \infty} \dfrac{f(x)}{g(x)}$ 仍可能存在. 所以洛必达法则不是万能的,它只是极限存在的一个充分条件,并非必要条件.

请读者思考 $\lim\limits_{x \to \infty} \dfrac{e^x + e^{-x}}{e^x - e^{-x}}$ 极限是否存在.

3.3 函数的基本性态

3.3.1 函数的单调性

第 1 章已经给出了函数在某个区间上单调的定义,但是,直接用定义来判断函数的单调性通常比较困难. 本节将介绍利用导数来判断函数单调性的方法,这种方法既简便又实用.

若函数 $y = f(x)$ 在 $[a, b]$ 上单调增加,则曲线就沿着 x 轴的正向逐渐上升. 这时,曲线上各点的切线斜率非负,即 $f'(x) \geqslant 0$,见图 3.4;若函数 $y = f(x)$ 在 $[a, b]$ 上单调减少,则曲线就沿

着 x 轴的正向逐渐下降. 这时,曲线上各点的切线斜率非正,即 $f'(x) \le 0$,见图 3.5. 由此可见,函数单调性与导数的符号有着密切的关系.

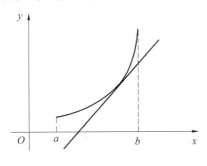

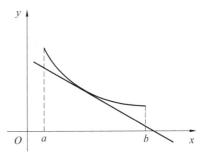

图 3.4　　　　　　　　　　　　　　　　图 3.5

定理 3.6　设函数 $y = f(x)$ 在闭区间 $[a,b]$ 上连续,在开区间 (a,b) 内可导,

(1) 若在 (a,b) 内,恒有 $f'(x) > 0$,则函数 $y = f(x)$ 在 $[a,b]$ 上单调增加;

(2) 若在 (a,b) 内,恒有 $f'(x) < 0$,则函数 $y = f(x)$ 在 $[a,b]$ 上单调减少.

证明　(1) 设 x_1, x_2 为 $[a,b]$ 内的任意两点,不妨令 $x_1 < x_2$. 由于 $f(x)$ 在闭区间 $[a,b]$ 上连续,在开区间 (a,b) 内可导,因而在 $[x_1, x_2]$ 上一定连续,在 (x_1, x_2) 内一定可导,根据拉格朗日中值定理有,存在 $x_1 < \xi < x_2$,使得

$$f(x_2) - f(x_1) = f'(\xi)(x_2 - x_1), \quad x_1 < \xi < x_2$$

因为 $f'(x) > 0$,于是 $f'(\xi) > 0$,又因 $x_1 < x_2$,则 $f'(\xi)(x_2 - x_1) > 0$,所以 $f(x_2) - f(x_1) > 0$,即 $f(x_2) > f(x_1)$. 根据函数单调性的定义和 x_1, x_2 的任意性可知,函数 $y = f(x)$ 在 $[a,b]$ 上单调增加.

同理可证 (2).

若定理 3.6 中的 $[a,b]$ 换成其他各种区间(包括无穷区间),则定理的结论仍然成立.

【例 3.20】　判断函数 $y = x - \sin x$ 在 $[-\pi, \pi]$ 内的单调性.

解　$y = x - \sin x$ 在 $[-\pi, \pi]$ 上连续,在 $(-\pi, \pi)$ 内 $y' = 1 - \cos x \ge 0$,等号仅在 $x = 0$ 点成立,不影响函数的单调性,所以函数 $y = x - \sin x$ 在 $[-\pi, \pi]$ 内单调增加.

【例 3.21】　讨论函数 $y = e^x - x - 1$ 的单调性.

解　函数 $y = e^x - x - 1$ 定义域为 $(-\infty, +\infty)$,$y' = e^x - 1$. 当 $x < 0$ 时,$y' < 0$,函数单调减少;当 $x > 0$ 时,$y' > 0$,函数单调增加. 所以,函数 $y = e^x - x - 1$ 在 $(-\infty, 0]$ 上单调减少,在 $[0, +\infty)$ 上单调增加.

在例 3.21 中,函数 $y = e^x - x - 1$ 在整个定义域 $(-\infty, +\infty)$ 内不是单调的. 但是,若用导数为 0 的点来划分定义区间后,函数在各个部分区间上却是单调的. 所以导数为 0 的点可能是单调区间的分界点.

117

【例3.22】 求函数 $y = x^{\frac{2}{3}}$ 的单调区间.

解 函数 $y = x^{\frac{2}{3}}$ 的定义域为 $(-\infty, +\infty)$，而 $y' = \dfrac{2}{3\sqrt[3]{x}}$，当 $x > 0$ 时，$y' > 0$，故函数单调增加；当 $x < 0$ 时，$y' < 0$，故函数单调减少. 所以函数 $y = x^{\frac{2}{3}}$ 的单调增加区间为 $[0, +\infty)$，单调减少区间为 $(-\infty, 0]$.

在例3.22中，函数 $y = x^{\frac{2}{3}}$ 在 $x = 0$ 点不可导，所以不可导点也可能为函数单调区间的分界点.

【例3.23】 求函数 $y = 2x^3 - 9x^2 + 12x - 3$ 的单调区间.

解 函数的定义域为 $(-\infty, +\infty)$，$y' = 6x^2 - 18x + 12 = 6(x-1)(x-2)$. 令 $y' = 0$，得 $x_1 = 1, x_2 = 2$. 以 $x_1 = 1$ 和 $x_2 = 2$ 为分界点，在不考虑端点的情况下，将函数定义域 $(-\infty, +\infty)$ 分为 $(-\infty, 1), (1, 2), (2, +\infty)$ 三个子区间，在每个子区间内讨论 y' 的符号来确定函数的增减性，见表3.1.

表3.1

x	$(-\infty, 1)$	1	$(1,2)$	2	$(2, +\infty)$
y'	+	0	−	0	+
y	↗		↘		↗

所以，单调增加区间为 $(-\infty, 1], [2, +\infty)$，单调减少区间为 $[1, 2]$.

下面举例说明利用函数的单调性来证明不等式.

【例3.24】 证明当 $x > 0$ 时，$\ln(1+x) > x - \dfrac{x^2}{2}$.

证明 设 $f(x) = \ln(1+x) - x + \dfrac{x^2}{2}$，则

$$f'(x) = \frac{1}{1+x} - 1 + x = \frac{x^2}{1+x}$$

当 $x > 0$ 时，$f'(x) = \dfrac{x^2}{1+x} > 0$，所以，当 $x > 0$ 时函数 $f(x)$ 单调增加. 又因为 $f(0) = 0$，所以当 $x > 0$ 时，$f(x) > 0$，即

$$\ln(1+x) > x - \frac{x^2}{2}$$

不等式通常遵循以下结论：设 $f(x)$ 和 $g(x)$ 在 x_0 的邻域内可导，若 $f(x_0) = g(x_0)$ 且 $x > x_0$ 时，$f'(x) \geq g'(x)$，则 $f(x) \geq g(x)$.

请读者利用函数的单调性自行证明例3.4.

3.3.2　函数的极值与最值

1.函数的极值及其求法

在例 3.23 中，$x_1 = 1$ 和 $x_2 = 2$ 是函数 $y = f(x)$ 单调区间的分界点. 从点 $x_1 = 1$ 的左侧到右侧，曲线先上升后下降，点 $(1, f(1))$ 处于曲线的"峰顶". 这说明在 $x_1 = 1$ 处存在一个空心邻域，对该空心邻域内的任意一点 x，均有 $f(x) < f(1)$. 通常称函数值 $f(1)$ 为函数 $f(x)$ 的极大值，点 $x_1 = 1$ 为 $f(x)$ 的极大值点. 类似地，从点 $x_2 = 2$ 的左侧到右侧，曲线先下降后上升，点 $(2, f(2))$ 处于曲线 $y = f(x)$ 的"谷底". 这说明在 $x_2 = 2$ 处存在一个空心邻域，对该空心邻域内的任意一点 x，均有 $f(x) > f(2)$. 通常称函数值 $f(2)$ 为 $f(x)$ 的极小值，点 $x_2 = 2$ 为 $f(x)$ 的极小值点，见图 3.6.

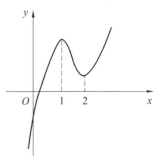

图 3.6

下面给出极大值和极小值的定义.

定义 3.1　设函数 $y = f(x)$ 在点 x_0 的某邻域内有定义，若对该邻域内的任意点 x 且 $x \neq x_0$，恒有：

(1) $f(x) < f(x_0)$，则称 $f(x_0)$ 为 $f(x)$ 的极大值，称点 x_0 为 $f(x)$ 的极大值点；

(2) $f(x) > f(x_0)$，则称 $f(x_0)$ 为 $f(x)$ 的极小值，称点 x_0 为 $f(x)$ 的极小值点.

函数的极大值与极小值统称为**极值**，极大值点与极小值点统称为**极值点**.

定义 3.1 表明，函数的极值是局部性概念，只是与极值点附近的所有点的函数值相比较，$f(x_0)$ 是最大值或最小值，而并不一定是整个定义域内的最大值或最小值. 见图 3.7，$f(x)$ 有两个极大值 $f(x_1)$ 和 $f(x_3)$，两个极小值 $f(x_2)$ 和 $f(x_4)$. 其中极小值 $f(x_4)$ 比极大值 $f(x_1)$ 还大.

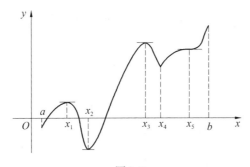

图 3.7

由图 3.7 还可以看出，在函数的极值点处，曲线或者有水平切线，如 $f'(x_1) = 0$，$f'(x_2) = 0$ 和 $f'(x_3) = 0$，或者切线不存在，即 $f'(x)$ 不存在，如在点 x_4 处. 但是有水平切线的不一定是极值点，如点 x_5 处. 由此可知，导数为 0 的点或者导数不存在的点可能是极值点.

定理 3.7(极值点的必要条件)　设 $y = f(x)$ 在点 x_0 处可导，则函数 $y = f(x)$ 在点 x_0 处取得极值的必要条件是

$$f'(x_0) = 0$$

证明　因为 $f(x)$ 在点 x_0 处可导且在点 x_0 处取得极值,不妨设点 x_0 为 $f(x)$ 的极大值点. 由定义可知,在点 x_0 的某空心邻域内,对于任意点 x,$f(x) < f(x_0)$ 恒成立,于是,当 $\Delta x > 0$ 时,$\dfrac{f(x_0 + \Delta x) - f(x_0)}{\Delta x} < 0$,因此

$$f'_+(x_0) = \lim_{\Delta x \to 0^+} \frac{f(x_0 + \Delta x) - f(x_0)}{\Delta x} \leqslant 0$$

当 $\Delta x < 0$ 时,$\dfrac{f(x_0 + \Delta x) - f(x_0)}{\Delta x} > 0$,因此

$$f'_-(x_0) = \lim_{\Delta x \to 0^-} \frac{f(x_0 + \Delta x) - f(x_0)}{\Delta x} \geqslant 0$$

因为 $f'(x)$ 存在,所以 $f'_+(x_0) = f'_-(x_0)$,即

$$f'(x_0) = 0$$

类似地,可证当点 x_0 为 $f(x)$ 的极小值点时,也必有 $f'(x_0) = 0$,定理得证.

此外,函数在它的导数不存在的点也可能取得极值. 例如,$y = |x|$ 在 $x = 0$ 处不可导,但函数在该点处取得极小值.

称 $f'(x_0) = 0$ 的点 x_0 为函数 $y = f(x)$ 的**驻点**.

所以,函数的极值点必是它的驻点或导数不存在的点,但是驻点和导数不存在的点不一定是极值点. 例如,函数 $f(x) = x^3$,$f'(x) = 3x^2$,$f'(0) = 0$,而 $x = 0$ 却不是 $f(x) = x^3$ 的极值点. 因此求得一个函数的驻点或导数不存在的点后,还需进一步判断该驻点或导数不存在的点是否为极值点,是极大值点还是极小值点.

定理 3.8(极值存在的第一充分条件)　设函数 $y = f(x)$ 在 x_0 处连续,在点 x_0 的某一空心邻域内可导,且 $f'(x_0) = 0$ 或 $f'(x_0)$ 不存在,则

(1) 若在点 x_0 的左邻域内有 $f'(x) > 0$,在点 x_0 的右邻域内有 $f'(x) < 0$,则点 x_0 是 $f(x)$ 的极大值点,$f(x_0)$ 是 $f(x)$ 的极大值.

(2) 若在点 x_0 的左邻域内有 $f'(x) < 0$,在点 x_0 的右邻域内有 $f'(x) > 0$,则点 x_0 是 $f(x)$ 的极小值点,$f(x_0)$ 是 $f(x)$ 的极小值.

(3) 若在点 x_0 的某空心邻域内 $f'(x)$ 恒为正或恒为负,则点 x_0 不是 $f(x)$ 的极值点,$f(x_0)$ 也不是 $f(x)$ 的极值.

证明　(1) 根据函数单调性的判定定理(定理 3.6)可知,当 $f(x)$ 在点 x_0 的左邻域内有 $f'(x) > 0$ 时,$f(x)$ 为单调增加函数,即 $f(x) < f(x_0)$;当 $f(x)$ 在点 x_0 的右邻域内有 $f'(x) < 0$ 时,$f(x)$ 为单调减少函数,即 $f(x) < f(x_0)$,因此 $f(x_0)$ 为 $f(x)$ 的极大值.

同理可证(2)和(3).

由定理 3.7 和定理 3.8 得到求函数的极值的步骤:

（1）求函数 $f(x)$ 的定义域 D；

（2）求函数 $f(x)$ 的导数 $f'(x)$；

（3）求函数 $f(x)$ 的全部驻点和导数不存在的点；

（4）列表讨论 $f'(x)$ 在驻点和导数不存在的点处的左右两侧符号的变化情况，确定函数的极值点；

（5）求极值点所对应的函数值，得到函数 $f(x)$ 的全部极值.

【例 3.25】　求函数 $f(x) = x^3 - 3x^2 - 9x + 7$ 的单调区间与极值.

解　函数 $f(x)$ 的定义域 $D = (-\infty, +\infty)$，且
$$f'(x) = 3x^2 - 6x - 9 = 3(x+1)(x-3)$$

令 $f'(x) = 0$，得驻点 $x_1 = -1, x_2 = 3$，没有导数不存在的点.

列表如表 3.2 所示.

表 3.2

x	$(-\infty, -1)$	-1	$(-1,3)$	3	$(3, +\infty)$
$f'(x)$	$+$	0	$-$	0	$+$
$f(x)$	↗	极大值	↘	极小值	↗

所以，函数在区间 $(-\infty, -1]$，$[3, +\infty)$ 内单调增加，在 $[-1,3]$ 内单调减少. 函数 $f(x)$ 在点 $x_1 = -1$ 处取得极大值 $f(-1) = 12$，在点 $x_2 = 3$ 处取得极小值 $f(3) = -20$.

【例 3.26】　求函数 $f(x) = 1 - (x-2)^{\frac{2}{3}}$ 的单调区间与极值.

解　函数 $f(x)$ 的定义域 $D = (-\infty, +\infty)$，且
$$f'(x) = -\frac{2}{3}(x-2)^{-\frac{1}{3}}$$

无 $f'(x) = 0$ 的点，当 $x = 2$ 时，$f'(x)$ 不存在.

列表如表 3.3 所示

表 3.3

x	$(-\infty, 2)$	2	$(2, +\infty)$
$f'(x)$	$+$	不存在	$-$
$f(x)$	↗	极大值	↘

所以，函数 $f(x)$ 在 $(-\infty, 2]$ 内单调增加，在 $[2, +\infty)$ 内单调减少，在 $x = 2$ 处取得极大值 $f(2) = 1$.

当函数 $f(x)$ 在驻点处的二阶导数存在且不为 0 时，也可利用下面定理来判定 $f(x)$ 在驻点处取得的是极大值还是极小值.

定理 3.9（极值存在的第二充分条件）　设函数 $y = f(x)$ 在点 x_0 的某个邻域内具有二阶导数且 $f'(x_0) = 0$，那么

(1) 当 $f''(x_0) < 0$,则函数 $f(x)$ 在点 x_0 处取得极大值;

(2) 当 $f''(x_0) > 0$,则函数 $f(x)$ 在点 x_0 处取得极小值;

(3) 当 $f''(x_0) = 0$,可能有极值,也可能没有极值,需另行判定.

证明 (1) 由 $f'(x_0) = 0$ 和二阶导数的定义,有

$$f''(x_0) = \lim_{x \to x_0} \frac{f'(x) - f'(x_0)}{x - x_0} = \lim_{x \to x_0} \frac{f'(x)}{x - x_0}$$

因为 $f''(x_0) < 0$,根据函数极限的保号性,当 x 在点 x_0 的某个邻域内时,有 $\dfrac{f'(x)}{x - x_0} < 0$. 即当 $x < x_0$ 时,$f'(x) > 0$;当 $x > x_0$ 时,$f'(x) < 0$.

于是根据定理 3.8 可知,函数 $f(x)$ 在点 x_0 处取得极大值.

同理可证(2).

定理 3.9 表明,若函数 $f(x)$ 在驻点 x_0 处的二阶导数 $f''(x_0) \neq 0$,则该驻点一定是极值点,但若函数在驻点 x_0 的二阶导数 $f''(x_0) = 0$,则驻点 x_0 是否为极值点还要用极值存在的第一充分条件来判定.

一般地,若无需求单调区间,而只求极值,则用极值存在的第二充分条件;若既求单调区间又求极值,则用极值存在的第一充分条件.

【例 3.27】 求函数 $f(x) = x + e^{-x}$ 的极值.

解 函数的定义域 $D = (-\infty, +\infty)$,而

$$f'(x) = 1 - e^{-x}$$

令 $f'(x) = 0$,得驻点 $x = 0$,没有导数不存在的点. 又因 $f''(x) = e^{-x}$,而 $f''(0) = 1 > 0$,所以根据定理 3.9 可知,$x = 0$ 是函数 $f(x)$ 的极小值点,且极小值为 $f(0) = 1$.

【例 3.28】 当 a 为何值时,函数 $f(x) = a\sin x + \dfrac{1}{3}\sin 3x$ 在 $x = \dfrac{\pi}{3}$ 处有极值? 是极大值还是极小值? 并求出此极值.

解 因为 $f'(x) = a\cos x + \cos 3x$,所以

$$f'\left(\frac{\pi}{3}\right) = (a\cos x + \cos 3x)\mid_{x = \frac{\pi}{3}} = \frac{a}{2} - 1 = 0$$

解得 $a = 2$.

又因为 $f''\left(\dfrac{\pi}{3}\right) = (-2\sin x - 3\sin 3x)\mid_{x = \frac{\pi}{3}} = -\sqrt{3} < 0$,所以 $x = \dfrac{\pi}{3}$ 为极大值点,且极大值为 $f\left(\dfrac{\pi}{3}\right) = \sqrt{3}$.

2. 函数的最值及其求法

(1) 函数的最大值与最小值

在生产实际和经济领域中经常会遇到这样一类问题:在一定条件下,怎样使"产量最多",

"用料最省","成本最低","效率最高"等等,这类问题在数学上有时可归结为求某一函数(通常称为**目标函数**)的最大值和最小值问题.

一般来说,函数的最值与极值是两个不同的概念,最大值和最小值统称为**最值**,最值是对整个区间而言的,是全局性的;极值是对极值点的某个邻域而言的,是局部性的. 另外,最值可以在区间的端点处取得,而极值则只能在区间的内部取得.

由闭区间上连续函数的性质可知,闭区间上的连续函数一定有最大值和最小值. 若函数在开区间内取得最值,则这个最值一定是函数的一个极值. 由于函数取得极值的点可能是该函数的驻点和不可导点,又因为函数的最值可能在区间端点处取得,因此,求连续函数在某一区间上的最值,首先找出函数在区间内所有驻点和不可导点,然后计算它们和区间端点处的函数值,最后将这些函数值进行比较,其中最大的就是最大值,最小的就是最小值.

【**例 3.29**】　求函数 $f(x) = x + \sqrt{x}$ 在区间 $[1,4]$ 上的最值.

解　由于 $f'(x) = 1 + \dfrac{1}{2\sqrt{x}} > 0$,所以 $f(x)$ 在 $[1,4]$ 上单调增加,因此函数 $f(x)$ 在 $[1,4]$ 上的最大值是 $f(4) = 6$,最小值是 $f(1) = 2$.

【**例 3.30**】　求函数 $f(x) = (x+1)(x-1)^{\frac{1}{3}}$ 在区间 $[-2,2]$ 上的最值.

解　由于 $f'(x) = (x-1)^{\frac{1}{3}} + \dfrac{1}{3}(x+1)(x-1)^{-\frac{2}{3}} = \dfrac{2}{3}(2x-1)(x-1)^{-\frac{2}{3}}$,令 $f'(x) = 0$,得驻点 $x_1 = \dfrac{1}{2}$,显然 $x_2 = 1$ 是导数不存在的点,由于

$$f\left(\dfrac{1}{2}\right) = -\dfrac{3}{2} \times \left(\dfrac{1}{2}\right)^{\frac{1}{3}} \approx -1.19, f(1) = 0, f(-2) = 3^{\frac{1}{3}} \approx 1.44, f(2) = 3$$

所以,函数 $f(x)$ 在 $[-2,2]$ 上的最大值是 $f(2) = 3$,最小值是 $f\left(\dfrac{1}{2}\right) \approx -1.19$.

事实上,若函数 $y = f(x)$ 在 $[a,b]$ 上连续,而且 x_0 是 $f(x)$ 在 (a,b) 内唯一的极值点,则当 x_0 是 $f(x)$ 的极大值点时,x_0 一定是 $f(x)$ 在 $[a,b]$ 上的最大值点;当 x_0 是 $f(x)$ 的极小值点时,x_0 一定是 $f(x)$ 在 $[a,b]$ 上的最小值点.

【**例 3.31**】　某地区防空洞的截面拟建成矩形加半圆,见图 3.8,截面的面积为 5 m^2. 求矩形的底为多少时才能使截面的周长最小,从而使建造时所用的材料最省?

解　设矩形的底为 x,矩形的长为 y,则有 $xy + \dfrac{\pi}{2}\left(\dfrac{x}{2}\right)^2 = 5$,即

$y = \dfrac{5}{x} - \dfrac{\pi x}{8}$,从而截面的周长为

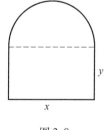

图 3.8

$$l = x + \frac{\pi x}{4} + \frac{10}{x}, x \in \left(0, \sqrt{\frac{40}{\pi}}\right), l' = 1 + \frac{\pi}{4} - \frac{10}{x^2}, l'' = \frac{20}{x^3}$$

令 $l' = 0$，得驻点 $x_0 = \sqrt{\frac{40}{\pi + 4}}$. 由 $l''\Big|_{x = \sqrt{\frac{40}{\pi + 4}}} = \frac{20}{\left(\frac{40}{\pi + 4}\right)^{\frac{3}{2}}} > 0$ 可知，$x_0 = \sqrt{\frac{40}{\pi + 4}}$ 为极小值点，

又因为驻点唯一，故极小值点即为最小值点. 所以当底为 $\sqrt{\frac{40}{\pi + 4}}$ 时，才能使截面的周长最小，

从而使建造时所用的材料最省.

（2）最值在经济中的应用

在经济应用问题中，最值主要应用于本·量·利分析（成本、业务量、利润三者之间依存关系的分析），最佳库存量（或称经济批量）等方面，下面举例说明.

① 最大利润问题

【例 3.32】 某工厂生产某种产品，固定成本为 10 000 元. 每多生产一单位产品，成本增加 100 元，该产品的需求函数为 $Q = 500 - 2p$. 求该产品的产量为多少时，总利润最大？

解 总成本函数为

$$C(Q) = 10\ 000 + 100Q$$

总收入函数为

$$R(Q) = \left(\frac{500 - Q}{2}\right)Q = 250Q - \frac{Q^2}{2}$$

所以，总利润函数为

$$L(Q) = R(Q) - C(Q) = 250Q - \frac{Q^2}{2} - (10\ 000 + 100Q) = -\frac{Q^2}{2} + 150Q - 10\ 000$$

于是令 $L'(Q) = -Q + 150 = 0$，解得 $Q_0 = 150$ 为唯一的驻点.

又 $L''(150) = -1 < 0$，所以 $Q_0 = 150$ 为极大值点也为最大值点，即 $Q = 150$ 时总利润最大.

② 最小成本问题

【例 3.33】 设某厂每批生产某种产品 Q 单位的总成本为

$$C(Q) = aQ^2 + bQ + c$$

其中 a, b, c 为正的常数. 求每批生产多少单位产品时，其平均成本最小. 并求出最小平均成本和相应的边际成本.

解 平均成本为

$$\overline{C(Q)} = \frac{C(Q)}{Q} = aQ + b + \frac{c}{Q}$$

令 $\overline{C(Q)}' = a - \frac{c}{Q^2} = 0$，解得驻点 $Q_0 = \sqrt{\frac{c}{a}}$，$Q_1 = -\sqrt{\frac{c}{a}}$（舍去）. 又由 $\overline{C(Q_0)}'' = \frac{2c}{Q_0^3} > 0$ 可

知,驻点 $Q_0 = \sqrt{\dfrac{c}{a}}$ 为极小值点,同时也为最小值点. 因此每批生产量为 $\sqrt{\dfrac{c}{a}}$ 单位时,平均成本最小. 最小平均成本为

$$\overline{C(Q_0)} = a\sqrt{\frac{c}{a}} + b + \frac{c}{\sqrt{\dfrac{c}{a}}} = 2\sqrt{ac} + b$$

边际成本为 $C'(Q) = 2aQ + b$,故相应于 Q_0 的边际成本为

$$C'(Q_0) = 2a\sqrt{\frac{c}{a}} + b = 2\sqrt{ac} + b = \overline{C(Q_0)}$$

即最小平均成本等于相应的边际成本.

一般地,如果平均成本 $\overline{C(Q)} = \dfrac{C(Q)}{Q}$ 可导,则当 $\overline{C(Q)}$ 取得极小值时,必有

$$\overline{C(Q)}' = \frac{QC'(Q) - C(Q)}{Q^2} = \frac{1}{Q}\left[C'(Q) - \frac{C(Q)}{Q}\right] = 0$$

由此得 $C'(Q_0) = \dfrac{C(Q_0)}{Q_0}$,即

$$C'(Q_0) = \overline{C(Q_0)}$$

可见,对于一般的成本函数,有如下经济法则:当平均成本取得最小值时,最小平均成本必等于相应的边际成本.

③ 最大税收问题

【例 3.34】　一商家销售某种商品,其销售量 Q(单位:t)与销售价格 p(单位:万元/t)有函数关系 $Q = 35 - 5p$,商品总成本函数为 $C(Q) = 3Q + 1$(单位:万元),若销售一吨商品,政府要征税 a 万元. 求

(1)商家获得税后最大利润时的销售量 Q;

(2)a 为多少时,商家既获得最大利润,且政府税收总额最大.

解　税后利润为

$$L(Q) = Qp - 3Q - 1 - aQ$$

由 $Q = 35 - 5p$ 得 $p = 7 - 0.2Q$,所以

$$L(Q) = Q(7 - 0.2Q) - 3Q - 1 - aQ = -0.2Q^2 + (4 - a)Q - 1, L'(Q) = -0.4Q + 4 - a$$

令 $L'(Q) = 0$ 得驻点 $Q_0 = \dfrac{5}{2}(4 - a) = 10 - 2.5a$,而

$$L''(Q_0) = -0.4 < 0$$

所以当 $Q_0 = 10 - 2.5a$ 时,获得利润最大利润.

(2)征税总额为

$$T = aQ$$

当商家获得最大利润时 $Q = Q_0 = 10 - 2.5a$,所以

$$T = a(10 - 2.5a) = 10a - 2.5a^2, T' = 10 - 5a$$

令 $T' = 0$ 得驻点 $a = 2$,而

$$T'' = -5 < 0$$

所以 $a = 2$ 为极大值点即为最大值点,即 $a = 2$ 时,商家既获得最大利润,且政府税收总额最大.

④ 经济批量问题

由 1.2 内容可知,库存函数总费用为采购费用与库存费用之和,即

$$P(Q) = \frac{ab}{Q} + \frac{cQ}{2}, \quad 0 < Q \leqslant a$$

其中 a 为原料(或商品)的总需求量,b 为批量采购费用,c 为单位商品的年贮存费用,所以 $P'(Q) = -\frac{ab}{Q^2} + \frac{c}{2}$,令 $P'(Q) = 0$,解得 $Q_0 = \sqrt{\frac{2ab}{c}}$ 为唯一驻点,又 $P''(Q) = \frac{2ab}{Q^3} > 0$,故 $Q_0 = \sqrt{\frac{2ab}{c}}$ 为极小值点也为最小值点,此时,库存函数总费用为 $P\left(\sqrt{\frac{2ab}{c}}\right) = \sqrt{2abc}$,最经济的订货批量 $Q_0 = \sqrt{\frac{2ab}{c}}$,当 $Q_0 = \sqrt{\frac{2ab}{c}}$ 时,最佳进货次数 $n = \frac{a}{\sqrt{\frac{2ab}{c}}} = \sqrt{\frac{ac}{2b}}$.

【例 3.35】 某工厂每年需要某种原料 100 万 t,且对该原料的消耗是均匀的(即原料的库存量为批量的一半).已知该原料每吨的年库存费 0.05 元,分期分批均匀进货,每次进货的费用为 1 000 元,求使每年总库存费(即生产准备费与库存费之和)为最小的最优批量(称为**经济批量**)和年订货次数.

解 **解法一** 根据题意:$a = 100, b = 1\,000, c = 0.05 \times 10\,000$,所以总库存费最小的经济批量 $Q_0 = \sqrt{\frac{2ab}{c}} = 20(万 t)$,年订货次数 $n = \frac{a}{Q_0} = 5(次)$.

解法二 设年订货批量为 Q(单位:万 t),则平均库存量为 $\frac{Q}{2}$,库存费用为

$$C_1 = 0.05 \times \frac{Q}{2} \times 10\,000 = 250Q$$

年进货总次数为 $\frac{100}{Q}$,于是生产准备费用为

$$C_2 = \frac{100}{Q} \times 1\,000 = \frac{100\,000}{Q}$$

一年内的总库存费为 $C = C_1 + C_2 = 250Q + \frac{100\,000}{Q}$.

令 $C' = 250 - \dfrac{100\,000}{Q^2} = 0$，解得 $Q_1 = 20$ 万 t，$Q_2 = -20$ 万 t（舍去）

又 $C''(Q_0) = \dfrac{200\,000}{Q_0^3}$，所以 $C''(20) = \dfrac{200\,000}{20^3} = 25 > 0$，$Q_1 = 20$ 为极小值点即为最小值点.

所以，每批进货 20 万 t 可使总库存费最小，即 $Q_1 = 20$ 是最经济的订货批量.

当 $Q_1 = 20$ 时，$n = \dfrac{100}{20} = 5$ 次，即每年进货次数为 5 次.

3.3.3　曲线的凹凸性、拐点与渐近线

1. 曲线的凹凸性与拐点

在前面虽然研究了函数的单调性与极值，但是仅仅了解这些还不能比较准确地描述函数的性态.

例如，函数 $y = x^2$ 与 $y = \sqrt{x}$ 在 $(0, +\infty)$ 内都是增加的，但图形却有不同的弯曲状况，见图 3.9. 因此，研究它的弯曲方向和扭转弯曲方向的点是必要的. 从几何图形上看，有的曲线弧，整个曲线必在其图 3.9 任一点切线的上方，而有的曲线弧，整个曲线在其任一点切线的下方. 曲线的这种性质就是曲线的**凹凸性**，因此曲线的凹凸性可以用曲线在其上任一点处切线的位置来定义. 下面给出曲线凹凸性的定义.

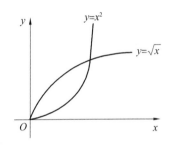

图 3.9

定义 3.2　设函数 $y = f(x)$ 在 (a, b) 内可导，且在 a 点的右导数和 b 点的左导数存在，若曲线 $y = f(x)$ 在其上任一点处切线的上方，见图 3.10. 则称曲线 $y = f(x)$ 在 $[a, b]$ 内是凹的，称 $[a, b]$ 为该曲线的凹区间；若曲线 $y = f(x)$ 在其上任一点处切线的下方，见图 3.11. 则称曲线 $y = f(x)$ 在 $[a, b]$ 内是凸的，称 $[a, b]$ 为该曲线的凸区间.

若函数 $y = f(x)$ 在 (a, b) 内具有二阶导数，则可以利用二阶导数的符号来判断函数的凹凸性，这就是下面的曲线的凹凸性判定定理.

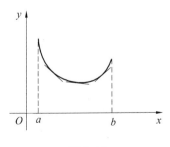

图 3.10

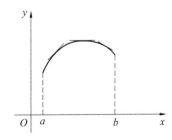

图 3.11

定理 3.10　设函数 $y = f(x)$ 在闭区间 $[a, b]$ 上连续，在开区间 (a, b) 内具有一阶和二阶导数，则

(1) 若在 (a,b) 内 $f''(x) > 0$,则函数 $y = f(x)$ 在 $[a,b]$ 上是凹的;

(2) 若在 (a,b) 内 $f''(x) < 0$,则函数 $y = f(x)$ 在 $[a,b]$ 上是凸的.

因为当 $f''(x) > 0$ 时,则 $f'(x)$ 单调增加,即切线斜率由小变大,所以曲线是凹的;反之,当 $f''(x) < 0$ 时,则 $f'(x)$ 单调减少,即切线斜率由大变小,所以曲线是凸的.

定义 3.3 设函数 $y = f(x)$ 在 x_0 处连续,在 x_0 的某空心邻域内可导,且 $f''(x_0) = 0$ 或 $f''(x_0)$ 不存在,若在 x_0 的左右邻域内,$f''(x)$ 的符号改变,则称 $(x_0, f(x_0))$ 为拐点.

【例 3.36】 求曲线 $y = x^4 - 2x^3 + 1$ 的凹凸区间和拐点.

解 函数的定义域为 $(-\infty, +\infty)$,由 $y' = 4x^3 - 6x^2$,$y'' = 12x^2 - 12x = 12x(x-1)$,令 $y'' = 0$,得 $x_1 = 0$,$x_2 = 1$. 函数没有二阶导数不存在的点. 列表如表 3.4 所示.

表 3.4

x	$(-\infty, 0)$	0	$(0,1)$	1	$(1, +\infty)$
y''	+	0	−	0	+
y	∪	拐点 $(0,1)$	∩	拐点 $(1,0)$	∪

所以,曲线凹区间 $(-\infty, 0]$,$[1, +\infty)$,凸区间为 $[0,1]$,拐点为 $(0,1)$ 和 $(1,0)$.

【例 3.37】 求曲线 $y = \sqrt[3]{x}$ 的凹凸区间与拐点.

解 函数的定义域为 $(-\infty, +\infty)$,由 $y' = \dfrac{1}{3}x^{-\frac{2}{3}}$,$y'' = -\dfrac{2}{9}x^{-\frac{5}{3}}$,当 $x = 0$ 时,y'' 不存在,且函数没有 $y'' = 0$ 的点. 列表如表 3.5 所示.

表 3.5

x	$(-\infty, 0)$	0	$(0, +\infty)$
y''	+	不存在	−
y	∪	拐点 $(0,0)$	∩

所以,曲线的凹区间为 $(-\infty, 0]$,曲线的凸区间为 $[0, +\infty)$,拐点为 $(0,0)$.

此例说明二阶导数不存在的点也可能是拐点.

【例 3.38】 求曲线 $y = (2x-1)^4 + 3$ 的凹凸区间与拐点.

解 函数的定义域为 $(-\infty, +\infty)$,由 $y' = 8(2x-1)^3$,$y'' = 48(2x-1)^2$,令 $y'' = 0$,得 $x = \dfrac{1}{2}$,函数没有二阶导数不存在的点. 列表如表 3.6 所示.

表 3.6

x	$\left(-\infty, \dfrac{1}{2}\right)$	$\dfrac{1}{2}$	$\left(\dfrac{1}{2}, +\infty\right)$
y''	+	0	+
y	∪	不是拐点	∪

所以,曲线的凹区间为$(-\infty, +\infty)$,没有凸区间,也没有拐点.

2. 曲线的渐近线

当函数的定义域和值域均为有限区间时,其图形仅限于一定范围之内,例如 $x^2 + y^2 = 4$. 当函数的定义域或值域为无限区间时,函数的图形则向无穷远处延伸,例如 $y = x^2$. 但其中有些函数向无穷远处延伸时常常接近某一条直线,例如 $y = \dfrac{1}{x}$,当曲线 $y = \dfrac{1}{x}$ 上的点沿 x 轴趋于无穷远时,该曲线与直线 $y = 0$ 无限接近,这样的直线称为曲线的**渐近线**.

渐近线有以下三种:水平渐近线、铅垂渐近线和斜渐近线.

（1）水平渐近线

若曲线 $y = f(x)$ 的定义域为无穷区间,且$\lim\limits_{x \to \infty} f(x) = b$（包括 $x \to +\infty$ 和 $x \to -\infty$）,则称直线 $y = b$ 为曲线 $y = f(x)$ 的**水平渐近线**,见图 3.12.

（2）铅垂渐近线

若函数 $y = f(x)$ 在 x_0 点处间断,且$\lim\limits_{x \to x_0} f(x) = \infty$（包括 $x \to x_0^-$ 和 $x \to x_0^+$）,则称 $x = x_0$ 为曲线 $y = f(x)$ 的**铅垂渐近线**,见图 3.13.

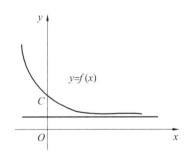

图 3.12

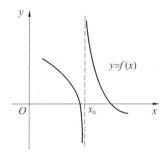

图 3.13

【**例 3.39**】　求曲线 $y = \dfrac{3x^2 + 2}{1 - x^2}$ 的水平渐近线与铅垂渐近线.

解　因为$\lim\limits_{x \to \infty} \dfrac{3x^2 + 2}{1 - x^2} = -3$,所以 $y = -3$ 为曲线 $y = \dfrac{3x^2 + 2}{1 - x^2}$ 的水平渐近线.

因为 $x = \pm 1$ 是 $y = \dfrac{3x^2 + 2}{1 - x^2}$ 的间断点,且

$$\lim_{x \to -1} \frac{3x^2 + 2}{1 - x^2} = \infty, \lim_{x \to 1} \frac{3x^2 + 2}{1 - x^2} = \infty$$

所以 $x = \pm 1$ 为曲线 $y = \dfrac{3x^2 + 2}{1 - x^2}$ 的铅垂渐近线.

（3）斜渐近线

设 a, b 为常数,且 $a \neq 0$. 若有

$$\lim_{x \to \infty} [f(x) - (ax + b)] = 0$$

（包括 $x \to +\infty$ 和 $x \to -\infty$）

成立,则称直线 $y = ax + b$ 为曲线 $y = f(x)$ 的**斜渐近线**,
见图 3.14.

若曲线 $y = f(x)$ 有斜渐近线 $y = ax + b$, 则由
$\lim\limits_{x \to \infty} [f(x) - (ax + b)] = 0$, 可得

$$b = \lim_{x \to \infty} [f(x) - ax]$$

所以 $\lim\limits_{x \to \infty} \left[\dfrac{f(x)}{x} - a \right] = 0$, 即

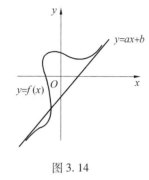

图 3.14

$$a = \lim_{x \to \infty} \frac{f(x)}{x}$$

于是,得出求曲线 $y = f(x)$ 的斜渐近线 $y = ax + b$ 的公式

$$a = \lim_{x \to \infty} \frac{f(x)}{x} \neq 0, b = \lim_{x \to \infty} [f(x) - ax] \tag{3.8}$$

在求解过程中,一定要先求 a 后求 b.

【例 3.40】 求曲线 $y = \dfrac{x^2}{1 + x}$ 的渐近线.

解 因为 $\lim\limits_{x \to \infty} \dfrac{x^2}{1 + x} = \infty$, 即 $\lim\limits_{x \to \infty} \dfrac{x^2}{1 + x}$ 不存在. 所以曲线没有水平渐近线.

因为 $x = -1$ 是 $y = \dfrac{x^2}{1 + x}$ 的间断点,且 $\lim\limits_{x \to -1} \dfrac{x^2}{1 + x} = \infty$, 所以 $x = -1$ 为曲线 $y = \dfrac{x^2}{1 + x}$ 的铅垂渐近线.

因为

$$a = \lim_{x \to \infty} \frac{f(x)}{x} = \lim_{x \to \infty} \frac{x}{1 + x} = 1, b = \lim_{x \to \infty} [f(x) - ax] = \lim_{x \to \infty} \left(\frac{x^2}{1 + x} - x \right) = \lim_{x \to \infty} \frac{-x}{1 + x} = -1$$

所以 $y = x - 1$ 是曲线 $y = \dfrac{x^2}{1 + x}$ 的斜渐近线.

3.3.4 函数图形的描绘

为了了解一个函数的变化情况,需要作出其图形. 根据前面的讨论,可以掌握函数的单调区间,凹凸区间,极值点与拐点,还有渐近线等重要的性态,可以较准确的描绘函数的图形.

利用微分法描绘函数图形的基本步骤如下:

（1）确定函数的定义域,以便确定描绘的范围;

（2）确定函数的奇偶性和周期性,以便缩小描绘的范围;

（3）求出使 $f'(x) = 0$ 与 $f''(x) = 0$ 的点,以及 $f'(x)$ 与 $f''(x)$ 不存在的点;

（4）列表,各分点按大小顺序排好将定义域划分为若干个子区间,并讨论 $f'(x)$ 与 $f''(x)$ 在各子区间内的符号,从而确定曲线 $y = f(x)$ 在各子区间内的单调性和凹凸性,确定函数的极值点和拐点;

（5）讨论曲线 $y = f(x)$ 的渐近线;

（6）用光滑曲线描绘函数的图形.

在一个区间内,若 $y' > 0$ 且 $y'' > 0$,则该区间为单调增加的凹区间;若 $y' > 0$ 且 $y'' < 0$,则该区间为单调增加的凸区间;若 $y' < 0$ 且 $y'' > 0$,则该区间为单调减少的凹区间;若 $y' < 0$ 且 $y'' < 0$,则该区间为单调减少的凸区间.

【例 3.41】　描绘函数 $y = \dfrac{1}{\sqrt{2\pi}}\mathrm{e}^{-\frac{x^2}{2}}$ 的图形.

解　（1）函数的定义域为 $(-\infty, +\infty)$;

（2）偶函数,函数图形关于 y 轴对称,因此可先研究 $x \geqslant 0$ 时的函数图形.

（3）令 $y' = -\dfrac{x}{\sqrt{2\pi}}\mathrm{e}^{-\frac{x^2}{2}} = 0$,解得 $x_1 = 0$,令 $y'' = \dfrac{1}{\sqrt{2\pi}}(x^2 - 1)\mathrm{e}^{-\frac{x^2}{2}} = 0$,解得 $x_2 = 1$.

（4）列表,如表 3.7 所示.

表 3.7

x	0	$(0,1)$	1	$(1, +\infty)$
y'	0	$-$		$-$
y''		$-$	0	$+$
y	极大值	$\searrow \cap$	拐点 $\left(1, \dfrac{1}{\sqrt{2\pi\mathrm{e}}}\right)$	$\searrow \cup$

所以,极大值为 $f(0) = \dfrac{1}{\sqrt{2\pi}}$,拐点为 $\left(1, \dfrac{1}{\sqrt{2\pi\mathrm{e}}}\right)$.

（5）因为 $\lim\limits_{x\to\infty} \dfrac{1}{\sqrt{2\pi}}\mathrm{e}^{-\frac{x^2}{2}} = 0$,所以 $y = 0$ 为水平渐近线.

（6）描绘曲线在 y 轴右侧的图形,然后按 y 轴对称,描绘出 y 左侧的图形,见图 3.15.

【例 3.42】　描绘函数 $y = \dfrac{x^2}{2x - 1}$ 的图形.

解　（1）函数的定义域为 $\left(-\infty, \dfrac{1}{2}\right) \cup \left(\dfrac{1}{2}, +\infty\right)$, $x_1 = \dfrac{1}{2}$ 为无穷间断点.

（2）非奇非偶函数.

（3）$y' = \dfrac{2x(x-1)}{(2x-1)^2}$，令 $y' = 0$ 解得 $x_2 = 0, x_3 = 1$；$y'' = \dfrac{2}{(2x-1)^3} \neq 0, \left(x \neq \dfrac{1}{2}\right)$.

（4）列表，如表 3.8 所示.

表 3.8

x	$(-\infty, 0)$	0	$\left(0, \dfrac{1}{2}\right)$	$\dfrac{1}{2}$	$\left(\dfrac{1}{2}, 1\right)$	1	$(1, +\infty)$
y'	$+$	0	$-$		$-$	0	$+$
y''	$-$	$-$	$-$		$+$	$+$	$+$
y	↗ ∩	极大值	↘ ∩	无意义	↘ ∪	极小值	↗ ∪

（5）由于 $\lim\limits_{x \to \infty} \dfrac{x^2}{2x-1} = \infty$，所以，曲线没有水平渐近线；又 $\lim\limits_{x \to \frac{1}{2}} \dfrac{x^2}{2x-1} = \infty$，所以，曲线有铅垂渐近线 $x = \dfrac{1}{2}$

$$a = \lim_{x \to \infty} \dfrac{f(x)}{x} = \lim_{x \to \infty} \dfrac{x^2}{x(2x-1)} = \dfrac{1}{2}, \quad b = \lim_{x \to \infty}\left[f(x) - \dfrac{1}{2}x\right] = \lim_{x \to \infty} \dfrac{x}{2(2x-1)} = \dfrac{1}{4}$$

所以，$y = \dfrac{1}{2}x + \dfrac{1}{4}$ 为斜渐近线.

（6）描绘图形，见图 3.16.

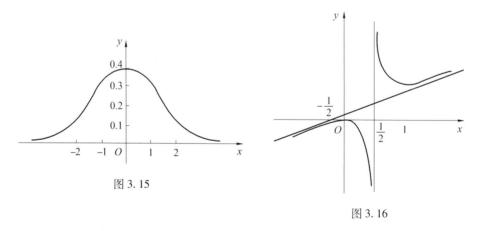

图 3.15

图 3.16

3.4　经济应用实例:总收入现值与最优批量

3.4.1　这批酒什么时候出售最好

某酒厂有一批新酿的好酒，若现在($t = 0$)就售出，总收入为 R_0 元；若窖藏 t 年后按陈酒价格出售,则总收入为 $R = R_0 \mathrm{e}^{\frac{2}{5}\sqrt{t}}$ 元. 假定银行的年利率 r,并以连续复利计算,那么这批酒窖藏多少年售出才能使总收入的现值最大? 设银行利率 $r = 0.06$.

根据贴现公式

$$A_0 = A_t \mathrm{e}^{-rt}$$

若记 t 年末总收入 R 的现值为 $\bar{R}$,则有

$$\bar{R} = R \cdot \mathrm{e}^{-rt} = (R_0 \mathrm{e}^{\frac{2}{5}\sqrt{t}}) \mathrm{e}^{-rt} = R_0 \mathrm{e}^{\frac{2}{5}\sqrt{t} - rt}$$

所以,$\bar{R}' = R_0 \mathrm{e}^{\frac{2}{5}\sqrt{t} - rt} \left(\dfrac{1}{5\sqrt{t}} - r \right)$,令 $\bar{R}' = 0$ 解得唯一的驻点 $t_0 = \dfrac{1}{25r^2}$;又因为当 $t_0 < \dfrac{1}{25r^2}$ 时,$\bar{R}' > 0$,当 $t > \dfrac{1}{25r^2}$ 时,$\bar{R}' < 0$,故 $t_0 = \dfrac{1}{25r^2}$ 是极大值点,也是最大值点,即这批酒窖藏 $\dfrac{1}{25r^2}$ 年售出可使总收入的现值最大.

$$t_0 \big|_{r = 0.06} = \dfrac{1}{25r^2} \bigg|_{r = 0.06} \approx 11(\text{年})$$

至于这批酒现在出售还是窖藏起来待来日出售,取决于按上述方法计算出来的现值是否大于现在出售的总收入与窖藏成本之和,实际操作时根据具体情况是不难做出决策的.

3.4.2　该不该接受供货商的优惠条件

东风化工厂每年生产所需的 12 000 t 化工原料一直都是由胜利集团以每吨 500 元的价格分批提供的,每次去进货都要支付 400 元的手续费,而且原料进厂以后还要按每吨每月 5 元的价格支付库存费. 最近供货方胜利集团为了进一步开拓市场,提供了"一次性订货 600 t 以上者,价格可以优惠 5%"的条件,那么,东风化工厂该不该接受这个条件呢?

这里所涉及的实际上是如下两个问题:(1) 东风化工厂原来使总费用最低的进货批量是多少;(2) 在新的优惠条件下,原来已经达到最低的总费用能不能继续降低.

为了简单计算,不妨假设东风化工厂全年的生产过程是均匀的,于是第一个问题就可以转化为"最优经济批量问题"求解:

设化工厂每批购进原料 Q t,则全年需采购 $\dfrac{12\,000}{Q}$ 次,从而支付的手续费为

$$400 \times \dfrac{12\,000}{Q} = \dfrac{4\,800\,000}{Q}$$

另一方面,由于化工厂全年的生产过程是均匀的,根据一致性存贮模型可知"日平均库存量恰为批量的一半",即 $\dfrac{Q}{2}$ t,故全年的库存费为

$$5 \times \dfrac{Q}{2} \times 12 = 30Q$$

于是可得该化工厂全年花在原料上的总费用(原料费、库存费与手续费之和)为

$$C(Q) = 500 \times 12\,000 + 30Q + \frac{4\,800\,000}{Q}$$

所以,$C'(Q) = 30 - \dfrac{4\,800\,000}{Q^2}$,令 $C'(Q) = 0$ 解得唯一的驻点 $Q_0 = 400$,再由 $Q < 400$ 时,$C'(Q) < 0$ 及 $Q > 400$ 时,$C'(Q) > 0$,可知,$Q_0 = 400$ 是极大值点也是最大值点. 即当化工厂每批购进原料 400 t 时,可使全年花在原料上的总费用最低. 此时不难算得最低费用为 602.4×10^4 元,全年的采购次数为 30 次.

现在,假如接受供货方的优惠条件,那就意味着批量要由原来的 400 t 至少提高到 600 t. 若以 600 t 计算,则全年的采购次数变成了 20 次,平均库存量也变成了 300 t,这样一来,原料费、库存费、手续费都会发生相应的变化. 于是,全年的总费用变为

$$C = 500 \times 12\,000 \times 0.95 + 5 \times 300 \times 12 + 400 \times 20 = 572.6 \times 10^4$$

通过比较即知,只要库房容量允许,将每批的进货量由 400 t 提高到 600 t,全年就可以节约资金 602.4 万元 − 572.6 万元 = 29.8 万元. 因此供应商的优惠条件是应该接受的.

注意 由 $Q > 400$ 时,$C'(Q) > 0$ 可知,总费用函数 $C(Q)$ 当批量 $Q > 400$ 时是单调增加的,既然已经算得 600 t 时优惠条件限制之下的最优批量,因此,当批量超过 600 t 时是不予考虑的.

微分中值定理的研究历程

人们对微分中值定理的研究要追溯到公元前古希腊时代. 古希腊数学家在几何研究中,得到如下结论:"过抛物线弓形的顶点的切线必平行于抛物线弓形的底",这正是拉格朗日定理的特殊情况. 希腊著名数学家阿基米德(Archimedes)正是巧妙地利用这一结论,求出抛物弓形的面积. 意大利卡瓦列里(Cavalieri)在《不可分量几何学》(1635 年)的卷一中给出处理平面和立体图形切线的有趣引理,其中引理 3 基于几何的观点也叙述了同样一个事实:曲线段上必有一点的切线平行于曲线的弦. 这是几何形式的微分中值定理,被人们称为卡瓦列里定理.

人们对微分中值定理的研究,从微积分建立之始就开始了. 1637 年,著名法国数学家费马(Fermat)在《求最大值和最小值的方法》中给出费马定理,在教科书中,人们通常将它称为费马定理. 1691 年,法国数学家罗尔在《方程的解法》一文中给出多项式形式的罗尔定理. 1712 年,英国数学家泰勒给其老师梅钦(数学家、天文学家)一封信里首次叙述了泰勒中值定理,尽管 1671 年詹姆斯·格雷高里已经发现了它的特例. 1797 年,法国数学家拉格朗日在《解析函数论》一书中给出拉格朗日定理,并给出最初的证明. 对微分中值定理进行系统研究的是法国数学家柯西. 他的三部巨著《分析教程》、《无穷小计算教程概论》、《微分计算教程》,以严格化为其主要目标,对微积分理论进行了重构并首先赋予中值定理以重要作用,使其成为微分学的核心定理. 在《无穷小计算教程概论》中,柯西首先严格的证明了拉格朗日定理,又在《微分计算

教程中》将其推广为广义中值定理 —— 柯西定理.

微分中值定理重在理论的证明与分析. 罗尔定理、拉格朗日定理和柯西定理在进行一些公式推导与定理证明中有着极其重要的作用, 而泰勒中值定理在一定条件下可以构建一个多项式来逼近某个函数. 微分中值定理的形成与发展是一个过程, 是从直观到抽象、不严谨到严谨、特殊到一般、低级到高级、复杂到简单的过程, 是人们追求真理、探索未知不弃不舍的过程, 是人们批判与再批判、反复论证的过程. 正因为有了这些人的坚持不懈的努力, 微积分 100 多年的争论才算是画上了一个完美的句号.

习 题 三

1. 验证下列各题, 确定 ξ 的值.

(1) 对函数 $f(x) = \ln \sin x$ 在区间 $\left[\dfrac{\pi}{6}, \dfrac{5\pi}{6}\right]$ 上验证罗尔定理;

(2) 对函数 $f(x) = x^2 + 2x$ 在区间 $[0,2]$ 上验证拉格朗日中值定理;

(3) 对函数 $f(x) = x^3$ 和函数 $g(x) = x^2 + 1$ 在区间 $[1,2]$ 上验证柯西中值定理.

2. 不用求函数 $f(x) = 3(x+1)(x-1)(x-2)(x-3)$ 的导数, 说明方程 $f'(x) = 0$ 有几个实根, 并指出各根所在的区间.

3. 证明方程 $x^3 + x - 1 = 0$ 有且只有一个正根.

4. 利用拉格朗日中值定理证明下列不等式:

(1) $\dfrac{a-b}{a} < \ln \dfrac{a}{b} < \dfrac{a-b}{b}, 0 < b < a$;

(2) $|\arctan x - \arctan y| \leqslant |x - y|$;

(3) $nb^{n-1}(a-b) < a^n - b^n < na^{n-1}(a-b), 0 < b < a, n > 1$.

5. 证明恒等式

$$\arctan x = \arcsin \frac{x}{\sqrt{1+x^2}}$$

6. 若方程 $a_0 x^n + a_1 x^{n-1} + \cdots + a_{n-1} x = 0$ 有一个正根 $x = x_0$, 证明方程

$$a_0 n x^{n-1} + a_1(n-1) x^{n-2} + \cdots + a_{n-1} = 0$$

必有一个小于 x_0 的正根.

7. 设函数 $f(x)$ 在闭区间 $[a,b]$ 上连续, 在开区间 (a,b) 内可导, 且 $f(a) = f(b) = 0$. 证明: 在开区间 (a,b) 内至少存在一点 ξ, 使得 $f'(\xi) + f(\xi) = 0$.

8. 设函数 $f(x)$ 在 $[0,1]$ 上连续, 在 $(0,1)$ 内可导, 且 $f(0) = f(1) = 0, f\left(\dfrac{1}{2}\right) = 1$, 证明: 至少

存在一点 $\xi \in (0,1)$，使得 $f'(\xi) = 1$.

9. 设函数 $f(x)$ 在 $[a,b]$ 上连续，在 (a,b) 内有二阶导数，且 $f(a) = f(b) = 0, f(c) > 0, a < c < b$，证明在：$(a,b)$ 内至少存在一点 ξ，使得 $f''(\xi) < 0$.

10. 设 $0 < a < b$ 且函数 $f(x)$ 在 $[a,b]$ 上连续，在 (a,b) 内可导，证明：在 (a,b) 内至少存在一点 ξ，使得 $f(b) - f(a) = \xi f'(\xi) \ln \dfrac{b}{a}$.

11. 已知函数 $f(x)$ 在 $(-\infty, +\infty)$ 内可导，且 $\lim\limits_{x \to \infty} f'(x) = e$，若

$$\lim_{x \to \infty} \left(\frac{x+c}{x-c} \right)^x = \lim_{x \to \infty} [f(x) - f(x-1)]$$

求 c 的值.

12. 用洛必达法则求下列极限：

(1) $\lim\limits_{x \to 3} \dfrac{x^4 - 81}{x - 3}$；　　　　(2) $\lim\limits_{x \to 0} \dfrac{e^x - e^{-x}}{\sin x}$；　　　　(3) $\lim\limits_{x \to \frac{\pi}{2}} \dfrac{\tan x}{\tan 5x}$；

(4) $\lim\limits_{x \to +\infty} \dfrac{(\ln x)^2}{x}$；　　　(5) $\lim\limits_{x \to 0} \dfrac{e^x - e^{\sin x}}{x - \sin x}$；　　　(6) $\lim\limits_{x \to +\infty} \dfrac{x^n}{e^x}$；

(7) $\lim\limits_{x \to 0} x\cot 2x$；　　　(8) $\lim\limits_{x \to \infty} x(e^{\frac{1}{x}} - 1)$；　　　(9) $\lim\limits_{x \to +\infty} \dfrac{\ln\left(1 + \dfrac{2}{x}\right)}{\operatorname{arccot} x}$；

(10) $\lim\limits_{x \to 0} \dfrac{\ln(1 + x^2)}{\sec x - \cos x}$；　　(11) $\lim\limits_{x \to 0} x^2 e^{\frac{1}{x^2}}$；　　(12) $\lim\limits_{x \to 0} \left(\dfrac{1}{x} - \dfrac{1}{e^x - 1} \right)$；

(13) $\lim\limits_{x \to 1} \left(\dfrac{1}{x - 1} - \dfrac{1}{\ln x} \right)$；　　(14) $\lim\limits_{x \to +\infty} x^{\frac{1}{x}}$；　　(15) $\lim\limits_{x \to 0^+} x^{\tan x}$；

(16) $\lim\limits_{x \to 0} (1 + \sin x)^{\frac{1}{x}}$.

13. 确定下列函数的单调区间：

(1) $y = \arctan x - x$；　　　(2) $y = 3x - x^3$；　　　(3) $y = x - e^x - 1$；

(4) $y = 2x^3 - 9x^2$；　　　(5) $y = \ln(x + \sqrt{x^2 + 1})$；　　(6) $y = (x-1)(x+1)^3$.

14. 利用函数的单调性证明不等式：

(1) $e^x > 1 + x, x > 0$；　　　　　　(2) $\tan x > x + \dfrac{x^3}{3}, 0 < x < \dfrac{\pi}{2}$；

(3) $\ln x > \dfrac{2(x-1)}{x+1}, x > 1$；　　　　(4) $e^x - 1 > (1+x)\ln(1+x), x > 0$.

15. 求下列函数的极值：

(1) $y = 2x^3 - 3x^2 + 6$；　　(2) $y = x - \ln(1 + x)$；　　(3) $y = x^2 e^{-x}$；

(4) $y = (x-1)^3 (2x+3)^2$；　(5) $y = (x-1)x^{\frac{2}{3}}$；　　(6) $y = \dfrac{x}{(1+x)^2}$.

16. 求下列函数在所给区间上的最值：

$(1)\, y = 2x^3 - 6x^2 - 18x + 6 \quad x \in [1,4]$；$\quad (2)\, y = 2x - \sin 2x \quad x \in \left[\dfrac{\pi}{4}, \pi\right]$；

$(3)\, y = e^{-x}(x + 1) \quad x \in [1,4]$；$\qquad\qquad (4)\, y = \dfrac{54}{x} - x^2 \quad x \in (-\infty, 0)$；

$(5)\, y = x + \sqrt{1 - x} \quad x \in [-5,1]$；$\qquad (6)\, y = \dfrac{x^3}{(x - 1)^2} \quad x \in \left[-\dfrac{1}{2}, 1\right)$.

17. 欲围一个面积为 150 m² 的矩形场地，正面所用材料造价为 6 元/m，其余三个面所用材料造价为 3 元/m. 求场地的正面长和侧面宽各为多少米时，用料最省.

18. 已知生产某种彩色电视机的总成本函数为
$$C(Q) = 2.2 \times 10^3 Q + 8 \times 10^7$$
通过市场调查，可以预计这种彩电的年需求量为 $Q = 3.1 \times 10^5 - 50p$，其中 p（单位：元）是彩电售价，Q（单位：台）是需求量. 求使利润最大的销售量和销售价格.

19. 假设某商品的需求量 Q 是单价 p（单位：元）的函数：$Q = 12\,000 - 80p$，商品的总成本 $C(Q)$ 是需求量 Q 的函数：$C(Q) = 25\,000 + 50Q$，每单位商品需纳税 2 元. 求使销售利润最大的商品单价和最大利润.

20. 设某厂每天生产某种产品 Q 单位时的总成本函数为
$$C(Q) = 0.5Q^2 + 36Q + 9\,800$$
求每天生产多少单位产品，才能使平均成本最低？

21. 某商品平均成本 $\overline{C}(Q) = 2$，价格函数为 $p(Q) = 20 - 4Q$（Q 为商品数量），国家向企业每件商品征税为 t

（1）生产商品多少时，利润最大？

（2）在企业取得最大利润的情况下，t 为何值时才能使总税收最大？

22. 一工厂生产某种型号的车床，年产量为 N 台，分批进行生产，每批生产的准备费用为 C_1 元. 产品生产后暂存库房，然后均匀投入市场. 设每年每台的库存费为 C_2 元，求在不考虑生产能力的条件下，每批生产多少台该车床，一年中生产准备费和库存费之和最少？

23. 确定函数 $y = x^3 + ax^2 + bx + 4$ 中的 a, b，使得 $x = -1$ 为函数的驻点，点 $(1, y(1))$ 为函数的拐点，并求拐点.

24. 确定下列函数的凹凸区间与拐点：

$(1)\, y = x^4 - 6x^2 - 5$；$\qquad (2)\, y = \dfrac{x}{(x + 3)^2}$；$\qquad (3)\, y = 2 + (x - 4)^{\frac{1}{3}}$；

$(4)\, y = e^{\arctan x}$；$\qquad\qquad (5)\, y = 3x - 2x^2$；$\qquad (6)\, y = 1 + \dfrac{1}{x}\,(x > 0)$.

25. 已知 $f(x) = x^3 + ax^2 + bx + c$ 在 $x = 0$ 处有极大值 1，且有拐点 $(1, -1)$. 求

$(1)a,b,c$ 的值;

(2) 函数 $f(x)$ 的单调区间,凹凸区间与极小值.

26. 求下列曲线的渐近线:

$(1)y = \ln x^2$; $\qquad$ $(2)y = \dfrac{1}{(x+2)^3}$; $\qquad$ $(3)y = xe^{\frac{1}{x^2}}$;

$(4)y = \dfrac{4(x+1)}{x^2} - 2$; $\qquad$ $(5)y = x + e^{-x}$; $\qquad$ $(6)y = \dfrac{x^3}{(x-1)^2}$.

27. 描绘下列函数的图形:

$(1)y = x^4 - 6x^2 + 8x$; $\qquad$ $(2)y = \dfrac{3}{5}x^{\frac{5}{3}}$; $\qquad$ $(3)y = x + \dfrac{x}{x^2-1}$;

$(4)y = e^{-(x+1)^2}$.

第4章

Chapter 4

不定积分

在经济学中，通常将函数对应的导数称为边际函数，例如，成本函数的导数称为边际成本，利润函数的导数称为边际利润. 现在的问题反过来，在已知边际函数的情况下，如何求原来的函数？例如，已知边际成本的情况下，如何求某种条件下原来的成本呢？

上述问题归结为一般的数学问题：在已知函数 $f(x)$ 的情况下，怎样寻求函数 $F(x)$，使得 $F'(x) = f(x)$，这正是本章主要解决的问题. 本章主要介绍不定积分的概念与性质，以及不定积分的基本求解方法.

4.1　不定积分的概念与性质

4.1.1　原函数与不定积分的概念

由第 2 章可知,若 $F'(x) = f(x)$,则函数 $f(x)$ 称为 $F(x)$ 的导数. 那么,$F(x)$ 又应该是 $f(x)$ 的什么呢? 为此,给出原函数的概念.

定义 4.1　对于区间 I 上的函数 $y = f(x)$,如果存在可导函数 $F(x)$,对于任意的 $x \in I$,满足

$$F'(x) = f(x) \text{ 或 } dF(x) = f(x)dx \tag{4.1}$$

则称 $F(x)$ 为 $f(x)$ 在区间 I 上的一个原函数.

根据定义 4.1,在区间 I 上,若 $f(x)$ 为 $F(x)$ 的导数,则 $F(x)$ 为 $f(x)$ 的在区间 I 上一个原函数. 例如:因为 $(x^2)' = 2x$ 在 $(-\infty, +\infty)$ 上恒成立,故 x^2 为 $2x$ 在 $(-\infty, +\infty)$ 上的一个原函数,又因 $(\sin x)' = \cos x$ 在 $(-\infty, +\infty)$ 上恒成立,故 $\sin x$ 为 $\cos x$ 在 $(-\infty, +\infty)$ 上的一个原函数.

函数可导需要具备一定的条件,那么原函数存在需要具备什么条件呢? 由此引入下面定理作为原函数存在性定理的基础.

定理 4.1　若 $f(x)$ 在区间 I 上连续,则在区间 I 上一定存在可导函数 $F(x)$,使得对任意的 $x \in I$,均有

$$F'(x) = f(x) \text{ 或 } dF(x) = f(x)dx$$

简单地说,连续函数一定有原函数. 定理 4.1 只是原函数存在的一个充分条件,而并非必要条件.

若要判断一个函数 $F(x)$ 是否是 $f(x)$ 的一个原函数,只需要满足式(4.1)即可. 在学习的过程中,一定要清楚函数、函数的导数与函数的原函数之间的关系,深刻的理解相关概念.

定理 4.2　如果 $F(x)$ 为 $f(x)$ 的一个原函数,则 $F(x) + C$ 也为 $f(x)$ 的原函数,其中 C 为任意常数.

证明　因为 $F(x)$ 为 $f(x)$ 的一个原函数,故有 $F'(x) = f(x)$,从而有

$$[F(x) + C]' = F'(x) + C' = f(x)$$

其中 C 为任意常数,由定义可知,$F(x) + C$ 也为 $f(x)$ 的原函数.

此定理说明若一个函数有一个原函数,则该函数的原函数就有无穷多个,那么 $F(x) + C$ 是否代表了 $f(x)$ 的所有原函数呢? 下面的定理给出了简单的说明.

定理 4.3　设 $F(x), G(x)$ 为函数 $f(x)$ 的任意两个原函数,则

$$F(x) - G(x) = C, \text{其中 } C \text{ 为任意常数}$$

证明　设 $F(x), G(x)$ 为函数 $f(x)$ 的某两个原函数,所以

$$F'(x) = f(x), G'(x) = f(x)$$

令 $H(x) = F(x) - G(x)$,则

$$H'(x) = F'(x) - G'(x) = f(x) - f(x) \equiv 0$$

由定理 3.2 的推论 1,可知

$$H(x) = C_0$$

其中 C_0 为某个常数,即有

$$F(x) - G(x) = C_0$$

由 $F(x)$ 和 $G(x)$ 的任意性,可知 $F(x) - G(x) = C$.

此定理说明,$f(x)$ 任意一个原函数都可以表示成 $F(x) + C$ 的形式(C 为任意常数),这也就说明了 $F(x) + C$ 代表 $f(x)$ 的所有原函数,即 $f(x)$ 的全体原函数所组成的集合,就是函数族

$$\{F(x) + C \mid -\infty < C < +\infty\}$$

下面,给出不定积分的概念.

定义 4.2　函数 $f(x)$ 的全体原函数 $F(x) + C$ 称为 $f(x)$ 的不定积分,记为

$$\int f(x)\,\mathrm{d}x = F(x) + C \tag{4.2}$$

其中 $\int$ 称为积分号,$f(x)$ 称为被积函数,x 称为积分变量,$f(x)\,\mathrm{d}x$ 称为被积表达式,C 称为积分常数.

根据定义 4.2,前面的例子可以表示为

$$\int 2x\,\mathrm{d}x = x^2 + C, \int \cos x\,\mathrm{d}x = \sin x + C$$

在初学不定积分时,若对不定积分的结果不确定,可以对不定积分进行验证:即验证不定积分的导数是不是被积函数.

4.1.2　不定积分的几何意义

设 $F(x)$ 是函数 $f(x)$ 的一个原函数,则方程 $y = F(x)$ 的图形为坐标平面上的一条曲线,称为函数 $f(x)$ 的一条积分曲线. 由于 C 可以取任意常数,则可得到函数 $f(x)$ 的无数条积分曲线 $y = F(x) + C$,它们构成一个曲线族,称为**积分曲线族**,不定积分就表示这个积分曲线族. 由于不论常数 C 取何值,恒有

$$[F(x) + C]' = F'(x) = f(x)$$

故当横坐标 $x = x_0$ 时,各积分曲线的切线斜率相等,即各切线相互平行,见图 4.1.

【**例 4.1**】　求过点 $\left(1, \dfrac{1}{3}\right)$ 且切线斜率为 x^2 的曲线方程.

解　因为 $\left(\dfrac{x^3}{3}\right)' = x^2$,则

$$y = \int x^2\,\mathrm{d}x = \frac{x^3}{3} + C$$

又因为所求曲线过点 $\left(1, \dfrac{1}{3}\right)$,将 $x = 1, y = \dfrac{1}{3}$ 代入上式,可得 $C = 0$. 于是,所求曲线为

$$y = \frac{x^3}{3}$$

其图形见图 4.2 中实线部分.

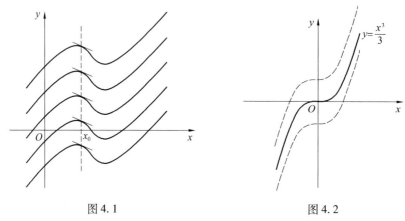

图 4.1   图 4.2

4.1.3   不定积分的性质

由于求不定积分的运算与求导数的运算是互为逆运算. 所以下面给出不定积分的几个性质.

性质 1 $\left[\int f(x) \, dx \right]' = f(x)$ 或 $d\left[\int f(x) \, dx \right] = f(x) \, dx$

性质 2 $\int F'(x) \, dx = F(x) + C$ 或 $\int dF(x) = F(x) + C$

性质 1 和性质 2 充分说明了求不定积分和求导数的互逆性. 当微分号"d"与积分号"$\int$"相遇时,或相互抵消,或抵消后相差一个常数.

性质 3   若函数 $f(x)$ 与 $g(x)$ 的原函数都存在,则

$$\int [f(x) \pm g(x)] \, dx = \int f(x) \, dx \pm \int g(x) \, dx$$

事实上,上式左端是 $f(x) \pm g(x)$ 的原函数,含有一个任意常数,而右端有两个积分号,形式上含有两个任意常数,由于任意常数的代数和仍为任意常数,故实际上含有一个任意常数,因此上式左右两端可以看做是相等的.

性质 4   若函数 $f(x)$ 的原函数存在,k 为非零常数,则

$$\int kf(x) \, dx = k \int f(x) \, dx$$

性质 3 和性质 4 称为不定积分的**线性性质**,结合这两个性质,可以得到:若函数 $f(x)$ 和 $g(x)$ 的原函数都存在,且 k_1 和 k_2 为非零常数,则

$$\int [k_1 f(x) + k_2 g(x)] \, dx = k_1 \int f(x) \, dx + k_2 \int g(x) \, dx$$

这个式子还可以推广到有限多个函数的情况.

若有限个函数 $f_1(x), f_2(x), \cdots, f_n(x)$ 都存在原函数，$k_1, k_2, \cdots, k_n$ 为任意 n 个非零常数，则

$$\int [k_1 f_1(x) + k_2 f_2(x) + \cdots + k_n f_n(x)] \mathrm{d}x = k_1 \int f_1(x) \mathrm{d}x + k_2 \int f_2(x) \mathrm{d}x + \cdots + k_n \int f_n(x) \mathrm{d}x$$

4.1.4　基本积分公式

由于求不定积分和求导数的互逆性，很容易从基本导数公式得到基本积分公式：

(1) $\int 0 \mathrm{d}x = C$；

(2) $\int k \mathrm{d}x = kx + C$；

(3) $\int x^{\mu} \mathrm{d}x = \dfrac{1}{\mu + 1} x^{\mu+1} + C, \mu \neq -1$；

(4) $\int \dfrac{\mathrm{d}x}{x} = \ln |x| + C$；

(5) $\int a^x \mathrm{d}x = \dfrac{1}{\ln a} a^x + C, a > 0, a \neq 1$；

(6) $\int \mathrm{e}^x \mathrm{d}x = \mathrm{e}^x + C$；

(7) $\int \sin x \mathrm{d}x = -\cos x + C$；

(8) $\int \cos x \mathrm{d}x = \sin x + C$；

(9) $\int \sec^2 x \mathrm{d}x = \tan x + C$；

(10) $\int \csc^2 x \mathrm{d}x = -\cot x + C$；

(11) $\int \sec x \tan x \mathrm{d}x = \sec x + C$；

(12) $\int \csc x \cot x \mathrm{d}x = -\csc x + C$；

(13) $\int \dfrac{\mathrm{d}x}{\sqrt{1 - x^2}} = \arcsin x + C (= -\arccos x + \tilde{C})$；

(14) $\int \dfrac{\mathrm{d}x}{1 + x^2} = \arctan x + C (= -\operatorname{arccot} x + \tilde{C})$.

这里简单地解释一下积分公式(4). 当 $x > 0$ 时，$(\ln x)' = \dfrac{1}{x}$，所以

$$\int \dfrac{\mathrm{d}x}{x} = \ln x + C$$

当 $x < 0$ 时，$[\ln(-x)]' = \dfrac{1}{-x} \cdot (-1) = \dfrac{1}{x}$，所以

$$\int \frac{\mathrm{d}x}{x} = \ln(-x) + C$$

于是，有

$$\int \frac{1}{x} \mathrm{d}x = \ln |x| + C$$

在学习基本积分公式的时候，一定要结合基本导数公式利用互逆的特点，牢记公式，以便作为解决复杂不定积分的基础.

求不定积分最基本的方法为**直接积分法**，即将被积函数通过恒等变形，化为基本积分公式的类型，从而利用基本积分公式和不定积分的性质，直接得出结果，下面举例说明.

【例 4.2】 求 $\displaystyle\int \frac{x^3 + 2x + 1}{x} \mathrm{d}x$.

解 $\displaystyle\int \frac{x^3 + 2x + 1}{x} \mathrm{d}x = \int\left(x^2 + 2 + \frac{1}{x}\right)\mathrm{d}x = \int x^2 \mathrm{d}x + \int 2 \mathrm{d}x + \int \frac{1}{x} \mathrm{d}x$

$$= \frac{x^{2+1}}{2+1} + 2x + \ln |x| + C = \frac{x^3}{3} + 2x + \ln |x| + C$$

【例 4.3】 求 $\displaystyle\int\left(\frac{1}{\sqrt{x}} - \sqrt[3]{x} + \frac{1}{x^2}\right)\mathrm{d}x$.

解 $\displaystyle\int\left(\frac{1}{\sqrt{x}} - \sqrt[3]{x} + \frac{1}{x^2}\right)\mathrm{d}x = \int x^{-\frac{1}{2}} \mathrm{d}x - \int x^{\frac{1}{3}} \mathrm{d}x + \int x^{-2} \mathrm{d}x$

$$= \frac{x^{-\frac{1}{2}+1}}{-\frac{1}{2}+1} - \frac{x^{\frac{1}{3}+1}}{\frac{1}{3}+1} + \frac{x^{-2+1}}{-2+1} + C = 2\sqrt{x} - \frac{3x\sqrt[3]{x}}{4} - \frac{1}{x} + C$$

上面两个例子表明，被积函数实际上是幂函数，却是用分式或根式表示的，遇到这种情况，应先将它化成幂函数的基本形式 x^μ，然后应用幂函数的积分公式求出不定积分.

【例 4.4】 求 $\displaystyle\int \frac{2^x + \mathrm{e}^x}{4^x} \mathrm{d}x$.

解 $\displaystyle\int \frac{2^x + \mathrm{e}^x}{4^x} \mathrm{d}x = \int\left(\frac{1}{2}\right)^x \mathrm{d}x + \int\left(\frac{\mathrm{e}}{4}\right)^x \mathrm{d}x = \frac{\left(\frac{1}{2}\right)^x}{\ln \frac{1}{2}} + \frac{\left(\frac{\mathrm{e}}{4}\right)^x}{\ln \frac{\mathrm{e}}{4}} + C$

$$= \frac{1}{-2^x \ln 2} + \frac{\mathrm{e}^x}{4^x(1 - 2\ln 2)} + C$$

上面的例子用到关系式 $\dfrac{a^x}{b^x} = \left(\dfrac{a}{b}\right)^x$，$a > 0, b > 0$. 然后应用指数函数的积分公式求出不定积分. 类似的关系式还有 $a^x b^x = (ab)^x$.

【例 4.5】 求 $\int \dfrac{x^2}{1+x^2}\mathrm{d}x$.

解 $\int \dfrac{x^2}{1+x^2}\mathrm{d}x = \int \dfrac{x^2+1-1}{1+x^2}\mathrm{d}x = \int \left(1-\dfrac{1}{1+x^2}\right)\mathrm{d}x = \int 1\mathrm{d}x - \int \dfrac{1}{1+x^2}\mathrm{d}x$

$$= x - \arctan x + C$$

上面例子中的被积函数不能直接应用基本积分公式直接求出,通过简单的变形将它进行分项(或拆项)后,再逐项积分.

【例 4.6】 求 $\int \dfrac{\cos 2x}{\cos x + \sin x}\mathrm{d}x$.

解 $\int \dfrac{\cos 2x}{\cos x + \sin x}\mathrm{d}x = \int \dfrac{\cos^2 x - \sin^2 x}{\cos x + \sin x}\mathrm{d}x = \int \dfrac{(\cos x - \sin x)(\cos x + \sin x)}{\cos x + \sin x}\mathrm{d}x$

$$= \int (\cos x - \sin x)\mathrm{d}x = \int \cos x\mathrm{d}x - \int \sin x\mathrm{d}x = \sin x + \cos x + C$$

【例 4.7】 求 $\int \tan^2 x\mathrm{d}x$.

解 $\int \tan^2 x\mathrm{d}x = \int (\sec^2 x - 1)\mathrm{d}x = \int \sec^2 x\mathrm{d}x - \int 1\mathrm{d}x = \tan x - x + C$

当被积函数是三角函数时,对积分表中没有的又比较特殊的情况,可以通过三角函数恒等变形,化为基本积分表中已有的类型,然后再积分.

【例 4.8】 已知某产品的产量 Q 是时间 t 的函数,其变化率为 $Q'(t) = 3t^2 + 4t + 5$,且 $Q(0) = 0$. 求此产品的总产量函数 $Q(t)$.

解 因为 $Q(t)$ 是变化率 $Q'(t)$ 的一个原函数,故按照题意,有

$$Q(t) = \int (3t^2 + 4t + 5)\mathrm{d}t = t^3 + 2t^2 + 5t + C_0$$

又由于 $Q(0) = 0$,代入上式,得 $C_0 = 0$. 因此,该产品的产量函数为

$$Q(t) = t^3 + 2t^2 + 5t$$

4.2 换元积分法

直接积分法所能解决的不定积分问题十分有限,对于一些复杂的求解不定积分的问题,直接积分法是无能为力的,为此,引入其他解决方法.

4.2.1 第一类换元积分法(凑微分法)

考虑具有如下形式的积分

$$\int \cos 2x\mathrm{d}x$$

显然,它与基本积分公式 $\int \cos x\mathrm{d}x = \sin x + C$ 略有不同,被积函数是 $2x$ 的余弦,而后面是 x

的微分,故不能直接利用积分公式计算. 为了尽量靠近公式,可以把 $2x$ 看成一个整体,即把 2"挪"到微分符号 d 的后边去,即有形式 $\int \cos 2x \mathrm{d}(2x)$.

此时,令 $2x = u$,则形式 $\int \cos u \mathrm{d}u$ 就容易解决了,总结起来,有

$$\int \cos 2x \mathrm{d}x = \frac{1}{2}\int 2\cos 2x \mathrm{d}x = \frac{1}{2}\int \cos 2x \mathrm{d}(2x)$$

令 $2x = u$,有

$$\int \cos 2x \mathrm{d}x = \frac{1}{2}\int \cos u \mathrm{d}u = \frac{1}{2}\sin u + C = \frac{1}{2}\sin 2x + C$$

事实上,解决本题的关键是把函数中的某一部分看成一个整体,进行变量替换. 值得注意的是:(1) 本题在求解过程中的 $\frac{1}{2}$ 是必不可少的,因为它是使得式子成为恒等式的条件. (2) 利用变量替换求解完成后,一定要将 $u = 2x$ 带回,因为问题最终是要求关于 x 的积分.

再看一个例子:

$$\int \sin^2 x \cos x \mathrm{d}x$$

本例较为复杂,似乎更加不容易靠近基本积分公式. 由上例,还可以想到"挪"的思想,首先想到的是和上例相似,"挪"一个常数,但其结果仍然无法靠近公式. 其次,可以想到"挪" $\sin^2 x$ 或 $\cos x$,但"挪" $\sin^2 x$ 会使积分难度加大,因为"挪"的过程,其实是一个寻找原函数的过程,$\sin^2 x$ 的原函数不易求得. 那只有"挪" $\cos x$ 了,有

$$\int \sin^2 x \cos x \mathrm{d}x = \int \sin^2 x \mathrm{d}\sin x$$

令 $\sin x = u$,有

$$\int \sin^2 x \cos x \mathrm{d}x = \int u^2 \mathrm{d}u = \frac{1}{3}u^3 + C = \frac{1}{3}\sin^3 x + C$$

由以上可以看出,解决此类问题的关键是如何在 d 的后边凑上适当的常数或进行适当的微分变形,使其应用基本积分公式. 也就是说,被积函数的部分 $\varphi(x)$ 与 $\mathrm{d}x$ 结合,化成需要的形式,即 $\varphi(x)\mathrm{d}x = \mathrm{d}(\quad)$. 实际上就是把函数的一部分"挪"到 d 的后面,"挪"的过程就是进行局部不定积分,寻找原函数的过程. 总结起来,用一般形式表示,有如下定理:

定理 4.4 如果 $\int f(u)\mathrm{d}u = F(u) + C$,且 $u = \varphi(x)$ 可导,则

$$\int f[\varphi(x)]\varphi'(x)\mathrm{d}x = F[\varphi(x)] + C \tag{4.3}$$

这个定理的简单证明过程如下

$$\int f[\varphi(x)]\varphi'(x)\mathrm{d}x = \int f[\varphi(x)]\mathrm{d}\varphi(x)$$

令 $\varphi(x) = u$,有

$$\int f[\varphi(x)]\varphi'(x)\mathrm{d}x = \int f(u)\mathrm{d}u = F(u) + C = F[\varphi(x)] + C$$

这里的 $\varphi'(x)\mathrm{d}x = \mathrm{d}\varphi(x)$,是把 $\varphi'(x)$"挪"到微分符号 d 后面的过程,也就是凑 $\varphi(x)$ 微分的过程,后令 $u = \varphi(x)$ 进行换元. 这种方法称为**第一类换元积分法**,又称为**凑微分法**.

事实上,第一类换元积分法的实质是复合函数求导公式的逆用.

由这个定理可以看出,一般凑微分可以参照两个原则:

(1)凑微分法的关键是凑哪一个函数的微分,当被积函数由几个部分构成时,应该选择容易凑成微分的部分.

(2)凑成的微分部分看成一个整体以后,应该使得整个被积表达式靠近基本积分公式或简单、熟知的积分形式.

以上两个原则不是绝对的,在计算的过程中应灵活的掌握凑微分法.

下面通过几个例子,巩固一下凑微分法.

【**例 4. 9**】　求 $\displaystyle\int\frac{\mathrm{d}x}{3x + 4}$.

解　因为 $\mathrm{d}x = \dfrac{1}{3}\mathrm{d}(3x + 4)$,所以

$$\int\frac{\mathrm{d}x}{3x + 4} = \frac{1}{3}\int\frac{1}{3x + 4}\mathrm{d}(3x + 4) \xlongequal{u = 3x + 4} \frac{1}{3}\int\frac{1}{u}\mathrm{d}u = \frac{1}{3}\ln|u| + C = \frac{1}{3}\ln|3x + 4| + C$$

【**例 4. 10**】　求 $\displaystyle\int x\mathrm{e}^{x^2}\mathrm{d}x$.

解　因为 $x\mathrm{d}x = \dfrac{1}{2}\mathrm{d}x^2$,所以

$$\int x\mathrm{e}^{x^2}\mathrm{d}x = \frac{1}{2}\int\mathrm{e}^{x^2}\mathrm{d}x^2 \xlongequal{u = x^2} \frac{1}{2}\int\mathrm{e}^u\mathrm{d}u = \frac{1}{2}\mathrm{e}^u + C = \frac{1}{2}\mathrm{e}^{x^2} + C$$

【**例 4. 11**】　求 $\displaystyle\int\frac{\cos\sqrt{x}}{\sqrt{x}}\mathrm{d}x$.

解　因为 $\dfrac{1}{\sqrt{x}}\mathrm{d}x = 2\mathrm{d}\sqrt{x}$,所以

$$\int\frac{\cos\sqrt{x}}{\sqrt{x}}\mathrm{d}x = 2\int\cos\sqrt{x}\mathrm{d}\sqrt{x} \xlongequal{u = \sqrt{x}} 2\int\cos u\mathrm{d}u = 2\sin u + C = 2\sin\sqrt{x} + C$$

凑微分中,换元的目的是便于利用基本积分公式,但不是必须的. 在熟练之后,就可以省略中间变量,直接计算,如例 4. 11 的计算过程可以简化为

$$\int\frac{\cos\sqrt{x}}{\sqrt{x}}\mathrm{d}x = 2\int\frac{\cos\sqrt{x}}{2\sqrt{x}}\mathrm{d}x = 2\int\cos\sqrt{x}\mathrm{d}\sqrt{x} = 2\sin\sqrt{x} + C$$

【**例 4.12**】 求 $\int \dfrac{1}{(\ln x + 1)x}\mathrm{d}x$.

解 因为 $\dfrac{1}{x}\mathrm{d}x = \mathrm{d}\ln x$,所以

$$\int \frac{1}{(\ln x + 1)x}\mathrm{d}x = \int \frac{1}{\ln x + 1}\mathrm{d}\ln x = \int \frac{1}{\ln x + 1}\mathrm{d}(\ln x + 1) = \ln|\ln x + 1| + C$$

此例说明,在微分里可以任意加减常数,即若 $u = u(x)$,则有

$$\mathrm{d}u = \mathrm{d}(u + C)$$

其中,C 为任意常数.

【**例 4.13**】 求 $\int \dfrac{\mathrm{e}^x}{\mathrm{e}^x - 3}\mathrm{d}x$.

解 因为 $\mathrm{e}^x\mathrm{d}x = \mathrm{d}\mathrm{e}^x = \mathrm{d}(\mathrm{e}^x - 3)$,所以

$$\int \frac{\mathrm{e}^x}{\mathrm{e}^x - 3}\mathrm{d}x = \int \frac{\mathrm{d}\mathrm{e}^x}{\mathrm{e}^x - 3} = \int \frac{\mathrm{d}(\mathrm{e}^x - 3)}{\mathrm{e}^x - 3} = \ln|\mathrm{e}^x - 3| + C$$

为了便于记忆,现将几种常见的凑微分形式列表如下(见表 4.1):

表 4.1 第一类换元法

积分类型	换元公式
1. $\int f(ax + b)\mathrm{d}x = \dfrac{1}{a}\int f(ax + b)\mathrm{d}(ax + b), a \neq 0$	$u = ax + b$
2. $\int f(x^\mu) \cdot x^{\mu-1}\mathrm{d}x = \dfrac{1}{\mu}\int f(x^\mu)\mathrm{d}x^\mu, \mu \neq 0$	$u = x^\mu$
3. $\int f(\ln x) \cdot \dfrac{1}{x}\mathrm{d}x = \int f(\ln x)\mathrm{d}\ln x$	$u = \ln x$
4. $\int f(\mathrm{e}^x) \cdot \mathrm{e}^x\mathrm{d}x = \int f(\mathrm{e}^x)\mathrm{d}\mathrm{e}^x$	$u = \mathrm{e}^x$
5. $\int f(a^x) \cdot a^x\mathrm{d}x = \dfrac{1}{\ln a}\int f(a^x)\mathrm{d}a^x, a > 0, a \neq 1$	$u = a^x$
6. $\int f(\sin x) \cdot \cos x\mathrm{d}x = \int f(\sin x)\mathrm{d}\sin x$	$u = \sin x$
7. $\int f(\cos x) \cdot \sin x\mathrm{d}x = -\int f(\cos x)\mathrm{d}\cos x$	$u = \cos x$
8. $\int f(\tan x) \cdot \sec^2 x\mathrm{d}x = \int f(\tan x)\mathrm{d}\tan x$	$u = \tan x$
9. $\int f(\cot x) \cdot \csc^2 x\mathrm{d}x = -\int f(\cot x)\mathrm{d}\cot x$	$u = \cot x$
10. $\int f(\arcsin x) \cdot \dfrac{1}{\sqrt{1 - x^2}}\mathrm{d}x = \int f(\arcsin x)\mathrm{d}\arcsin x$	$u = \arcsin x$
11. $\int f(\arctan x) \cdot \dfrac{1}{1 + x^2}\mathrm{d}x = \int f(\arctan x)\mathrm{d}\arctan x$	$u = \arctan x$

【例 4.14】　求 $\int \tan x \mathrm{d}x.$

解　因为 $\int \tan x \mathrm{d}x = \int \dfrac{\sin x}{\cos x} \mathrm{d}x,$ 且 $\sin x \mathrm{d}x = -\mathrm{d}\cos x,$ 所以

$$\int \tan x \mathrm{d}x = \int \frac{\sin x}{\cos x} \mathrm{d}x = -\int \frac{1}{\cos x} \mathrm{d}\cos x = -\ln | \cos x | + C$$

类似地,有

$$\int \cot x \mathrm{d}x = \ln | \sin x | + C$$

【例 4.15】　求 $\int \dfrac{1}{a^2 - x^2} \mathrm{d}x, a \neq 0.$

解　因为 $\dfrac{1}{a^2 - x^2} = \dfrac{1}{2a} \Big(\dfrac{1}{a + x} + \dfrac{1}{a - x} \Big)$,所以

$$\int \frac{1}{a^2 - x^2} \mathrm{d}x = \frac{1}{2a} \int \Big(\frac{1}{a + x} + \frac{1}{a - x} \Big) \mathrm{d}x = \frac{1}{2a} \Big[\int \frac{\mathrm{d}(a + x)}{a + x} - \int \frac{\mathrm{d}(a - x)}{a - x} \Big]$$

$$= \frac{1}{2a} \ln \left| \frac{a + x}{a - x} \right| + C$$

【例 4.16】　求 $\int \sec x \mathrm{d}x.$

解
$$\int \sec x \mathrm{d}x = \int \frac{\cos x}{\cos^2 x} \mathrm{d}x = \int \frac{1}{1 - \sin^2 x} \mathrm{d}\sin x = \int \frac{1}{1 - u^2} \mathrm{d}u$$

$$= \frac{1}{2} \ln \left| \frac{1 + u}{1 - u} \right| + C = \frac{1}{2} \ln \left| \frac{1 + \sin x}{1 - \sin x} \right| + C$$

因为

$$\frac{1 + \sin x}{1 - \sin x} = \frac{(1 + \sin x)^2}{\cos^2 x} = (\sec x + \tan x)^2$$

所以

$$\int \sec x \mathrm{d}x = \ln | \sec x + \tan x | + C$$

类似地,有

$$\int \csc x \mathrm{d}x = \ln | \csc x - \cot x | + C$$

【例 4.17】　求 $\int \dfrac{1}{\sqrt{a^2 - x^2}} \mathrm{d}x, a > 0.$

解　$\displaystyle\int \frac{1}{\sqrt{a^2 - x^2}} \mathrm{d}x = \frac{1}{a} \int \frac{1}{\sqrt{1 - \dfrac{x^2}{a^2}}} \mathrm{d}x = \int \frac{1}{\sqrt{1 - \Big(\dfrac{x}{a} \Big)^2}} \mathrm{d}\Big(\frac{x}{a} \Big) = \arcsin \frac{x}{a} + C$

【例 4.18】 求 $\int \dfrac{1}{a^2 + x^2} \mathrm{d}x, a \neq 0$.

解 $\quad \int \dfrac{1}{a^2 + x^2} \mathrm{d}x = \int \dfrac{1}{a^2} \cdot \dfrac{1}{1 + \left(\dfrac{x}{a}\right)^2} \mathrm{d}x = \dfrac{1}{a} \int \dfrac{1}{1 + \left(\dfrac{x}{a}\right)^2} \mathrm{d}\left(\dfrac{x}{a}\right) = \dfrac{1}{a} \arctan \dfrac{x}{a} + C$

当被积函数含有三角函数时,往往要利用三角恒等式进行变换后,再用凑微分法求解.

【例 4.19】 求 $\int \cos^3 x \mathrm{d}x$.

解
$$\int \cos^3 x \mathrm{d}x = \int \cos^2 x \cdot \cos x \mathrm{d}x = \int (1 - \sin^2 x) \mathrm{d}\sin x$$
$$= \int \mathrm{d}\sin x - \int \sin^2 x \mathrm{d}\sin x = \sin x - \dfrac{\sin^3 x}{3} + C$$

【例 4.20】 求 $\int \sin^2 x \cos^2 x \mathrm{d}x$.

解
$$\int \sin^2 x \cos^2 x \mathrm{d}x = \dfrac{1}{4} \int \sin^2 2x \mathrm{d}x = \dfrac{1}{8} \int (1 - \cos 4x) \mathrm{d}x$$
$$= \dfrac{1}{8} \left(x - \dfrac{\sin 4x}{4}\right) + C = \dfrac{x}{8} - \dfrac{\sin 4x}{32} + C$$

【例 4.21】 求 $\int \sin^3 x \cos^4 x \mathrm{d}x$.

解
$$\int \sin^3 x \cos^4 x \mathrm{d}x = \int \sin^2 x \cos^4 x \sin x \mathrm{d}x = - \int (1 - \cos^2 x) \cos^4 x \mathrm{d}\cos x$$
$$= - \int \cos^4 x \mathrm{d}\cos x + \int \cos^6 x \mathrm{d}\cos x = - \dfrac{\cos^5 x}{5} + \dfrac{\cos^7 x}{7} + C$$

当被积函数含有正弦函数和余弦函数时,通常奇数次幂"挪"到微分里一个,偶数次幂通过恒等变换来降幂.

【例 4.22】 求 $\int \tan^3 x \sec^5 x \mathrm{d}x$.

解
$$\int \tan^3 x \sec^5 x \mathrm{d}x = \int \tan^2 x \sec^4 x \tan x \sec x \mathrm{d}x = \int (\sec^2 x - 1) \sec^4 x \mathrm{d}\sec x$$
$$= \int \sec^6 x \mathrm{d}\sec x - \int \sec^4 x \mathrm{d}\sec x = \dfrac{\sec^7 x}{7} - \dfrac{\sec^5 x}{5} + C$$

【例 4.23】 求 $\int \sin 5x \cos 3x \mathrm{d}x$.

解 由积化和差公式,得
$$\sin 5x \cos 3x = \dfrac{1}{2} (\sin 8x + \sin 2x)$$

于是

$$\int \sin 5x \cos 3x dx = \frac{1}{2}\int (\sin 8x + \sin 2x) dx = \frac{1}{2}\Big(\int \sin 8x dx + \int \sin 2x dx\Big)$$

$$= -\frac{\cos 8x}{16} - \frac{\cos 2x}{4} + C$$

第一类换元积分法有时需要将被积函数中的两个或两个以上的被积表达式凑成一个和、差、积、商的微分. 例如：$\int \frac{f'(x)}{f(x)}\mathrm{d}x = \int \frac{1}{f(x)}\mathrm{d}f(x) = \ln|f(x)| + C$.

【例 4.24】　求 $\int \dfrac{\cos 2x}{(\sin x + \cos x)^2}\mathrm{d}x$

解　$\displaystyle\int \frac{\cos 2x}{(\sin x + \cos x)^2}\mathrm{d}x = \int \frac{\cos^2 x - \sin^2 x}{(\sin x + \cos x)^2}\mathrm{d}x = \int \frac{\cos x - \sin x}{\sin x + \cos x}\mathrm{d}x$

$$= \int \frac{\mathrm{d}(\sin x + \cos x)}{\sin x + \cos x} = \ln|\sin x + \cos x| + C$$

4.2.2　第二类换元积分法

凑微分法是先凑成某个函数的微分，把函数看成一个整体，进而简化计算. 下面介绍另一类换元积分方法，称为**第二类换元积分法**.

定理 4.5　已知被积函数 $f(x)$. 设 $x = \varphi(t)$ 为单调可导的函数，且 $\varphi'(t) \neq 0$，$f[\varphi(t)]\varphi'(t)$ 存在原函数，则

$$\int f(x)\mathrm{d}x = \Big\{\int f[\varphi(t)]\varphi'(t)\mathrm{d}t\Big\}_{t = \varphi^{-1}(x)} \tag{4.4}$$

其中 $t = \varphi^{-1}(x)$ 为 $x = \varphi(t)$ 的反函数.

证明　设 $f[\varphi(t)]\varphi'(t)$ 的原函数为 $\Phi(t)$，记 $\Phi[\varphi^{-1}(x)] = F(x)$，利用复合函数及反函数的求导法则，得

$$F'(x) = \frac{\mathrm{d}\Phi}{\mathrm{d}t} \cdot \frac{\mathrm{d}t}{\mathrm{d}x} = f[\varphi(t)]\varphi'(t) \cdot \frac{1}{\varphi'(t)} = f[\varphi(t)] = f(x)$$

即函数 $F(x)$ 是 $f(x)$ 的原函数. 所以，有

$$\int f(x)\mathrm{d}x = F(x) + C = \Phi[\varphi^{-1}(x)] + C = \Big\{\int f[\varphi(t)]\varphi'(t)\mathrm{d}t\Big\}_{t = \varphi^{-1}(x)}$$

这就证明了公式(4.4).

应用这个定理应满足几个条件：首先，$f[\varphi(t)]\varphi'(t)$ 的原函数是存在的；其次，$x = \varphi(t)$ 可导，且在 t 的某个区间（与积分变量 x 的区间相对应）是单调的. $x = \varphi(t)$ 的单调性可以保证其反函数的存在性.

在第二类换元积分运算中，变量替换的方法很多，如果选择恰当会使积分运算非常容易，变量替换主要有简单无理函数替换、三角函数替换和倒替换三种.

1. 简单的无理函数替换法

【例 4.25】 求 $\int \dfrac{1}{1 + \sqrt{x}}\mathrm{d}x$.

解 令 $\sqrt{x} = t$,有 $x = t^2$,$\mathrm{d}x = 2t\mathrm{d}t$,所以

$$\int \frac{1}{1 + \sqrt{x}}\mathrm{d}x = \int \frac{1}{1 + t}2t\mathrm{d}t = 2\int \frac{1 + t - 1}{1 + t}\mathrm{d}t = 2\int \left(1 - \frac{1}{1 + t}\right)\mathrm{d}t$$

$$= 2\int \mathrm{d}t - 2\int \frac{1}{1 + t}\mathrm{d}t = 2t - 2\int \frac{1}{1 + t}\mathrm{d}(1 + t)$$

$$= 2t - 2\ln|1 + t| + C = 2\sqrt{x} - 2\ln(1 + \sqrt{x}) + C$$

【例 4.26】 求 $\int \dfrac{x}{\sqrt{2x + 1}}\mathrm{d}x$.

解 令 $\sqrt{2x + 1} = t$,则 $x = \dfrac{t^2 - 1}{2}$,$\mathrm{d}x = t\mathrm{d}t$,所以

$$\int \frac{x}{\sqrt{2x + 1}}\mathrm{d}x = \int \frac{t^2 - 1}{2t}t\mathrm{d}t = \frac{1}{2}\int (t^2 - 1)\mathrm{d}t = \frac{1}{2}\left(\frac{t^3}{3} - t\right) + C = \frac{(\sqrt{2x + 1})^3}{6} - \frac{\sqrt{2x + 1}}{2} + C$$

一般地,对于带有根式的不定积分,通常对根式整体进行替换,消去根号,简化计算.

2. 三角函数替换法

当被积函数含有形如

$$\sqrt{a^2 - x^2},\sqrt{a^2 + x^2},\sqrt{x^2 - a^2}$$

的二次根式时,可以根据勾股定理和三角函数基本关系式进行适当的变量替换,去掉被积函数中的根号,从而简化被积表达式,以便于求解.

下面通过例题来说明三角函数替换法的具体步骤.

【例 4.27】 求 $\int \sqrt{a^2 - x^2}\mathrm{d}x$,$a > 0$.

解 令 $x = a\sin t$,$-\dfrac{\pi}{2} < t < \dfrac{\pi}{2}$,则

$$\mathrm{d}x = a\cos t\mathrm{d}t,\sqrt{a^2 - x^2} = \sqrt{a^2 - a^2\sin^2 t} = a\cos t$$

所以

$$\int \sqrt{a^2 - x^2}\mathrm{d}x = \int a\cos t \cdot a\cos t\mathrm{d}t = \int a^2\cos^2 t\mathrm{d}t = a^2\int \frac{1 + \cos 2t}{2}\mathrm{d}t$$

$$= \frac{a^2}{2}t + \frac{a^2}{4}\sin 2t + C = \frac{a^2}{2}t + \frac{a^2}{2}\sin t\cos t + C$$

由于 $x = a\sin t$,$-\dfrac{\pi}{2} < t < \dfrac{\pi}{2}$,于是

$$t = \arcsin \frac{x}{a}, \cos t = \sqrt{1 - \sin^2 t} = \frac{\sqrt{a^2 - x^2}}{a}$$

因此

$$\int \sqrt{a^2 - x^2}\, dx = \frac{a^2}{2}\arcsin \frac{x}{a} + \frac{a^2}{2} \cdot \frac{x}{a} \cdot \frac{\sqrt{a^2 - x^2}}{a} + C = \frac{a^2}{2}\arcsin \frac{x}{a} + \frac{1}{2}x\sqrt{a^2 - x^2} + C, a > 0$$

注意　利用三角函数替换时,总是默认其反函数在主值范围且在被积函数的定义域内.

【例 4. 28】　求 $\int \dfrac{1}{\sqrt{x^2 + a^2}}\, dx, a > 0$.

解　因为

$$1 + \tan^2 t = \sec^2 t$$

所以,设 $x = a\tan t, -\dfrac{\pi}{2} < t < \dfrac{\pi}{2}$,则

$$dx = a\sec^2 t\, dt, \sqrt{x^2 + a^2} = \sqrt{a^2 \tan^2 t + a^2} = \sqrt{a^2 \sec^2 t} = a\sec t$$

于是

$$\int \frac{1}{\sqrt{x^2 + a^2}}\, dx = \int \frac{a\sec^2 t}{a\sec t}\, dt = \int \sec t\, dt$$

利用例 4. 16 的结果,得

$$\int \frac{1}{\sqrt{x^2 + a^2}}\, dx = \ln |\sec t + \tan t| + C_0$$

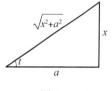

图 4. 3

为了要把 $\sec t$ 及 $\tan t$ 换成 x 的函数,可以根据 $\tan t = \dfrac{x}{a}$

作辅助三角形,见图 4. 3,则

$$\sec t = \frac{\sqrt{x^2 + a^2}}{a}$$

且 $\sec t + \tan t > 0$. 因此

$$\int \frac{1}{\sqrt{x^2 + a^2}}\, dx = \ln\left(\frac{x}{a} + \frac{\sqrt{x^2 + a^2}}{a}\right) + C_0 = \ln(x + \sqrt{x^2 + a^2}) + C, a > 0$$

其中, $C = C_0 - \ln a$.

【例 4. 29】　求 $\int \dfrac{1}{\sqrt{x^2 - a^2}}\, dx, a > 0$.

解　因为

$$\sec^2 t - 1 = \tan^2 t$$

注意到被积函数的定义域是 $x > a$ 和 $x < -a$ 两个区间,在这两个区间内分别求不定积分.

当 $x > a$ 时,设 $x = a\sec t, 0 < t < \dfrac{\pi}{2}$,则

$$\mathrm{d}x = a\sec t\tan t\mathrm{d}t, \sqrt{x^2 - a^2} = \sqrt{a^2\sec^2 t - a^2} = \sqrt{a^2\tan^2 t} = a\tan t$$

于是

$$\int \frac{1}{\sqrt{x^2 - a^2}}\mathrm{d}x = \int \frac{a\sec t\tan t}{a\tan t}\mathrm{d}t = \int \sec t\mathrm{d}t = \ln(\sec t + \tan t) + C_0$$

为了要把 $\sec t$ 及 $\tan t$ 换成 x 的函数,根据 $\sec t = \dfrac{x}{a}$ 作辅

助三角形,见图 4.4,则

$$\tan t = \frac{\sqrt{x^2 - a^2}}{a}$$

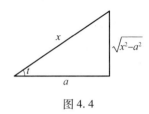

图 4.4

因此

$$\int \frac{1}{\sqrt{x^2 - a^2}}\mathrm{d}x = \ln\left(\frac{x}{a} + \frac{\sqrt{x^2 - a^2}}{a}\right) + C_0 = \ln(x + \sqrt{x^2 - a^2}) + C$$

其中,$C = C_0 - \ln a$.

当 $x < -a$ 时,令 $x = -u$,那么 $u > a$. 由上段结果,有

$$\int \frac{1}{\sqrt{x^2 - a^2}}\mathrm{d}x = -\int \frac{1}{\sqrt{u^2 - a^2}}\mathrm{d}u = -\ln(u + \sqrt{u^2 - a^2}) + C_1 = -\ln(-x + \sqrt{x^2 - a^2}) + C_1$$

$$= \ln \frac{-x - \sqrt{x^2 - a^2}}{a^2} + C_1 = \ln(-x - \sqrt{x^2 - a^2}) + C$$

其中,$C = C_1 - 2\ln a$.

综上所述,可得

$$\int \frac{1}{\sqrt{x^2 - a^2}}\mathrm{d}x = \ln|x + \sqrt{x^2 - a^2}| + C, a > 0$$

从上面的三个例子可以看出:作变量替换 $x = \varphi(t)$ 所选择的三角函数是由 $f(x)$ 的形式来确定的. 总结下来,有以下三点:

(1) 若 $f(x)$ 中包含根式 $\sqrt{a^2 - x^2}$,则作变量替换 $x = a\sin t$;

(2) 若 $f(x)$ 中包含根式 $\sqrt{x^2 + a^2}$,则作变量替换 $x = a\tan t$;

(3) 若 $f(x)$ 中包含根式 $\sqrt{x^2 - a^2}$,则作变量替换 $x = a\sec t$.

但具体解题时要分析被积函数的具体情况,选取尽可能简捷的变量替换,不要拘泥于上述的方法. 例如:$\int \dfrac{x\mathrm{d}x}{\sqrt{a^2 - x^2}} = -\dfrac{1}{2}\int \dfrac{\mathrm{d}(a^2 - x^2)}{\sqrt{a^2 - x^2}} = -\sqrt{a^2 - x^2} + C$,而不用设 $x = a\sin t$.

在本节的例题中,有几个积分是以后经常会遇到的. 所以它们通常也被当作公式直接使用. 这样,常用的积分公式,除了基本积分公式中的几个外,再补充下面几个(其中常数 $a > 0$):

$(15) \displaystyle\int \tan x \mathrm{d}x = - \ln | \cos x | + C;$

$(16) \displaystyle\int \cot x \mathrm{d}x = \ln | \sin x | + C;$

$(17) \displaystyle\int \sec x \mathrm{d}x = \ln | \sec x + \tan x | + C;$

$(18) \displaystyle\int \csc x \mathrm{d}x = \ln | \csc x - \cot x | + C;$

$(19) \displaystyle\int \frac{1}{a^2 - x^2} \mathrm{d}x = \frac{1}{2a} \ln \left| \frac{a + x}{a - x} \right| + C;$

$(20) \displaystyle\int \frac{1}{x^2 - a^2} \mathrm{d}x = \frac{1}{2a} \ln \left| \frac{x - a}{x + a} \right| + C;$

$(21) \displaystyle\int \frac{1}{a^2 + x^2} \mathrm{d}x = \frac{1}{a} \arctan \frac{x}{a} + C;$

$(22) \displaystyle\int \frac{1}{\sqrt{a^2 - x^2}} \mathrm{d}x = \arcsin \frac{x}{a} + C;$

$(23) \displaystyle\int \frac{1}{\sqrt{x^2 + a^2}} \mathrm{d}x = \ln(x + \sqrt{x^2 + a^2}) + C;$

$(24) \displaystyle\int \frac{1}{\sqrt{x^2 - a^2}} \mathrm{d}x = \ln | x + \sqrt{x^2 - a^2} | + C.$

【例 4.30】　求 $\displaystyle\int \frac{1}{x^2 - 2x + 26} \mathrm{d}x.$

解　由于

$$\int \frac{1}{x^2 - 2x + 26} \mathrm{d}x = \int \frac{1}{(x - 1)^2 + 25} \mathrm{d}(x - 1)$$

由公式(21),有

$$\int \frac{1}{x^2 - 2x + 26} \mathrm{d}x = \frac{1}{5} \arctan \frac{x - 1}{5} + C$$

【例 4.31】　求 $\displaystyle\int \frac{1}{\sqrt{4x^2 + 9}} \mathrm{d}x.$

解　由于

$$\int \frac{1}{\sqrt{4x^2 + 9}} \mathrm{d}x = \int \frac{1}{\sqrt{(2x)^2 + 3^2}} \mathrm{d}x = \frac{1}{2} \int \frac{1}{\sqrt{(2x)^2 + 3^2}} \mathrm{d}(2x)$$

由公式(23),有

$$\int \frac{1}{\sqrt{4x^2 + 9}} \mathrm{d}x = \frac{1}{2} \ln(2x + \sqrt{4x^2 + 9}) + C$$

3. 倒替换

所谓**倒替换**,即设 $x = \dfrac{1}{t}$ 或 $t = \dfrac{1}{x}$. 使用倒替换时,会使被积函数产生显著变化.

【例 4.32】 求 $\displaystyle\int \dfrac{1}{x(x^n + 1)} \mathrm{d}x, n \in \mathbf{N}^+$.

解 令 $x = \dfrac{1}{t}$,则 $\mathrm{d}x = -\dfrac{1}{t^2}\mathrm{d}t$,则

$$\int \frac{1}{x(x^n + 1)}\mathrm{d}x = \int \frac{-\dfrac{1}{t^2}\mathrm{d}t}{\dfrac{1}{t}\left(\dfrac{1}{t^n} + 1\right)} = -\int \frac{t^{n-1}}{1 + t^n}\mathrm{d}t = -\frac{1}{n}\int \frac{1}{1 + t^n}\mathrm{d}(1 + t^n)$$

$$= -\frac{1}{n}\ln|1 + t^n| + C = -\frac{1}{n}\ln\left|1 + \frac{1}{x^n}\right| + C$$

第一类换元积分法和第二类换元积分法都是借助中间变量以达到求解不定积分的目的. 比较两类换元积分法可知,第二类换元积分公式其实是从相反方向运用第一类换元积分公式, 即二者是一个公式从两个不同方向的运用,如

$$\int f[\varphi(x)]\varphi'(x)\mathrm{d}x = \int f(u)\mathrm{d}u$$

从左至右,令 $\varphi(x) = u$,是第一类换元积分法;从右至左,令 $u = \varphi(x)$,则是第二类换元积分法.

4.3 分部积分法

换元积分法解决了某种类型的不定积分,对有些积分,换元积分法也无能为力. 例如:对于 $\displaystyle\int x\mathrm{e}^x\mathrm{d}x, \int x\cos x\mathrm{d}x$ 的类型,换元积分法是无法求解的. 下面,介绍一种新的求解不定积分的方法 —— 分部积分法.

对于具有连续导数的两个函数 $u = u(x), v = v(x)$,其乘积的导数公式为

$$(uv)' = u'v + uv'$$

即

$$uv' = (uv)' - u'v$$

对等式两边求不定积分,得

$$\int uv'\mathrm{d}x = \int (uv)'\mathrm{d}x - \int u'v\mathrm{d}x$$

即

$$\int u\mathrm{d}v = uv - \int v\mathrm{d}u \tag{4.5}$$

式(4.5)称为**分部积分公式**,一般地,若求$\int u dv$有困难,而求$\int v du$又比较容易,可以应用分部积分法.

如何正确选取u,v是分部积分法的关键所在,确定v的过程就是凑微分的过程,可以借鉴第一换元积分法.

下面分四种情况来介绍分部积分法的四种基本方法.

1. 降次法

当被积函数为幂函数与三角函数或指数函数的乘积时,就选择幂函数为u进行微分,选三角函数或指数函数进行积分,幂函数通过微分后次数降低一次,所以称为**降次法**.

【例 4.33】　求$\int x\cos x dx$.

解　因为$\cos x dx = d\sin x$,所以设$u = x, v = \sin x, dv = \cos x dx$,则

$$\int x\cos x dx = \int x d\sin x = x\sin x - \int \sin x dx = x\sin x + \cos x + C$$

【例 4.34】　求$\int x e^x dx$

解　因为$e^x dx = de^x$,所以设$u = x, v = e^x, dv = e^x dx$,则

$$\int x e^x dx = \int x de^x = x e^x - \int e^x dx = x e^x - e^x + C = (x-1)e^x + C$$

2. 转化法

当被积函数为反三角函数或对数函数与其他函数的乘积时,就选反三角函数或对数函数为u进行微分,选其他函数为v'进行积分,反三角函数或对数函数微分后转化成别的函数,故称**转化法**.

【例 4.35】　求$\int x\ln x dx$.

解　因为$x dx = d\left(\dfrac{x^2}{2}\right)$,所以设$u = \ln x, v = x^2, dv = x dx$,则

$$\int x\ln x dx = \frac{1}{2}\int \ln x dx^2 = \frac{1}{2}\left(x^2\ln x - \int x^2 d\ln x\right) = \frac{1}{2}\left(x^2\ln x - \int x dx\right)$$

$$= \frac{1}{2}\left(x^2\ln x - \frac{x^2}{2}\right) + C = \frac{x^2}{2}\left(\ln x - \frac{1}{2}\right) + C$$

【例 4.36】　求$\int \arctan x dx$.

解　这里被积函数只有一部分,所以设$u = \arctan x, v = x, dv = dx$,则

$$\int \arctan x dx = x\arctan x - \int x d\arctan x = x\arctan x - \int \frac{x}{1+x^2}dx$$

$$= x\arctan x - \frac{1}{2}\int \frac{1}{1+x^2}d(1+x^2)$$

$$= x\arctan x - \frac{1}{2}\ln(1 + x^2) + C$$

此例说明,在求不定积分时,换元积分法和分部积分法可结合着使用.

【例 4.37】 求 $\int x^3 e^x dx$.

解 令 $u = x^3, v = e^x, dv = e^x dx$,则有

$$\int x^3 e^x dx = \int x^3 de^x = x^3 e^x - \int e^x dx^3 = x^3 e^x - 3\int x^2 e^x dx$$

$$= x^3 e^x - 3\int x^2 de^x = x^3 e^x - 3x^2 e^x + 6\int xe^x dx$$

利用例 4.34 的结果,有

$$\int x^3 e^x dx = x^3 e^x - 3x^2 e^x + 6\int xe^x dx = x^3 e^x - 3x^2 e^x + 6xe^x - 6e^x + C$$

此例说明,在求不定积分时,分部积分法可重复使用. x 的幂 n 就是分部积分法的使用次数.

3. 循环法

当被积函数为指数函数与正弦函数(或余弦函数)的乘积时,应用两次分部积分后,都会还原到原来的函数,只是系数有些变化,等式两端含有系数不同的同一类积分,故称为**循环法**. 通过移项就可以解出所求的不定积分,最后等式右端加上一个任意常数.

【例 4.38】 求 $\int e^x \sin x dx$.

解 令 $u = \sin x, v = e^x, dv = e^x dx$,有

$$\int e^x \sin x dx = \int \sin x de^x = e^x \sin x - \int e^x d\sin x = e^x \sin x - \int e^x \cos x dx$$

$$= e^x \sin x - \int \cos x de^x = e^x \sin x - \left(e^x \cos x - \int e^x d\cos x\right)$$

$$= e^x \sin x - e^x \cos x - \int e^x \sin x dx$$

移项,解得

$$\int e^x \sin x dx = \frac{1}{2}e^x(\sin x - \cos x) + C$$

4. 递推法

当被积函数是某一函数的高次幂函数时,可以适当选取 u 和 v,通过分部积分后,得到该函数高次幂函数与低次幂函数的关系,即所谓的**递推公式**,故称**递推法**.

【例 4.39】 求 $I_n = \int \frac{1}{(x^2 + a^2)^n}dx$,其中 n 为正整数.

解 用分部积分法,当 $n > 1$ 时,有

$$\int \frac{1}{(x^2 + a^2)^{n-1}} dx = \frac{x}{(x^2 + a^2)^{n-1}} + 2(n-1) \int \frac{x^2}{(x^2 + a^2)^n} dx$$

$$= \frac{x}{(x^2 + a^2)^{n-1}} + 2(n-1) \int \left[\frac{1}{(x^2 + a^2)^{n-1}} - \frac{a^2}{(x^2 + a^2)^n} \right] dx$$

即

$$I_{n-1} = \frac{x}{(x^2 + a^2)^{n-1}} + 2(n-1)(I_{n-1} - a^2 I_n)$$

于是

$$I_n = \frac{1}{2a^2(n-1)} \left[\frac{x}{(x^2 + a^2)^{n-1}} + (2n-3) I_{n-1} \right]$$

以此作递推公式,并由 $I_1 = \frac{1}{a} \arctan \frac{x}{a} + C$,即可得 I_n.

一般来说,确定 u, v 可以参照以下准则:

(1) 按"反,对,幂,三,指"准则来确定 u, v. 也就是说可以按照反三角函数,对数函数,幂函数,三角函数,指数函数的顺序,从左至右依次确定 u, v. 例如,被积函数是对数函数和幂函数的乘积,则令 u 取为对数函数,v' 取为幂函数;又如,若被积函数是三角函数和指数函数的乘积,则令 u 取三角函数,v' 取为指数函数等.

(2) 当被积函数的形式比较复杂时,在凑微分的过程中,应把被积函数中更多的部分"挪"到 d 的后面凑成 v,从而使 u 的形式简单. 因为在分部积分的计算过程中,公式的后边要对 u 进行求微分运算,所以 u 应以简单为好.

4.4　有理函数的不定积分

对于下述的有理分式函数

$$R(x) = \frac{P(x)}{Q(x)} = \frac{a_0 x^n + a_1 x^{n-1} + \cdots + a_{n-1} x + a_n}{b_0 x^m + b_1 x^{m-1} + \cdots + b_{m-1} x + b_m} \tag{4.6}$$

其中,n, m 为非负整数;$a_0, a_1, \cdots, a_n$ 和 $b_0, b_1, \cdots, b_m$ 为常数,且 $a_0 \neq 0, b_0 \neq 0$. 一般地,假定分子 $P(x)$ 和分母 $Q(x)$ 没有公因式,即 $P(x), Q(x)$ **互质**.

当 $m \leqslant n$ 时,$R(x)$ 为**假分式**,$m > n$ 时,$R(x)$ 为**真分式**. 利用多项式的除法,总可以将一个假分式化成一个整式与一个真分式之和的形式. 例如

$$\frac{x^4 + x^2 + 1}{x^2 + 1} = x^2 + \frac{1}{x^2 + 1}$$

那么,所有有理函数的积分求解问题就都可转换成求整式和真分式的积分. 整式的积分用积分公式就可以直接求得,但若要计算真分式的积分,需要用到真分式的下列性质:

多项式 $Q(x)$ 在实数范围内能分解成一次因式和二次因式的乘积,如

$$Q(x) = b_0 (x - a)^\alpha \cdots (x - b)^\beta (x^2 + px + q)^\lambda \cdots (x^2 + rx + s)^\mu$$

其中 $p^2 - 4q < 0, \cdots, r^2 - 4s < 0$. 例如

$$\frac{x + 1}{(x^2 - 3x + 2)(x + 2)^2 (x^2 + 2x + 5)^2}$$

$$= \frac{A}{x - 1} + \frac{B}{x - 2} + \frac{C}{x + 2} + \frac{D}{(x + 2)^2} + \frac{Ex + F}{x^2 + 2x + 5} + \frac{Gx + H}{(x^2 + 2x + 5)^2}$$

在有理分式的分解式中将出现以下四个**最简分式**,即

(1) $\dfrac{A}{x - a}$;(2) $\dfrac{A}{(x - a)^n}$;(3) $\dfrac{Mx + N}{x^2 + px + q}$;(4) $\dfrac{Mx + N}{(x^2 + px + q)^n}$

其中 $p^2 - 4q < 0, n \geq 2$.

分解时要注意:有实根的分母,分子是一个常数;无实根的分母,分子是一个一次函数.

最简分式(1),(2),(3) 显然可积,而最简分式(4) 的求法在例4.39 中已经给出. 至此可以说明,一切有理函数都是可以积分的.

下面通过例题介绍一种**待定系数法**,来解决不容易拆分成最简分式的有理函数的拆分问题.

【**例4.40**】　求 $\displaystyle\int \frac{2x - 1}{x^2 - 3x + 2} \mathrm{d}x$.

解　因为 $\dfrac{2x - 1}{x^2 - 3x + 2} = \dfrac{2x - 1}{(x - 2)(x - 1)}$,令

$$\frac{2x - 1}{(x - 2)(x - 1)} = \frac{A}{(x - 1)} + \frac{B}{(x - 2)}$$

其中,A, B 为待定的系数. 则有

$$\frac{A}{(x - 1)} + \frac{B}{(x - 2)} = \frac{(A + B)x - (2A + B)}{(x - 2)(x - 1)} = \frac{2x - 1}{(x - 2)(x - 1)}$$

由恒等关系,有

$$\begin{cases} A + B = 2 \\ 2A + B = 1 \end{cases} \Rightarrow \begin{cases} A = -1 \\ B = 3 \end{cases}$$

所以,有

$$\int \frac{2x - 1}{x^2 - 3x + 2} \mathrm{d}x = \int \frac{2x - 1}{(x - 2)(x - 1)} \mathrm{d}x = \int \left(\frac{-1}{x - 1} + \frac{3}{x - 2} \right) \mathrm{d}x$$

$$= \int \frac{-1}{x - 1} \mathrm{d}(x - 1) + \int \frac{3}{x - 2} \mathrm{d}(x - 2)$$

$$= -\ln |x - 1| + 3\ln |x - 2| + C$$

【例 4.41】　求 $\int \dfrac{1}{x(x+1)^2}dx$.

解　令
$$\frac{1}{x(x+1)^2} = \frac{A}{x} + \frac{B}{x+1} + \frac{C}{(x+1)^2} = \frac{A(x+1)^2 + Bx(x+1) + Cx}{x(x+1)^2}$$

有
$$A(x+1)^2 + Bx(x+1) + Cx = (A+B)x^2 + (2A+B+C)x + A = 1$$

即 $\begin{cases} A+B=0 \\ 2A+B+C=0, \\ A=1 \end{cases}$ 解得 $\begin{cases} A=1 \\ B=-1 \\ C=-1 \end{cases}$ 所以，有

$$\int \frac{1}{x(x+1)^2}dx = \int \left[\frac{1}{x} - \frac{1}{x+1} - \frac{1}{(x+1)^2}\right]dx = \int \frac{1}{x}dx - \int \frac{1}{x+1}dx - \int \frac{1}{(x+1)^2}dx$$

$$= \int \frac{1}{x}dx - \int \frac{1}{x+1}d(x+1) - \int \frac{1}{(x+1)^2}d(x+1)$$

$$= \ln|x| - \ln|x+1| + \frac{1}{x+1} + C = \ln\left|\frac{x}{x+1}\right| + \frac{1}{x+1} + C$$

【例 4.42】　求 $\int \dfrac{1}{(1+2x)(1+x^2)}dx$.

解　因为 $\dfrac{1}{(1+2x)(1+x^2)} = \dfrac{A}{1+2x} + \dfrac{Bx+C}{1+x^2}$，所以

$$A(1+x^2) + (Bx+C)(1+2x) = 1$$

有
$$(A+2B)x^2 + (B+2C)x + A + C = 1$$

即 $\begin{cases} A+2B=0 \\ B+2C=0, \\ A+C=1 \end{cases}$ 解得 $A=\dfrac{4}{5}, B=-\dfrac{2}{5}, C=\dfrac{1}{5}$，所以

$$\frac{1}{(1+2x)(1+x^2)} = \frac{\dfrac{4}{5}}{1+2x} + \frac{-\dfrac{2}{5}x + \dfrac{1}{5}}{1+x^2}$$

于是

$$\int \frac{1}{(1+2x)(1+x^2)}dx = \int \left(\frac{\dfrac{4}{5}}{1+2x} + \frac{-\dfrac{2}{5}x + \dfrac{1}{5}}{1+x^2}\right)dx$$

$$= \frac{2}{5}\int \frac{2}{1+2x}dx - \frac{1}{5}\int \frac{2x}{1+x^2}dx + \frac{1}{5}\int \frac{1}{1+x^2}dx$$

$$= \frac{2}{5} \int \frac{1}{1 + 2x} d(1 + 2x) - \frac{1}{5} \int \frac{1}{1 + x^2} d(1 + x^2) + \frac{1}{5} \int \frac{1}{1 + x^2} dx$$

$$= \frac{2}{5} \ln |1 + 2x| - \frac{1}{5} \ln(1 + x^2) + \frac{1}{5} \arctan x + C$$

【例 4.43】 求 $\int \frac{x + 1}{x^2 - 2x + 2} dx$.

解 $\int \frac{x + 1}{x^2 - 2x + 2} dx = \frac{1}{2} \int \frac{2x - 2 + 4}{x^2 - 2x + 2} dx$

$$= \frac{1}{2} \int \frac{1}{x^2 - 2x + 2} d(x^2 - 2x + 2) + 2 \int \frac{1}{1 + (x - 1)^2} d(x - 1)$$

$$= \frac{1}{2} \ln(x^2 - 2x + 2) + 2 \arctan(x - 1) + C$$

【例 4.44】 求 $\int \frac{1}{x(x^6 + 4)} dx$.

解 $\int \frac{1}{x(x^6 + 4)} dx = \frac{1}{4} \int \frac{x^6 + 4 - x^6}{x(x^6 + 4)} dx = \frac{1}{4} \left[\int \frac{1}{x} dx - \int \frac{x^5}{x^6 + 4} dx \right]$

$$= \frac{1}{4} \left[\ln |x| - \frac{1}{6} \ln(x^6 + 4) \right] + C$$

例 4.43 与例 4.44 说明有理分式函数的积分不要一味地追求待定系数法,能简化的尽量简化.

有理函数分解为整式及最简分式之和以后,各个部分都能积出,且原函数都是初等函数. 此外,由代数学可知,从理论上说,有理整函数 $Q(x)$ 总可以在实数范围内分解成一次因式及二次质因式的乘积,从而把有理分式函数 $\frac{P(x)}{Q(x)}$ 分解为整式与最简分式之和. 因此,有理函数的原函数都是初等函数.

4.5 经济应用实例:由边际函数求原函数

由第 2 章的边际分析可知,对于一个已知的经济函数 $F(x)$(如总成本函数 $C(Q)$,总收入函数 $R(Q)$ 和总利润函数 $L(Q)$ 等),它的边际函数就是它的导数函数 $F'(x)$.

作为求导的逆运算,若对已知的边际函数 $F'(x)$ 求不定积分,则可求得**原经济函数**

$$F(x) = \int F'(x) dx \tag{4.7}$$

其中,积分常数 C 可由经济函数的具体条件确定.

如已知边际成本函数为 $C'(Q)$,则总成本函数为

$$C(Q) = \int C'(Q) \mathrm{d}Q$$

其中,产量 $Q = 0$ 时只有固定成本,即 $C(0) = a$, a 为正实数;

已知边际收入函数为 $R'(Q)$,则总收入函数为

$$R(Q) = \int R'(Q) \mathrm{d}Q$$

其中,产量 $Q = 0$ 时没有收入,即 $R(0) = 0$;

已知边际利润函数为 $L'(Q)$,则总利润函数为

$$L(Q) = \int L'(Q) \mathrm{d}Q$$

其中,产量 $Q = 0$ 时利润为 $L(0) = -a$, a 为上面所述的固定成本.

【例 4.45】 已知生产某产品 Q 万件的边际成本为 $C'(Q) = 8 + \dfrac{Q}{2}$,边际收入 $R'(Q) = 16 - 2Q$,固定成本为 5 万元,求:

(1) 总成本函数 $C(Q)$ 和总收入函数 $R(Q)$;

(2) 取得最大利润时的产量及最大利润.

解　(1) 总成本函数 $C(Q)$ 为

$$C(Q) = \int \left(8 + \frac{Q}{2}\right) \mathrm{d}Q = 8Q + \frac{Q^2}{4} + C$$

由题设,固定成本为 5,即 $C(0) = 5$,解得 $C = 5$,故

$$C(Q) = 8Q + \frac{Q^2}{4} + 5$$

总收入函数 $R(Q)$ 为

$$R(Q) = \int (16 - 2Q) \mathrm{d}Q = 16Q - Q^2 + C$$

由条件 $R(0) = 0$,解得 $C = 0$,故

$$R(Q) = 16Q - Q^2$$

(2) 由(1)得,总利润函数为

$$L(Q) = R(Q) - C(Q) = -\frac{5Q^2}{4} + 8Q - 5$$

令 $L'(Q) = -\dfrac{5Q}{2} + 8 = 0$,得驻点 $Q_0 = 3.2$ 万件,而 $L''(Q_0) = -\dfrac{5}{2} < 0$,可知总利润最大的产量为 $Q_0 = 3.2$ 万件,最大利润为

$$L(3.2) = -\frac{5}{4} \times 3.2^2 + 8 \times 3.2 - 5 = 7.8$$

数学危机

数学危机是数学在发展中出现的种种矛盾,数学中有大大小小的许多矛盾,比如正与负、加法与减法、微分与积分、有理数与无理数、实数与虚数等等.但是整个数学发展过程中还有许多深刻的矛盾,例如有穷与无穷,连续与离散,乃至存在与构造,逻辑与直观,具体对象与抽象对象,概念与计算等等.在整个数学发展的历史上,贯穿着矛盾的斗争与解决.而在矛盾激化到涉及整个数学的基础时,就产生数学危机.往往危机的解决,给数学带来新的内容,新的进展,甚至引起革命性的变革.

第一次数学危机

毕达哥拉斯是公元前五世纪古希腊的著名数学家与哲学家.他曾创立了一个合政治、学术、宗教三位一体的神秘主义派别:毕达哥拉斯学派.由毕达哥拉斯提出的著名命题"万物皆数"是该学派的哲学基石.毕达哥拉斯学派所说的数仅指整数.而"一切数均可表成整数或整数之比"则是这一学派的数学信仰.然而,具有戏剧性的是由毕达哥拉斯建立的毕达哥拉斯定理却成了毕达哥拉斯学派数学信仰的"掘墓人".

毕达哥拉斯定理提出后,其学派中的一个成员希帕索斯考虑了一个问题:边长为1的正方形其对角线长度是多少呢? 他发现这一长度既不能用整数,也不能用分数表示,而只能用一个新数来表示.希帕索斯的发现导致了数学史上第一个无理数$\sqrt{2}$的诞生.小小$\sqrt{2}$的出现,却在当时的数学界掀起了一场巨大风暴.它直接动摇了毕达哥拉斯学派的数学信仰,使毕达哥拉斯学派大为恐慌.实际上,这一伟大发现不但是对毕达哥拉斯学派的致命打击,对于当时所有古希腊人的观念都是一个极大的冲击.这一结论的悖论性表现在它与常识的冲突上:任何量,在任何精确度的范围内都可以表示成有理数.这不但在希腊当时是人们普遍接受的信仰,就是测量技术已经高度发展的今天,这个断言也毫无例外是正确的! 可是为我们的经验所确信的,完全符合常识的论断居然被小小的$\sqrt{2}$的存在而推翻了! 这就在当时直接导致了人们认识上的危机,从而导致了西方数学史上一场大的风波,史称"第一次数学危机".

第二次数学危机

第二次数学危机源于微积分工具的使用.伴随着人们科学理论与实践认识的提高,十七世纪几乎在同一时期,微积分这一锐利无比的数学工具为牛顿、莱布尼茨共同发现.这个工具一问世,就显示出它的非凡威力.许许多多疑难问题运用这一工具后变得易如反掌.但是不管是牛顿,还是莱布尼茨所创立的微积分理论都是不严格的.两人的理论都建立在无穷小量的分析之上,但他们对作为基本概念的无穷小量的理解与运用却是混乱的.因而,从微积分诞生时就遭到了一些人的反对与攻击.其中攻击最猛烈的是英国大主教贝克莱.

经过柯西(微积分收官人)用极限的方法定义了无穷小量,微积分理论得以发展和完善,从而使数学大厦变得更加辉煌美丽!

第三次数学危机

十九世纪下半叶,康托创立了著名的集合论,在集合论刚产生时,曾遭到许多人的猛烈攻击.但不久这一开创性成果就为广大数学家所接受,并且获得广泛而高度的赞誉.数学家们发现,从自然数与康托集合论出发可建立起整个数学大厦.因而集合论成为现代数学的基石. "一切数学成果可建立在集合论基础上"这一发现使数学家们为之陶醉.1900 年,国际数学家大会上,法国著名数学家庞加莱就曾兴高采烈地宣称:"…… 借助集合论概念,我们可以建造整个数学大厦 …… 今天,我们可以说绝对的严格性已经达到了 ……"

可是,好景不长.1903 年,一个震惊数学界的消息传出:集合论是有漏洞的! 这就是英国数学家罗素提出的著名的罗素悖论.

罗素构造了一个集合 S:S 由一切不是自身元素的集合所组成.然后罗素问:S 是否属于 S 呢? 根据排中律,一个元素或者属于某个集合,或者不属于某个集合.因此,对于一个给定的集合,问是否属于它自己是有意义的.但对这个看似合理的问题的回答却会陷入两难境地.如果 S 属于 S,根据 S 的定义,S 就不属于 S;反之,如果 S 不属于 S,同样根据定义,S 就属于 S. 无论如何都是矛盾的.

其实,在罗素之前集合论中就已经发现了悖论.如 1897 年,布拉利和福尔蒂提出了最大序数悖论.1899 年,康托自己发现了最大基数悖论.但是,由于这两个悖论都涉及集合中的许多复杂理论,所以只是在数学界揭起了一点小涟漪,未能引起大的注意.罗素悖论则不同.它非常浅显易懂,而且所涉及的只是集合论中最基本的东西.所以,罗素悖论一提出就在当时的数学界与逻辑学界内引起了极大震动.如 G・弗雷格在收到罗素介绍这一悖论的信后伤心地说: "一个科学家所遇到的最不合心意的事莫过于是在他的工作即将结束时,其基础崩溃了.罗素先生的一封信正好把我置于这个境地."戴德金也因此推迟了他的《什么是数的本质和作用》一文的再版.可以说,这一悖论就像在平静的数学水面上投下了一块巨石,而它所引起的巨大反响则导致了第三次数学危机.

危机产生后,数学家纷纷提出自己的解决方案.人们希望能够通过对康托集合论进行改造,通过对集合定义加以限制来排除悖论,这就需要建立新的原则. "这些原则必须足够狭窄,以保证排除一切矛盾;另一方面又必须充分广阔,使康托集合论中一切有价值的内容得以保存下来."1908 年,策梅罗在自己这一原则基础上提出第一个公理化集合论体系,后来经其他数学家改进,称为 ZF 系统.这一公理化集合系统很大程度上弥补了康托朴素集合论的缺陷.除 ZF 系统外,集合论的公理系统还有多种,如诺伊曼等人提出的 NBG 系统等.

成功排除了集合论中出现的悖论,从而比较圆满地解决了第三次数学危机.但在另一方面,罗素悖论对数学而言有着更为深刻的影响.它使得数学基础问题第一次以最迫切的需要的姿态摆到数学家面前,导致了数学家对数学基础的研究.而这方面的进一步发展又极其深刻地影响了整个数学.如围绕着数学基础之争,形成了现代数学史上著名的三大数学流派,而各派的工作又都促进了数学的大发展等等.

习 题 四

1. 设函数 $f(x)$ 的导数 $f'(x) = (3x - 2)(2x + 3)$,且 $f(0) = 1$,求函数 $f(x)$.

2. 已知曲线 $y = f(x)$ 过点 $(0,2)$ 且其上任意一点的斜率为 $\dfrac{x}{2} + 3e^x$,求该曲线方程.

3. 函数 $y = f(x)$ 在 $x = -5, x = 1$ 处有极值,且 $f(0) = 2, f(1) = -6$. $f'(x)$ 是二次函数,求函数 $f(x)$.

4. 用直接积分法求下列不定积分:

(1) $\displaystyle\int (-3x^2 + 2x + 1)\,\mathrm{d}x$;

(2) $\displaystyle\int \left(\dfrac{1}{x} + 2^x \right)\,\mathrm{d}x$;

(3) $\displaystyle\int \left(x^2 - 2 + \dfrac{1}{x^2} \right)\,\mathrm{d}x$;

(4) $\displaystyle\int \dfrac{1}{x\sqrt{x}}\,\mathrm{d}x$;

(5) $\displaystyle\int \dfrac{e^{2x} - 1}{e^x + 1}\,\mathrm{d}x$;

(6) $\displaystyle\int \dfrac{1}{\sqrt{9 - 9x^2}}\,\mathrm{d}x$;

(7) $\displaystyle\int \dfrac{x^2 - 1}{x^2(x^2 + 1)}\,\mathrm{d}x$;

(8) $\displaystyle\int \dfrac{x^4 + 2}{x^2 + 1}\,\mathrm{d}x$;

(9) $\displaystyle\int 4^x e^x\,\mathrm{d}x$;

(10) $\displaystyle\int \dfrac{3^x - 2^{2x}}{e^x}\,\mathrm{d}x$;

(11) $\displaystyle\int \left(\dfrac{\sqrt{1 + x}}{\sqrt{1 - x}} + \dfrac{\sqrt{1 - x}}{\sqrt{1 + x}} \right)\,\mathrm{d}x$;

(12) $\displaystyle\int \cos^2 \dfrac{x}{2}\,\mathrm{d}x$;

(13) $\displaystyle\int \dfrac{\cos 2x - 1}{\sin^2 x \cos^2 x}\,\mathrm{d}x$;

(14) $\displaystyle\int \dfrac{1 + \cos^2 x}{1 + \cos 2x}\,\mathrm{d}x$;

(15) $\displaystyle\int \dfrac{1}{\sin^2 \dfrac{x}{2} \cos^2 \dfrac{x}{2}}\,\mathrm{d}x$;

(16) $\displaystyle\int \sec x(\sec x + \tan x)\,\mathrm{d}x$.

5. 用第一类换元法求下列不定积分:

(1) $\displaystyle\int (2x - 7)^{99}\,\mathrm{d}x$;

(2) $\displaystyle\int \dfrac{1}{3 - 2x}\,\mathrm{d}x$;

(3) $\displaystyle\int 2^{3x}\,\mathrm{d}x$;

(4) $\displaystyle\int e^{-x}\,\mathrm{d}x$;

(5) $\displaystyle\int \dfrac{2x}{x^2 + 1}\,\mathrm{d}x$;

(6) $\displaystyle\int x e^{-x^2}\,\mathrm{d}x$;

(7) $\displaystyle\int \dfrac{1}{e^x + e^{-x}}\,\mathrm{d}x$;

(8) $\displaystyle\int \dfrac{1}{x^2 - 2x + 5}\,\mathrm{d}x$;

$(9)\displaystyle\int \frac{1}{x^2 + x - 6}\mathrm{d}x$；

$(10)\displaystyle\int \frac{1}{x(1 - \ln x)}\mathrm{d}x$；

$(11)\displaystyle\int \sqrt{\frac{\arcsin x}{1 - x^2}}\mathrm{d}x$

$(12)\displaystyle\int \frac{\tan\sqrt{x}}{\sqrt{x}}\mathrm{d}x$；

$(13)\displaystyle\int \frac{x + \sqrt{\arctan x}}{1 + x^2}\mathrm{d}x$；

$(14)\displaystyle\int \frac{\sin x\cos x}{3 + \sin^2 x}\mathrm{d}x$；

$(15)\displaystyle\int \frac{\ln\tan x}{\sin x\cos x}\mathrm{d}x$；

$(16)\displaystyle\int \frac{x\cos x + \sin x}{(x\sin x)^2}\mathrm{d}x$；

$(17)\displaystyle\int \sin^2 x\cos^5 x\mathrm{d}x$；

$(18)\displaystyle\int \sin 4x\sin 8x\mathrm{d}x$；

$(19)\displaystyle\int \frac{1}{\sin^2 x + 3\cos^2 x}\mathrm{d}x$；

$(20)\displaystyle\int \frac{1}{\sqrt{x}\sin\sqrt{x}\cos\sqrt{x}}\mathrm{d}x$；

$(21)\displaystyle\int \frac{x}{x^4 + 2x^2 + 5}\mathrm{d}x$；

$(22)\displaystyle\int \frac{\ln(1 + x) - \ln x}{x(1 + x)}\mathrm{d}x$；

$(23)\displaystyle\int \frac{1}{\sqrt{2x + 1} + \sqrt{2x - 1}}\mathrm{d}x$；

$(24)\displaystyle\int \sqrt{\frac{\ln(x + \sqrt{1 + x^2})}{1 + x^2}}\mathrm{d}x.$

6. 用第二类换元法求下列不定积分：

$(1)\displaystyle\int x\sqrt{2x + 3}\,\mathrm{d}x$；

$(2)\displaystyle\int \sqrt{1 + \mathrm{e}^x}\,\mathrm{d}x$；

$(3)\displaystyle\int \frac{1}{x^2}\sqrt{\frac{x + 1}{x}}\mathrm{d}x$；

$(4)\displaystyle\int \frac{x + 1}{x\sqrt{x - 2}}\mathrm{d}x$；

$(5)\displaystyle\int \frac{1}{x^2\sqrt{1 - x^2}}\mathrm{d}x$；

$(6)\displaystyle\int \frac{1}{\sqrt{(1 - x^2)^3}}\mathrm{d}x$；

$(7)\displaystyle\int \frac{x^2}{\sqrt{2 - x^2}}\mathrm{d}x$；

$(8)\displaystyle\int \frac{\sqrt{x^2 - 9}}{x}\mathrm{d}x$；

$(9)\displaystyle\int \frac{1 + x^2}{x\sqrt{1 + x^2}}\mathrm{d}x$；

$(10)\displaystyle\int \frac{1}{(1 + x^2)^2}\mathrm{d}x$；

$(11)\displaystyle\int \frac{1}{x^2\sqrt{x^2 + 4}}\mathrm{d}x$；

$(12)\displaystyle\int \frac{x^2}{\sqrt{4 - x^2}}\mathrm{d}x$；

$(13)\displaystyle\int \frac{1 + 2\sqrt{x}}{\sqrt{x}(x + \sqrt{x})}\mathrm{d}x$；

$(14)\displaystyle\int \frac{\sqrt[3]{x}}{x(\sqrt{x} + \sqrt[3]{x})}\mathrm{d}x.$

7. 用分部积分法求下列不定积分：

$(1)\displaystyle\int x\mathrm{e}^{-x}\mathrm{d}x$；

$(2)\displaystyle\int \ln x\mathrm{d}x$；

(3) $\int x\sin x\mathrm{d}x$;

(4) $\int \ln(x^2+1)\mathrm{d}x$;

(5) $\int \dfrac{\ln x}{x^2}\mathrm{d}x$;

(6) $\int \mathrm{e}^x\cos x\mathrm{d}x$;

(7) $\int \dfrac{\ln\ln x}{x}\mathrm{d}x$;

(8) $\int \sqrt{x}\ln x\mathrm{d}x$;

(9) $\int \mathrm{e}^{\sqrt{x}}\mathrm{d}x$;

(10) $\int x\cos 2x\mathrm{d}x$;

(11) $\int \dfrac{x}{(1+x)^2}\mathrm{e}^x\mathrm{d}x$

(12) $\int \sin x\ln\sec x\mathrm{d}x$;

(13) $\int \dfrac{1}{x^2}(x\cos x-\sin x)\mathrm{d}x$;

(14) $\int \dfrac{\ln\sin x}{\cos^2 x}\mathrm{d}x$;

(15) $\int x(1+x^2)\mathrm{e}^{x^2}\mathrm{d}x$;

(16) $\int \mathrm{e}^{-x}\cos^2 x\mathrm{d}x$;

(17) $\int x\cos^2\dfrac{x}{2}\mathrm{d}x$;

(18) $\int (\arcsin x)^2\mathrm{d}x$;

(19) $\int \sec^3 x\mathrm{d}x$;

(20) $\int \ln(\sqrt{1+x}+\sqrt{1-x})\mathrm{d}x$;

(21) $\int (3x+4)\mathrm{e}^{3x}\mathrm{d}x$;

(22) $\int x\arctan\sqrt{x}\mathrm{d}x$;

8. 求下列不定积分:

(1) $\int \dfrac{(\arcsin\sqrt{x})^2}{\sqrt{x-x^2}}\mathrm{d}x$;

(2) $\int \dfrac{\ln x}{(x+1)^2}\mathrm{d}x$;

(3) $\int \dfrac{\ln x}{x\sqrt{1+\ln x}}\mathrm{d}x$;

(4) $\int \dfrac{x\mathrm{e}^x}{(1+\mathrm{e}^x)^2}\mathrm{d}x$;

(5) $\int \dfrac{1}{a+\sqrt{a^2-x^2}}\mathrm{d}x$;

(6) $\int \dfrac{x^2\arctan x}{1+x^2}\mathrm{d}x$;

(7) $\int \dfrac{x^3}{\sqrt{1-x^2}}\mathrm{d}x$;

(8) $\int \sqrt{x}\sin\sqrt{x}\mathrm{d}x$;

(9) $\int \cos\sqrt{1-x}\mathrm{d}x$;

(10) $\int \dfrac{x+1}{x^2\sqrt{x^2-1}}\mathrm{d}x$;

(11) $\int (3x^2+x-1)\cos x\mathrm{d}x$;

(12) $\int \dfrac{1}{x+\sqrt{1-x^2}}\mathrm{d}x$.

9. 求下列有理函数的不定积分:

(1) $\int \dfrac{x^3+1}{x^2-1}\mathrm{d}x$;

(2) $\int \dfrac{x-1}{x^3+x^2+x+1}\mathrm{d}x$;

$(3) \int \dfrac{1}{(x-1)(x-2)(x-3)} dx$；

$(4) \int \dfrac{6}{1+x^3} dx$；

$(5) \int \dfrac{x^2+1}{(x+1)^2(x-1)} dx$；

$(6) \int \dfrac{1}{x(x+1)(x^2+1)} dx$；

$(7) \int \dfrac{2x+3}{x^2+3x-10} dx$；

$(8) \int \dfrac{x}{x^4-16} dx$.

10. 如果函数 $f(x)$ 的一个原函数是 $\dfrac{\sin x}{x}$. 求 $\int xf'(x) dx$.

11. 设某产品当产量为 Q（单位：kg）时的边际成本 $C'(Q) = Q^2 - 20Q + 1\ 000$（单位：元/kg）. 固定成本是 9 000 元且每千克的售价是 3 400 元. 求

（1）该产品的总成本函数, 总收入函数和总利润函数；

（2）销售量为多少时, 可获得最大利润? 最大利润是多少?

12. 已知某产品的边际收入是 $R'(Q) = 18 - 0.5Q$（单位：万元/t）, 且当销售量为 0 时的收入为 0. 求该产品的总收入函数.

13. 设 $F(x) = \int \dfrac{\sin^2 x}{\sin x + \cos x} dx$, $G(x) = \int \dfrac{\cos^2 x}{\sin x + \cos x} dx$. 求 (1) $F(x) + G(x)$；(2) $F(x) - G(x)$.

第5章

Chapter 5

定积分及其应用

1. 正确理解定积分的概念及其几何意义;熟练掌握定积分的性质.

2. 正确理解微积分基本定理;掌握积分上限函数的形式,了解原函数存在性定理,会用积分上限函数进行求极限和求导数的运算.

3. 理解定积分的换元法,熟练掌握定积分计算过程中的常见结论;掌握定积分的分部积分法;理解广义积分的定义,并能进行简单计算.

4. 灵活运用定积分求解平面图形的面积;会求简单的旋转体的体积.

5. 了解定积分在经济管理中的应用,并会用定积分知识解决一些简单的经济管理问题,会从数学的角度理解经济学中的重要问题.

不定积分和定积分是积分学中的两个基本问题. 不定积分是微分逆运算的一个侧面,本章要介绍的定积分则是它的另一个侧面. 定积分起源于求图形的面积和体积等实际问题. 古希腊的阿基米德用"穷竭法",我国的刘徽用"割圆术",都曾计算过一些几何体的面积和体积,这些均是定积分的雏形. 直到 17 世纪中叶,牛顿和莱布尼茨先后提出了定积分的概念,并发现了定积分与不定积分之间的内在联系,给出了计算定积分的一般方法,从而使定积分成为解决有关实际问题的有力工具,并使各自独立的微分学与积分学联系在一起,构成完整的理论体系 —— 微积分学. 定积分是求某种总量的数学模型,它在几何学、物理学、经济学、社会学等方面都有着广泛的应用.

　　本章先通过几个经典例题给出定积分的定义,然后讨论它的性质和计算方法,最后探讨定积分在几何学上和经济学上的应用.

5.1　定积分的概念与性质

5.1.1　引例

1. 曲边梯形的面积

　　曲边梯形是指,由直线 $x = a, x = b, y = 0$ 及曲线 $y = f(x)$(其中 $y = f(x)$ 在区间 $[a,b]$ 上连续,非负)所围成的平面图形 $AabB$,见图 5.1.

　　由初等数学可知,矩形的高是不变的,它的面积可按公式

$$矩形面积 = 高 \times 底$$

来定义和计算. 而由图 5.1 不难看出,曲边梯形在底边上各点处的高 $f(x)$ 在区间 $[a,b]$ 上是不断变化的,这就是曲边梯形与矩形的区别. 所以,不能直接用上述公式直接计算曲边梯形的面积. 然而,虽然曲边梯形的高 $f(x)$ 在区间 $[a,b]$ 上是连续变化的,但在很小一段区间上高 $f(x)$ 来不及做很大的变化. 因此,可以采取在每个小区间上"以直代

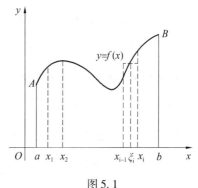

图 5.1

曲"的方法,通过计算矩形面积间接地近似得到曲边梯形的面积. 基于这种想法,可以用一组垂直于 x 轴的直线将曲边梯形 $AabB$ 分割成若干个小曲边梯形,然后对每个小曲边梯形都作一个相应的小矩形,用小矩形的面积来代替小曲边梯形的面积. 这样,用这些矩形的面积和就可以近似地代替曲边梯形 $AabB$ 的面积. 显然,分割得越细,近似程度就越好,当这种分割无限细化,即把区间 $[a,b]$ 无限细分,使每个小区间长度趋于 0,则所有小矩形的面积之和的极限就是曲边梯形 $AabB$ 的面积.

　　"以直代曲"方法的具体步骤如下:

　　(1) 分割

　　在区间 $[a,b]$ 内任意插入 $n-1$ 个分点

$$a = x_0 < x_1 < x_2 < \cdots < x_{n-1} < x_n = b$$

将 $[a,b]$ 分成 n 个小区间

$$[x_0,x_1],[x_1,x_2],\cdots,[x_{n-1},x_n]$$

则第 i 个小区间的长度为

$$\Delta x_i = x_i - x_{i-1}, i = 1, 2, \cdots, n$$

过各分点分别作 x 轴的垂线,将曲边梯形 $AabB$ 分成 n 个小的曲边梯形,见图 5.1. 设第 i 个小曲边梯形的面积为 $\Delta S_i, i = 1, 2, \cdots, n$,则曲边梯形 $AabB$ 的面积 S 为

$$S = \Delta S_1 + \Delta S_2 + \cdots + \Delta S_n = \sum_{i=1}^{n} \Delta S_i$$

在第 i 个小区间 $[x_{i-1}, x_i]$ 上任取一点 $\xi_i, x_{i-1} \leqslant \xi_i \leqslant x_i$,以 $f(\xi_i)$ 为高,小区间 $[x_{i-1}, x_i]$ 为底,作一小矩形,见图 5.1,则这个小矩形的面积为 $f(\xi_i) \Delta x_i$. 当 Δx_i 充分小时,可以将 $f(\xi_i) \Delta x_i$ 作为 ΔS_i 的近似值,即

$$\Delta S_i \approx f(\xi_i) \Delta x_i, i = 1, 2, \cdots, n$$

(2)求和

记 $\Delta x = \max_{i} \{\Delta x_i\}$,它表示所有小区间中最大区间的长度. 则当 Δx 充分小时,所有小区间的长度都充分小,而 S 的近似值即为 n 个小矩形面积之和,即

$$S = \sum_{i=1}^{n} \Delta S_i \approx \sum_{i=1}^{n} f(\xi_i) \Delta x_i$$

显然,上式右端的和式之值与区间 $[a, b]$ 的分法和点 ξ_i 的取法有关.

(3)取极限

当分点数 n 无限增大而 Δx 趋于 0 时,和式 $\sum_{i=1}^{n} f(\xi_i) \Delta x_i$ 的极限若存在,且此极限值与区间 $[a, b]$ 的分法及点 ξ_i 的取法无关,则将这个极限值定义为曲边梯形 $AabB$ 的面积,即

$$S = \lim_{\Delta x \to 0} \sum_{i=1}^{n} f(\xi_i) \Delta x_i$$

上述求曲边梯形面积的方法,将问题归结为求某一和式的极限. 还有很多实际问题的解决,也可归结为求这类和式的极限,下面再简要地举个例子.

2. 已知总产量变化率求总产量

已知某产品的总产量 Q 的变化率 $q(t)$ 是时间 t 的连续函数,$q(t) \geqslant 0$,计算在时间间隔 $[T_1, T_2]$ 内此种产品的总产量 Q.

由于总产量变化率是变量,而不是常量,故不能利用公式

$$总产量 = 总产量变化率 \times 时间$$

来求,则利用下述方法.

(1)分割

在时间间隔 $[T_1, T_2]$ 内任意插入 $n - 1$ 个分点

$$T_1 = t_0 < t_1 < t_2 < \cdots < t_{n-1} < t_n = T_2$$

将 $[T_1, T_2]$ 分成 n 个小时间段

$$[t_0, t_1], [t_1, t_2], \cdots, [t_{n-1}, t_n]$$

第 i 小时间段的长度为 $\Delta t_i = t_i - t_{i-1}, i = 1, 2, \cdots, n$, 则相应地第 i 段时间内产品的总产量为 ΔQ_i, $i = 1, 2, \cdots, n$.

在时间间隔 $[t_{i-1}, t_i]$ 上任取一个时刻 $\eta_i, t_{i-1} \leqslant \eta_i \leqslant t_i$, 以 η_i 时刻的总产量变化率 $q(\eta_i)$ 来代替 $[t_{i-1}, t_i]$ 上各个时刻的总产量变化率, 即得此时间间隔内总产量 ΔQ_i 的近似值

$$\Delta Q_i \approx q(\eta_i) \Delta t_i, i = 1, 2, \cdots, n$$

（2）求和

这 n 段时间间隔内总产量的近似值之和就是所求总产量 Q 的近似值, 即

$$Q = \Delta Q_1 + \Delta Q_2 + \cdots + \Delta Q_n \approx \sum_{i=1}^{n} q(\eta_i) \Delta t_i$$

（3）取极限

记 $\Delta t = \max_i \{\Delta t_i\}$, 则当 $\Delta t \to 0$ 时, 取上述和式的极限即为该产品在 $[T_1, T_2]$ 内的总产量

$$Q = \lim_{\Delta t \to 0} \sum_{i=1}^{n} q(\eta_i) \Delta t_i$$

从上面两个例子可以看出, 所要计算的量即曲边梯形的面积 S 及某产品的总产量 Q 的实际意义虽然不同, 但是它们都取决于一个函数及其自变量的变化区间, 如

曲边梯形的高度 $y = f(x)$ 及自变量 x 的变化区间 $[a, b]$.

产品的总产量变化率 $q = q(t)$ 及时间 t 的变化区间 $[T_1, T_2]$.

其次, 计算这些量的方法与步骤都是相同的, 并且它们都归结为具有相同结构的一种特定和的极限, 如

曲边梯形的面积: $S = \lim\limits_{\Delta x \to 0} \sum\limits_{i=1}^{n} f(\xi_i) \Delta x_i$

某产品的总产量: $Q = \lim\limits_{\Delta t \to 0} \sum\limits_{i=1}^{n} q(\eta_i) \Delta t_i$

抛开这些问题的具体意义, 抓住它们在数量关系上共同的本质和特性, 将上述和式的极限抽象出定积分的定义.

5.1.2　定积分的定义

定义 5.1　设函数 $f(x)$ 在 $[a, b]$ 上有界, 对区间 $[a, b]$ 进行与上述两个引例中相同的分割, 令 Δx 为所有小区间长度的最大值, 即 $\Delta x = \max\limits_i \{\Delta x_i\}$. 考虑极限 $I = \lim\limits_{\Delta x \to 0} \sum\limits_{i=1}^{n} f(\xi_i) \Delta x_i$, 其中 ξ_i 的取法也与上述两个引例中 ξ_i, η_i 的取法相同. 则若极限

$$I = \lim_{\Delta x \to 0} \sum_{i=1}^{n} f(\xi_i) \Delta x_i$$

存在, 且此极限值与区间 $[a, b]$ 的分法及点 ξ_i 的取法无关. 则称函数 $f(x)$ 在区间 $[a, b]$ 上是可积的, 并称此极限值为函数 $f(x)$ 在区间 $[a, b]$ 上的定积分, 记为 $\int_a^b f(x) \mathrm{d}x$, 即

$$\int_a^b f(x)\,\mathrm{d}x = \lim_{\Delta x \to 0} \sum_{i=1}^n f(\xi_i)\,\Delta x_i$$

其中 $f(x)$ 称为被积函数,$f(x)\mathrm{d}x$ 称为被积表达式,$[a,b]$ 称为积分区间,a 称为积分下限,b 称为积分上限,x 称为积分变量,和式 $\sum_{i=1}^n f(\xi_i)\Delta x_i$ 称为积分和,并令 $S = \sum_{i=1}^n f(\xi_i)\Delta x_i$.

根据定积分的定义,上面两个引例都可以表示成如下形式:

曲边梯形的面积:$S = \int_a^b f(x)\,\mathrm{d}x$;

某产品的总产量:$Q = \int_{T_1}^{T_2} q(t)\,\mathrm{d}t$.

实际上,作变速直线运动物体在时间间隔 $[T_1,T_2]$ 的路程 s 也可以表示成速度 $v(t)$ 的定积分,即

$$s = \int_{T_1}^{T_2} v(t)\,\mathrm{d}t$$

这其实是定积分的物理意义.

关于定积分的定义,做以下几点说明:

(1) 定积分 $\int_a^b f(x)\,\mathrm{d}x$ 是一个常数,它只与被积函数 $f(x)$ 及积分区间 $[a,b]$ 有关,而与积分变量的符号无关,即

$$\int_a^b f(x)\,\mathrm{d}x = \int_a^b f(t)\,\mathrm{d}t$$

(2) 在定积分定义中,实际上已经假定了 $a < b$,如果 $b < a$,则规定

$$\int_a^b f(x)\,\mathrm{d}x = -\int_b^a f(x)\,\mathrm{d}x$$

这表明,定积分的上限与下限互换时,定积分的值变号.

特殊的,当 $a = b$ 时,有

$$\int_a^a f(x)\,\mathrm{d}x = 0$$

(3) 对于函数 $f(x)$ 在区间 $[a,b]$ 上满足怎样的条件时是可积的,什么情况下是不可积的,这里不加证明地给出以下两个充分条件:

① 设函数 $f(x)$ 在区间 $[a,b]$ 上连续,则 $f(x)$ 在 $[a,b]$ 上可积;

② 设函数 $f(x)$ 在区间 $[a,b]$ 上有界,且只有有限个间断点,则 $f(x)$ 在 $[a,b]$ 上可积.

下面举一个利用定义计算定积分的例子.

【例 5.1】 求 $\int_0^1 x^2\,\mathrm{d}x$.

解 因为被积函数 $f(x) = x^2$ 在积分区间 $[0,1]$ 上连续,而连续函数是可积的,所以积分与区间 $[0,1]$ 的分法及点 ξ_i 的取法无关. 因此,为了便于计算,不妨把区间 $[0,1]$ 分成 n 等份,分

点为 $x_i = \dfrac{i}{n}, i = 1, 2, \cdots, n-1$；这样，每个小区间 $[x_{i-1}, x_i]$ 的长度 $\Delta x_i = \dfrac{1}{n}, i = 1, 2, \cdots, n$；取 $\xi_i = x_i, i = 1, 2, \cdots, n$. 于是，得和式

$$\sum_{i=1}^{n} f(\xi_i) \Delta x_i = \sum_{i=1}^{n} \xi_i^2 \Delta x_i = \sum_{i=1}^{n} x_i^2 \Delta x_i = \sum_{i=1}^{n} \left(\frac{i}{n}\right)^2 \cdot \frac{1}{n} = \frac{1}{n^3} \sum_{i=1}^{n} i^2$$

$$= \frac{1}{n^3} \cdot \frac{n(n+1)(2n+1)}{6} = \frac{1}{6} \left(1 + \frac{1}{n}\right) \left(2 + \frac{1}{n}\right)$$

记 $\Delta x = \max\limits_{i} \{\Delta x_i\} = \dfrac{1}{n}$，当 $\Delta x \to 0$ 即 $n \to \infty$ 时，取上式右端的极限. 由定积分的定义，即得所要计算的积分为

$$\int_0^1 x^2 \, \mathrm{d}x = \lim_{\Delta x \to 0} \sum_{i=1}^{n} f(\xi_i) \Delta x_i = \lim_{n \to \infty} \frac{1}{6} \left(1 + \frac{1}{n}\right) \left(2 + \frac{1}{n}\right) = \frac{1}{3}$$

5.1.3　定积分的几何意义

（1）当 $f(x) \geqslant 0$ 时，定积分 $\int_a^b f(x)\mathrm{d}x$ 在几何上表示曲线 $y = f(x)$ 与直线 $x = a$, $x = b$ 及 x 轴所围成的曲边梯形的面积，见图 5.1；

（2）当 $f(x) < 0$ 时，定积分 $\int_a^b f(x)\mathrm{d}x$ 在几何上表示曲线 $y = f(x)$ 与直线 $x = a$, $x = b$ 及 x 轴所围成的曲边梯形的面积的负值，见图 5.2；

（3）当函数 $f(x)$ 在区间 $[a, b]$ 上有正有负时，定积分 $\int_a^b f(x)\mathrm{d}x$ 在几何上表示曲线 $y = f(x)$ 与直线 $x = a$, $x = b$ 及 x 轴所围成的各个小曲边梯形面积的代数和，在 x 轴上方的图形面积取正值，在 x 轴下方的图形面积取负值，见图 5.3.

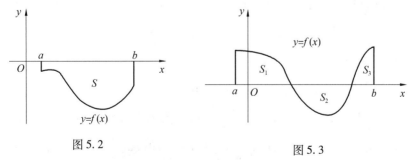

图 5.2

图 5.3

因此，不定积分与定积分是两个概念，不要混淆.

5.1.4　定积分的基本性质

假设下面涉及的函数均是可积的.

性质 1 $\displaystyle\int_a^b \mathrm{d}x = b - a$

此性质由定义可以直接得到.

性质 2 $\displaystyle\int_a^b [f(x) \pm g(x)] dx = \int_a^b f(x) dx \pm \int_a^b g(x) dx$

证明 $\displaystyle\int_a^b [f(x) \pm g(x)] dx = \lim_{\Delta x \to 0} \sum_{i=1}^n [f(\xi_i) \pm g(\xi_i)] \Delta x_i$

$$= \lim_{\Delta x \to 0} \sum_{i=1}^n f(\xi_i) \Delta x_i \pm \lim_{\Delta x \to 0} \sum_{i=1}^n g(\xi_i) \Delta x_i$$

$$= \int_a^b f(x) dx \pm \int_a^b g(x) dx$$

性质 3 $\displaystyle\int_a^b kf(x) dx = k\int_a^b f(x) dx, k$ 为常数

证明过程类似于性质 2.

由性质 2 和性质 3 可知,对于有限个函数 $f_1(x), f_2(x), \cdots, f_n(x)$,有

$$\int_a^b [k_1 f_1(x) + k_2 f_2(x) + \cdots + k_n f_n(x)] dx$$

$$= k_1 \int_a^b f_1(x) dx + k_2 \int_a^b f_2(x) dx + \cdots + k_n \int_a^b f_n(x) dx$$

其中 $k_1, k_2, \cdots, k_n$ 为常数.

性质 4(积分对区间的可加性) 设 $a < c < b$ 为不相同的常数,则有

$$\int_a^b f(x) dx = \int_a^c f(x) dx + \int_c^b f(x) dx$$

证明 因为函数 $f(x)$ 在区间 $[a,b]$ 上可积,所以不论把 $[a,b]$ 怎样分,积分和的极限总是不变的. 因此,在分区间时,可以使 c 永远是个分点,则 $[a,b]$ 上的积分和等于 $[a,c]$ 上的积分和加 $[c,b]$ 上的积分和,即有

$$\sum_{[a,b]} f(\xi_i) \Delta x_i = \sum_{[a,c]} f(\xi_i) \Delta x_i + \sum_{[c,b]} f(\xi_i) \Delta x_i$$

令 $\Delta x \to 0$,上式等号两端同时取极限,得

$$\int_a^b f(x) dx = \int_a^c f(x) dx + \int_c^b f(x) dx$$

按照定积分的说明(2)可知,不论 a, b, c 的相对位置如何,总有等式

$$\int_a^b f(x) dx = \int_a^c f(x) dx + \int_c^b f(x) dx$$

成立.

例如,当 $a < b < c$ 时,由于

$$\int_a^c f(x) dx = \int_a^b f(x) dx + \int_b^c f(x) dx$$

于是,得

$$\int_a^b f(x)\,\mathrm{d}x = \int_a^c f(x)\,\mathrm{d}x - \int_b^c f(x)\,\mathrm{d}x = \int_a^c f(x)\,\mathrm{d}x + \int_c^b f(x)\,\mathrm{d}x$$

性质 5(比较大小定理) 若在区间 $[a,b]$ 上恒有 $f(x) \leqslant g(x)$,则

$$\int_a^b f(x)\,\mathrm{d}x \leqslant \int_a^b g(x)\,\mathrm{d}x$$

证明 由已知和极限的性质,有

$$\int_a^b [f(x) - g(x)]\,\mathrm{d}x = \lim_{\Delta x \to 0} \sum_{i=1}^n [f(\xi_i) - g(\xi_i)]\Delta x_i \leqslant 0$$

又由性质 2,有

$$\int_a^b [f(x) - g(x)]\,\mathrm{d}x = \int_a^b f(x)\,\mathrm{d}x - \int_a^b g(x)\,\mathrm{d}x \leqslant 0$$

即有

$$\int_a^b f(x)\,\mathrm{d}x \leqslant \int_a^b g(x)\,\mathrm{d}x$$

【例 5.2】 比较下列定积分的大小:

$$\int_3^4 \ln x\,\mathrm{d}x,\ \int_3^4 (\ln x)^2\,\mathrm{d}x$$

解 在区间 $[3,4]$ 上,有

$$\ln x \geqslant \ln 3 > \ln \mathrm{e} = 1$$

故当 $x \in [3,4]$ 时,恒有 $\ln x < (\ln x)^2$. 则由性质 5,知

$$\int_3^4 \ln x\,\mathrm{d}x < \int_3^4 (\ln x)^2\,\mathrm{d}x$$

推论 1 设函数 $f(x)$ 在区间 $[a,b]$ 上连续,$f(x) \geqslant 0$ 且 $f(x)$ 不恒为 0,则有

$$\int_a^b f(x)\,\mathrm{d}x > 0$$

推论 2 $\left| \int_a^b f(x)\,\mathrm{d}x \right| \leqslant \int_a^b |f(x)|\,\mathrm{d}x,\ a < b$

证明 因为

$$-|f(x)| \leqslant f(x) \leqslant |f(x)|$$

则由性质 5 及性质 3 可知

$$-\int_a^b |f(x)|\,\mathrm{d}x \leqslant \int_a^b f(x)\,\mathrm{d}x \leqslant \int_a^b |f(x)|\,\mathrm{d}x$$

即

$$\left| \int_a^b f(x)\,\mathrm{d}x \right| \leqslant \int_a^b |f(x)|\,\mathrm{d}x$$

性质 6(估值定理) 若 $f(x)$ 在 $[a,b]$ 上连续,且对任意 $x \in [a,b]$,恒有

$$m \leqslant f(x) \leqslant M$$

其中,m 和 M 为区间 $[a,b]$ 上函数 $f(x)$ 的最小值和最大值,则有

$$m(b-a) \leqslant \int_a^b f(x)\mathrm{d}x \leqslant M(b-a)$$

证明　由性质 1 及性质 3,有

$$\int_a^b m\mathrm{d}x = m(b-a),\ \int_a^b M\mathrm{d}x = M(b-a)$$

再由性质 5,有

$$m(b-a) = \int_a^b m\mathrm{d}x \leqslant \int_a^b f(x)\mathrm{d}x \leqslant \int_a^b M\mathrm{d}x = M(b-a)$$

【例 5.3】　估计定积分 $\int_{-1}^2 \mathrm{e}^{x^2-1}\mathrm{d}x$ 的值.

解　令 $f(x) = \mathrm{e}^{x^2-1}$,则 $f(x)$ 在区间 $[-1,2]$ 上的最大值 $M = \mathrm{e}^3$,最小值 $m = \mathrm{e}^{-1}$,即

$$\mathrm{e}^{-1} \leqslant f(x) \leqslant \mathrm{e}^3$$

于是,由性质 6,可知

$$3\mathrm{e}^{-1} \leqslant \int_{-1}^2 \mathrm{e}^{x^2-1}\mathrm{d}x \leqslant 3\mathrm{e}^3$$

性质 7(简单积分中值定理)　若函数 $f(x)$ 在区间 $[a,b]$ 上连续,则至少存在一点 $\xi \in [a,b]$,使得

$$\int_a^b f(x)\mathrm{d}x = f(\xi)(b-a)$$

证明　因为函数 $f(x)$ 在区间 $[a,b]$ 上连续,故 $f(x)$ 在区间 $[a,b]$ 上可取得最大值 M 和最小值 m. 于是,由性质 6,有

$$m(b-a) \leqslant \int_a^b f(x)\mathrm{d}x \leqslant M(b-a)$$

即得

$$m \leqslant \frac{1}{b-a}\int_a^b f(x)\mathrm{d}x \leqslant M$$

于是,由闭区间上连续函数的介值定理可知,至少存在一点 $\xi \in [a,b]$,使得

$$f(\xi) = \frac{1}{b-a}\int_a^b f(x)\mathrm{d}x$$

即

$$\int_a^b f(x)\mathrm{d}x = f(\xi)(b-a)$$

性质 7 有如下的几何解释:在区间 $[a,b]$ 上至少存在一点 ξ,使得以区间 $[a,b]$ 为底边,以曲线 $y = f(x)$ 为曲边的曲边梯形 $AabB$ 的面积等于同一底边而高为 $f(\xi)$ 的一个矩形 $A'abB'$ 的面积,见图 5.4,即在矩形 $A'abB'$ 中而不在曲边梯形 $AabB$ 中的阴影部分 D_1 的面积等于在曲边梯形 $AabB$ 中而不在矩形 $A'abB'$ 中的阴影部分 D_2 的面积.

通常情况下,称 $f(\xi) = \dfrac{1}{b-a}\displaystyle\int_a^b f(x)\,\mathrm{d}x$ 为函数 $f(x)$ 在区间 $[a,b]$ 上的**平均值**.

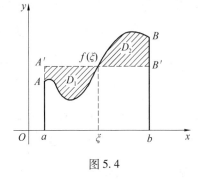

图 5.4

5.2　微积分基本定理

积分学要解决两个问题:第一个问题是原函数的求法问题,这在第 4 章已做讨论;第二个问题是定积分的计算问题. 如果按照定积分的定义来计算定积分是十分困难的,因此,寻求一种计算定积分的有效方法便是最关键的问题. 由上面讨论可知,不定积分作为原函数的概念与定积分作为积分和的极限的概念是完全不相干的,那么它们之间是否有一定的关系呢? 本节将讨论这个问题,并得到由原函数计算定积分的基本公式.

5.2.1　积分上限函数

定义 5.2　设函数 $f(x)$ 在区间 $[a,b]$ 上连续,x 是 $[a,b]$ 上的任意一点,则函数

$$\varPhi(x) = \int_a^x f(t)\,\mathrm{d}t \tag{5.1}$$

称为积分上限函数(或变上限积分).

式(5.1)中积分变量和积分上限有时都用 x 表示,但它们的含义并不相同,为了加以区分,常将积分变量改用 t 表示,即

$$\varPhi(x) = \int_a^x f(x)\,\mathrm{d}x = \int_a^x f(t)\,\mathrm{d}t$$

积分上限函数 $\varPhi(x)$ 的几何意义是右侧直线可移动的曲边梯形的面积,见图 5.5,曲边梯形的面积 $\varPhi(x)$ 随 x 的位置的变动而改变,当 x 给定后,面积 $\varPhi(x)$ 就随之确定.

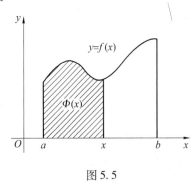

图 5.5

关于积分上限函数 $\varPhi(x)$,有如下定理:

定理 5.1(原函数存在性定理)　如果函数 $f(x)$ 在区间 $[a,b]$ 上连续, 则积分上限函数 $\varPhi(x) = \displaystyle\int_a^x f(t)\,\mathrm{d}t$ 在 $[a,b]$ 上可导,且它的导数为

$$\varPhi'(x) = \frac{\mathrm{d}}{\mathrm{d}x}\int_a^x f(t)\,\mathrm{d}t = f(x),\ a \le x \le b \tag{5.2}$$

即 $\varPhi(x)$ 为 $f(x)$ 在 $[a,b]$ 上的一个原函数.

证明 设 $x, x + \Delta x \in [a, b]$,则由式(5.1),有

$$\Delta \Phi = \Phi(x + \Delta x) - \Phi(x) = \int_a^{x + \Delta x} f(t) \mathrm{d}t - \int_a^x f(t) \mathrm{d}t = \int_x^{x + \Delta x} f(t) \mathrm{d}t$$

因 $f(x)$ 在 $[a, b]$ 上连续,故在 $[x, x + \Delta x]$(或 $[x + \Delta x, x]$)上连续. 于是,由性质7,可得

$$\Delta \Phi = \int_x^{x + \Delta x} f(t) \mathrm{d}t = f(\xi) \Delta x$$

其中 $\xi \in [x, x + \Delta x]$(或 $\xi \in [x + \Delta x, x]$). 因此,当 $\Delta x \to 0$ 时, $\xi \to x$. 于是,有

$$\Phi'(x) = \frac{\mathrm{d}}{\mathrm{d}x} \int_a^x f(t) \mathrm{d}t = \lim_{\Delta x \to 0} \frac{\Delta \Phi}{\Delta x} = \lim_{\xi \to x} f(\xi) = f(x)$$

定理得证.

【例 5.4】 求下列函数的导数 $f'(x)$:

$(1) f(x) = \int_x^{10} \sqrt{1 + t^4} \mathrm{d}t ; (2) f(x) = \int_0^{e^x} \frac{\ln t}{t} \mathrm{d}t ; (3) f(x) = \int_x^{x^2} \sin t \mathrm{d}t.$

解 (1) 因为

$$f(x) = \int_x^{10} \sqrt{1 + t^4} \mathrm{d}t = -\int_{10}^x \sqrt{1 + t^4} \mathrm{d}t$$

则

$$f'(x) = \left(-\int_{10}^x \sqrt{1 + t^4} \mathrm{d}t \right)' = -\sqrt{1 + x^4}$$

(2) 令 $u = e^x$,则 $f(x)$ 可视为 $f(u) = \int_0^u \frac{\ln t}{t} \mathrm{d}t$ 和 $u = e^x$ 的复合函数,则由复合函数求导法则,有

$$f'(x) = f'(u) \cdot \frac{\mathrm{d}u}{\mathrm{d}x} = \frac{\ln u}{u} \cdot e^x = \ln e^x = x$$

(3) 将 $f(x)$ 改写为

$$f(x) = \int_x^a \sin t \mathrm{d}t + \int_a^{x^2} \sin t \mathrm{d}t = \int_a^{x^2} \sin t \mathrm{d}t - \int_a^x \sin t \mathrm{d}t$$

其中, a 为任意常数. 则有

$$f'(x) = \left(\int_a^{x^2} \sin t \mathrm{d}t \right)' - \left(\int_a^x \sin t \mathrm{d}t \right)' = 2x \sin x^2 - \sin x$$

实际上,利用复合函数的求导法则,可进一步得到下列公式

$(1) \frac{\mathrm{d}}{\mathrm{d}x} \int_a^{\varphi(x)} f(t) \mathrm{d}t = f[\varphi(x)] \cdot \varphi'(x)$ (5.3)

$(2) \frac{\mathrm{d}}{\mathrm{d}x} \int_{\psi(x)}^{\varphi(x)} f(t) \mathrm{d}t = f[\varphi(x)] \cdot \varphi'(x) - f[\psi(x)] \cdot \psi'(x)$ (5.4)

上述公式的证明请读者自行完成.

【例 5.5】 求 $\lim\limits_{x \to 0} \dfrac{\int_0^x (1 - \cos t)\,\mathrm{d}t}{\sin^3 x}$.

解 此极限为 $\dfrac{0}{0}$ 型未定式,应用洛必达法则,有

$$\lim_{x \to 0} \frac{\int_0^x (1 - \cos t)\,\mathrm{d}t}{\sin^3 x} = \lim_{x \to 0} \frac{\int_0^x (1 - \cos t)\,\mathrm{d}t}{x^3} = \lim_{x \to 0} \frac{1 - \cos x}{3x^2} = \lim_{x \to 0} \frac{\dfrac{x^2}{2}}{3x^2} = \frac{1}{6}$$

定理 5.1 的重要意义是:一方面肯定了连续函数的原函数是存在的,另一方面初步地揭示了积分学中的定积分与原函数之间的联系. 因此,就有可能通过原函数来计算定积分.

5.2.2 微积分基本定理 *

现在根据定理 5.1 来证明一个重要定理,它给出了用原函数计算定积分的公式.

定理 5.2(微积分基本定理) 如果函数 $F(x)$ 是连续函数 $f(x)$ 在区间 $[a,b]$ 上的一个原函数,则

$$\int_a^b f(x)\,\mathrm{d}x = F(b) - F(a)$$

证明 因为 $F(x)$ 和 $\varPhi(x) = \int_a^x f(t)\,\mathrm{d}t$ 都是 $f(x)$ 的原函数,则它们只相差一个常数,即有

$$\varPhi(x) = F(x) + C$$

其中,C 为待定常数. 则有

$$\int_a^x f(x)\,\mathrm{d}x = F(x) + C$$

令 $x = a$,即 $\int_a^a f(t)\,\mathrm{d}t = 0$,可得 $C = -F(a)$. 于是,有

$$\int_a^x f(x)\,\mathrm{d}x = F(x) - F(a)$$

再令 $x = b$,即得

---

* **数学家小传**

牛顿:艾萨克·牛顿,1643—1727,爵士,英国皇家学会会长,英国著名的物理学家,百科全书式的"全才",著有《自然哲学的数学原理》《光学》. 他在 1687 年发表的论文《自然定律》里,对万有引力和三大运动定律进行了描述.

在力学上,牛顿阐明了动量和角动量守恒的原理,提出牛顿运动定律. 在光学上,他发明了反射望远镜,并基于对三棱镜将白光发散成可见光谱的观察,发展出了颜色理论. 他还系统地表述了冷却定律,并研究了音速. 在数学上,牛顿与莱布尼茨分享了发展出微积分学的荣誉. 他证明了广义二项式定理,提出了"牛顿法"以趋近函数的零点,并为幂级数的研究做出了贡献. 在经济学上,牛顿提出金本位制度.

$$\int_a^b f(x)\,dx = F(b) - F(a)$$

定理得证.

通常情况下,记 $F(b) - F(a) = F(x)\big|_a^b$,即有

$$\int_a^b f(x)\,dx = F(b) - F(a) = F(x)\big|_a^b \tag{5.5}$$

式(5.5)是积分学中的一个基本公式,称为**牛顿 - 莱布尼茨**[*](Newton - Leibniz) **公式**,亦称**微积分基本公式**.

由式(5.5)可以看出,求已知函数 $f(x)$ 在区间 $[a,b]$ 上的定积分 $\int_a^b f(x)\,dx$,只需求出 $f(x)$ 在 $[a,b]$ 上的一个原函数 $F(x)$,然后计算 $F(x)$ 由下限 a 到上限 b 的差值 $F(b) - F(a)$ 即可.

【例 5.6】 求 $\int_0^1 e^{2x}\,dx$.

解 由于 $\dfrac{e^{2x}}{2}$ 是 e^{2x} 的一个原函数,所以按照牛顿 - 莱布尼茨公式,有

$$\int_0^1 e^{2x}\,dx = \frac{e^{2x}}{2}\bigg|_0^1 = \frac{1}{2}(e^2 - e^0) = \frac{1}{2}(e^2 - 1)$$

【例 5.7】 求 $\int_{-2}^{-1} \dfrac{1}{x}\,dx$.

解 当 $x < 0$ 时,$\dfrac{1}{x}$ 的一个原函数为 $\ln|x|$,则有

$$\int_{-2}^{-1} \frac{1}{x}\,dx = \ln|x|\,\big|_{-2}^{-1} = \ln|-1| - \ln|-2| = 0 - \ln 2 = -\ln 2$$

【例 5.8】 求 $\int_0^1 |2x - 1|\,dx$.

解 因为 $|2x - 1| = \begin{cases} 1 - 2x, & x \leqslant \dfrac{1}{2} \\ 2x - 1, & x > \dfrac{1}{2} \end{cases}$,所以

---

* **数学家小传**

莱布尼茨:戈特弗里德·威廉·莱布尼茨,1646—1716,德国哲学家、数学家,历史上少见的通才,被誉为十七世纪的亚里士多德. 莱布尼茨在数学史和哲学史上都占有重要地位. 在数学上,他和牛顿先后独立发明了微积分,而且他所使用的微积分的数学符号被更广泛的使用. 莱布尼茨还对二进制的发展做出了贡献. 在哲学上,莱布尼茨的乐观主义最为著名;他认为,"我们的宇宙,在某种意义上是上帝所创造的最好的一个". 莱布尼茨在政治学、法学、伦理学、神学、哲学、历史学、语言学诸多方向都留下了著作.

$$\int_0^1 |\ 2x - 1\ |\ \mathrm{d}x = \int_0^{\frac{1}{2}} (1 - 2x)\,\mathrm{d}x + \int_{\frac{1}{2}}^1 (2x - 1)\,\mathrm{d}x = (x - x^2)\ \bigg|_0^{\frac{1}{2}} + (x^2 - x)\ \bigg|_{\frac{1}{2}}^1$$

$$= \frac{1}{2} - \frac{1}{4} - 0 + 1 - 1 - \left(\frac{1}{4} - \frac{1}{2}\right) = \frac{1}{2}$$

【例 5.9】　求由曲线 $y = \sin x$ 在 $[0, \pi]$ 上与 x 轴所围成的平面图形的面积,见图 5.6.

　　解　如图 5.6 所示阴影部分的面积为

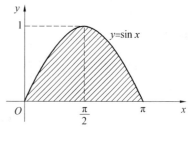

图 5.6

$$S = \int_0^\pi \sin x \mathrm{d}x$$

由于 $-\cos x$ 是 $\sin x$ 的一个原函数,则

$$S = \int_0^\pi \sin x \mathrm{d}x = (-\cos x)\ |_0^\pi$$

$$= -\cos \pi + \cos 0 = 2$$

在第 1 章中,提到过利用两边夹定理(定理 1.6)求一些和式的极限,而类似下列和式的极限

$$\lim_{n \to \infty}\left(\frac{1}{n+1} + \frac{1}{n+2} + \cdots + \frac{1}{n+n}\right)$$

就不能利用两边夹定理的方法求解. 此时,利用定积分的思想就能求解此类和式的极限.

【例 5.10】　求 $\displaystyle\lim_{n \to \infty}\left(\frac{1}{n+1} + \frac{1}{n+2} + \cdots + \frac{1}{n+n}\right)$.

　　解　$\displaystyle\lim_{n \to \infty}\left(\frac{1}{n+1} + \frac{1}{n+2} + \cdots + \frac{1}{n+n}\right) = \lim_{n \to \infty}\sum_{i=1}^n \frac{1}{n+i} = \lim_{n \to \infty}\frac{1}{n}\sum_{i=1}^n \frac{1}{1 + \dfrac{i}{n}}$

$$= \int_0^1 \frac{1}{1+x}\mathrm{d}x = \ln(1+x)\ |_0^1 = \ln 2$$

利用定积分思想求某些和式的极限,一般情况下将积分区间分割时采取等分的方式,常常套用的公式为

$$\int_0^1 f(x)\,\mathrm{d}x = \lim_{n \to \infty}\frac{1}{n}\sum_{i=1}^n f\left(\frac{i}{n}\right)$$

5.3　定积分的计算

由微积分基本公式可知,求定积分 $\displaystyle\int_a^b f(x)\,\mathrm{d}x$ 的问题可以转化为求被积函数 $f(x)$ 的一个原函数 $F(x)$ 在区间 $[a, b]$ 上的增量问题,从而求不定积分时应用的换元积分法和分部积分法在求定积分时仍适用,下面就来讨论积分的这两种计算方法.

5.3.1 定积分的换元积分法

定理 5.3 设函数 $f(x)$ 在区间 $[a,b]$ 上连续,而函数 $x = \varphi(t)$ 满足条件:

(1) $\varphi(\alpha) = a, \varphi(\beta) = b$;

(2) $\varphi(t)$ 是定义在区间 $[\alpha,\beta]$(或 $[\beta,\alpha]$)上的连续函数;

(3) $\varphi'(t)$ 在 $[\alpha,\beta]$(或 $[\beta,\alpha]$)上连续.

则有换元积分公式

$$\int_a^b f(x)\,\mathrm{d}x = \int_\alpha^\beta f[\varphi(t)] \cdot \varphi'(t)\,\mathrm{d}t \tag{5.6}$$

证明 设 $F(x)$ 是 $f(x)$ 的一个原函数,则

$$\int_a^b f(x)\,\mathrm{d}x = F(b) - F(a)$$

另一方面,$\Phi(t) = F[\varphi(t)]$ 是 $f[\varphi(t)] \cdot \varphi'(t)$ 的一个原函数,故

$$\int_\alpha^\beta f[\varphi(t)] \cdot \varphi'(t)\,\mathrm{d}t = F[\varphi(\beta)] - F[\varphi(\alpha)] = F(b) - F(a)$$

从而有

$$\int_a^b f(x)\,\mathrm{d}x = \int_\alpha^\beta f[\varphi(t)] \cdot \varphi'(t)\,\mathrm{d}t$$

定理得证.

来看下面例题,了解一下式(5.6)如何使用.

【例 5.11】 求 $\int_0^a \sqrt{a^2 - x^2}\,\mathrm{d}x, a > 0$

解 令 $x = a\sin t$,则当 $x = 0$ 时,$t = 0$;当 $x = a$ 时,$t = \dfrac{\pi}{2}$,且有 $\mathrm{d}x = a\cos t\,\mathrm{d}t$,于是

$$\int_0^a \sqrt{a^2 - x^2}\,\mathrm{d}x = \int_0^{\frac{\pi}{2}} a^2\cos^2 t\,\mathrm{d}t = a^2\int_0^{\frac{\pi}{2}} \frac{1 + \cos 2t}{2}\,\mathrm{d}t = \frac{a^2}{2}\left(t + \frac{\sin 2t}{2}\right)\Bigg|_0^{\frac{\pi}{2}} = \frac{\pi a^2}{4}$$

从几何意义上看,此例所得积分的值是圆 $x^2 + y^2 = a^2$ 的面积的 $\dfrac{1}{4}$,见图 5.7.

从例 5.11 可以看出,在应用定积分的换元积分公式(5.6)时,应注意两点:(1) 用 $x = \varphi(t)$ 把原来变量 x 代换成新变量 t 时,积分限也要换成相应于新变量 t 的积分限;(2) 求出 $f[\varphi(t)] \cdot \varphi'(t)$ 的一个原函数 $\Phi(t)$ 后,不必像计算不定积分那样再将 $\Phi(t)$ 代换成原来变量 x 的函数,而只要将新变量 t 的上、下限分别代入 $\Phi(t)$ 中然后相减即可.

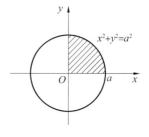

图 5.7

【例 5.12】　求 $\int_0^1 \dfrac{1}{(1+x^2)^{\frac{3}{2}}} \mathrm{d}x$.

解　令 $x = \tan t$, 则当 $x = 0$ 时, $t = 0$; 当 $x = 1$ 时, $t = \dfrac{\pi}{4}$, 且有 $\mathrm{d}x = \sec^2 t \mathrm{d}t$. 于是有

$$\int_0^1 \frac{1}{(1+x^2)^{\frac{3}{2}}} \mathrm{d}x = \int_0^{\frac{\pi}{4}} \frac{\sec^2 t}{\sec^3 t} \mathrm{d}t = \int_0^{\frac{\pi}{4}} \cos t \mathrm{d}t = \sin t \Big|_0^{\frac{\pi}{4}} = \frac{\sqrt{2}}{2}$$

定积分的换元积分公式(5.6)也可以反过来使用. 令 $t = \varphi(x)$ 引入新变量 t, 而 $\alpha = \varphi(a)$, $\beta = \varphi(b)$, 则有

$$\int_a^b f[\varphi(x)] \cdot \varphi'(x) \mathrm{d}x = \int_\alpha^\beta f(t) \mathrm{d}t$$

【例 5.13】　求 $\int_0^{\frac{\pi}{2}} \cos^5 x \sin x \mathrm{d}x$.

解　令 $t = \cos x$, 则当 $x = 0$ 时, $t = 1$; 当 $x = \dfrac{\pi}{2}$ 时, $t = 0$, 且有 $\mathrm{d}t = -\sin x \mathrm{d}x$. 于是有

$$\int_0^{\frac{\pi}{2}} \cos^5 x \sin x \mathrm{d}x = -\int_1^0 t^5 \mathrm{d}t = -\frac{t^6}{6} \Big|_1^0 = \frac{1}{6}$$

【例 5.14】　求 $\int_0^3 x \sqrt{1+x} \mathrm{d}x$.

解　**解法一**　令 $t = \sqrt{1+x}$, 即 $x = t^2 - 1$, $t > 0$. 则当 $x = 0$ 时, $t = 1$; 当 $x = 3$ 时, $t = 2$, 且 $\mathrm{d}x = 2t\mathrm{d}t$. 于是有

$$\int_0^3 x \sqrt{1+x} \mathrm{d}x = \int_1^2 (t^2 - 1) \cdot t \cdot 2t \mathrm{d}t = 2\int_1^2 (t^4 - t^2) \mathrm{d}t = 2\left(\frac{t^5}{5} - \frac{t^3}{3}\right) \Big|_1^2 = \frac{116}{15}$$

解法二　$\int_0^3 x \sqrt{1+x} \mathrm{d}x = \int_0^3 (1 + x - 1) \sqrt{1+x} \mathrm{d}x$

$$= \int_0^3 (1+x)^{\frac{3}{2}} \mathrm{d}(1+x) - \int_0^3 (1+x)^{\frac{1}{2}} \mathrm{d}(1+x)$$

$$= \frac{2}{5}(1+x)^{\frac{5}{2}} \Big|_0^3 - \frac{2}{3}(1+x)^{\frac{3}{2}} \Big|_0^3 = \frac{116}{15}$$

【例 5.15】　证明若 $f(x)$ 在 $[-a, a]$ 上连续, $a > 0$, 则有

$$(1) \int_{-a}^a f(x) \mathrm{d}x = \int_0^a [f(x) + f(-x)] \mathrm{d}x \tag{5.7}$$

$$(2) \int_{-a}^a f(x) \mathrm{d}x = \begin{cases} 2\int_0^a f(x) \mathrm{d}x, & \text{若 } f(x) \text{ 为偶函数} \\ 0, & \text{若 } f(x) \text{ 为奇函数} \end{cases} \tag{5.8}$$

证明　(1) 由性质 4, 有

$$\int_{-a}^{a} f(x)\,\mathrm{d}x = \int_{-a}^{0} f(x)\,\mathrm{d}x + \int_{0}^{a} f(x)\,\mathrm{d}x$$

对于定积分 $\int_{-a}^{0} f(x)\,\mathrm{d}x$,令 $x = -t$,则

$$\int_{-a}^{0} f(x)\,\mathrm{d}x = -\int_{a}^{0} f(-t)\,\mathrm{d}t = \int_{0}^{a} f(-x)\,\mathrm{d}x$$

于是有

$$\int_{-a}^{a} f(x)\,\mathrm{d}x = \int_{0}^{a} f(x)\,\mathrm{d}x + \int_{0}^{a} f(-x)\,\mathrm{d}x = \int_{0}^{a} [f(x) + f(-x)]\,\mathrm{d}x$$

则式(5.7)得证.

(2) 若 $f(x)$ 为偶函数,则有 $f(-x) = f(x)$. 于是由式(5.7),有

$$\int_{-a}^{a} f(x)\,\mathrm{d}x = \int_{0}^{a} [f(x) + f(-x)]\,\mathrm{d}x = 2\int_{0}^{a} f(x)\,\mathrm{d}x$$

若 $f(x)$ 为奇函数,则有 $f(-x) = -f(x)$. 于是由式(5.7),有

$$\int_{-a}^{a} f(x)\,\mathrm{d}x = \int_{0}^{a} [f(x) + f(-x)]\,\mathrm{d}x = \int_{0}^{a} [f(x) - f(x)]\,\mathrm{d}x = \int_{0}^{a} 0\,\mathrm{d}x = 0$$

则式(5.8)得证.

当积分区间为对称区间且被积函数为奇函数或偶函数时,可以直接利用式(5.8)的结论.

【例 5.16】 求 $\int_{-1}^{1} (|x| + \sin x)x^2\,\mathrm{d}x$.

解 因为积分区间 $[-1,1]$ 是对称区间,且 $|x|x^2$ 为偶函数,而 $x^2\sin x$ 为奇函数,则有

$$\int_{-1}^{1} (|x| + \sin x)x^2\,\mathrm{d}x = \int_{-1}^{1} |x|x^2\,\mathrm{d}x + \int_{-1}^{1} x^2\sin x\,\mathrm{d}x = 2\int_{0}^{1} x^3\,\mathrm{d}x + 0 = \left.\frac{x^4}{2}\right|_{0}^{1} = \frac{1}{2}$$

【例 5.17】 求 $\int_{-\frac{\pi}{2}}^{\frac{\pi}{2}} \sqrt{\cos^2 x - \cos^4 x}\,\mathrm{d}x$.

解
$$\int_{-\frac{\pi}{2}}^{\frac{\pi}{2}} \sqrt{\cos^2 x - \cos^4 x}\,\mathrm{d}x = 2\int_{0}^{\frac{\pi}{2}} \sqrt{\cos^2 x - \cos^4 x}\,\mathrm{d}x$$

$$= 2\int_{0}^{\frac{\pi}{2}} \sqrt{\cos^2 x(1 - \cos^2 x)}\,\mathrm{d}x = 2\int_{0}^{\frac{\pi}{2}} \sin x\cos x\,\mathrm{d}x = 1$$

【例 5.18】 若 $f(x)$ 在 $[0,1]$ 上连续,证明

$(1) \int_{0}^{\frac{\pi}{2}} f(\sin x)\,\mathrm{d}x = \int_{0}^{\frac{\pi}{2}} f(\cos x)\,\mathrm{d}x$; $(2) \int_{0}^{\pi} f(\sin x)\,\mathrm{d}x = 2\int_{0}^{\frac{\pi}{2}} f(\sin x)\,\mathrm{d}x$.

证明 使用换元积分法,有

$(1) \int_{0}^{\frac{\pi}{2}} f(\sin x)\,\mathrm{d}x \xrightarrow{x = \frac{\pi}{2} - t} \int_{\frac{\pi}{2}}^{0} f\left[\sin\left(\frac{\pi}{2} - t\right)\right](-\mathrm{d}t) = \int_{0}^{\frac{\pi}{2}} f(\cos t)\,\mathrm{d}t = \int_{0}^{\frac{\pi}{2}} f(\cos x)\,\mathrm{d}x$

$(2) \int_0^{\pi} f(\sin x)\,\mathrm{d}x = \int_0^{\frac{\pi}{2}} f(\sin x)\,\mathrm{d}x + \int_{\frac{\pi}{2}}^{\pi} f(\sin x)\,\mathrm{d}x$

而

$$\int_{\frac{\pi}{2}}^{\pi} f(\sin x)\,\mathrm{d}x \xlongequal{x = \pi - t} \int_{\frac{\pi}{2}}^{0} f[\sin(\pi - t)](-\mathrm{d}t) = \int_0^{\frac{\pi}{2}} f(\sin t)\,\mathrm{d}t = \int_0^{\frac{\pi}{2}} f(\sin x)\,\mathrm{d}x$$

所以,有

$$\int_0^{\pi} f(\sin x)\,\mathrm{d}x = 2\int_0^{\frac{\pi}{2}} f(\sin x)\,\mathrm{d}x$$

类似于例 5.18 中(1),(2) 的证明,还可以得到下述两个公式:

$(3) \int_0^{\pi} x f(\sin x)\,\mathrm{d}x = \dfrac{\pi}{2}\int_0^{\pi} f(\sin x)\,\mathrm{d}x = \pi\int_0^{\frac{\pi}{2}} f(\sin x)\,\mathrm{d}x$;

(4) 若 $f(x + l) = f(x)$,则 $\int_a^{a+l} f(x)\,\mathrm{d}x = \int_0^{l} f(x)\,\mathrm{d}x$.

这两个公式的证明有兴趣的读者可以自行完成. 其中(4) 的结论表明:当函数 $f(x)$ 是周期为 l 的函数时, $\int_a^{a+l} f(x)\,\mathrm{d}x$ 的值与 a 的值无关,而只与周期 l 有关.

【例 5.19】　求 $\int_0^{\pi} \dfrac{x\sin x}{1 + \cos^2 x}\,\mathrm{d}x$.

解　$\displaystyle\int_0^{\pi} \dfrac{x\sin x}{1 + \cos^2 x}\,\mathrm{d}x = \dfrac{\pi}{2}\int_0^{\pi} \dfrac{\sin x}{1 + \cos^2 x}\,\mathrm{d}x = -\dfrac{\pi}{2}\int_0^{\pi} \dfrac{1}{1 + \cos^2 x}\,\mathrm{d}(\cos x)$

$\qquad\qquad = -\dfrac{\pi}{2}[\arctan(\cos x)]\mid_0^{\pi} = -\dfrac{\pi}{2}[\arctan(-1) - \arctan 1] = \dfrac{\pi^2}{4}$

5.3.2　定积分的分部积分法

定理 5.4　已知函数 $u = u(x)$ 和 $v = v(x)$,若 u' 和 v' 均在区间 $[a,b]$ 上连续,则有定积分的分部积分公式

$$\int_a^b u\,\mathrm{d}v = (uv)\mid_a^b - \int_a^b v\,\mathrm{d}u \tag{5.9}$$

证明　由 $(uv)' = u'v + uv'$,可得

$$\int_a^b (u'v + uv')\,\mathrm{d}x = \int_a^b (uv)'\,\mathrm{d}x = (uv)\mid_a^b$$

即

$$\int_a^b u'v\,\mathrm{d}x + \int_a^b uv'\,\mathrm{d}x = (uv)\mid_a^b$$

移项,得

$$\int_a^b uv'\,\mathrm{d}x = (uv)\mid_a^b - \int_a^b u'v\,\mathrm{d}x$$

即

$$\int_a^b u\mathrm{d}v = (uv) \mid_a^b - \int_a^b v\mathrm{d}u$$

定理得证.

公式(5.9)表明原函数已经积出的部分可以先将积分上、下限代入.

【例 5.20】 求 $\int_0^1 xe^x\mathrm{d}x$.

解　令 $u = x, v' = e^x$,则

$$\int_0^1 xe^x\mathrm{d}x = xe^x \mid_0^1 - \int_0^1 e^x\mathrm{d}x = e - e^x \mid_0^1 = e - (e - 1) = 1$$

【例 5.21】 求 $\int_1^e \ln x\mathrm{d}x$.

解　$\int_1^e \ln x\mathrm{d}x = x\ln x \mid_1^e - \int_1^e x\mathrm{d}\ln x = e - \int_1^e x \cdot \dfrac{1}{x}\mathrm{d}x = e - \int_1^e \mathrm{d}x$

$$= e - x \mid_1^e = e - (e - 1) = 1$$

【例 5.22】 求 $\int_0^1 e^{\sqrt{x}}\mathrm{d}x$.

解　先用换元积分法,再用分部积分法.

令 $\sqrt{x} = t$,则

$$\int_0^1 e^{\sqrt{x}}\mathrm{d}x = \int_0^1 e^t \cdot 2t\mathrm{d}t = 2\int_0^1 te^t\mathrm{d}t$$

利用例 5.20 的结果,得

$$\int_0^1 e^{\sqrt{x}}\mathrm{d}x = 2 \times 1 = 2$$

例 5.22 表明,在计算定积分时换元积分法和分部积分法可以同时使用.

【例 5.23】 求 $I = \int_0^{\frac{\pi}{2}} e^x \sin x\mathrm{d}x$.

解　$I = \int_0^{\frac{\pi}{2}} e^x \sin x\mathrm{d}x = \int_0^{\frac{\pi}{2}} \sin x\mathrm{d}e^x = (e^x \sin x) \mid_0^{\frac{\pi}{2}} - \int_0^{\frac{\pi}{2}} e^x\mathrm{d}\sin x$

$$= e^{\frac{\pi}{2}} - \int_0^{\frac{\pi}{2}} \cos x\mathrm{d}e^x = e^{\frac{\pi}{2}} - (e^x \cos x) \mid_0^{\frac{\pi}{2}} + \int_0^{\frac{\pi}{2}} e^x\mathrm{d}\cos x$$

$$= e^{\frac{\pi}{2}} + 1 - \int_0^{\frac{\pi}{2}} e^x \sin x\mathrm{d}x = e^{\frac{\pi}{2}} + 1 - I$$

所以

$$2I = 1 + e^{\frac{\pi}{2}}$$

即

$$I = \int_0^{\frac{\pi}{2}} e^x \sin x dx = \frac{1}{2} + \frac{1}{2} e^{\frac{\pi}{2}}$$

【例 5.24】　已知 $f(x) = \int_1^{x^2} \frac{\sin t}{t} dt$，求 $\int_0^1 x f(x) dx$.

解　$f'(x) = \frac{2\sin x^2}{x}$，且 $f(1) = \int_1^1 \frac{\sin t}{t} dt = 0$. 利用分部积分公式，令 $u = f(x)$，$v' dx = x dx$，

即 $v = \frac{x^2}{2}$，则有

$$\int_0^1 x f(x) dx = \frac{1}{2} \int_0^1 f(x) dx^2 = \frac{1}{2} x^2 f(x) \Big|_0^1 - \frac{1}{2} \int_0^1 x^2 df(x) = -\frac{1}{2} \int_0^1 x^2 f'(x) dx$$

$$= -\frac{1}{2} \int_0^1 x^2 \cdot \frac{2\sin x^2}{x} dx = -\frac{1}{2} \int_0^1 \sin x^2 dx^2 = \frac{1}{2} \cos x^2 \Big|_0^1 = \frac{1}{2}(\cos 1 - 1)$$

5.4　广义积分与 Γ 函数

前面所提及的定积分的积分区间都是有限区间，并且被积函数在该积分区间上都是有界的. 但是在实际问题中常会遇到积分区间无限或被积函数无界的情形，这就需要对定积分进行推广. 对于无穷区间上的积分，称为**无穷限积分**；无界函数的积分，称为**瑕积分**. 这两类积分统称为**广义积分**.

5.4.1　无穷限积分

无穷限积分的形式有三种：$\int_a^{+\infty} f(x) dx$，$\int_{-\infty}^b f(x) dx$ 和 $\int_{-\infty}^{+\infty} f(x) dx$，其中被积函数 $f(x)$ 是积分区间内的有界函数.

定义 5.3　如果对给定的实数 a 和任意实数 $b(b > a)$，函数 $f(x)$ 在区间 $[a, b]$ 上可积，且 $\lim\limits_{b \to +\infty} \int_a^b f(x) dx$ 存在，则称无穷限积分 $\int_a^{+\infty} f(x) dx$ 收敛，并称此极限值为该无穷限积分的值，记为

$$\int_a^{+\infty} f(x) dx = \lim_{b \to +\infty} \int_a^b f(x) dx$$

如果上式右端极限不存在，则称无穷限积分 $\int_a^{+\infty} f(x) dx$ 发散.

类似地，可以定义无穷限积分 $\int_{-\infty}^b f(x) dx$ 和 $\int_{-\infty}^{+\infty} f(x) dx$ 的收敛与发散.

若极限 $\lim\limits_{a \to -\infty} \int_a^b f(x) dx$ 存在，则称无穷限积分 $\int_{-\infty}^b f(x) dx$ 收敛，否则称其发散. 收敛时，记为

$$\int_{-\infty}^b f(x) dx = \lim_{a \to -\infty} \int_a^b f(x) dx$$

若对于某个常数 c,无穷限积分

$$\int_{-\infty}^{c} f(x) \, \mathrm{d}x \text{ 与 } \int_{c}^{+\infty} f(x) \, \mathrm{d}x$$

都收敛,则称无穷限积分 $\int_{-\infty}^{+\infty} f(x) \, \mathrm{d}x$ 收敛,记为

$$\int_{-\infty}^{+\infty} f(x) \, \mathrm{d}x = \int_{-\infty}^{c} f(x) \, \mathrm{d}x + \int_{c}^{+\infty} f(x) \, \mathrm{d}x$$

若 $\int_{-\infty}^{c} f(x) \, \mathrm{d}x$ 和 $\int_{c}^{+\infty} f(x) \, \mathrm{d}x$ 至少有一个发散,则称无穷限积分 $\int_{-\infty}^{+\infty} f(x) \, \mathrm{d}x$ 发散.

在计算收敛的无穷限积分时,可直接利用定积分的各种计算方法. 若 $F(x)$ 是 $f(x)$ 的一个原函数,由牛顿—莱布尼茨公式,可以将无穷限积分简记为

$$\int_{a}^{+\infty} f(x) \, \mathrm{d}x = F(x) \Big|_{a}^{+\infty} = F(+\infty) - F(a)$$

$$\int_{-\infty}^{b} f(x) \, \mathrm{d}x = F(x) \Big|_{-\infty}^{b} = F(b) - F(-\infty)$$

$$\int_{-\infty}^{+\infty} f(x) \, \mathrm{d}x = F(x) \Big|_{-\infty}^{+\infty} = F(+\infty) - F(-\infty)$$

其中,$F(+\infty) = \lim\limits_{x \to +\infty} F(x), F(-\infty) = \lim\limits_{x \to -\infty} F(x)$.

【例 5.25】 求 $\int_{0}^{+\infty} \mathrm{e}^{-px} \mathrm{d}x, p > 0$.

解 因为 e^{-px} 的一个原函数为 $-\dfrac{\mathrm{e}^{-px}}{p}$,则

$$\int_{0}^{+\infty} \mathrm{e}^{-px} \mathrm{d}x = \left(-\frac{\mathrm{e}^{-px}}{p} \right) \Big|_{0}^{+\infty} = \lim_{x \to +\infty} \left(-\frac{\mathrm{e}^{-px}}{p} \right) - \left(-\frac{\mathrm{e}^{0}}{p} \right) = 0 + \frac{1}{p} = \frac{1}{p}$$

特别地,当 $p = 1$ 时,有

$$\int_{0}^{+\infty} \mathrm{e}^{-x} \mathrm{d}x = 1$$

【例 5.26】 求 $\int_{0}^{+\infty} x \mathrm{e}^{-px} \mathrm{d}x, p > 0$.

解 $\displaystyle \int_{0}^{+\infty} x \mathrm{e}^{-px} \mathrm{d}x = -\frac{1}{p} \int_{0}^{+\infty} x \mathrm{d}\mathrm{e}^{-px} = -\frac{1}{p} \left[(x \mathrm{e}^{-px}) \Big|_{0}^{+\infty} - \int_{0}^{+\infty} \mathrm{e}^{-px} \mathrm{d}x \right]$

$$= -\frac{1}{p} \left(0 - \frac{1}{p} \right) = \frac{1}{p^2}$$

【例 5.27】 判断下列无穷限积分的敛散性:

$(1) \displaystyle\int_{0}^{+\infty} \cos x \mathrm{d}x; (2) \int_{-\infty}^{+\infty} \frac{1}{1+x^2} \mathrm{d}x$

解 (1) 因为

$$\int_0^{+\infty} \cos x \mathrm{d}x = \sin x \mid_0^{+\infty} = \lim_{x \to +\infty} \sin x - \sin 0 = \lim_{x \to +\infty} \sin x$$

而 $\lim\limits_{x \to +\infty} \sin x$ 不存在,故无穷限积分 $\int_0^{+\infty} \cos x \mathrm{d}x$ 发散.

（2）因为

$$\int_0^{+\infty} \frac{1}{1 + x^2} \mathrm{d}x = \arctan x \mid_0^{+\infty} = \lim_{x \to +\infty} \arctan x - \arctan 0 = \frac{\pi}{2} - 0 = \frac{\pi}{2}$$

故 $\int_0^{+\infty} \dfrac{1}{1 + x^2} \mathrm{d}x$ 收敛. 又因为

$$\int_{-\infty}^0 \frac{1}{1 + x^2} \mathrm{d}x = \arctan x \mid_{-\infty}^0 = \arctan 0 - \lim_{x \to -\infty} \arctan x = 0 - \left(-\frac{\pi}{2} \right) = \frac{\pi}{2}$$

故 $\int_{-\infty}^0 \dfrac{1}{1 + x^2} \mathrm{d}x$ 收敛. 于是有 $\int_{-\infty}^{+\infty} \dfrac{1}{1 + x^2} \mathrm{d}x$ 收敛,且

$$\int_{-\infty}^{+\infty} \frac{1}{1 + x^2} \mathrm{d}x = \int_0^{+\infty} \frac{1}{1 + x^2} \mathrm{d}x + \int_{-\infty}^0 \frac{1}{1 + x^2} \mathrm{d}x = \pi$$

【例 5.28】 讨论无穷限积分 $\int_1^{+\infty} \dfrac{1}{x^p} \mathrm{d}x$ 的敛散性,其中 $p > 0$.

解 对任意实数 $b > 1$,有

$$\int_1^b \frac{1}{x^p} \mathrm{d}x = \begin{cases} \dfrac{1}{1 - p}(b^{1-p} - 1), & p \neq 1 \\ \ln b, & p = 1 \end{cases}$$

于是有

$$\lim_{b \to +\infty} \int_1^b \frac{1}{x^p} \mathrm{d}x = \begin{cases} \dfrac{1}{p - 1}, & p > 1 \\ +\infty, & p \leqslant 1 \end{cases}$$

因此,当 $p > 1$ 时, $\int_1^{+\infty} \dfrac{1}{x^p} \mathrm{d}x$ 收敛,且 $\int_1^{+\infty} \dfrac{1}{x^p} \mathrm{d}x = \dfrac{1}{p - 1}$;当 $p \leqslant 1$ 时, $\int_1^{+\infty} \dfrac{1}{x^p} \mathrm{d}x$ 发散,即

$$\int_1^{+\infty} \frac{1}{x^p} \mathrm{d}x = \begin{cases} \dfrac{1}{p - 1}, & p > 1 \\ +\infty, & p \leqslant 1 \end{cases}, p > 0$$

【例 5.29】 求 $I_n = \int_0^{+\infty} x^n \mathrm{e}^{-x} \mathrm{d}x$.

解 多次利用分部积分法,有

$$I_n = \int_0^{+\infty} x^n \mathrm{e}^{-x} \mathrm{d}x = -\int_0^{+\infty} x^n \mathrm{d}\mathrm{e}^{-x} = -x^n \mathrm{e}^{-x} \mid_0^{+\infty} + n \int_0^{+\infty} x^{n-1} \mathrm{e}^{-x} \mathrm{d}x = n \int_0^{+\infty} x^{n-1} \mathrm{e}^{-x} \mathrm{d}x$$

$$= nI_{n-1} = n(n - 1)I_{n-2} = \cdots = n! \ I_0 = n! \int_0^{+\infty} \mathrm{e}^{-x} \mathrm{d}x$$

而由例 5.25 可知, $\int_0^{+\infty} e^{-x} dx = 1$, 则有

$$I_n = \int_0^{+\infty} x^n e^{-x} dx = n!$$

例如, $I_5 = \int_0^{+\infty} x^5 e^{-x} dx = 5!$.

5.4.2 瑕积分

如果被积函数 $f(x)$ 在 $[a,b]$ 上某点(或有限个点)处无界,则称定积分 $\int_a^b f(x)dx$ 为**瑕积分**,并称使被积函数无界的点为**瑕点**.

定义 5.4 若对于任意小的正数 ε, 函数 $f(x)$ 在区间 $[a+\varepsilon, b]$ 上皆可积, 且点 a 为 $f(x)$ 的瑕点,则当极限 $\lim\limits_{\varepsilon \to 0^+} \int_{a+\varepsilon}^b f(x)dx$ 存在时, 称瑕积分 $\int_a^b f(x)dx$ 收敛,记为

$$\int_a^b f(x)dx = \lim_{\varepsilon \to 0^+} \int_{a+\varepsilon}^b f(x)dx$$

如果上式右端极限不存在,则称瑕积分 $\int_a^b f(x)dx$ 发散.

类似地,可以定义 $f(x)$ 在 b 点或 $c(a < c < b)$ 点无界时,瑕积分 $\int_a^b f(x)dx$ 的敛散性.

已知点 b 为 $f(x)$ 的瑕点,若极限 $\lim\limits_{\varepsilon \to 0^+} \int_a^{b-\varepsilon} f(x)dx$ 存在,则称瑕积分 $\int_a^b f(x)dx$ 收敛,否则称其发散. 收敛时,记为

$$\int_a^b f(x)dx = \lim_{\varepsilon \to 0^+} \int_a^{b-\varepsilon} f(x)dx$$

已知点 $c(a < c < b)$ 为 $f(x)$ 的瑕点,若极限

$$\lim_{\varepsilon_1 \to 0^+} \int_a^{c-\varepsilon_1} f(x)dx \ \text{与} \ \lim_{\varepsilon_2 \to 0^+} \int_{c+\varepsilon_2}^b f(x)dx$$

都收敛,则称瑕积分 $\int_a^b f(x)dx$ 收敛,记为

$$\int_a^b f(x)dx = \lim_{\varepsilon_1 \to 0^+} \int_a^{c-\varepsilon_1} f(x)dx + \lim_{\varepsilon_2 \to 0^+} \int_{c+\varepsilon_2}^b f(x)dx$$

若 $\lim\limits_{\varepsilon_1 \to 0^+} \int_a^{c-\varepsilon_1} f(x)dx$ 与 $\lim\limits_{\varepsilon_2 \to 0^+} \int_{c+\varepsilon_2}^b f(x)dx$ 至少有一个发散,则称瑕积分 $\int_a^b f(x)dx$ 发散.

【例 5.30】 求 $\int_0^1 \dfrac{1}{\sqrt{1-x^2}}dx$.

解 因为 $\lim\limits_{x \to 1^-} \dfrac{1}{\sqrt{1-x^2}} = +\infty$, 故 $x = 1$ 为 $\dfrac{1}{\sqrt{1-x^2}}$ 的瑕点,于是有

$$\int_0^1 \frac{1}{\sqrt{1-x^2}}dx = \lim_{\varepsilon \to 0^+} \int_0^{1-\varepsilon} \frac{1}{\sqrt{1-x^2}}dx = \lim_{\varepsilon \to 0^+} \arcsin x \mid_0^{1-\varepsilon} = \lim_{\varepsilon \to 0^+} \arcsin(1-\varepsilon) - 0 = \frac{\pi}{2}$$

例 5.30 的解法也可写成下述简单的形式,即

$$\int_0^1 \frac{1}{\sqrt{1-x^2}}dx = \arcsin x \mid_0^1 = \arcsin 1 - \arcsin 0 = \frac{\pi}{2}$$

【例 5.31】　讨论瑕积分 $\int_{-1}^1 \frac{1}{x^2}dx$ 的敛散性.

解　因为 $\lim_{x \to 0} \frac{1}{x^2} = +\infty$,故 $x = 0$ 为 $\frac{1}{x^2}$ 的瑕点. 而

$$\int_0^1 \frac{1}{x^2}dx = \lim_{\varepsilon \to 0^+} \int_{0+\varepsilon}^1 \frac{1}{x^2}dx = \lim_{\varepsilon \to 0^+} \left(-\frac{1}{x}\right)\bigg|_{0+\varepsilon}^1 = -1 + \lim_{\varepsilon \to 0^+} \frac{1}{\varepsilon} = +\infty$$

即 $\int_0^1 \frac{1}{x^2}dx$ 发散,则瑕积分 $\int_{-1}^1 \frac{1}{x^2}dx$ 发散.

【例 5.32】　求 $\int_0^1 \frac{1}{x^q}dx, q > 0$.

解　$\int_0^1 \frac{1}{x^q}dx = \lim_{\varepsilon \to 0^+} \int_\varepsilon^1 \frac{1}{x^q}dx = \lim_{\varepsilon \to 0^+} \frac{x^{1-q}}{1-q}\bigg|_\varepsilon^1 = \frac{1}{1-q} - \lim_{\varepsilon \to 0^+} \frac{\varepsilon^{1-q}}{1-q}$

当 $q < 1$ 时,因为 $\lim_{\varepsilon \to 0^+} \frac{\varepsilon^{1-q}}{1-q} = 0$,所以 $\int_0^1 \frac{1}{x^q}dx$ 收敛,且收敛于 $\frac{1}{1-q}$,当 $q \geqslant 1$ 时,因为极限 $\lim_{\varepsilon \to 0^+} \frac{\varepsilon^{1-q}}{1-q}$ 不存在,所以 $\int_0^1 \frac{1}{x^q}dx$ 发散. 即瑕积分 $\int_0^1 \frac{1}{x^q}dx(q > 0)$ 当 $q < 1$ 时收敛,且收敛于 $\frac{1}{1-q}$; 当 $q \geqslant 1$ 时发散,即

$$\int_0^1 \frac{1}{x^q}dx = \begin{cases} \dfrac{1}{1-q}, & q < 1 \\ +\infty, & q \geqslant 1 \end{cases}, q > 0$$

【例 5.33】　求 $I = \int_1^{+\infty} \frac{1}{x\sqrt{x^2-1}}dx$.

分析　此题既是一个无穷限广义积分,又是一个瑕积分(瑕点 $x = 1$),先令 $x = \sec t$ 进行换元.

解　$I = \int_1^{+\infty} \frac{1}{x\sqrt{x^2-1}}dx \xrightarrow{x = \sec t} \int_0^{\frac{\pi}{2}} \frac{\sec t \tan t}{\sec t \tan t}dt = \frac{\pi}{2}$

5.4.3　Γ 函数

下面给出在理论和应用上都具有重要意义的 Γ 函数.

定义 5.5　广义积分 $\Gamma(t) = \int_0^{+\infty} x^{t-1}e^{-x}dx(t > 0)$ 是变量 t 的函数,称为 Γ 函数.

由于 Γ 函数表达式的复杂性,只给出 Γ 函数的几个重要性质,略去了这些性质的证明过程.

性质 1 Γ 函数收敛.

性质 2(递推公式) $\Gamma(t+1) = t\Gamma(t)$.

特殊地,当 $t = n$ 为正整数时,有

$$\Gamma(n+1) = \int_0^{+\infty} x^n e^{-x} \mathrm{d}x = n!$$

性质 3 当 $t \to 0^+$ 时,$\Gamma(t) \to +\infty$.

性质 4(余元公式) $\Gamma(t)\Gamma(1-t) = \dfrac{\pi}{\sin \pi t}, 0 < t < 1$.

特殊地,当 $t = \dfrac{1}{2}$ 时,有

$$\Gamma\left(\frac{1}{2}\right) = \sqrt{\pi}$$

性质 5 $\displaystyle\int_0^{+\infty} e^{-x^2} x^t \mathrm{d}x = \frac{1}{2}\Gamma\left(\frac{1+t}{2}\right), t > -1$.

上式左端是应用上常见的积分,它的值可以通过上式用 Γ 函数计算.

性质 6 $\displaystyle\int_0^{+\infty} e^{-x^2} \mathrm{d}x = \frac{\sqrt{\pi}}{2}$.

上式左端的积分是概率论中常用的积分,其证明过程将在第 6 章给出.

对任何 $t > 0$,$\Gamma(t)$ 的计算都可利用性质 2 的递推公式化为对 $\Gamma(s)$,$s \in [1,2]$ 的计算. 而 $\Gamma(s)$,$s \in [1,2]$ 的值可以通过查 Γ 函数表直接得到,例如查表(由于 Γ 函数表使用较少,故本书中没有将 Γ 函数表列出供读者参考. 读者可自行参考:《数学手册》,人民教育出版社 1979 年版,第 1 312 ~ 1 314 页) 可知 $\Gamma(1.32) = 0.894\,6$,$\Gamma(1.5) = 0.886\,2$,则

$$\Gamma(3.32) = 2.32 \times 1.32 \times \Gamma(1.32) = 2.32 \times 1.32 \times 0.894\,6 \approx 2.739\,6$$

$$\Gamma(0.5) = \frac{1}{0.5}\Gamma(1.5) = 2 \times 0.886\,2 = 1.772\,4$$

5.5　定积分在几何学中的应用

5.5.1　定积分的元素法

定积分的所有应用问题,一般总可按"分割、求和、取极限"三个步骤将所求的量表示为定积分的形式. 为了更好地说明这种方法,先回顾 5.1 讨论过的求曲边梯形面积的问题.

求由曲线 $y = f(x)(f(x) \geqslant 0)$ 与直线 $x = a$,$x = b$ 及 x 轴所围成的曲边梯形的面积的步骤为:

（1）分割　　用任意一组分点将区间 $[a,b]$ 分成长度为 $\Delta x_i(i=1,2,\cdots,n)$ 的 n 个小区间，相应地将曲边梯形分成 n 个小曲边梯形，记第 i 个小曲边梯形的面积为 ΔS_i，则

$$\Delta S_i \approx f(\xi_i)\Delta x_i, x_{i-1} \leqslant \xi_i \leqslant x_i, i=1,2,\cdots,n$$

（2）求和　　面积 S 的近似值为

$$S = \Delta S_1 + \Delta S_2 + \cdots + \Delta S_n \approx \sum_{i=1}^{n} f(\xi_i)\Delta x_i$$

（3）取极限　　面积 S 的精确值为

$$S = \lim_{\Delta x \to 0} \sum_{i=1}^{n} f(\xi_i)\Delta x_i = \int_a^b f(x)\,\mathrm{d}x$$

其中 $\Delta x = \max_i\{\Delta x_i\}$.

由上述过程可以看出，当将区间 $[a,b]$ 分割成 n 个小区间时，所求面积 S（**总量**）也被相应地分割成 n 个小曲边梯形（**部分量**），而所求总量等于各部分量之和（即 $S = \sum_{i=1}^{n} \Delta S_i$），这一性质称为所求总量对于区间 $[a,b]$ 具有**可加性**. 此外，以 $f(\xi_i)\Delta x_i$ 近似代替部分量 ΔS_i 时，其误差是一个比 Δx_i 更高阶的无穷小. 这两点保证了求和、取极限后能得到所求总量的精确值.

对上述分析过程，在实际应用中可略去其下标，改写如下：

（1）分割　　将区间 $[a,b]$ 分割成 n 个小区间,任取其中一个小区间 $[x,x+\mathrm{d}x]$（区间微元）,用 ΔS 表示 $[x,x+\mathrm{d}x]$ 上小曲边梯形的面积,于是,所求面积

$$S = \sum \Delta S$$

取 $[x,x+\mathrm{d}x]$ 的左端点 x 为 ξ,以点 x 处的函数值 $f(x)$ 为高,以 $\mathrm{d}x$ 为底的小矩形的面积 $f(x)\mathrm{d}x$（**面积微元**,记为 $\mathrm{d}S$) 作为 ΔS 的近似值,见图 5.8,即

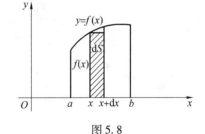

图 5.8

$$\Delta S \approx \mathrm{d}S = f(x)\,\mathrm{d}x$$

（2）求和　　面积 S 的近似值为

$$S \approx \sum \mathrm{d}S = \sum f(x)\,\mathrm{d}x$$

（3）取极限　　面积 S 的精确值为

$$A = \lim \sum f(x)\,\mathrm{d}x = \int_a^b f(x)\,\mathrm{d}x$$

由上述分析,抽象出在应用学科中广泛采用的将所求量 U（总量）表示为定积分的方法 —— **微元法**,这个方法的主要步骤如下：

（1）由分割写出微元　　根据具体问题,选取一个积分变量,例如 x 为积分变量,并确定它的变化区间 $[a,b]$,任取 $[a,b]$ 的一个区间微元 $[x,x+\mathrm{d}x]$,求出相应于这个区间微元上部分

量 ΔU 的近似值,即求出所求总量 U 的**微元**

$$dU = f(x)\,dx$$

(2)由微元写出积分　根据 $dU = f(x)\,dx$ 写出表示总量 U 的定积分

$$U = \int_a^b dU = \int_a^b f(x)\,dx$$

5.5.2　平面图形的面积

根据定积分的几何意义,对于函数 $f(x) \geqslant 0$,定积分 $\int_a^b f(x)\,dx$ 表示由曲线 $y = f(x)$ 与直线 $x = a, x = b$ 以及 x 轴所围成的曲边梯形的面积. 被积表达式 $f(x)\,dx$ 就是面积微元 dS ,即

$$dS = f(x)\,dx$$

至于一般的平面图形面积的计算,总是可以归结为计算若干个曲边梯形的面积. 下面分别就四种情况进行讨论.

(1)由连续曲线 $y = f(x)$,直线 $x = a, x = b$ 与 x 轴所围成的平面图形的面积(图 5.9)为

$$S = \int_a^b |f(x)|\,dx$$

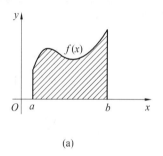
(a)

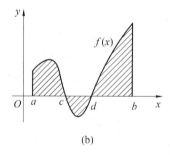
(b)

图 5.9

在图 5.9(a)中

$$S = \int_a^b f(x)\,dx \tag{5.10}$$

在图 5.9(b)中

$$S = \int_a^c f(x)\,dx - \int_c^d f(x)\,dx + \int_d^b f(x)\,dx \tag{5.11}$$

(2)由两条连续曲线 $y = f(x), y = g(x)$ 与直线 $x = a, x = b$ 所围成的平面图形的面积(图 5.10)为

$$S = \int_a^b |f(x) - g(x)|\,dx$$

在图 5.10(a)中

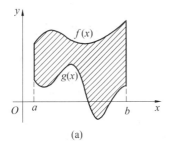 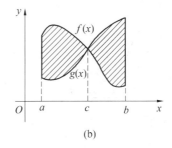

$$(a) \qquad\qquad (b)$$

图 5.10

$$S = \int_a^b [f(x) - g(x)] \mathrm{d}x \qquad\qquad (5.12)$$

在图 5.10(b) 中

$$S = \int_a^c [f(x) - g(x)] \mathrm{d}x + \int_c^b [g(x) - f(x)] \mathrm{d}x \qquad\qquad (5.13)$$

(3) 由连续曲线 $x = \varphi(y)$,直线 $y = c, y = d$ 与 y 轴所围成的平面图形的面积(图 5.11) 为

$$S = \int_c^d |\varphi(y)| \mathrm{d}y$$

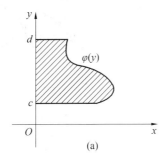 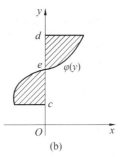

$$(a) \qquad\qquad (b)$$

图 5.11

在图 5.11(a) 中

$$S = \int_c^d \varphi(y) \mathrm{d}y \qquad\qquad (5.14)$$

在图 5.11(b) 中

$$S = \int_e^d \varphi(y) \mathrm{d}y - \int_c^e \varphi(y) \mathrm{d}y \qquad\qquad (5.15)$$

(4) 由两条连续曲线 $x = \varphi(y), x = \psi(y)$ 与直线 $y = c, y = d$ 所围成的平面图形的面积 (图 5.12) 为

$$S = \int_c^d |\varphi(y) - \psi(y)| \mathrm{d}y$$

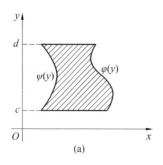 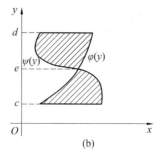

(a)　　　　　　　　　　　　　(b)

图 5.12

在图 5.12(a) 中

$$S = \int_c^d \left[\varphi(y) - \psi(y) \right] \mathrm{d}y \tag{5.16}$$

在图 5.12(b) 中

$$S = \int_c^e \left[\psi(y) - \varphi(y) \right] \mathrm{d}y + \int_e^d \left[\varphi(y) - \psi(y) \right] \mathrm{d}y \tag{5.17}$$

【例 5.34】 求由曲线 $y^2 = x$ 和 $y = x^2$ 所围成的平面图形的面积.

解 如图 5.13 所示阴影部分即为所求的平面图形.

联立方程组 $\begin{cases} y^2 = x \\ y = x^2 \end{cases}$,解得 $x_1 = 0, x_2 = 1$,即曲线 $y^2 = x$ 与 $y = x^2$ 交于 $(0,0)$ 和 $(1,1)$ 两点. 选 x 为积分变量,面积微元 $\mathrm{d}S = (\sqrt{x} - x^2)\mathrm{d}x$,而 x 的变化范围为 $[0,1]$,则有

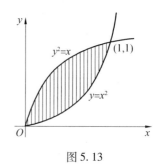

图 5.13

$$S = \int_0^1 (\sqrt{x} - x^2)\mathrm{d}x = \left(\frac{2x^{\frac{3}{2}}}{3} - \frac{x^3}{3} \right) \Big|_0^1 = \frac{2}{3} - \frac{1}{3} - 0 = \frac{1}{3}$$

若选 y 为积分变量,面积微元 $\mathrm{d}S = (\sqrt{y} - y^2)\mathrm{d}y$,且 y 的变化范围也为 $[0,1]$,则有

$$S = \int_0^1 (\sqrt{y} - y^2)\mathrm{d}y = \left(\frac{2y^{\frac{3}{2}}}{3} - \frac{y^3}{3} \right) \Big|_0^1 = \frac{2}{3} - \frac{1}{3} - 0 = \frac{1}{3}$$

【例 5.35】 求由曲线 $y^2 = 2x$ 和 $y = x - 4$ 所围成的平面图形的面积.

解 如图 5.14 所示阴影部分即为所求的平面图形.

联立方程组 $\begin{cases} y^2 = 2x \\ y = x - 4 \end{cases}$,解得 $x_1 = 2, x_2 = 8$,即曲线 $y^2 = 2x$ 与 $y = x - 4$ 交于 $(2, -2)$ 和 $(8,4)$ 两点. 选 y 为积分变量,面积微元为

$$dS = \left(y + 4 - \frac{y^2}{2} \right) dy$$

则 y 的变化范围为 $[-2,4]$，即有

$$S = \int_{-2}^{4} \left(y + 4 - \frac{y^2}{2} \right) dy =$$

$$\left(\frac{y^2}{2} + 4y - \frac{y^3}{6} \right) \bigg|_{-2}^{4} = 18$$

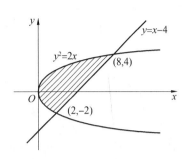

图 5.14

【例 5.36】　求由曲线 $y = \sin x$ 和 $y = \cos x$ 在 $x = 0$ 与 $x = \frac{\pi}{2}$ 之间所围成的平面图形的面积.

解　如图 5.15 所示阴影部分即为所求的平面图形.

令 $\begin{cases} y = \sin x \\ y = \cos x \end{cases}$，解得 $x = \frac{\pi}{4}$，即曲线 $y = \sin x$ 和 $y = \cos x$ 在 $\left[0, \frac{\pi}{2} \right]$ 交于一点 $x = \frac{\pi}{4}$. 在 $\left(0, \frac{\pi}{4} \right)$ 内，$\cos x > \sin x$，面积微元为 $dS = (\cos x - \sin x) dx$；在 $\left(\frac{\pi}{4}, \frac{\pi}{2} \right)$ 内，$\sin x > \cos x$，面积微元为

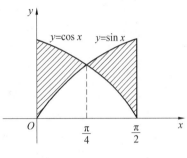

图 5.15

$$dS = (\sin x - \cos x) dx$$

故

$$S = \int_{0}^{\frac{\pi}{4}} (\cos x - \sin x) dx + \int_{\frac{\pi}{4}}^{\frac{\pi}{2}} (\sin x - \cos x) dx = 2(\sqrt{2} - 1)$$

【例 5.37】　已知由曲线 $y = 1 - x^2 (0 \leqslant x \leqslant 1)$ 及 $x = 0, y = 0$ 所围成的区域被抛物线 $y = ax^2 (a > 0)$ 分为面积相等的两部分，求 a 的值.

解　见图 5.16，抛物线 $y = ax^2$ 将曲线 $y = 1 - x^2 (0 \leqslant x \leqslant 1)$ 及 $x = 0, y = 0$ 所围成的区域分成两部分，面积分别记为 S_1 和 S_2.

令 $S = S_1 + S_2$，则由题意，有 $S_1 = \frac{S}{2}$.

令 $\begin{cases} y = ax^2 \\ y = 1 - x^2 \end{cases}$，解得 $x = \frac{1}{\sqrt{1+a}}$（负舍），则有

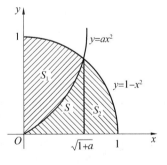

图 5.16

199

$$S = \int_0^1 (1 - x^2)\,\mathrm{d}x = \left(x - \frac{x^3}{3} \right) \Big|_0^1 = 1 - \frac{1}{3} = \frac{2}{3}$$

而

$$S_1 = \int_0^{\frac{1}{\sqrt{1+a}}} (1 - x^2 - ax^2)\,\mathrm{d}x = \left[x - \frac{(1+a)x^3}{3} \right] \Big|_0^{\frac{1}{\sqrt{1+a}}} = \frac{2}{3\sqrt{1+a}}$$

又由 $S_1 = \dfrac{S}{2}$,得 $\dfrac{2}{3\sqrt{1+a}} = \dfrac{1}{3}$,即 $a = 3$.

5.5.3　立体的体积

1. 平行截面面积为已知的立体的体积

设有一个立体位于垂直于 x 轴的两个平面 $x = a$ 与 $x = b (a < b)$ 之间,见图 5.17. 若该立体被垂直于 x 轴的平面所截的截面面积为 x 的已知连续函数 $S(x) (a \leqslant x \leqslant b)$,任取其中一个区间微元 $[x, x + \mathrm{d}x]$,相应于该微元的一薄片的体积近似于底面积为 $S(x)$,高为 $\mathrm{d}x$ 的扁圆柱体的体积,即体积微元

$$\mathrm{d}V = S(x)\,\mathrm{d}x$$

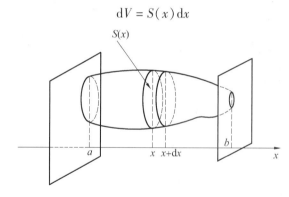

图 5.17

则该立体的体积为

$$V = \int_a^b S(x)\,\mathrm{d}x \tag{5.18}$$

证明　在区间 (a, b) 内任取一个小区间 $[x, x + \Delta x]$,过点 x 与 $x + \Delta x$ 分别作垂直于 x 轴的平面,它们在立体中截出一个小薄片的立体. 当 Δx 很小时,这个小薄片立体的体积可以用以 $S(x)$ 为底,以 Δx 为高的小柱体的体积近似,即

$$\Delta V \approx S(x)\Delta x$$

于是有

$$\mathrm{d}V = S(x)\,\mathrm{d}x$$

从而有

$$V = \int_a^b dV = \int_a^b S(x) \, dx$$

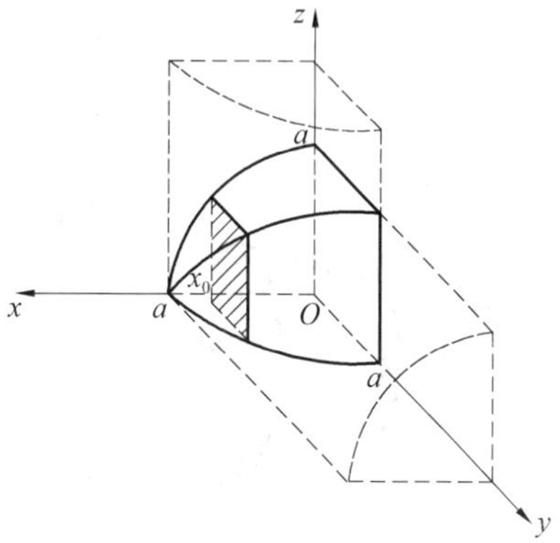

【例 5.38】　求由两个圆柱面 $x^2 + y^2 = a^2$ 与 $z^2 + x^2 = a^2 (a > 0)$ 所围成的立体的体积.

解　如图 5.18 所示为该立体在第一卦限部分的图象(占整体的 $\dfrac{1}{8}$).

对任意一点 $x_0 \in [0, a]$,平面 $x = x_0$ 与这部分立体的截面是一个边长为 $\sqrt{a^2 - x_0^2}$ 的正方形,所以截面面积为

$$S(x_0) = a^2 - x_0^2, x_0 \in [0, a]$$

而由 x_0 的任意性,可得截面面积函数 $S(x)$ 为

$$S(x) = a^2 - x^2, x \in [0, a]$$

则体积微元为

$$dV = (a^2 - x^2) \, dx$$

由式(5.18),有

$$V = 8 \int_0^a S(x) \, dx = 8 \int_0^a (a^2 - x^2) \, dx = 8 \left(a^2 x - \frac{1}{3} x^3 \right) \Big|_0^a = \frac{16}{3} a^3$$

图 5.18

2. 旋转体的体积

由一个平面图形绕该平面内一条直线旋转一周而成的立体称为**旋转体**,这条直线称为**旋转轴**.

例如,圆柱可视为由矩形绕它的一条边旋转一周而成的立体,圆锥可视为直角三角形绕它的一条直角边旋转一周而成的立体,而球体可视为半圆绕它的直径旋转一周而成的立体.

这里主要考虑以 x 轴和 y 轴为旋转轴的旋转体的体积.

(1) 由连续曲线 $y = f(x)$,直线 $x = a, x = b$ 及 x 轴所围成的平面图形绕 x 轴旋转一周而得的旋转体的体积,记为 V_x.

见图 5.19,用过点 $x(x \in [a, b])$ 且垂直于 x 轴的平面截该旋转体,所得的截面是半径为 $|f(x)|$ 的圆,其面积为

$$\pi [f(x)]^2$$

则体积微元为 $dV_x = \pi [f(x)]^2 dx$,由式(5.18),有

$$V_x = \int_a^b dV_x = \int_a^b \pi [f(x)]^2 dx = \pi \int_a^b [f(x)]^2 dx \tag{5.19}$$

(2) 由连续曲线 $x = \varphi(y)$,直线 $y = c, y = d$ 及 y 轴所围成的平面图形绕 y 轴旋转一周而得

的旋转体的体积,记为 V_y.

见图 5.20,类似于上述方法,可得

$$V_y = \int_c^d \pi \left[\varphi(y) \right]^2 \mathrm{d}y = \pi \int_c^d \left[\varphi(y) \right]^2 \mathrm{d}y \qquad (5.20)$$

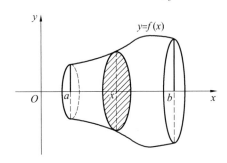

图 5.19

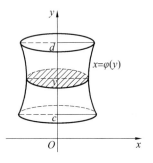

图 5.20

【例 5.39】 求由直线 $y = 2x$,$x = 1$ 及 x 轴所围的平面图形绕 x 轴旋转一周所得的旋转体的体积.

解 如图 5.21 所示阴影部分为所围成的平面图形.

此平面图形绕 x 轴旋转一周所得的旋转体为圆锥体,则体积微元为 $\mathrm{d}V_x = \pi (2x)^2 \mathrm{d}x$,故体积为

$$V_x = \pi \int_0^1 y^2 \mathrm{d}x = \pi \int_0^1 (2x)^2 \mathrm{d}x = \frac{4\pi x^3}{3} \Big|_0^1 = \frac{4\pi}{3}$$

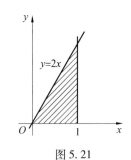

图 5.21

【例 5.40】 求椭圆 $\dfrac{x^2}{a^2} + \dfrac{y^2}{b^2} = 1 (a,b > 0)$ 分别绕 x 轴和 y 轴旋转所得到的旋转体的体积 V_x 和 V_y.

解 如图 5.22 所示为椭圆 $\dfrac{x^2}{a^2} + \dfrac{y^2}{b^2} = 1$ 的图形.

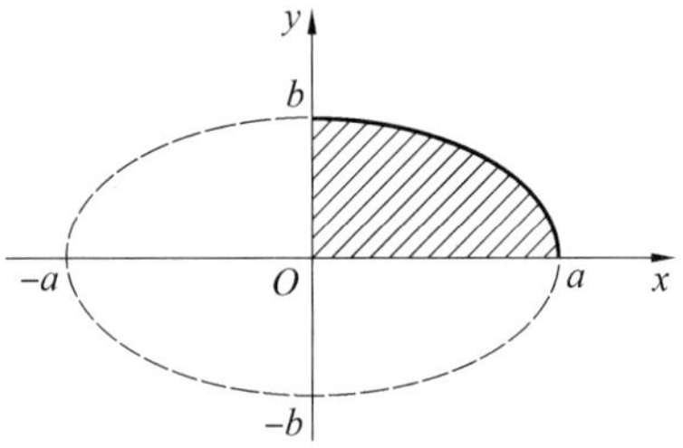

由于图形关于坐标轴对称,故只需考虑第一象限内的曲边梯形绕坐标轴旋转所得到的旋转体的体积.

绕 x 轴旋转所得的旋转体的体积为

$$V_x = 2\pi \int_0^a y^2 \mathrm{d}x = 2\pi \int_0^a \frac{b^2}{a^2} (a^2 - x^2) \mathrm{d}x$$

图 5.22

$$= \frac{2\pi b^2}{a^2} \left(a^2 x - \frac{x^3}{3} \right) \bigg|_0^a = \frac{4}{3}\pi ab^2$$

类似地,绕 y 轴旋转得到的旋转体的体积为

$$V_y = 2\pi \int_0^b x^2 \mathrm{d}y = 2\pi \int_0^b \frac{a^2}{b^2}(b^2 - y^2)\mathrm{d}y = \frac{2\pi a^2}{b^2} \left(b^2 y - \frac{y^3}{3} \right) \bigg|_0^b = \frac{4}{3}\pi a^2 b$$

【**例5.41**】　已知平面图形 D 由曲线 $y = \mathrm{e}^x, y = \mathrm{e}^{-x}$ 及直线 $x = 1$ 所围成,求

（1）平面图形 D 的面积；（2）该平面图形 D 绕 x 轴旋转一周所围成的旋转体的体积 V_x.

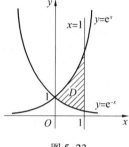

图 5.23

解　由曲线 $y = \mathrm{e}^x, y = \mathrm{e}^{-x}$ 及直线 $x = 1$ 所围成的平面图形见图 5.23.

（1）平面图形 D 的面积为

$$S = \int_0^1 (\mathrm{e}^x - \mathrm{e}^{-x})\mathrm{d}x = (\mathrm{e}^x + \mathrm{e}^{-x}) \bigg|_0^1 = \mathrm{e} + \mathrm{e}^{-1} - 2$$

（2）旋转体的体积 V_x 为

$$V_x = \pi \int_0^1 \left[(\mathrm{e}^x)^2 - (\mathrm{e}^{-x})^2 \right] \mathrm{d}x = \pi \int_0^1 (\mathrm{e}^{2x} - \mathrm{e}^{-2x})\mathrm{d}x = \pi \left(\frac{\mathrm{e}^{2x}}{2} + \frac{\mathrm{e}^{-2x}}{2} \right) \bigg|_0^1$$

$$= \frac{\pi}{2}(\mathrm{e}^2 + \mathrm{e}^{-2} - 2)$$

【**例5.42**】　证明由曲线 $y = f(x)(f(x) > 0)$,直线 $y = 0, x = a$ 及 $x = b(0 < a < b)$ 围成的平面图形绕 y 轴旋转一周所形成的立体的体积 V_y 为

$$V_y = 2\pi \int_a^b x f(x) \mathrm{d}x \qquad (5.21)$$

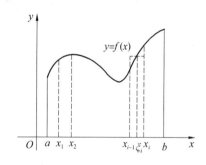

图 5.24

证明　由曲线 $y = f(x)(f(x) > 0)$,直线 $y = 0, x = a$ 及 $x = b(0 < a < b)$ 围成的平面图形见图 5.24.

（1）用分点 $a = x_0 < x_1 < x_2 < \cdots < x_{n-1} < x_n = b$ 将区间 $[a,b]$ 分成 n 个小区间,第 i 个小区间为 $[x_{i-1}, x_i](i = 1, 2, \cdots, n)$,其长度分别为 $\Delta x_i = x_i - x_{i-1}(i = 1, 2, \cdots, n)$,同时将平面图形分成 n 个小曲边梯形.

（2）第 i 个小曲边梯形绕 y 轴旋转所形成的旋转体可近似看成高为 $f(\xi_i)$,内径为 x_{i-1},外径为 x_i 的圆筒,其体积近似为

$$\Delta V_i = \pi x_i^2 f(\xi_i) - \pi x_{i-1}^2 f(\xi_i) = \pi(x_i - x_{i-1})(x_i + x_{i-1})f(\xi_i)$$

$$= \pi \Delta x_i (2x_i - \Delta x_i)f(\xi_i) \approx 2\pi x_i f(\xi_i) \Delta x_i$$

所以,平面图形绕 y 轴旋转所成的旋转体的体积为

$$V \approx 2\pi \sum_{i=1}^{n} x_i f(\xi_i) \Delta x_i$$

(3)记 $\Delta x = \max_i \{\Delta x_i\}$,令 $\Delta x \to 0$,则由定积分的定义,有

$$V = \lim_{n \to \infty} 2\pi \sum_{i=1}^{n} x_i f(\xi_i) \Delta x_i = 2\pi \int_a^b x f(x) \mathrm{d}x$$

例如,由曲线 $y = x(x-1)(x-2)$,直线 $y = 0, x = 2$ 及 $x = 3$ 围成的平面图形绕 y 轴旋转一周所形成的立体的体积 V_y 为

$$V_y = 2\pi \int_2^3 x^2(x-1)(x-2)\mathrm{d}x = 2\pi \int_2^3 (x^4 - 3x^3 + 2x^2)\mathrm{d}x$$

$$= 2\pi \left(\frac{x^5}{5} - \frac{3x^4}{4} + \frac{2x^3}{3} \right) \bigg|_2^3 = \frac{367\pi}{30}$$

5.6 经济应用实例:投资回收期与基尼系数

5.6.1 已知边际函数求总量函数

若已知总量函数(如总成本函数、总收入函数、总利润函数)的边际函数(如边际成本、边际收入、边际利润),则可以利用定积分理论求出总量函数,这是定积分在经济应用中最典型、最常见的一类情形. 例如:已知边际成本 $C'(Q)$,边际收入 $R'(Q)$,固定成本 $C_0 = C(0)$,则有

总成本函数

$$C(Q) = \int_0^Q C'(t)\mathrm{d}t + C_0 \tag{5.22}$$

总收入函数

$$R(Q) = \int_0^Q R'(t)\mathrm{d}t \tag{5.23}$$

总利润函数

$$L(Q) = \int_0^Q [R'(t) - C'(t)]\mathrm{d}t - C_0 \tag{5.24}$$

由式(5.22)和式(5.23)可知,当产量(或销售量)Q 从 Q_0 增加到 $Q_1(0 \leqslant Q_0 < Q_1)$ 时,总成本、总收入和总利润的增量分别为

$$\Delta C = \int_{Q_0}^{Q_1} C'(Q)\mathrm{d}Q, \Delta R = \int_{Q_0}^{Q_1} R'(Q)\mathrm{d}Q, \Delta L = \int_{Q_0}^{Q_1} L'(Q)\mathrm{d}Q = \int_{Q_0}^{Q_1} [R'(Q) - C'(Q)]\mathrm{d}Q$$

有时,由边际函数还可以求最优问题.

【例5.43】 假设某产品的边际收入函数为 $R'(Q) = -Q + 9$(万元/万台),边际成本函数为 $C'(Q) = \dfrac{Q}{4} + 4$(万元/万台),其中产量 Q 以万台为单位.

（1）求产量 Q 由 4 万台增加到 5 万台时利润的增量；

（2）求当产量为多少时，所获利润最大.

解　（1）边际利润为

$$L'(Q) = R'(Q) - C'(Q) = (-Q + 9) - \left(\frac{Q}{4} + 4\right) = -\frac{5Q}{4} + 5$$

由增量公式，有

$$\Delta L = \int_4^5 L'(Q)\,\mathrm{d}Q = \int_4^5 \left(-\frac{5Q}{4} + 5\right)\mathrm{d}Q = -\frac{5}{8}（万元）$$

故在 4 万台基础上再生产 1 万台，利润不但未增加，反而减少了.

（2）令 $L'(Q) = 0$，即 $R'(Q) = C'(Q)$，亦即

$$-Q + 9 = \frac{Q}{4} + 4$$

解得 $Q = 4$（万台）. 而 $L''(4) = -\dfrac{5}{4} < 0$，故 $Q = 4$ 为 $L(Q)$ 的最大值，即产量为 4 万台时利润最大，由此结果可知问题（1）中利润减少的原因.

5.6.2　定积分在其他经济问题中的应用

1. 均匀货币流的总价值与投资回收期的计算

在第 1 章中已经知道，若初始年（$t = 0$）将资金 A_0 一次性存入银行，年利率为 r，则这笔资金以连续复利方式结算的 t 年未来值即为

$$A_t = A_0 \mathrm{e}^{rt}$$

但如果采用的是**均匀货币流**的存款方式，即货币像水流一样以定常流量源源不断地流入银行（类似于"零存整取"），则计算 t 年末的资金总价值就可以采用定积分的方法. 现用微元法分析如下：

设 T 年内有一均匀货币流，年流量为 a，则在 $[t, t + \mathrm{d}t]$ 时间段内的货币流量为 $a\mathrm{d}t$，于是可得该货币流 T 年末总价值的微元为

$$\mathrm{d}A_T = a\mathrm{d}t \cdot \mathrm{e}^{r(T-t)} = a\mathrm{e}^{rT} \cdot \mathrm{e}^{-rt}\mathrm{d}t$$

从而该货币流 T 年末的总价值为

$$A_T = \int_0^T \mathrm{d}A_T = a\mathrm{e}^{rT}\int_0^T \mathrm{e}^{-rt}\mathrm{d}t = a\mathrm{e}^{rT}\left(-\frac{\mathrm{e}^{-rt}}{r}\right)\Bigg|_0^T = \frac{a}{r}(\mathrm{e}^{rT} - 1) \tag{5.25}$$

据此，可以求得它的贴现价值为

$$A_0 = A_T \mathrm{e}^{-rT} = \frac{a}{r}(\mathrm{e}^{rT} - 1) \cdot \mathrm{e}^{-rT} = \frac{a}{r}(1 - \mathrm{e}^{-rT}) \tag{5.26}$$

即该均匀货币流 T 年末的总价值相当于初始年一次性存款 $A_0 = \dfrac{a}{r}(1 - \mathrm{e}^{-rT})$ 的本利所得.

了解了这一点，可以确定投资的回收期. **投资回收期**是使累计的经济效益等于最初的投资

费用所需的时间,它是反映某项目在财务上投资回收能力的重要指标. 由式(5.26),解得投资回收期为

$$T = \frac{1}{r}\ln\frac{a}{a - A_0 r} \tag{5.27}$$

例如:某企业投资 $A_0 = 800$(万元),年利率为 $r = 5\%$,在20年内的均匀收入率(即年均匀货币流)为 $a = 200$(万元/年). 则由式(5.26),该投资所获得的总收入的现值为

$$A_0 = \frac{200}{0.05}(1 - e^{-0.05 \times 20}) = 4\,000(1 - e^{-1}) \approx 2\,528.4(万元)$$

由式(5.27),投资回收期为

$$T = \frac{1}{0.05}\ln\frac{200}{200 - 800 \times 0.05} = 20\ln 1.25 \approx 4.46(年)$$

2. 洛伦兹曲线和基尼系数

洛伦兹(M. O. Lorenz)**曲线**用以比较和分析一个国家在不同时代或者不同国家在同一时代的国民收入不平等情况,该曲线作为一个总结收入和财富分配信息的便利的图形方法得到广泛应用. 通过洛伦兹曲线,可以直观地看出一个国家收入分配平等或不平等的状况.

见图5.25,如果将社会上的人口按收入由低到高划分为若干个阶层,并以 $p(0 \le p \le 1)$ 表示他们占总人口的比例,以 $r(0 \le r \le 1)$ 表示相应人口在国民收入中所占份额的大小,则动点 (p, r) 的轨迹就是所谓的**洛伦兹曲线**,记为 $r = f(p)$,它表示总人口中收入最低的 $100p\%$ 所拥有的收入占总收入的累积比例为 $100f(p)\%$.

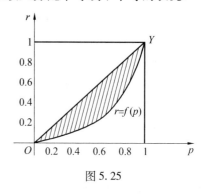

图 5.25

如果社会收入的分配是完全平等的,即 20% 的人口拥有国民收入的 20%,40% 的人口拥有国民收入的40%,……,则洛伦兹曲线就是图 5.25 中的直线 OY,称为**绝对平等线**;而反映实际收入的洛伦兹曲线则是直线 OY 下方的一条凹的曲线,该曲线与直线 OY 越接近,表明收入分配越平等,与直线 OY 越远,表明收入分配越不平等.

通常,把洛伦兹曲线与直线 OY 之间的面积 A(即图 5.25 所示阴影部分面积)所占 $\triangle OPY$ 面积的比例作为衡量社会收入不平等程度的一个指标,称为**基尼**(Gini)**系数**,记作 G. 实际上,$0 \le G \le 1$. G 最小等于 0,表示收入分配绝对平均;最大等于 1,表示收入分配绝对不平均. 联合国有关组织规定:基尼系数若低于 0.2 表示收入高度平均;位于 0.2 ~ 0.3 之间表示比较平均;位于 0.3 ~ 0.4 之间表示相对合理;位于0.4 ~ 0.5之间表示收入差距较大;0.6 以上表示收入差距悬殊.

根据基尼系数的定义,可知

$$G = \frac{A}{\frac{1}{2}} = 2A = 2\int_0^1 [p - f(p)]\,dp = 1 - 2\int_0^1 f(p)\,dp \qquad (5.28)$$

这就是计算基尼系数的公式,其中 $f(0) = 0, f(1) = 1$.

例如:某国某年国民收入在国民之间分配的洛伦兹曲线可近似地由 $r = p^2 (p \in [0,1])$ 表示,见图 5.26,则有

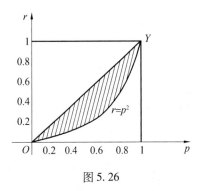

$$A = \frac{1}{2} - \int_0^1 f(p)\,dp = \frac{1}{2} - \int_0^1 p^2\,dp$$

$$= \frac{1}{2} - \frac{p^3}{3}\bigg|_0^1 = \frac{1}{2} - \frac{1}{3} = \frac{1}{6}$$

该国的基尼系数为

$$G = \frac{A}{\frac{1}{2}} = \frac{\frac{1}{6}}{\frac{1}{2}} = \frac{1}{3}$$

图 5.26

据此可以计算出 $r\mid_{p=0.5} = 0.25$,即该国收入较低的 50% 的人口只拥有国民总收入的 25%.

伸延■阅读　**科学史上著名公案 —— 牛顿 – 莱布尼茨之争**

1665 年夏天,因为英国爆发鼠疫,剑桥大学暂时关闭.刚刚获得学士学位、准备留校任教的牛顿被迫离校到他母亲的农场住了一年多.这一年多被称为"奇迹年",牛顿对三大运动定律、万有引力定律和光学的研究都开始于这个时期.在研究这些问题过程中他发现了他称为"流数术"的微积分.他在 1666 年写下了一篇关于流数术的短文,之后又写了几篇有关文章.但是这些文章当时都没有公开发表,只是在一些英国科学家中流传.

首次发表有关微积分研究论文的是德国哲学家莱布尼茨.莱布尼茨在 1675 年已发现了微积分,但是也不急于发表,只是在手稿和通信中提及这些发现.1684 年,莱布尼茨正式发表他对微分的发现.两年后,他又发表了有关积分的研究.在瑞士人贝努里兄弟的大力推动下,莱布尼茨的方法很快传遍了欧洲.到 1696 年时,已有微积分的教科书出版.

起初没有人来争夺微积分的发现权.1699 年,移居英国的一名瑞士人一方面为了讨好英国人,另一方面由于与莱布尼茨的个人恩怨,指责莱布尼茨的微积分是剽窃自牛顿的流数术,但此人并无威望,遭到莱布尼茨的驳斥后,就没了下文.1704 年,牛顿在其光学著作的附录中首次完整地发表了流数术.当年出现了一篇匿名评论,反过来指责牛顿的流数术是剽窃自莱布尼茨的微积分.

于是究竟是谁首先发现了微积分,就成了一个需要解决的问题.1711 年,苏格兰科学家、英国王家学会会员约翰·凯尔在致王家学会书记的信中,指责莱布尼茨剽窃了牛顿的成果,只不过用不同的符号表示法改头换面.同样身为王家学会会员的莱布尼茨提出抗议,要求王家学会禁止凯尔的诽谤.王家学会组成一个委员会调查此事,在次年发布的调查报告中认定牛顿首先发现了微积分,并谴责莱布尼茨有意隐瞒他知道牛顿的研究工作.此时牛顿是王家学会的会长,虽然在公开的场合假装与这个事件无关,但是这篇调查报告其实是牛顿本人起草的.他还匿名写了一篇攻击莱布尼茨的长篇文章.

当然,争论并未因为这个偏向性极为明显的调查报告的出笼而平息.事实上,这场争论一直延续到了现在.没有人,包括莱布尼茨本人,否认牛顿首先发现了微积分.问题是,莱布尼茨是否独立地发现了微积分? 莱布尼茨是否剽窃了牛顿的发现?

1673 年,在莱布尼茨创建微积分的前夕,他曾访问伦敦.虽然他没有见过牛顿,但是与一些英国数学家见面讨论过数学问题.其中有的数学家的研究与微积分有关,甚至有可能给莱布尼茨看过牛顿的有关手稿.莱布尼茨在临死前承认他看过牛顿的一些手稿,但是又说这些手稿对他没有价值.

此外,莱布尼茨长期与英国王家学会书记、图书馆员通信,从中了解到英国数学研究的进展.1676 年,莱布尼茨甚至收到过牛顿的两封信,信中概述了牛顿对无穷级数的研究.虽然这些通信后来被牛顿的支持者用来反对莱布尼茨,但是它们并不含有创建微积分所需要的详细信息.莱布尼茨在创建微积分的过程中究竟受到了英国数学家多大的影响,恐怕没人能说得清.

后人在莱布尼茨的手稿中发现他曾经抄录牛顿关于流数术的论文的段落,并将其内容改用他发明的微积分符号表示.这个发现似乎对莱布尼茨不利.但是,我们无法确定的是,莱布尼茨是什么时候抄录的? 如果是在他创建微积分之前,从某位英国数学家那里看到牛顿的手稿时抄录的,那当然可以做为莱布尼茨剽窃的铁证.但是他也可能是在 1704 年牛顿发表该论文时才抄录的,此时他本人的有关论文早已发表多年了.

后人通过研究莱布尼茨的手稿还发现,莱布尼茨和牛顿是从不同的思路创建微积分的:牛顿是为解决运动问题,先有导数概念,后有积分概念;莱布尼茨则反过来,受其哲学思想的影响,先有积分概念,后有导数概念.牛顿仅仅是把微积分当做物理研究的数学工具,而莱布尼茨则意识到了微积分将会给数学带来一场革命.这些似乎又表明莱布尼茨像他一再声称的那样,是自己独立地创建微积分的.

即使莱布尼茨不是独立地创建微积分,他也对微积分的发展做出了重大贡献.莱布尼茨对微积分表述得更清楚,采用的符号系统比牛顿的更直观、合理,被普遍采纳沿用至今.因此现在的教科书一般把牛顿和莱布尼茨共同列为微积分的创建者.

实际上,如果这个事件发生在现在的话,莱布尼茨会毫无争议地被视为微积分的创建者,因为现在的学术界遵循的是谁先发表谁就拥有发现权的原则,反对长期对科学发现秘而不宣.

至于两人之间私下的恩怨,谁说得清呢? 尤其是在有国家荣耀、民族情绪参与其中时,更难以达成共识.牛顿与莱布尼茨之争,演变成了英国科学界与德国科学界、乃至与整个欧洲大陆科学界的对抗.英国数学家此后在很长一段时间内不愿接受欧洲大陆数学家的研究成果.他们坚持教授、使用牛顿那套落后的微积分符号和过时的数学观念,使得英国的数学研究停滞了一个多世纪,直到 1820 年才愿意承认其他国家的数学成果,重新加入国际主流.

　　牛顿与莱布尼茨之争无损于莱布尼茨的名声,对英国的科学事业却是一场灾难.虽然说"科学没有国界,但是科学家有祖国"(巴斯德语),但是让民族主义干扰了科学研究,就很容易变成了科学也有国界,被排斥于国际科学界之外,反而妨碍了本国的科学发展.

习 题 五

1. 利用定积分的几何意义,说明下列各等式:

(1) $\int_0^1 2x\mathrm{d}x = 1$;

(2) $\int_0^1 \sqrt{1 - x^2}\,\mathrm{d}x = \dfrac{\pi}{4}$;

(3) $\int_{-\pi}^{\pi} \sin x\mathrm{d}x = 0$;

(4) $\int_{-\frac{\pi}{2}}^{\frac{\pi}{2}} \cos x\mathrm{d}x = 2\int_0^{\frac{\pi}{2}} \cos x\mathrm{d}x$.

2. 不求积分,比较下列各组积分值的大小:

(1) $\int_0^1 x^2\mathrm{d}x$ 与 $\int_0^1 x^5\mathrm{d}x$;

(2) $\int_1^2 x^3\mathrm{d}x$ 与 $\int_1^2 x^4\mathrm{d}x$;

(3) $\int_0^{\frac{\pi}{2}} x\mathrm{d}x$ 与 $\int_0^{\frac{\pi}{2}} \sin x\mathrm{d}x$;

(4) $\int_1^2 \ln x\mathrm{d}x$ 与 $\int_1^2 (\ln x)^2\mathrm{d}x$;

(5) $\int_0^1 \left(\dfrac{1}{2}\right)^x\mathrm{d}x$ 与 $\int_0^1 \left(\dfrac{1}{3}\right)^x\mathrm{d}x$;

(6) $\int_0^1 \mathrm{e}^x\mathrm{d}x$ 与 $\int_0^1 \mathrm{e}^{x^2}\mathrm{d}x$;

(7) $\int_0^5 \mathrm{e}^{-x}\mathrm{d}x$ 与 $\int_0^5 \mathrm{e}^x\mathrm{d}x$;

(8) $\int_0^{\frac{\pi}{2}} \sin^2 x\mathrm{d}x$ 与 $\int_0^{\frac{\pi}{2}} \sin^4 x\mathrm{d}x$.

3. 求下列函数的导数 $f'(x)$:

(1) $f(x) = \int_0^x \cos^2 t\mathrm{d}t$;

(2) $f(x) = \int_1^{x^3} \mathrm{e}^{t^2}\mathrm{d}t$;

(3) $f(x) = \int_x^{-1} \ln(1 + t^2)\,\mathrm{d}t$;

(4) $f(x) = \int_0^{x^2} \sqrt{1 + t^2}\,\mathrm{d}t$;

(5) $f(x) = \int_{x^2}^{x^3} \dfrac{1}{\sqrt{1 + t^2}}\mathrm{d}t$;

(6) $f(x) = \int_{\sin x}^{\cos x} \cos(\pi t^2)\,\mathrm{d}t$.

4. 求下列各极限:

(1) $\lim\limits_{x \to 0} \dfrac{\int_0^x \sin t^3\mathrm{d}t}{x^4}$;

(2) $\lim\limits_{x \to 0} \dfrac{\int_0^x \arctan t\mathrm{d}t}{x^2}$;

$(3) \lim\limits_{x \to 0} \dfrac{\displaystyle\int_{\cos x}^{1} \mathrm{e}^{-t^2}\mathrm{d}t}{x^2};$ 　　　　　　$(4) \lim\limits_{x \to 0} \dfrac{\displaystyle\int_{0}^{x^2} \sqrt{1+t^2}\,\mathrm{d}t}{x^2};$

$(5) \lim\limits_{x \to 0} \dfrac{\left(\displaystyle\int_{0}^{x} \mathrm{e}^{t^2}\mathrm{d}t\right)^2}{\displaystyle\int_{0}^{x} t\mathrm{e}^{2t^2}\mathrm{d}t};$ 　　　　$(6) \lim\limits_{x \to +\infty} \dfrac{\displaystyle\int_{0}^{x} (\arctan t)^2\mathrm{d}t}{\sqrt{x^2+1}}.$

5. 利用牛顿 — 莱布尼茨公式计算下列积分:

$(1) \displaystyle\int_{1}^{2}\left(x^2 + \dfrac{1}{x^4}\right)\mathrm{d}x;$ 　　　　$(2) \displaystyle\int_{-1}^{\sqrt{3}} \dfrac{1}{1+x^2}\mathrm{d}x;$

$(3) \displaystyle\int_{0}^{a} (3x^2 - x + 1)\mathrm{d}x;$ 　　　　$(4) \displaystyle\int_{-\frac{1}{2}}^{\frac{1}{2}} \dfrac{1}{\sqrt{1-x^2}}\mathrm{d}x;$

$(5) \displaystyle\int_{-1}^{0} \dfrac{3x^4 + 3x^2 + 1}{x^2 + 1}\mathrm{d}x;$ 　　　$(6) \displaystyle\int_{0}^{\frac{\pi}{4}} \tan^2\theta\mathrm{d}\theta;$

$(7) \displaystyle\int_{0}^{2} (\mathrm{e}^x - x)\mathrm{d}x;$ 　　　　　$(8) \displaystyle\int_{0}^{2} |1 - x|\mathrm{d}x;$

$(9) \displaystyle\int_{0}^{2} f(x)\mathrm{d}x,$ 其中 $f(x) = \begin{cases} x + 1, & x \leqslant 1 \\ \dfrac{x^2}{2}, & x > 1 \end{cases}.$

6. 用换元积分法求下列积分:

$(1) \displaystyle\int_{0}^{4} \dfrac{x + 2}{\sqrt{2x + 1}}\mathrm{d}x;$ 　　　　$(2) \displaystyle\int_{0}^{4} \dfrac{1}{1 + \sqrt{t}}\mathrm{d}t;$

$(3) \displaystyle\int_{0}^{2} \dfrac{1}{\sqrt{x+1} + \sqrt{(x+1)^3}}\mathrm{d}x;$ 　$(4) \displaystyle\int_{-2}^{1} \dfrac{1}{(11 + 5x)^3}\mathrm{d}x;$

$(5) \displaystyle\int_{-1}^{1} \dfrac{x}{\sqrt{5 - 4x}}\mathrm{d}x;$ 　　　　$(6) \displaystyle\int_{4}^{9} \dfrac{\sqrt{x}}{\sqrt{x} - 1}\mathrm{d}x;$

$(7) \displaystyle\int_{0}^{5} \dfrac{2x^2 + 3x - 5}{x + 3}\mathrm{d}x;$ 　　　$(8) \displaystyle\int_{\frac{3}{4}}^{1} \dfrac{1}{\sqrt{1 - x} - 1}\mathrm{d}x;$

$(9) \displaystyle\int_{0}^{16} \dfrac{1}{\sqrt{x + 9} - \sqrt{x}}\mathrm{d}x;$ 　　$(10) \displaystyle\int_{0}^{1} \dfrac{x}{1 + x^4}\mathrm{d}x;$

$(11) \displaystyle\int_{0}^{2} |(1 - x)^5|\,\mathrm{d}x;$ 　　　$(12) \displaystyle\int_{1}^{2} \dfrac{\sqrt{x^2 - 1}}{x}\mathrm{d}x;$

$(13) \displaystyle\int_{0}^{1} \sqrt{4 - x^2}\,\mathrm{d}x;$ 　　　$(14) \displaystyle\int_{\frac{\sqrt{2}}{2}}^{1} \dfrac{\sqrt{1 - x^2}}{x^2}\mathrm{d}x;$

$(15) \displaystyle\int_{0}^{a} x^2\sqrt{a^2 - x^2}\,\mathrm{d}x, a > 0;$ 　$(16) \displaystyle\int_{1}^{\sqrt{3}} \dfrac{1}{x^2\sqrt{1 + x^2}}\mathrm{d}x;$

$(17)\int_0^{\sqrt{2}a}\dfrac{x}{\sqrt{3a^2-x^2}}\mathrm{d}x, a>0;$

$(18)\int_{-1}^1\dfrac{x}{(x^2+1)^2}\mathrm{d}x;$

$(19)\int_{\frac{\pi}{3}}^{\pi}\sin\left(x+\dfrac{\pi}{3}\right)\mathrm{d}x;$

$(20)\int_0^{\frac{\pi}{2}}\sin\varphi\cos^3\varphi\mathrm{d}\varphi;$

$(21)\int_{\frac{\pi}{3}}^{\frac{\pi}{2}}\cos^2 u\mathrm{d}u;$

$(22)\int_0^{\pi}(1-\sin^3\theta)\mathrm{d}\theta;$

$(23)\int_0^{\pi}\sqrt{\sin^3 x-\sin^5 x}\mathrm{d}x;$

$(24)\int_{-\frac{\pi}{2}}^{\frac{\pi}{2}}\sqrt{\cos x-\cos^3 x}\mathrm{d}x;$

$(25)\int_0^{\pi}\sqrt{1+\cos 2x}\mathrm{d}x;$

$(26)\int_0^{\frac{\pi}{4}}\tan^3 x\mathrm{d}x;$

$(27)\int_{\pi}^{2\pi}\dfrac{x+\cos x}{x^2+2\sin x}\mathrm{d}x;$

$(28)\int_0^{\frac{\pi}{4}}\tan x\ln\cos x\mathrm{d}x;$

$(29)\int_0^{\ln 2}\sqrt{\mathrm{e}^x-1}\mathrm{d}x;$

$(30)\int_0^1 t\mathrm{e}^{-\frac{t^2}{2}}\mathrm{d}t;$

$(31)\int_1^{\mathrm{e}^3}\dfrac{1}{x\sqrt{1+\ln x}}\mathrm{d}x;$

$(32)\int_1^2\dfrac{\mathrm{e}^{\frac{1}{x}}}{x^2}\mathrm{d}x;$

$(33)\int_{-\frac{1}{2}}^{\frac{1}{2}}\dfrac{(\arcsin x)^2}{\sqrt{1-x^2}}\mathrm{d}x;$

$(34)\int_{\ln 3}^{\ln 8}\sqrt{1+\mathrm{e}^x}\mathrm{d}x;$

$(35)\int_0^{\ln 5}\dfrac{\mathrm{e}^x}{\mathrm{e}^x+3}\sqrt{\mathrm{e}^x-1}\mathrm{d}x;$

$(36)\int_0^{\pi}\dfrac{\sin x}{1+\cos^2 x}\mathrm{d}x.$

7. 设函数

$$f(x)=\begin{cases}\mathrm{e}^{2x}, & x\geqslant 0\\ x^2, & -1<x<0\end{cases}$$

求 $\int_1^4 f(x-2)\mathrm{d}x.$

8. 用分部积分法求下列积分：

$(1)\int_0^1\ln(1+x)\mathrm{d}x;$

$(2)\int_0^{\frac{\pi}{4}}x\sin x\mathrm{d}x;$

$(3)\int_0^1 x\mathrm{e}^{-x}\mathrm{d}x;$

$(4)\int_1^{\mathrm{e}}x\ln x\mathrm{d}x;$

$(5)\int_0^1\arctan x\mathrm{d}x;$

$(6)\int_0^1\mathrm{e}^{-\sqrt{x}}\mathrm{d}x;$

$(7)\int_0^1\ln(1+x^2)\mathrm{d}x;$

$(8)\int_0^{\frac{1}{2}}\arcsin x\mathrm{d}x;$

(9) $\int_0^{\frac{\pi^2}{4}} \cos \sqrt{x}\, dx$;

(10) $\int_0^1 (x-1) e^x dx$;

(11) $\int_1^e (\ln x)^3 dx$;

(12) $\int_1^e \sin(\ln x)\, dx$;

(13) $\int_{\frac{1}{2}}^1 e^{\sqrt{2x-1}}\, dx$;

(14) $\int_0^{\frac{\pi}{2}} e^x \cos x\, dx$.

9. 判断下列广义积分的敛散性;若收敛,求其值.

(1) $\int_1^{+\infty} \frac{1}{x^4}\, dx$;

(2) $\int_1^{+\infty} \frac{1}{\sqrt{x}}\, dx$;

(3) $\int_{-\infty}^{+\infty} \frac{x}{1+x^2}\, dx$;

(4) $\int_{-\infty}^0 e^{2x}\, dx$;

(5) $\int_0^{+\infty} \sin x\, dx$;

(6) $\int_0^{+\infty} x e^{-x}\, dx$;

(7) $\int_e^{+\infty} \frac{\ln x}{x}\, dx$;

(8) $\int_0^1 \frac{1}{\sqrt[3]{x}}\, dx$;

(9) $\int_0^1 \ln x\, dx$;

(10) $\int_0^2 \frac{1}{(1-x)^2}\, dx$;

(11) $\int_0^1 \frac{x}{\sqrt{1-x^2}}\, dx$.

10. 求由下列各曲线所围成的平面图形的面积:

(1) $y=x^3, y=2x$;

(2) $y=\ln x, y=0, x=e$;

(3) $y=e^x, y=e, x=0$;

(4) $y=\frac{1}{x}, y=x, x=2$;

(5) $4y^2=x+1, 3y=x-6$;

(6) $y=\sin x, y=\sin 2x, x=0, x=\pi$;

(7) $y=x^2+1, x+y=3$.

11. 求椭圆 $\frac{x^2}{a^2}+\frac{y^2}{b^2}=1$ 所围成的平面图形的面积.

12. 求由下列已知曲线围成的图形绕指定轴旋转而形成的旋转体的体积:

(1) $y=x^3, y=8, x=0$,绕 y 轴;

(2) $y=\frac{1}{x}, x=1, x=4$,绕 x 轴;

(3) $y=x^2, y^2=x$,绕 x 轴;

(4) $y=\cos x, x=0, x=\pi, y=0$,绕 x 轴;

(5) $y=e^x, x=0, x=1, y=0$,绕 x 轴;

(6) $y=x^2, y=2-x^2$,绕 x 轴和 y 轴.

13. 已知某产品的总产量 $Q(t)$ 的变化率是时间 t 的函数

$$q(t) = at^2 + bt + c$$

其中 a, b, c 都是常数. 求当 $Q(0) = 0$ 时, 总产量与时间的函数关系式 $Q(t)$.

14. 已知生产某产品 Q 单位时的边际收入为

$$R'(Q) = -2Q + 100(单位:元)$$

求生产 40 单位产品时的总收入及平均收入, 并求再增加生产 10 单位产品时总收入的增加量.

15. 已知某产品的边际收入为 $R'(Q) = -2Q + 25$, 边际成本为 $C'(Q) = -4Q + 13$, 固定成本 $C_0 = 10$. 求当 $Q = 5$ 时的总利润.

16. 某企业生产 Q 吨产品时的边际成本为

$$C'(Q) = \frac{1}{50}Q + 30(元/t)$$

且固定成本为 900 元. 求产量为多少 t 时平均成本最低?

17. 有一个大型投资项目, 投资成本为 $A_0 = 10\,000$(万元), 投资年利率为 $r = 5\%$, 每年的均匀收入率为 $a = 2\,000$(万元). 求该投资为无限期时的总收入的现值.

第6章

Chapter 6

多元函数的微积分

╔══════════════════╗
  学习目标和要求
╚══════════════════╝

1. 了解空间解析及平面点集的相关知识, 认识常见的空间曲面; 掌握多元函数的定义域、极限求法, 判别多元函数的连续性.

2. 掌握多元函数的偏导数、高阶偏导数及全微分的概念及求法; 掌握多元复合函数和隐函数的微分法, 会求各类复合函数和隐函数的偏导数.

3. 掌握多元函数极值与最值的判别与求解方法, 并应用其解决实际问题; 掌握求解多元函数条件极值的方法 —— 拉格朗日乘数法, 能将实际问题转化为条件极值问题.

4. 了解二重积分的概念及几何意义, 掌握二重积分的简单性质, 并会利用其进行简单计算; 掌握二重积分的计算方法, 灵活运用直角坐标和极坐标计算二重积分.

前面几章讨论的函数均只有一个自变量, 即一元函数. 但在许多实际问题中往往需要考虑多方面的因素, 反应在数学上, 就是函数依赖于多个变量的情况. 因此需要引入多元函数的概念.

本章将在一元函数的基础上, 讨论多元函数的微积分理论. 因为二元函数和一般的多元函数没有本质的区别, 因此, 本章以讨论二元函数为主.

6.1　空间解析几何基本知识

6.1.1　平面点集和区域

在一元函数中,曾使用过邻域和区间的概念,由于讨论多元函数的需要,有必要了解平面上的点集和区域等概念.

二元有序实数组 (x,y) 的全体,即 $\mathbf{R}^2 = \{(x,y) \mid x,y \in \mathbf{R}\}$ 就表示坐标平面,通常记为 xOy 平面.

坐标平面上具有某种性质 P 的点的集合,称为**平面点集**,记作
$$E = \{(x,y) \mid (x,y) \text{ 具有性质 } P\}$$

例如,平面上以原点为中心,以 r 为半径的圆内所有点的集合为
$$C = \{(x,y) \mid x^2 + y^2 < r^2\}$$

与一元函数类似,为了讨论二元函数,下面引入 $\mathbf{R}^2$ 中邻域的概念.

定义 6.1　设 $P_0(x_0,y_0)$ 为 xOy 平面上的点, δ 为某一正数. 与点 $P_0(x_0,y_0)$ 距离小于 δ 的点 $P(x,y)$ 的全体,称为点 P_0 的 δ 邻域,记作 $U(P_0, \delta)$,即

$$U(P_0,\delta) = \{(x,y) \mid (x - x_0)^2 + (y - y_0)^2 < \delta^2\}$$

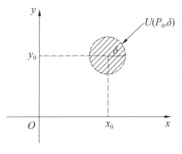

图 6.1

在几何上, $U(P_0,\delta)$ 就是 xOy 平面上以点 $P_0(x_0,y_0)$ 为中心, δ 为半径的圆内部的点 $P(x,y)$ 的全体,见图 6.1 阴影部分.

定义 6.2　去掉邻域 $U(P_0,\delta)$ 的中心 $P_0(x_0, y_0)$ 后的点集称为点 P_0 的去心 δ 邻域,记作 $\mathring{U}(P_0,\delta)$,即
$$\mathring{U}(P_0,\delta) = \{(x,y) \mid 0 < (x - x_0)^2 + (y - y_0)^2 < \delta^2\}$$

下面利用邻域来描述点与点集之间的关系. 设 D 为 xOy 平面上的一个点集, P_0 为平面上任意一点,则 P_0 与 D 的关系有以下 3 种:

若存在 $\delta > 0$,使 $U(P_0,\delta) \subset D$,则称点 P_0 为点集 D 的**内点**.

若存在 $\delta > 0$,使 $U(P_0,\delta) \cap D = \varnothing$,则称点 P_0 为点集 D 的**外点**.

若点 P_0 的任一邻域内既含有属于 D 的点,又含有不属于 D 的点,则称点 P_0 为点集 D 的**边界点**.

D 的边界点的全体,称为 D 的**边界**.

注意 D 的内点必属于 D;D 的外点必不属于 D;而 D 的边界点可能属于 D,也可能不属于 D.

【例 6.1】 考察平面点集:$D = \{(x,y) \mid 1 < x^2 + y^2 \leqslant 3\}$.

满足 $1 < x^2 + y^2 < 3$ 的点 (x,y) 均为 D 的内点;满足 $x^2 + y^2 = 1$ 的点 (x,y) 均为 D 的边界点,它们均不属于 D;满足 $x^2 + y^2 = 3$ 的点 (x,y) 也为 D 的边界点,但它们均属于 D;D 的边界为 $\{(x,y) \mid x^2 + y^2 = 1$ 或 $x^2 + y^2 = 3\}$;满足 $x^2 + y^2 < 1$ 或 $x^2 + y^2 > 3$ 的点 (x,y) 都是 D 的外点.

根据点与点集之间的关系,再来定义一些重要的平面点集.

若点集 D 内任意一点均为内点,则称 D 为**开集**.

设 D 为一个开集,P_1 和 P_2 为 D 内任意两点,如果在 D 内存在折线可以将 P_1 与 P_2 连接起来,则称 D 为**区域**(或**开区域**).区域与其边界所构成的集合称为**闭区域**.

若区域 D 可以被一个以原点为中心的圆包含,则称 D 为**有界区域**;否则就称 D 为**无界区域**.

【例 6.2】 点集 $\{(x,y) \mid 1 \leqslant x^2 + y^2 \leqslant 4\}$ 为有界闭区域;点集 $\{(x,y) \mid x + 2y > 0\}$ 为无界区域;点集 $\{(x,y) \mid 1 < x^2 + y^2 < 16\}$ 为有界区域.

6.1.2 空间直角坐标系

实数 x 与数轴上的点 x 是一一对应的,二元有序数组 (x,y) 与平面上的点 $P(x,y)$ 是一一对应的,类似的建立空间直角坐标系,可以把三元有序数组 (x,y,z) 与空间中的点建立一一对应的关系.

在空间中任取一点 O,过点 O 作三条相互垂直的数轴 Ox,Oy,Oz,取定正方向,各数轴上再规定一个共同的单位长度,这就构成了一个**空间直角坐标系**,记作 $Oxyz$,并称 O 为**坐标原点**,称数轴 Ox,Oy,Oz 为**坐标轴**,简称 x 轴,y 轴,z 轴.称由两坐标轴决定的平面为**坐标平面**,简称 xOy 平面,yOz 平面,zOx 平面.

对于空间直角坐标系中三个坐标轴的正方向的确定,通常采用**右手系**.所谓右手系是指将右手的拇指、食指和中指伸成相互垂直的状态.若拇指、食指分别指向 x 轴、y 轴正向,中指则指向 z 轴正向,见图 6.2.

每个坐标平面将空间分成两个半空间.如图 6.2 所示 xOy 平面将空间分成上、下两个半空间;yOz 平面将空间分成前,后两个半空间;zOx 平面将空间分成左、右两个半空间.

三个坐标平面将空间分成八个部分,每一部分称为一个**卦限**,上半空间中,含有 x 轴,y 轴和 z 轴正半轴的那个卦限称为**第一卦限**,俯视按逆时针方向依次为**第二卦限**,**第三卦限**,**第四卦限**.下半空间,第一卦限之下的称为**第五卦限**,俯视按逆时针方向依次为**第六卦限**,**第七卦限**,**第八卦限**,这八个卦限分别用字母 Ⅰ,Ⅱ,Ⅲ,Ⅳ,Ⅴ,Ⅵ,Ⅶ,Ⅷ 表示,见图 6.3.

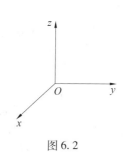

图 6.2

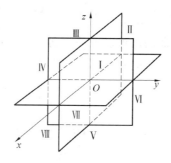

图 6.3

有了空间直角坐标系,就可以像平面那样规定空间中点的直角坐标. 设给定空间中一点 M,过点 M 作三个平行于坐标平面的平面,它们与 x 轴,y 轴,z 轴分别交于点 P,Q,R,交点所在坐标轴上的坐标分别为 x,y,z,则称点 M 对应的三个有序的实数为点 M 的**坐标**,记为

$$M = M(x,y,z)$$

其中 x,y,z 分别称为点 M 的**横坐标**,**纵坐标**,**竖坐标**,或称为 x 坐标,y 坐标,z 坐标. 空间内的点与三个有序数组建立了一一对应的关系.

【**例 6.3**】 原点 O 的坐标为 $(0,0,0)$;x 轴,y 轴和 z 轴上的点的坐标分别为 $(x,0,0)$,$(0,y,0)$ 和 $(0,0,z)$;xOy 面,yOz 面和 zOx 面上的点的坐标分别为 $(x,y,0)$,$(0,y,z)$ 和 $(x,0,z)$.

位于八个卦限中点的坐标都有各自的特征,请读者自行总结.

设 $P_1 = (x_1,y_1,z_1)$ 和 $P_2 = (x_2,y_2,z_2)$ 是空间中的任意两点,可以求得它们之间的距离为(见图 6.4)

$$d = \mid P_1 P_2 \mid = \sqrt{d_1^2 + (z_2 - z_1)^2} = \sqrt{(x_2 - x_1)^2 + (y_2 - y_1)^2 + (z_2 - z_1)^2} \quad (6.1)$$

特别地,空间中任意一点 $M(x,y,z)$ 到原点的距离为

$$\mid OM \mid = \sqrt{x^2 + y^2 + z^2} \quad (6.2)$$

【**例 6.4**】 证明以 $P_1 = (1,4,6)$,$P_2 = (2,8,5)$,$P_3 = (0,5,10)$ 三点为顶点的三角形是一个等腰三角形.

证明 $\mid P_1 P_2 \mid^2 = (2 - 1)^2 + (8 - 4)^2 + (5 - 6)^2 = 18$

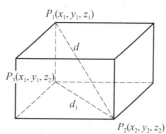

图 6.4

$$\mid P_1 P_3 \mid^2 = (0 - 1)^2 + (5 - 4)^2 + (10 - 6)^2 = 18$$
$$\mid P_2 P_3 \mid^2 = (0 - 2)^2 + (5 - 8)^2 + (10 - 5)^2 = 38$$

因为 $\mid P_1 P_2 \mid = \mid P_1 P_3 \mid$,所以 $\triangle P_1 P_2 P_3$ 为等腰三角形.

6.1.3 常见的空间曲面与方程

空间中任意曲面都可以理解为动点的轨迹,在此意义下,可以定义曲面方程.

定义 6.3 如果曲面 S 与三元方程

$$F(x,y,z) = 0 \qquad (6.3)$$

有下述关系:

(1) 曲面 S 上任意一点的坐标均满足方程 (6.3);

(2) 不在曲面 S 上的点的坐标均不满足方程 (6.3).

则方程 (6.3) 称为曲面 S 的方程,而曲面 S 就称为方程 (6.3) 的图形,见图 6.5.

常见的空间曲面主要有平面,柱面和旋转曲面.

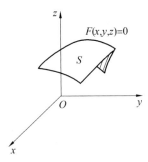

图 6.5

1.平面

空间平面方程的一般形式为

$$Ax + By + Cz + D = 0 \qquad (6.4)$$

其中 A,B,C,D 为常数,且 A,B,C 不全为 0.

【例 6.5】 空间平面方程为

$$Ax + By + Cz + D = 0$$

当 $A = B = D = 0, C \neq 0$ 时,平面方程为 $z = 0$,即为 xOy 面;当 $A = B = 0, C \neq 0, D \neq 0$ 时,平面方程为 $z = -\dfrac{D}{C}$,该平面为平行于 xOy 面的平面,与 z 轴交于 $\left(0,0,-\dfrac{D}{C}\right)$;当 $A = 0, B \neq 0, C \neq 0$ 时,平面方程为 $By + Cz + D = 0, D \neq 0$ 时平面平行于 x 轴,$D = 0$ 时平面过 x 轴;当 A,B,C,D 均不为 0 时,平面方程还可以写为 $\dfrac{x}{a} + \dfrac{y}{b} + \dfrac{z}{c} = 1$,其中 a,b,c 恰为

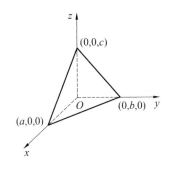

图 6.6

平面在 x 轴,y 轴,z 轴上的截距,当 $a,b,c > 0$ 时,平面 $\dfrac{x}{a} + \dfrac{y}{b} + \dfrac{z}{c} = 1$ 的图形见图 6.6.

2.柱面

平行于定直线并沿定曲线 C 移动的动直线 L 形成的轨迹称为**柱面**,定曲线 C 称为柱面的**准线**,动直线 L 称为柱面的**母线**,见图 6.7.

设柱面 S 的母线平行于 z 轴,准线 C 是 xOy 平面上的一条曲线,其方程为 $F(x,y)=0$. 在空间直角坐标系 $Oxyz$ 中,因为这个方程不含竖坐标 z,故对空间的点 $M(x,y,z)$,若其横坐标 x 和纵坐标 y 满足方程 $F(x,y)=0$,则说明点 $M_1(x,y,0)$ 在准线 C 上,于是推得点 $M(x,y,z)$ 就在过点 M_1 的母线上,即 M 在柱面 S 上. 反之,对柱面 S 上的任一点 $M(x,y,z)$,因为它在 xOy 平面上的垂足 $M_1(x,y,0)$ 在准线 C 上,故点 M 的横坐标 x 和纵坐标 y 满足方程 $F(x,y)=0$. 因此,柱面 S 的方程为

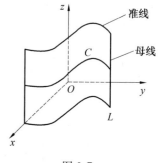

图 6.7

$$F(x,y)=0$$

一般地,只含有 x,y 而缺 z 的方程 $F(x,y)=0$,在空间直角坐标系中表示母线平行于 z 轴的柱面. 其准线为 xOy 面上的曲线 $\begin{cases} F(x,y)=0 \\ z=0 \end{cases}$.

类似地,只含有 x,z 而缺 y 的方程 $G(x,z)=0$ 和只含 y,z 而缺 x 的方程 $H(y,z)=0$ 分别表示母线平行于 y 轴和 x 轴的柱面.

【例 6.6】　方程 $x^2+y^2=r^2$ 表示怎样的曲面?

解　$x^2+y^2=r^2$ 表示空间的一个**圆柱面**,见图 6.8,它的母线平行于 Oz 轴,准线可以表示为

$$\begin{cases} x^2+y^2=r^2 \\ z=0 \end{cases}$$

实际上,如果 L 是 xOy 平面上方程为 $F(x,y)=0$ 的曲线,在空间,曲线 L 可以用联立方程组

$$\begin{cases} F(x,y)=0 \\ z=0 \end{cases}$$

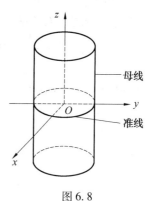

图 6.8

表示. 同样 zOx 平面和 yOz 平面上的曲线可分别表示为

$$\begin{cases} F(x,z)=0 \\ y=0 \end{cases}, \begin{cases} F(y,z)=0 \\ x=0 \end{cases}$$

另外,空间中任何曲线总可以理解为两个不同曲面 $F_1(x,y,z)=0$ 与 $F_2(x,y,z)=0$ 的交线,于是空间曲线方程可表示为

$$\begin{cases} F_1(x,y,z)=0 \\ F_2(x,y,z)=0 \end{cases}$$

【例6.7】 方程 $x^2 - y^2 = 1$ 表示母线平行于 Oz 轴,准线为双曲线 $\begin{cases} x^2 - y^2 = 1 \\ z = 0 \end{cases}$ 的**双曲柱面**,

见图 6.9,方程 $y^2 = 2px(p > 0)$ 表示**抛物柱面**,见图 6.10,方程 $\dfrac{x^2}{a^2} + \dfrac{y^2}{b^2} = 1, a, b > 0$ 表示**椭圆**

柱面.

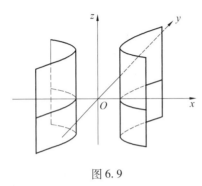

图 6.9 图 6.10

3. 旋转曲面

以一条平面曲线绕其平面上的一条直线旋转一周所形成的曲面称为**旋转曲面**,平面曲线和定直线分别称为旋转曲面的**母线**和**轴**.

设在 yOz 坐标面上有一已知曲线 C,它的方程为

$$f(y, z) = 0$$

把这曲线绕 z 轴旋转一周,就得到一个以 z 轴为轴的旋转曲面见图 6.11. 它的方程可以用

$$f(\pm\sqrt{x^2 + y^2}, z) = 0$$

表示.

同理,曲线 C 绕 y 轴或 x 轴旋转所形成的旋转曲面方程分别为

$$f(y, \pm\sqrt{x^2 + z^2}) = 0 \text{ 和 } f(x, \pm\sqrt{y^2 + z^2}) = 0$$

(1)**球面**

平面 $x = x_0$ 上的半圆 $(y - y_0)^2 + (z - z_0)^2 = R^2 (y > y_0), R > 0$ 绕直线 $y = y_0$ 旋转所形成的曲面为**球面**,通过坐标变换,可得到球面方程为

$$(x - x_0)^2 + (y - y_0)^2 + (z - z_0)^2 = R^2, R > 0$$

此方程表示球心在点 $M(x_0, y_0, z_0)$,半径为 R 的球面,见图 6.12.

特别地,方程 $x^2 + y^2 + z^2 = 2Rz(R > 0)$,表示球心在 $(0, 0, R)$,半径为 R,过坐标原点,并且与 xOy 面相切的球面,见图 6.13.

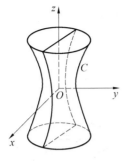

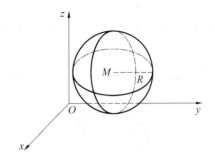

图 6.11

图 6.12

类似地,方程
$$x^2 + y^2 + z^2 = 2Rx(R > 0), x^2 + y^2 + z^2 = 2Ry(R > 0)$$
分别表示球心在点 $(R,0,0)$ 且与 yOz 面相切,球心在点 $(0,R,0)$ 且与 xOz 面相切的球面. 方程 $x^2 + y^2 + z^2 = R^2(R > 0)$,表示球心在原点,半径为 R 的球面,见图 6.14.

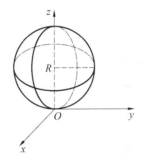

图 6.13

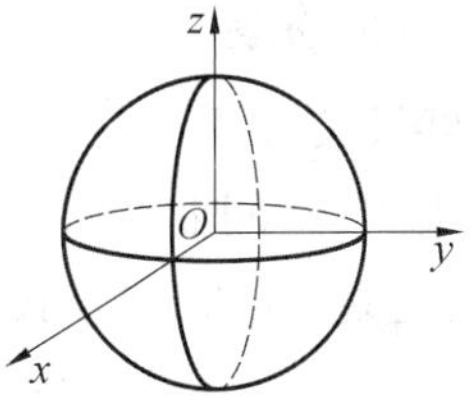

图 6.14

【例 6.8】　求球面方程为 $x^2 + y^2 + z^2 - 2x + 4y + 6z = 0$ 的球心与半径.

解　用配方法将原方程改写为
$$(x - 1)^2 + (y + 2)^2 + (z + 3)^2 - 14 = 0$$
即
$$(x - 1)^2 + (y + 2)^2 + (z + 3)^2 = 14$$
所以该球面的球心坐标为 $(1, -2, -3)$,半径为 $R = \sqrt{14}$.

(2)圆锥面

在 yOz 平面上,直线 L 的方程为 $z = y$,并绕 z 轴旋转得到圆锥面,其方程为
$$z^2 = x^2 + y^2$$
其图形见图 6.15.

特别地,圆锥面方程为 $z^2 = x^2 + y^2$ 即 $z = \pm\sqrt{x^2 + y^2}$,当 $z \geq 0$ 时为上半锥面,当 $z \leq 0$ 时,为下半锥面.

（3）旋转抛物面

yOz 面上的抛物线 $y^2 = z$ 绕 z 轴旋转形成的曲面的方程是

$$x^2 + y^2 = z$$

该曲面称为**旋转抛物面**,其图形见图 6.16.

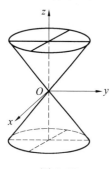

图 6.15

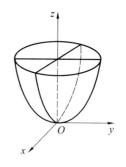

图 6.16

6.1.4　空间曲线

1. 空间曲线及其方程

前面已经提到,空间曲线 L 可以看成是两个曲面 S_1 和 S_2 的交线,见图 6.17.设 S_1 和 S_2 的方程分别为

$$F(x,y,z) = 0 \quad \text{和} \quad G(x,y,z) = 0$$

则曲线 L 上点的坐标应同时满足这两个方程,即满足方程组

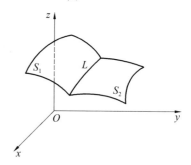

图 6.17

$$\begin{cases} F(x,y,z) = 0 \\ G(x,y,z) = 0 \end{cases} \quad\quad (6.5)$$

反之,若点 $M(x,y,z)$ 的坐标满足上面的方程组,则说明点 M 既在 S_1 上又在 S_2 上.称方程组 （6.5）为曲线 L 的**一般方程**.

2. 空间曲线在坐标面上的投影

以空间曲线 L 为准线,母线垂直于 xOy 面的柱面称为 L 对 xOy 面的**投影柱面**.投影柱面与 xOy 面的交线称为曲线 L 在 xOy 面上的**投影曲线**.

设空间曲线 L 的一般方程是 $\begin{cases} F(x,y,z) = 0 \\ G(x,y,z) = 0 \end{cases}$,现在来研究由此方程组消去 z 后所得的方程

$$H(x,y) = 0$$

而 $\begin{cases} H(x,y) = 0 \\ z = 0 \end{cases}$ 必然包含了空间曲线 L 在 xOy 面上的投影曲线.

同理,就得到包含曲线 L 在 yOz 面或 zOx 面上的投影曲线的曲线方程

$$\begin{cases} R(y,z) = 0 \\ x = 0 \end{cases} 或 \begin{cases} T(x,z) = 0 \\ y = 0 \end{cases}$$

【例 6.9】　求曲线 $L:\begin{cases} x^2 + y^2 + z^2 = 36 \\ y + z = 0 \end{cases}$ 在 xOy 面和 yOz 面上的投影曲线的方程.

解　先由所给方程组消去 z,有

$$x^2 + 2y^2 = 36$$

故曲线 L 在 xOy 面上的投影曲线方程为 $\begin{cases} x^2 + 2y^2 = 36 \\ z = 0 \end{cases}$

又由于曲线 L 的第二个方程 $y + z = 0$ 不含 x,故 $y + z = 0$ 即为所求,它在 yOz 面上表示一条直线,而 L 在 yOz 面上的投影只是该直线的一部分,即

$$\begin{cases} y + z = 0 \\ x = 0 \end{cases}, \ -3\sqrt{2} \leqslant y \leqslant 3\sqrt{2}$$

【例 6.10】　求曲线 $L:\begin{cases} x^2 + y^2 + z^2 = 2 \\ z = x^2 + y^2 \end{cases}$ 在 xOy 面上的投影.

解　将 $z = x^2 + y^2$ 代入 $x^2 + y^2 + z^2 = 2$ 得曲线的方程为

$$(x^2 + y^2)^2 + (x^2 + y^2) - 2 = 0$$

整理得 $(x^2 + y^2 - 1)(x^2 + y^2 + 2) = 0$,因此 $x^2 + y^2 = 1$.

所以曲线在 xOy 面上的投影方程为

$$\begin{cases} x^2 + y^2 = 1 \\ z = 0 \end{cases}$$

6.2　多元函数的基本概念

6.2.1　多元函数的定义

【例 6.11】　在西方经济学中,著名的柯布 — 道格拉斯(Cobb – Douglas) 生产函数为

$$Q = cK^{\alpha}L^{\beta}$$

这里 c,α,β 为常数,$L > 0, K > 0$ 分别表示投入的劳动力数量和资本数量,Q 表示产量. 当 K,L 的值给定时,Q 就有一确定值与之对应,可以称 Q 为 K,L 的**二元函数**.

【例 6.12】　两个天体之间的引力为

$$F = \frac{kM_1M_2}{r^2}$$

其中 M_1,M_2 分别为两个天体的质量,r 为两个天体之间的距离,k 为常数. 当 M_1,M_2,r 的值分别

给定时,F 就有一个确定的值与之对应,可以称 F 为 M_1, M_2, r 的**三元函数**.

由此可见,所谓多元函数是指因变量依赖于多个自变量的函数关系,下面给出二元函数的定义.

定义 6.4　设 D 为 xOy 平面上的一个点集,若对 D 中任意点 (x, y),按照某一确定的对应法则 f,均有唯一确定的实数 z 与之对应,则称变量 z 为 x, y 的二元函数,记为

$$z = f(x, y), (x, y) \in D$$

其中 x 和 y 为自变量,z 为因变量,点集 D 为函数的定义域.

与一元函数一样,定义域 D 和对应法则 f 是二元函数的两个决定性因素.

类似地,可以定义三元、四元、$\cdots$、n 元函数. 通常 n 元函数记为

$$y = f(x_1, x_2, \cdots, x_n), (x_1, x_2, \cdots, x_n) \in D$$

其中 $x_1, x_2, \cdots, x_n$ 为自变量,y 为因变量,f 为对应法则,D 为定义域.

二元函数的几何意义是表示三维空间中的一个曲面,其定义域 D 为该曲面在 xOy 平面上的投影.

【例 6.13】　求函数 $z = \ln(R^2 - x^2 - y^2) - \sqrt{x^2 + y^2 - r^2}$ $(0 < r < R)$ 的定义域.

解　要使函数 z 有意义,x, y 必须满足不等式 $R^2 - x^2 - y^2 > 0$ 和 $x^2 + y^2 - r^2 \geqslant 0$ 即 $r^2 \leqslant x^2 + y^2 < R^2$. 所以 z 的定义域为

$$D = \{(x, y) \mid r^2 \leqslant x^2 + y^2 < R^2\}$$

它是 xOy 面上的一个圆环,见图 6.18 阴影部分.

【例 6.14】　求函数 $z = \arcsin(x + y)$ 的定义域.

解　由已知得,当 x, y 满足 $|x + y| \leqslant 1$ 时函数才有意义,即 $-1 \leqslant x + y \leqslant 1$. 所以 z 的定义域为

$$D = \{(x, y) \mid -1 \leqslant x + y \leqslant 1\}$$

见图 6.19 阴影部分.

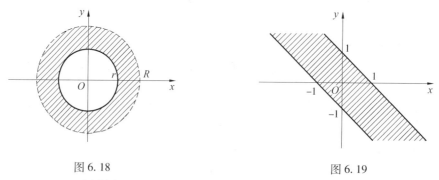

图 6.18　　　　　　　　　　　　　　图 6.19

6.2.2　二元函数的极限

在第 1 章中,一元函数的极限按照自变量 x 的趋近方式分为六种极限形式,可用 $x \to x_0$,

$x \to x_0^-, x \to x_0^+, x \to \infty, x \to +\infty$ 和 $x \to -\infty$ 来描述. 类似地,可以定义二元函数的极限.

定义 6.5　设二元函数 $z = f(x,y)$ 在点 $P_0(x_0, y_0)$ 的某去心邻域内有定义,A 是常数,若对任意给定的 $\varepsilon > 0$,总存在 $\delta > 0$,使得当 $0 < \sqrt{(x-x_0)^2 + (y-y_0)^2} < \delta$ 时,恒有

$$|f(x,y) - A| < \varepsilon$$

成立,则称当 $P(x,y) \to P_0(x_0, y_0)$ 时,函数 $f(x,y)$ 的极限为 A. 记作

$$\lim_{(x,y)\to(x_0,y_0)} f(x,y) = A \text{ 或 } f(x,y) \to A, (x,y) \to (x_0, y_0) \tag{6.6}$$

必须注意,所谓二元函数极限存在,是指 $P(x,y)$ 以任何方式趋近 $P_0(x_0, y_0)$ 时,$f(x,y)$ 都无限趋近于 A. 因此,如果当 $P(x,y)$ 以不同方式趋近 $P_0(x_0, y_0)$ 时,$f(x,y)$ 趋近于不同的值,就可以断定这个函数的极限不存在. 但要证明极限存在,情况比较复杂,对于二元函数的极限,只要求通过下面例题简单了解即可.

【例 6.15】　求下列函数的极限:

(1) $\displaystyle\lim_{(x,y)\to(0,2)} \frac{\sin xy}{x}$;$(2)$ $\displaystyle\lim_{(x,y)\to(0,0)} \frac{\sin(x^2+y^2)}{x^2+y^2}$;$(3)$ $\displaystyle\lim_{(x,y)\to(0,0)} \frac{xy}{x^2+y^2}$.

解　(1) $\displaystyle\lim_{(x,y)\to(0,2)} \frac{\sin xy}{x} = \lim_{(x,y)\to(0,2)} \frac{\sin xy}{xy} \cdot y$

$$= \lim_{(x,y)\to(0,2)} \frac{\sin xy}{xy} \cdot \lim_{(x,y)\to(0,2)} y = 1 \times 2 = 2;$$

(2) $\displaystyle\lim_{(x,y)\to(0,0)} \frac{\sin(x^2+y^2)}{x^2+y^2} \xlongequal{\text{令 } u = x^2+y^2} \lim_{u\to 0} \frac{\sin u}{u} = 1;$

(3) 当 (x,y) 沿斜率为 k 的直线趋于 $(0,0)$ 时,即 $y = kx (x \to 0)$

$$\lim_{\substack{(x,y)\to(0,0)\\y=kx}} \frac{xy}{x^2+y^2} = \lim_{x\to 0} \frac{kx^2}{x^2+k^2x^2} = \frac{k}{1+k^2}$$

随着 k 取值的不同,极限也不同,因此 $\displaystyle\lim_{(x,y)\to(0,0)} \frac{xy}{x^2+y^2}$ 不存在.

6.2.3　二元函数的连续性

与一元函数连续性定义相似,可以用二元函数的极限来定义二元函数的连续性.

定义 6.6　设二元函数 $z = f(x,y)$ 在点 $P_0(x_0, y_0)$ 的某邻域内有定义,若

$$\lim_{(x,y)\to(x_0,y_0)} f(x,y) = f(x_0, y_0)$$

则称函数 $f(x,y)$ 在点 $P_0(x_0, y_0)$ 处连续,否则称 $f(x,y)$ 在点 $P_0(x_0, y_0)$ 处间断(不连续).

若二元函数 $f(x,y)$ 在区域 D 内每一点都连续,则称 $f(x,y)$ **在 D 内连续**.

与一元函数类似,**二元初等函数**就是由 x 的初等函数,y 的初等函数及二者经过有限次四则运算和复合并能用一个统一解析式表示的函数. 例如,$\ln(x + \sqrt{x^2+y^2})$,$\mathrm{e}^{\sin xy}$,x^{2xy} 等均为二元初等函数. 二元初等函数在定义区域内是连续的. 所谓**定义区域**,是指包含在自然定义域

225

内的区域或闭区域.

若函数 $z = f(x,y)$ 在区域 D 内连续,则它的图象是一张连续的曲面.

由例 6.15(2)可知,函数

$$f(x,y) = \begin{cases} \dfrac{\sin(x^2 + y^2)}{x^2 + y^2}, & x^2 + y^2 \neq 0 \\ 1, & x^2 + y^2 = 0 \end{cases}$$

在 $(0,0)$ 点连续,因此 $f(x,y)$ 在全平面内连续.

而由例 6.15(3)可知,函数

$$f(x,y) = \begin{cases} \dfrac{xy}{x^2 + y^2}, & x^2 + y^2 \neq 0 \\ 1, & x^2 + y^2 = 0 \end{cases}$$

在 $(0,0)$ 点间断.

有界闭区域上的二元连续函数也有类似于一元连续函数的最值定理,介值定理和零值定理.

定理 6.1(最值定理)　若二元函数 $z = f(x,y)$ 在有界闭区域 D 上连续,则 $f(x,y)$ 在 D 上必有最大值 M 和最小值 m,即

$$m \leqslant f(x,y) \leqslant M$$

定理 6.2(介值定理)　若二元函数 $z = f(x,y)$ 在有界闭区域 D 上连续,M 和 m 分别是 $f(x,y)$ 在 D 上的最大值和最小值,则对任意 $C \in [m,M]$,至少存在一点 $P_0(x_0,y_0) \in D$,使得

$$f(x_0,y_0) = C$$

定理 6.3(零值定理)　若二元函数 $z = f(x,y)$ 在有界闭区域 D 上连续,且有点 $P_1(x_1,y_1)$,$P_2(x_2,y_2) \in D, f(x_1,y_1) \cdot f(x_2,y_2) < 0$,则至少存在一点 $P_0(x_0,y_0) \in D$,使得 $f(x_0,y_0) = 0$.

6.3　偏导数与全微分

6.3.1　偏导数的定义及其计算方法

研究一元函数时,从研究函数的变化率入手引入了导数的概念. 对于二元函数也存在类似的问题,但由于自变量多了一个,使得自变量与因变量的关系比一元函数复杂得多. 在考虑二元函数的因变量对自变量的变化率时,最简单的就是分别讨论因变量对每一个自变量的变化率.

定义 6.7　设函数 $z = f(x,y)$ 在点 $P_0(x_0,y_0)$ 的某一邻域内有定义,将 y 固定为 y_0,而 x 在 x_0 处有改变量 Δx 时,相应地函数有改变量

$$f(x_0 + \Delta x,y_0) - f(x_0,y_0)$$

若

$$\lim_{\Delta x \to 0} \frac{f(x_0 + \Delta x, y_0) - f(x_0, y_0)}{\Delta x} \tag{6.7}$$

存在,则称此极限为函数 $z = f(x,y)$ 在点 $P_0(x_0, y_0)$ 处对 x 的偏导数,记作

$$f'_x(x_0, y_0), z'_x |_{(x_0, y_0)}, \frac{\partial z}{\partial x}\bigg|_{(x_0, y_0)} \quad \text{或} \frac{\partial f}{\partial x}\bigg|_{(x_0, y_0)}$$

类似地,可以定义函数 $z = f(x,y)$ 在点 $P_0(x_0, y_0)$ 处对 y 的偏导数,记作

$$f'_y(x_0, y_0), z'_y |_{(x_0, y_0)}, \frac{\partial z}{\partial y}\bigg|_{(x_0, y_0)} \quad \text{或} \frac{\partial f}{\partial y}\bigg|_{(x_0, y_0)}$$

由此,可以看出 $f'_x(x_0, y_0)$ 实际上就是 x 的一元函数 $f(x, y_0)$ 在点 x_0 处的导数, $f'_y(x_0, y_0)$ 也是 y 的一元函数 $f(x_0, y)$ 在点 y_0 处的导数.

若函数 $z = f(x,y)$ 在某平面区域 D 内的每一点 (x,y) 处均存在对 x 和对 y 的偏导数,那么这些偏导数将仍然是 x, y 的函数,称它们为 $f(x,y)$ 的**偏导函数**. 分别记作

$$f'_x, z'_x, \frac{\partial z}{\partial x} \quad \text{或} \frac{\partial f}{\partial x} \quad \text{和} f'_y, z'_y, \frac{\partial z}{\partial y} \quad \text{或} \frac{\partial f}{\partial y}$$

在不至于产生误解时,偏导函数也简称**偏导数**. 二元函数求偏导数相当于一元函数求导数. 在对 x 求偏导数时,可将 y 看做常量;在对 y 求偏导数时,可将 x 看做常量. 因而偏导数的计算就是一元函数的导数计算,求导公式、四则运算等均与一元函数一样,故不需特别说明.

二元函数的偏导数概念可以推广到一般的多元函数.

【例 6.16】　求 $z = x^2 + 3xy$ 在点 $(1,2)$ 处的偏导数.

解　对 x 求偏导数时,将 y 看做常量,得

$$\frac{\partial z}{\partial x} = 2x + 3y$$

同样对 y 求偏导数时,将 x 看做常量,得

$$\frac{\partial z}{\partial y} = 3x$$

所以

$$\frac{\partial z}{\partial x}\bigg|_{(1,2)} = (2x + 3y)|_{(1,2)} = 8, \frac{\partial z}{\partial y}\bigg|_{(1,2)} = 3x|_{(1,2)} = 3$$

【例 6.17】　求 $z = x^3 + 2xy^2 + 2yx^2 + y^2$ 的偏导数.

解　对 x 求偏导数时,将 y 看做常量,得

$$\frac{\partial z}{\partial x} = 3x^2 + 2y^2 + 4xy$$

同样对 y 求偏导数时,将 x 看做常量,得

$$\frac{\partial z}{\partial y} = 4xy + 2x^2 + 2y$$

【例 6.18】 设 $f(x,y) = x^2 \sin(x + y)$,求 $f'_x\left(\dfrac{\pi}{4}, \dfrac{\pi}{4}\right)$ 和 $f'_y\left(\dfrac{\pi}{4}, -\dfrac{\pi}{4}\right)$.

解 对 x 求偏导数时,将 y 看做常量,得

$$f'_x = 2x\sin(x + y) + x^2\cos(x + y)$$

所以

$$f'_x\left(\frac{\pi}{4}, \frac{\pi}{4}\right) = 2 \times \frac{\pi}{4} \times \sin\left(\frac{\pi}{4} + \frac{\pi}{4}\right) + \left(\frac{\pi}{4}\right)^2 \cos\left(\frac{\pi}{4} + \frac{\pi}{4}\right) = \frac{\pi}{2}$$

同样对 y 求偏导时,将 x 看做常量,得

$$f'_y = x^2\cos(x + y)$$

所以

$$f'_y\left(\frac{\pi}{4}, -\frac{\pi}{4}\right) = \frac{\pi^2}{16}$$

【例 6.19】 求 $r = \sqrt{x^2 + y^2 + z^2}$ 的偏导数.

解 这是三元函数求偏导数的问题,对 x 求偏导数时,将 y, z 看做常量,得

$$\frac{\partial r}{\partial x} = \frac{x}{\sqrt{x^2 + y^2 + z^2}} = \frac{x}{r}$$

根据自变量 x, y, z 在表达式中的对称性,得

$$\frac{\partial r}{\partial y} = \frac{y}{r}, \frac{\partial r}{\partial z} = \frac{z}{r}$$

【例 6.20】 求函数 $z = \arctan(xe^{xy})$ 对所有自变量的偏导数.

解
$$\frac{\partial z}{\partial x} = \frac{e^{xy} + xye^{xy}}{1 + x^2e^{2xy}}, \frac{\partial z}{\partial y} = \frac{x^2e^{xy}}{1 + x^2e^{2xy}}$$

【例 6.21】 讨论函数

$$f(x,y) = \begin{cases} \dfrac{xy}{x^2 + y^2}, & x^2 + y^2 \neq 0 \\ 0, & x^2 + y^2 = 0 \end{cases}$$

在点 $(0,0)$ 处的偏导数.

解 由已知得 $f(0,0) = 0$,根据偏导数的定义,有

$$f'_x(0,0) = \lim_{\Delta x \to 0} \frac{f(\Delta x, 0) - f(0,0)}{\Delta x} = \lim_{\Delta x \to 0} \frac{0}{\Delta x} = 0$$

$$f'_y(0,0) = \lim_{\Delta y \to 0} \frac{f(0, \Delta y) - f(0,0)}{\Delta y} = \lim_{\Delta y \to 0} \frac{0}{\Delta y} = 0$$

从而 $f(x,y)$ 在点 $(0,0)$ 的偏导数都存在.

而由例 6.15(3) 可知,$f(x,y)$ 在点 $(0,0)$ 处的极限不存在,故在该点不连续. 这说明 $f(x,y)$ 在某一点的偏导数存在尚不能保证函数在该点连续. 这与一元函数的可导一定连续的

结论是不同的,其原因是偏导数只刻画了函数在某点处沿 x 轴或 y 轴特定的方向变化的性质,而不是函数在对应点处发生变化时的整体性质.

偏导数的几何意义是: $f'_x(x_0,y_0)$ 表示曲面 $z=f(x,y)$ 与平面 $y=y_0$ 的交线在空间点 $P(x_0,y_0,f(x_0,y_0))$ 处的切线的斜率; $f'_y(x_0,y_0)$ 表示曲面 $z=f(x,y)$ 与平面 $x=x_0$ 的交线在空间点 $P(x_0,y_0,f(x_0,y_0))$ 处的切线的斜率,见图 6.20.

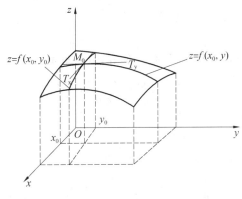

图 6.20

6.3.2　高阶偏导数

设二元函数 $z=f(x,y)$ 在区域 D 内具有偏导数

$$\frac{\partial z}{\partial x}=f'_x(x,y)=z'_x,\frac{\partial z}{\partial y}=f'_y(x,y)=z'_y$$

那么在 D 内 $f'_x(x,y),f'_y(x,y)$ 均为 x,y 的函数. 若这两个函数的偏导数也存在,则称它们是二元函数 $z=f(x,y)$ 的**二阶偏导数**. 按照对变量求导次序的不同二元函数有下列四个二阶偏导数

$$\frac{\partial}{\partial x}\left(\frac{\partial z}{\partial x}\right)=\frac{\partial^2 z}{\partial x^2}=f''_{xx}(x,y)=z''_{xx},\frac{\partial}{\partial y}\left(\frac{\partial z}{\partial x}\right)=\frac{\partial^2 z}{\partial x\partial y}=f''_{xy}(x,y)=z''_{xy}$$

$$\frac{\partial}{\partial x}\left(\frac{\partial z}{\partial y}\right)=\frac{\partial^2 z}{\partial y\partial x}=f''_{yx}(x,y)=z''_{yx},\frac{\partial}{\partial y}\left(\frac{\partial z}{\partial y}\right)=\frac{\partial^2 z}{\partial y^2}=f''_{yy}(x,y)=z''_{yy}$$

其中 $f''_{xy}(x,y),f''_{yx}(x,y)$ 称为**混合偏导数**. 同样可得三阶,四阶,$\cdots$,以及 n 阶偏导数. 二阶及二阶以上的偏导数统称为**高阶偏导数**.

【例 6.22】　设 $z=x^3y^2+3x^2y+xy^2+4$,求 $\dfrac{\partial^2 z}{\partial x^2},\dfrac{\partial^2 z}{\partial y\partial x},\dfrac{\partial^2 z}{\partial x\partial y},\dfrac{\partial^2 z}{\partial y^2}$ 及 $\dfrac{\partial^3 z}{\partial x^3}$.

解　
$$\frac{\partial z}{\partial x}=3x^2y^2+6xy+y^2,\frac{\partial z}{\partial y}=2x^3y+3x^2+2xy$$

$$\frac{\partial^2 z}{\partial x^2}=6xy^2+6y,\frac{\partial^2 z}{\partial y\partial x}=6x^2y+6x+2y$$

$$\frac{\partial^2 z}{\partial x \partial y} = 6x^2 y + 6x + 2y, \frac{\partial^2 z}{\partial y^2} = 2x^3 + 2x, \frac{\partial^3 z}{\partial x^3} = 6y^2$$

可以看出两个二阶混合偏导数相等,即 $\frac{\partial^2 z}{\partial y \partial x} = \frac{\partial^2 z}{\partial x \partial y}$,这不是偶然的. 事实上,有如下定理.

定理6.4　若二元函数 $z = f(x,y)$ 的两个二阶混合偏导数 $\frac{\partial^2 z}{\partial y \partial x}$ 及 $\frac{\partial^2 z}{\partial x \partial y}$ 在区域 D 内连续,则在该区域内这两个二阶混合偏导数必相等.

证明略.

对于二元以上的函数,高阶混合偏导数在偏导数连续的条件下也与求导的次序无关.

【例6.23】　设 $u = \ln(x + 2y + 3z)$,验证 $\frac{\partial^3 u}{\partial z \partial y \partial x} = \frac{\partial^3 u}{\partial x \partial y \partial z}$.

解　因为

$$\frac{\partial u}{\partial x} = \frac{1}{x + 2y + 3z}, \frac{\partial^2 u}{\partial x \partial y} = \frac{-2}{(x + 2y + 3z)^2}, \frac{\partial^3 u}{\partial x \partial y \partial z} = \frac{12}{(x + 2y + 3z)^3}$$

$$\frac{\partial u}{\partial z} = \frac{3}{x + 2y + 3z}, \frac{\partial^2 u}{\partial z \partial y} = \frac{-6}{(x + 2y + 3z)^2}, \frac{\partial^3 u}{\partial z \partial y \partial x} = \frac{12}{(x + 2y + 3z)^3}$$

所以

$$\frac{\partial^3 u}{\partial z \partial y \partial x} = \frac{\partial^3 u}{\partial x \partial y \partial z}$$

【例6.24】　证明函数 $z = \ln \sqrt{x^2 + y^2}$ 满足方程 $\frac{\partial^2 z}{\partial x^2} + \frac{\partial^2 z}{\partial y^2} = 0$.

证明　因为

$$z = \ln \sqrt{x^2 + y^2} = \frac{1}{2} \ln(x^2 + y^2)$$

所以

$$\frac{\partial z}{\partial x} = \frac{x}{x^2 + y^2}, \frac{\partial z}{\partial y} = \frac{y}{x^2 + y^2}$$

$$\frac{\partial^2 z}{\partial x^2} = \frac{x^2 + y^2 - x \cdot 2x}{(x^2 + y^2)^2} = \frac{y^2 - x^2}{(x^2 + y^2)^2}, \frac{\partial^2 z}{\partial y^2} = \frac{x^2 + y^2 - y \cdot 2y}{(x^2 + y^2)^2} = \frac{x^2 - y^2}{(x^2 + y^2)^2}$$

因此

$$\frac{\partial^2 z}{\partial x^2} + \frac{\partial^2 z}{\partial y^2} = \frac{y^2 - x^2}{(x^2 + y^2)^2} + \frac{x^2 - y^2}{(x^2 + y^2)^2} = 0$$

【例6.25】　证明函数 $u = \frac{1}{r}$ 满足方程 $\frac{\partial^2 u}{\partial x^2} + \frac{\partial^2 u}{\partial y^2} + \frac{\partial^2 u}{\partial z^2} = 0$,其中 $r = \sqrt{x^2 + y^2 + z^2}$.

证明　$\frac{\partial u}{\partial x} = -\frac{1}{r^2} \frac{\partial r}{\partial x} = -\frac{1}{r^2} \cdot \frac{x}{r} = -\frac{x}{r^3}, \frac{\partial^2 u}{\partial x^2} = -\frac{1}{r^3} + \frac{3x}{r^4} \cdot \frac{\partial r}{\partial x} = -\frac{1}{r^3} + \frac{3x^2}{r^5}$

根据函数自变量的对称性,有

$$\frac{\partial^2 u}{\partial y^2} = -\frac{1}{r^3} + \frac{3y^2}{r^5}, \frac{\partial^2 u}{\partial z^2} = -\frac{1}{r^3} + \frac{3z^2}{r^5}$$

因此

$$\frac{\partial^2 u}{\partial x^2} + \frac{\partial^2 u}{\partial y^2} + \frac{\partial^2 u}{\partial z^2} = -\frac{3}{r^3} + \frac{3(x^2 + y^2 + z^2)}{r^5} = -\frac{3}{r^3} + \frac{3r^2}{r^5} = 0$$

6.3.3　全微分

由一元函数微分可知,微分 $\mathrm{d}y$ 具有两个特性

(1) $\mathrm{d}y$ 是 Δx 的线性函数;

(2) 当 $\Delta x \to 0$ 时,$\mathrm{d}y$ 与函数的改变量 Δy 之差是比 Δx 高阶的无穷小量,即

$$\Delta y = \mathrm{d}y + o(\Delta x), \Delta x \to 0$$

对于二元函数 $z = f(x, y)$ 也有类似的问题需要研究. 当自变量在点 (x_0, y_0) 处有改变量 Δx 与 Δy 时,函数有相应的改变量(称为**全增量**)

$$\Delta z = f(x_0 + \Delta x, y_0 + \Delta y) - f(x_0, y_0)$$

由于 x_0, y_0 固定,因此 Δz 是 Δx 与 Δy 的函数. 由于计算全增量 Δz 比较复杂,可以用 Δx 和 Δy 的线性函数来近似代替全增量,因此引入全微分的概念.

定义 6.8　若二元函数 $z = f(x, y)$ 在点 (x_0, y_0) 处的全增量

$$\Delta z = f(x_0 + \Delta x, y_0 + \Delta y) - f(x_0, y_0)$$

可表示为

$$\Delta z = A\Delta x + B\Delta y + o(\rho)$$

其中 A, B 不依赖于 $\Delta x, \Delta y$ 而仅与 x_0, y_0 有关,$\rho = \sqrt{(\Delta x)^2 + (\Delta y)^2}$,则称函数 $z = f(x, y)$ 在点 (x_0, y_0) 处可微,而 $A\Delta x + B\Delta y$ 称为函数 $z = f(x, y)$ 在点 (x_0, y_0) 处的全微分. 记作 $\mathrm{d}z$,即

$$\mathrm{d}z = A\Delta x + B\Delta y$$

若函数在区域 D 内各点处均可微,则称这个函数**在 D 内可微**.

下面讨论二元函数 $z = f(x, y)$ 在点 (x_0, y_0) 处可微的条件.

定理 6.5(可微的必要条件)　如果二元函数 $z = f(x, y)$ 在点 (x, y) 处可微,则函数在该点的偏导数 $\frac{\partial z}{\partial x}, \frac{\partial z}{\partial y}$ 必定存在,且函数 $z = f(x, y)$ 在点 (x, y) 处的全微分为

$$\mathrm{d}z = \frac{\partial z}{\partial x}\Delta x + \frac{\partial z}{\partial y}\Delta y \tag{6.8}$$

证明　由于 $f(x, y)$ 在点 (x, y) 处可微,由定义 6.8,对任意 $\Delta x, \Delta y$ 有

$$\Delta z = A\Delta x + B\Delta y + o(\rho)$$

若令 $\Delta y = 0$,则

$$\Delta_x z = f(x + \Delta x, y) - f(x, y) = A\Delta x + o(\sqrt{(\Delta x)^2}) = A\Delta x + o(|\Delta x|)$$

两边除以 Δx,并令 $\Delta x \to 0$ 取极限,有

$$\lim_{\Delta x \to 0} \frac{\Delta_x z}{\Delta x} = \lim_{\Delta x \to 0} \frac{A\Delta x + o(|\Delta x|)}{\Delta x} = A$$

从而 $\dfrac{\partial z}{\partial x}$ 存在,且 $A = \dfrac{\partial z}{\partial x}$.

同理可证,$B = \dfrac{\partial z}{\partial y}$.

一元函数在某点的导数存在是微分存在的充分必要条件. 但对于多元函数来说,函数的各偏导数存在时,虽然能形式地写出 $\dfrac{\partial z}{\partial x}\Delta x + \dfrac{\partial z}{\partial y}\Delta y$,但它与 Δz 之差并不一定是 ρ 的高阶无穷小,因此它不一定是函数的全微分. 换句话说,各偏导数的存在只是全微分存在的必要条件而不是充分条件. 但是若再假定函数的各个偏导数连续,则可以证明函数是可微分的,即有下面的定理.

定理 6.6(可微的充分条件)　如果二元函数 $z = f(x, y)$ 的偏导数 $\dfrac{\partial z}{\partial x}, \dfrac{\partial z}{\partial y}$ 在点 (x, y) 处连续,则函数在点 (x, y) 处可微.

证明略.

二元函数全微分的定义及上述相关的定理都可以推广到三元或三元以上的函数.

习惯上,将自变量的改变量 $\Delta x, \Delta y$ 分别记作 $\mathrm{d}x, \mathrm{d}y$,并分别称为**自变量 x, y 的微分**,那么二元函数 $z = f(x, y)$ 的全微分就可写为

$$\mathrm{d}z = \frac{\partial z}{\partial x}\mathrm{d}x + \frac{\partial z}{\partial y}\mathrm{d}y \tag{6.9}$$

通常把二元函数的全微分等于它的两个偏微分之和称为二元函数的微分复合**叠加原理**.

叠加原理也适用于二元以上的函数的情形. 例如,三元函数 $u = f(x, y, z)$ 可微,那么它的全微分就等于它的三个偏微分之和,即

$$\mathrm{d}u = \frac{\partial u}{\partial x}\mathrm{d}x + \frac{\partial u}{\partial y}\mathrm{d}y + \frac{\partial u}{\partial z}\mathrm{d}z$$

【例 6.26】　求下列函数的全微分:
$(1) z = x^2 y + xy^2$;$(2) z = \ln(x^2 + 2xy)$.

解　(1) 因为 $\dfrac{\partial z}{\partial x} = 2xy + y^2, \dfrac{\partial z}{\partial y} = x^2 + 2xy$,所以
$$\mathrm{d}z = (2xy + y^2)\mathrm{d}x + (x^2 + 2xy)\mathrm{d}y$$

(2) 因为 $\dfrac{\partial z}{\partial x} = \dfrac{2x + 2y}{x^2 + 2xy}, \dfrac{\partial z}{\partial y} = \dfrac{2x}{x^2 + 2xy}$,所以
$$\mathrm{d}z = \frac{2(x + y)\mathrm{d}x}{x^2 + 2xy} + \frac{2x\mathrm{d}y}{x^2 + 2xy}$$

【例 6.27】　求函数 $z = e^{xy}$ 在点 $(1,2)$ 处的全微分.

解　因为 $\dfrac{\partial z}{\partial x} = y e^{xy}, \dfrac{\partial z}{\partial y} = x e^{xy}$，则有 $\dfrac{\partial z}{\partial x}\Big|_{(1,2)} = 2e^2, \dfrac{\partial z}{\partial y}\Big|_{(1,2)} = e^2$，所以

$$dz\,|_{(1,2)} = 2e^2 dx + e^2 dy$$

【例 6.28】　求函数 $u = x^2 + \sin xy + e^{yz}$ 的全微分.

解　因为 $\dfrac{\partial u}{\partial x} = 2x + y\cos xy, \dfrac{\partial u}{\partial y} = x\cos xy + z e^{yz}, \dfrac{\partial u}{\partial z} = y e^{yz}$，所以

$$du = (2x + y\cos xy)dx + (x\cos xy + z e^{yz})dy + y e^{yz} dz$$

由二元函数的全微分定义及关于全微分存在的充分条件可知，当二元函数 $z = f(x,y)$ 在点 (x_0, y_0) 处的两个偏导数 $f'_x(x_0, y_0), f'_y(x_0, y_0)$ 连续，并且 $|\Delta x|, |\Delta y|$ 均较小时，就有近似等式

$$\Delta z \approx dz = f'_x(x_0, y_0)\Delta x + f'_y(x_0, y_0)\Delta y \tag{6.10}$$

上式也可以写成

$$f(x_0 + \Delta x, y_0 + \Delta y) \approx f(x_0, y_0) + f'_x(x_0, y_0)\Delta x + f'_y(x_0, y_0)\Delta y \tag{6.11}$$

设 $x_0 + \Delta x = x, y_0 + \Delta y = y$，则

$$f(x,y) \approx f(x_0, y_0) + f'_x(x_0, y_0)(x - x_0) + f'_y(x_0, y_0)(y - y_0) \tag{6.12}$$

与一元函数类似，可以利用式 (6.10) 和式 (6.11) 对二元函数作近似计算.

【例 6.29】　求 $0.97^{2.02}$ 的近似值.

解　令 $z = f(x,y) = x^y, (x_0, y_0) = (1,2), \Delta x = -0.03, \Delta y = 0.02$

$$f'_x(1,2) = yx^{y-1}|_{(1,2)} = 2, f'_y(1,2) = x^y \ln x\,|_{(1,2)} = 0$$

又 $f(1,2) = 1$，由式 (6.11) 得

$$0.97^{2.02} \approx f(1,2) + f'_x(1,2)\Delta x + f'_y(1,2)\Delta y = 1 + 2 \times (-0.03) + 0 \times 0.02 = 0.94$$

【例 6.30】　有一圆柱体，受压力发生形变，它的半径由 20 cm 增加到 20.05 cm，高度由 100 cm 减少到 99 cm，求此圆柱体体积变化的近似值.

解　设圆柱体的半径、高和体积分别为 r, h 和 V，有

$$V = \pi r^2 h$$

记 r, h, V 的改变量分别为 $\Delta r, \Delta h, \Delta V$，已知 $r = 20, h = 100, \Delta r = 0.05, \Delta h = -1$，由式 (6.10)，有

$$\Delta V \approx dV = \frac{\partial V}{\partial r}\Delta r + \frac{\partial V}{\partial h}\Delta h = 2\pi rh\Delta r + \pi r^2 \Delta h$$

$$\Delta V\Big|_{\substack{r=20\\h=100\\\Delta r=0.05\\\Delta h=-1}} = 2\pi \times 20 \times 100 \times 0.05 + \pi \times 20^2 \times (-1) = -200\pi$$

即此圆柱体受压后体积约减少了 200π cm³.

6.4 多元复合函数与隐函数微分法

6.4.1 多元复合函数微分法

在一元函数微分学中,复合函数求导法则(链式法则)对导数的计算起着至关重要的作用,对多元函数也是如此. 下面分三种情形讨论多元复合函数求导的链式法则.

1. 复合函数的中间变量均为一元函数的情形

定理 6.7 若函数 $u = u(x)$ 及 $v = v(x)$ 均在点 x 处可导,函数 $z = f(u,v)$ 在对应点 (u,v) 处具有连续偏导数,则复合函数 $z = f[u(x),v(x)]$ 在点 x 处可导,且有如下链式法则

$$\frac{\mathrm{d}z}{\mathrm{d}x} = \frac{\partial z}{\partial u}\frac{\mathrm{d}u}{\mathrm{d}x} + \frac{\partial z}{\partial v}\frac{\mathrm{d}v}{\mathrm{d}x} \tag{6.13}$$

证明略.

该链式法则可形象地表示成图形:

该定理可以推广到复合函数的中间变量多于两个的情形. 例如,由 $z = f(u,v,w)$,$u = u(x)$,$v = v(x)$,$w = w(x)$ 复合而得到的复合函数

$$z = f[u(x),v(x),w(x)]$$

则在与定理6.7相类似的条件下有,复合函数 $z = f[u(x),v(x),w(x)]$ 在点 x 处可导,且导数为

$$\frac{\mathrm{d}z}{\mathrm{d}x} = \frac{\partial z}{\partial u}\frac{\mathrm{d}u}{\mathrm{d}x} + \frac{\partial z}{\partial v}\frac{\mathrm{d}v}{\mathrm{d}x} + \frac{\partial z}{\partial w}\frac{\mathrm{d}w}{\mathrm{d}x} \tag{6.14}$$

该链式法则可形象地表示成图形:

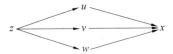

式(6.13)和式(6.14)中的导数 $\dfrac{\mathrm{d}z}{\mathrm{d}x}$ 称为**全导数**. 由此可知全微分分别为

$$\mathrm{d}z = \frac{\partial z}{\partial u}\mathrm{d}u + \frac{\partial z}{\partial v}\mathrm{d}v \ \text{和} \ \mathrm{d}z = \frac{\partial z}{\partial u}\mathrm{d}u + \frac{\partial z}{\partial v}\mathrm{d}v + \frac{\partial z}{\partial w}\mathrm{d}w$$

【例 6.31】 设 $z = f(u,v) = \ln(u^2 + \mathrm{e}^v)$,而 $u = u(x) = \mathrm{e}^x$,$v = v(x) = x^2$,求 $\dfrac{\mathrm{d}z}{\mathrm{d}x}$.

解 由于 $\dfrac{\partial z}{\partial u} = \dfrac{2u}{u^2 + \mathrm{e}^v}$,$\dfrac{\mathrm{d}u}{\mathrm{d}x} = \mathrm{e}^x$,$\dfrac{\partial z}{\partial v} = \dfrac{\mathrm{e}^v}{u^2 + \mathrm{e}^v}$,$\dfrac{\mathrm{d}v}{\mathrm{d}x} = 2x$,由链式法则(6.13),有

$$\frac{\mathrm{d}z}{\mathrm{d}x} = \frac{\partial z}{\partial u}\frac{\mathrm{d}u}{\mathrm{d}x} + \frac{\partial z}{\partial v}\frac{\mathrm{d}v}{\mathrm{d}x} = \frac{2u}{u^2 + \mathrm{e}^v} \cdot \mathrm{e}^x + \frac{\mathrm{e}^v}{u^2 + \mathrm{e}^v} \cdot 2x = \frac{2\mathrm{e}^{2x} + 2x\mathrm{e}^{x^2}}{\mathrm{e}^{2x} + \mathrm{e}^{x^2}}$$

2. 复合函数的中间变量均为多元函数的情形

定理6.8　若函数 $u = u(x,y)$ 及 $v = v(x,y)$ 均在点 (x,y) 处具有对 x 及对 y 的偏导数,函数 $z = f(u,v)$ 在对应点 (u,v) 处具有连续偏导数,则复合函数 $z = f[u(x,y),v(x,y)]$ 在点 (x,y) 处的两个偏导数存在,且

$$\left. \begin{array}{l} \dfrac{\partial z}{\partial x} = \dfrac{\partial z}{\partial u}\dfrac{\partial u}{\partial x} + \dfrac{\partial z}{\partial v}\dfrac{\partial v}{\partial x} \\[3mm] \dfrac{\partial z}{\partial y} = \dfrac{\partial z}{\partial u}\dfrac{\partial u}{\partial y} + \dfrac{\partial z}{\partial v}\dfrac{\partial v}{\partial y} \end{array} \right\} \tag{6.15}$$

该链式法则可形象地表示成图形:

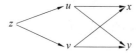

【例6.32】　设 $z = \mathrm{e}^u \cos v$,而 $u = xy, v = x^2 + y^2$,求 $\dfrac{\partial z}{\partial x}$ 和 $\dfrac{\partial z}{\partial y}$.

解　由链式法则(6.15),有

$$\frac{\partial z}{\partial x} = \mathrm{e}^u \cos v \cdot y - \mathrm{e}^u \sin v \cdot 2x = \mathrm{e}^{xy}[y\cos(x^2 + y^2) - 2x\sin(x^2 + y^2)]$$

$$\frac{\partial z}{\partial y} = \mathrm{e}^u \cos v \cdot x - \mathrm{e}^u \sin v \cdot 2y = \mathrm{e}^{xy}[x\cos(x^2 + y^2) - 2y\sin(x^2 + y^2)]$$

3. 复合函数的中间变量既有一元函数又有多元函数的情形

定理6.9　若函数 $z = f(x,y,u)$ 在点 (x,y,u) 处具有对 x,y 和对 u 的偏导数,函数 $u = u(x,y)$ 在对应点 (x,y) 处具有连续偏导数,则复合函数 $z = f(x,y,u(x,y))$ 在点 (x,y) 处的两个偏导数存在,且

$$\left. \begin{array}{l} \dfrac{\partial z}{\partial x} = \dfrac{\partial f}{\partial x} + \dfrac{\partial f}{\partial u}\dfrac{\partial u}{\partial x} \\[3mm] \dfrac{\partial z}{\partial y} = \dfrac{\partial f}{\partial y} + \dfrac{\partial f}{\partial u}\dfrac{\partial u}{\partial y} \end{array} \right\} \tag{6.16}$$

该链式法则可形象地表示成图形:

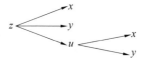

【例6.33】　设 $z = f(x,y,u) = \mathrm{e}^{x^2 + y^2 + u^2}$,而 $u = x^2 \sin y$,求 $\dfrac{\partial z}{\partial x}$ 和 $\dfrac{\partial z}{\partial y}$.

解　由链式法则(6.16),有

$$\frac{\partial z}{\partial x} = \frac{\partial f}{\partial x} + \frac{\partial f}{\partial u}\frac{\partial u}{\partial x} = 2x\mathrm{e}^{x^2 + y^2 + u^2} + 2u\mathrm{e}^{x^2 + y^2 + u^2} \cdot 2x\sin y$$

$$= 2x(1 + 2x^2 \sin^2 y)\mathrm{e}^{x^2 + y^2 + x^4 \sin^2 y}$$

$$\frac{\partial z}{\partial y} = \frac{\partial f}{\partial y} + \frac{\partial f}{\partial u}\frac{\partial u}{\partial y} = 2y\mathrm{e}^{x^2+y^2+u^2} + 2u\mathrm{e}^{x^2+y^2+u^2} \cdot x^2\cos y$$

$$= 2(y + x^4\sin y\cos y)\mathrm{e}^{x^2+y^2+x^4\sin^2 y}$$

这里 $\dfrac{\partial z}{\partial x}$ 和 $\dfrac{\partial f}{\partial x}$ 是不同的, $\dfrac{\partial z}{\partial x}$ 是把复合函数 $z = f[x,y,u(x,y)]$ 中的 y 看做常量而只对 x 求偏

导数, $\dfrac{\partial f}{\partial x}$ 是把 $f(x,y,u)$ 中的 y 及 u 看做常量而对 x 求偏导数. $\dfrac{\partial z}{\partial y}$ 和 $\dfrac{\partial f}{\partial y}$ 也有类似的区别,即 $\dfrac{\partial z}{\partial x} \neq$

$\dfrac{\partial f}{\partial x}, \dfrac{\partial z}{\partial y} \neq \dfrac{\partial f}{\partial y}$. 而由偏导数定义,可以看出 $\dfrac{\partial z}{\partial u} = \dfrac{\partial f}{\partial u}, \dfrac{\partial z}{\partial v} = \dfrac{\partial f}{\partial v}$.

由定理 6.7 ~ 定理 6.9 可以看出,对多元复合函数求偏导数时,可首先根据复合函数写成链式法则. 而对于中间变量若是一元的,就乘以其自变量的导数;若中间变量是多元的,就乘以其对自变量的偏导数.

【例 6.34】 设 $z = \ln(u^2 + \sin v)$,而 $u = x^2 + y^2, v = \mathrm{e}^y$,求 $\dfrac{\partial z}{\partial x}$ 和 $\dfrac{\partial z}{\partial y}$.

解 由链式法则示意图,有

$$\frac{\partial z}{\partial x} = \frac{\partial z}{\partial u}\frac{\partial u}{\partial x} = \frac{2u}{u^2 + \sin v} \cdot 2x = \frac{4x(x^2 + y^2)}{(x^2 + y^2)^2 + \sin\mathrm{e}^y}$$

$$\frac{\partial z}{\partial y} = \frac{\partial z}{\partial u}\frac{\partial u}{\partial y} + \frac{\partial z}{\partial v}\frac{\mathrm{d}v}{\mathrm{d}y} = \frac{2u}{u^2 + \sin v} \cdot 2y + \frac{\cos v}{u^2 + \sin v} \cdot \mathrm{e}^y = \frac{4y(x^2 + y^2) + \mathrm{e}^y\cos\mathrm{e}^y}{(x^2 + y^2)^2 + \sin\mathrm{e}^y}$$

【例 6.35】 设 $z = u^2 + v^2 + \ln t$,而 $u = \mathrm{e}^t, v = \sin t$,求全导数 $\dfrac{\mathrm{d}z}{\mathrm{d}t}$.

解 由右侧链式法则示意图

$$\frac{\mathrm{d}z}{\mathrm{d}t} = \frac{\partial z}{\partial u}\frac{\mathrm{d}u}{\mathrm{d}t} + \frac{\partial z}{\partial v}\frac{\mathrm{d}v}{\mathrm{d}t} + \frac{\partial z}{\partial t} = 2u \cdot \mathrm{e}^t + 2v \cdot \cos t + \frac{1}{t}$$

$$= 2\mathrm{e}^{2t} + \sin 2t + \frac{1}{t}$$

【例 6.36】 设 $z = xy + xF(u), u = \dfrac{y}{x}, F(u)$ 可导,证明 $x\dfrac{\partial z}{\partial x} + y\dfrac{\partial z}{\partial y} = z + xy$.

证明 $$\frac{\partial z}{\partial x} = y + F(u) + xF'(u)\frac{\partial u}{\partial x} = y + F(u) - \frac{yF'(u)}{x}$$

$$\frac{\partial z}{\partial y} = x + xF'(u) \frac{\partial u}{\partial y} = x + F'(u)$$

所以

$$x \frac{\partial z}{\partial x} + y \frac{\partial z}{\partial y} = x \left[y + F(u) - \frac{yF'(u)}{x} \right] + y[x + F'(u)] = 2xy + xF(u) = z + xy$$

因此

$$x \frac{\partial z}{\partial x} + y \frac{\partial z}{\partial y} = z + xy$$

【例 6.37】　设 $w = f(x + y + z, xyz)$，求 $\dfrac{\partial w}{\partial x}$ 和 $\dfrac{\partial^2 w}{\partial x \partial z}$.

解　令 $u = x + y + z, v = xyz$，则 $w = f(u, v)$.

为表达简便起见，引入以下记号

$$f'_1 = \frac{\partial f(u, v)}{\partial u}, f''_{12} = \frac{\partial^2 f(u, v)}{\partial u \partial v}$$

这里下标 1 表示对第一个变量 u 求偏导数，下标 2 表示对第二个变量 v 求偏导数. 同理有 f'_2, f''_{11}, f''_{22} 等等.

因所给函数由 $w = f(u, v)$ 及 $u = x + y + z, v = xyz$ 复合而成，根据复合函数求导法则，有

$$\frac{\partial w}{\partial x} = \frac{\partial f}{\partial u} \frac{\partial u}{\partial x} + \frac{\partial f}{\partial v} \frac{\partial v}{\partial x} = f'_1 + yzf'_2, \frac{\partial^2 w}{\partial x \partial z} = \frac{\partial}{\partial z}(f'_1 + yzf'_2) = \frac{\partial f'_1}{\partial z} + yf'_2 + yz \frac{\partial f'_2}{\partial z}$$

求 $\dfrac{\partial f'_1}{\partial z}$ 及 $\dfrac{\partial f'_2}{\partial z}$ 时，应注意 f'_1 及 f'_2 仍旧是 x, y, z 的复合函数，根据复合函数求导法则，有

$$\frac{\partial f'_1}{\partial z} = \frac{\partial f'_1}{\partial u} \frac{\partial u}{\partial z} + \frac{\partial f'_1}{\partial v} \frac{\partial v}{\partial z} = f''_{11} + xyf''_{12}, \frac{\partial f'_2}{\partial z} = \frac{\partial f'_2}{\partial u} \frac{\partial u}{\partial z} + \frac{\partial f'_2}{\partial v} \frac{\partial v}{\partial z} = f''_{21} + xyf''_{22}$$

于是

$$\frac{\partial^2 w}{\partial x \partial z} = f''_{11} + xyf''_{12} + yf'_2 + yzf''_{21} + xy^2zf''_{22} = f''_{11} + y(x + z)f''_{12} + xy^2zf''_{22} + yf'_2$$

设函数 $z = f(u, v)$ 具有连续偏导数，则有全微分

$$\mathrm{d}z = \frac{\partial z}{\partial u}\mathrm{d}u + \frac{\partial z}{\partial v}\mathrm{d}v$$

若 u, v 又是 x, y 的函数 $u = u(x, y), v = v(x, y)$，且这两个函数也具有连续偏导数，则复合函数 $z = f[u(x, y), v(x, y)]$ 的全微分为

$$\mathrm{d}z = \frac{\partial z}{\partial x}\mathrm{d}x + \frac{\partial z}{\partial y}\mathrm{d}y$$

其中 $\dfrac{\partial z}{\partial x}$ 及 $\dfrac{\partial z}{\partial y}$ 由式(6.15)给出，将式(6.15)中的 $\dfrac{\partial z}{\partial x}$ 及 $\dfrac{\partial z}{\partial y}$ 代入上式，得

$$\mathrm{d}z = \left(\frac{\partial z}{\partial u} \frac{\partial u}{\partial x} + \frac{\partial z}{\partial v} \frac{\partial v}{\partial x} \right) \mathrm{d}x + \left(\frac{\partial z}{\partial u} \frac{\partial u}{\partial y} + \frac{\partial z}{\partial v} \frac{\partial v}{\partial y} \right) \mathrm{d}y$$

$$= \frac{\partial z}{\partial u}\left(\frac{\partial u}{\partial x}\mathrm{d}x + \frac{\partial u}{\partial y}\mathrm{d}y\right) + \frac{\partial z}{\partial v}\left(\frac{\partial v}{\partial x}\mathrm{d}x + \frac{\partial v}{\partial y}\mathrm{d}y\right)$$

$$= \frac{\partial z}{\partial u}\mathrm{d}u + \frac{\partial z}{\partial v}\mathrm{d}v$$

由此可见,无论 u,v 是自变量还是中间变量,它们的全微分形式是相同的,这个性质称为**一阶全微分形式不变性**.

【**例 6.38**】 设 $z = \mathrm{e}^u \sin v$,而 $u = xy, v = x + y$,利用全微分形式不变性求 $\frac{\partial z}{\partial x}$ 和 $\frac{\partial z}{\partial y}$.

解
$$\mathrm{d}z = \mathrm{d}(\mathrm{e}^u \sin v) = \mathrm{e}^u \sin v \mathrm{d}u + \mathrm{e}^u \cos v \mathrm{d}v$$
因为
$$\mathrm{d}u = \mathrm{d}(xy) = y\mathrm{d}x + x\mathrm{d}y, \mathrm{d}v = \mathrm{d}(x + y) = \mathrm{d}x + \mathrm{d}y$$
代入后合并含 $\mathrm{d}x$ 及 $\mathrm{d}y$ 的项,得
$$\mathrm{d}z = (\mathrm{e}^u \sin v \cdot y + \mathrm{e}^u \cos v)\mathrm{d}x + (\mathrm{e}^u \sin v \cdot x + \mathrm{e}^u \cos v)\mathrm{d}y$$
即
$$\frac{\partial z}{\partial x}\mathrm{d}x + \frac{\partial z}{\partial y}\mathrm{d}y = \mathrm{e}^{xy}[y\sin(x + y) + \cos(x + y)]\mathrm{d}x + \mathrm{e}^{xy}[x\sin(x + y) + \cos(x + y)]\mathrm{d}y$$
比较上式两边的 $\mathrm{d}x, \mathrm{d}y$ 的系数,得
$$\frac{\partial z}{\partial x} = \mathrm{e}^{xy}[y\sin(x + y) + \cos(x + y)], \frac{\partial z}{\partial y} = \mathrm{e}^{xy}[x\sin(x + y) + \cos(x + y)]$$

6.4.2 隐函数微分法

在一元函数微分学中,利用复合函数求导法则介绍了由二元方程 $F(x,y) = 0$ 所确定的隐函数 $y = f(x)$ 的求导方法,但没有给出求导数的一般公式. 本节将介绍二元方程 $F(x,y) = 0$ 所确定的隐函数可微的条件,并给出一元隐函数和多元隐函数的求导公式.

设方程 $F(x,y) = 0$ 确定隐函数 $y = f(x)$,且函数 $F(x,y)$ 存在连续偏导数,则当 $\frac{\partial F}{\partial y} \neq 0$ 时,有隐函数求导公式

$$\frac{\mathrm{d}y}{\mathrm{d}x} = -\frac{F'_x}{F'_y} = -\left(\frac{\partial F}{\partial x}\right) \bigg/ \left(\frac{\partial F}{\partial y}\right) \tag{6.17}$$

这是因为 $y = f(x)$ 是由 $F(x,y) = 0$ 确定的隐函数,故有恒等式
$$F[x, f(x)] = 0$$
此等式两边对 x 求导,得
$$\frac{\partial F}{\partial x} + \frac{\partial F}{\partial y}\frac{\mathrm{d}y}{\mathrm{d}x} = 0$$
由于 $\frac{\partial F}{\partial y} \neq 0$,所以

$$\frac{\mathrm{d}y}{\mathrm{d}x} = -\frac{F'_x}{F'_y} = -\left(\frac{\partial F}{\partial x}\right) \bigg/ \left(\frac{\partial F}{\partial y}\right)$$

设方程 $F(x,y,z) = 0$ 所确定的二元隐函数为 $z = f(x,y)$,若函数 $F(x,y,z)$ 存在连续偏导数,且 $\frac{\partial F}{\partial z} \neq 0$. 由于

$$F(x,y,f(x,y)) = 0$$

将等式两端分别对 x 和 y 求偏导,应用复合函数求导法则得

$$F_x + F_z \frac{\partial z}{\partial x} = 0, F_y + F_z \frac{\partial z}{\partial y} = 0$$

则有偏导数公式

$$\left. \begin{aligned} \frac{\partial z}{\partial x} &= -\frac{F'_x}{F'_z} = -\left(\frac{\partial F}{\partial x}\right) \bigg/ \left(\frac{\partial F}{\partial z}\right) \\ \frac{\partial z}{\partial y} &= -\frac{F'_y}{F'_z} = -\left(\frac{\partial F}{\partial y}\right) \bigg/ \left(\frac{\partial F}{\partial z}\right) \end{aligned} \right\} \tag{6.18}$$

【例 6.39】　设 $\sin y + y\mathrm{e}^x = x^2 + y^2$,求 $\dfrac{\mathrm{d}y}{\mathrm{d}x}$.

解　**解法一**　设 $F(x,y) = \sin y + y\mathrm{e}^x - x^2 - y^2$,由式(6.17)有

$$\frac{\mathrm{d}y}{\mathrm{d}x} = -\frac{F'_x}{F'_y} = -\frac{y\mathrm{e}^x - 2x}{\cos y + \mathrm{e}^x - 2y} = \frac{2x - y\mathrm{e}^x}{\cos y + \mathrm{e}^x - 2y}$$

解法二　将方程两边分别对 x 求导,y 看做 x 的函数,有

$$\cos y \cdot y' + y'\mathrm{e}^x + y\mathrm{e}^x = 2x + 2yy'$$
$$(\cos y + \mathrm{e}^x - 2y)y' = 2x - y\mathrm{e}^x$$

所以

$$y' = \frac{2x - y\mathrm{e}^x}{\cos y + \mathrm{e}^x - 2y}$$

两种方法比较起来,解法一更为简单.

【例 6.40】　设 $\mathrm{e}^z - xyz = 0$,求 $\mathrm{d}z$.

解　设 $F(x,y,z) = \mathrm{e}^z - xyz$,则

$$\frac{\partial z}{\partial x} = -\frac{F'_x}{F'_z} = \frac{yz}{\mathrm{e}^z - xy}, \frac{\partial z}{\partial y} = -\frac{F'_y}{F'_z} = \frac{xz}{\mathrm{e}^z - xy}$$

所以

$$\mathrm{d}z = \frac{yz\mathrm{d}x + xz\mathrm{d}y}{\mathrm{e}^z - xy} = \frac{yz\mathrm{d}x + xz\mathrm{d}y}{xyz - xy} = \frac{z}{x(z-1)}\mathrm{d}x + \frac{z}{y(z-1)}\mathrm{d}y$$

【例 6.41】 设 $u^2 + \sin u = x^2 + xy$，求 $\dfrac{\partial^2 u}{\partial x \partial y}$.

解 设 $F(x, y, u) = u^2 + \sin u - x^2 - xy$，则

$$F'_x = -2x - y, \quad F'_y = -x, \quad F'_u = 2u + \cos u$$

所以

$$\frac{\partial u}{\partial x} = -\frac{-2x - y}{2u + \cos u} = \frac{2x + y}{2u + \cos u}, \quad \frac{\partial u}{\partial y} = \frac{x}{2u + \cos u}$$

$$
\begin{aligned}
\frac{\partial^2 u}{\partial x \partial y} &= \frac{\partial}{\partial y}\left(\frac{2x + y}{2u + \cos u} \right) = \frac{2u + \cos u - (2x + y)(2 - \sin u)\dfrac{\partial u}{\partial y}}{(2u + \cos u)^2} \\
&= \frac{2u + \cos u - (2x + y)(2 - \sin u) \cdot \dfrac{x}{2u + \cos u}}{(2u + \cos u)^2} \\
&= \frac{1}{2u + \cos u} - \frac{x(2x + y)(2 - \sin u)}{(2u + \cos u)^3}
\end{aligned}
$$

6.5　多元函数的极值与最值

在实际问题中,往往会遇到多元函数的最大值,最小值问题. 与一元函数类似,多元函数的最值(包括最大值与最小值) 和极值(包括极大值与极小值) 与偏导数有密切关系,因此以二元函数为例,先讨论多元函数的极值问题.

6.5.1　多元函数的极值

定义 6.9 设二元函数 $z = f(x, y)$ 在点 (x_0, y_0) 处的某邻域内有定义,如果对于该邻域内任意异于点 (x_0, y_0) 的点 (x, y),恒有不等式

$$f(x_0, y_0) > f(x, y) \quad (\text{或} f(x_0, y_0) < f(x, y))$$

成立,则称 $f(x_0, y_0)$ 是 $f(x, y)$ 的一个极大值(或极小值),并称点 (x_0, y_0) 是 $f(x, y)$ 的一个极大值点(或极小值点). 极大值和极小值统称为极值,极大值点和极小值点统称为极值点.

对于一元函数,只有导数等于 0 或导数不存在的点才有可能是极值点. 而在二元函数 $z = f(x, y)$ 中,把 y 看做常量,则 z 是 x 的一元函数. 因此若 z 在点 (x_0, y_0) 处取得极值,定有 $f'_x(x_0, y_0) = 0$ 或在该点处对 x 的偏导数不存在,对 y 也有同样的情形,所以有下述定理:

定理 6.10(极值存在的必要条件) 设二元函数 $z = f(x, y)$ 在点 (x_0, y_0) 处具有偏导数,且在点 (x_0, y_0) 处有极值,则有

$$f'_x(x_0, y_0) = 0, \quad f'_y(x_0, y_0) = 0$$

通常将满足上述条件的点 (x_0, y_0) 称为**驻点**.

证明 不妨设 $z = f(x, y)$ 在点 (x_0, y_0) 处有极大值. 根据极大值的定义,对点 (x_0, y_0) 处的某邻域内异于点 (x_0, y_0) 的任意点 (x, y),恒有

$$f(x,y) < f(x_0,y_0)$$

特殊地,在该邻域内取 $y = y_0$ 而 $x \neq x_0$ 的点,也应适合不等式

$$f(x,y_0) < f(x_0,y_0)$$

这表明一元函数 $f(x,y_0)$ 在 $x = x_0$ 处取得极大值,因而必有

$$f'_x(x_0,y_0) = 0$$

类似地,可证

$$f'_y(x_0,y_0) = 0$$

可以看出,具有偏导数的函数的极值点必定是驻点. 但函数的驻点不一定是极值点,例如,点 $(0,0)$ 是函数 $z = xy$ 的驻点,但函数在该点处并无极值. 因此必须给出判别驻点是极值点的充分条件.

定理 6.11(极值存在的充分条件)　设二元函数 $z = f(x,y)$ 在点 (x_0,y_0) 处的某邻域内连续且有一阶及二阶连续偏导数,又 $f'_x(x_0,y_0) = 0, f'_y(x_0,y_0) = 0$,令

$$f''_{xx}(x_0,y_0) = A, f''_{xy}(x_0,y_0) = B, f''_{yy}(x_0,y_0) = C$$

令判别式 $\Delta = B^2 - AC$,则 $f(x,y)$ 在点 (x_0,y_0) 处是否取得极值的条件为:

(1) 若 $\Delta = B^2 - AC < 0$ 时,二元函数 $z = f(x,y)$ 具有极值,且当 $A < 0$ 时有极大值,当 $A > 0$ 时有极小值;

(2) 若 $\Delta = B^2 - AC > 0$ 时,二元函数 $z = f(x,y)$ 没有极值;

(3) 若 $\Delta = B^2 - AC = 0$ 时,二元函数 $z = f(x,y)$ 可能有极值,也可能没有极值,还需另作讨论.

利用定理 6.10 和定理 6.11,求解具有二阶连续偏导数的函数 $z = f(x,y)$ 的极值的步骤如下:

(1) 解一阶偏导数方程组 $\begin{cases} f'_x(x,y) = 0 \\ f'_y(x,y) = 0 \end{cases}$ 得到全部驻点;

(2) 求二阶偏导数 $f''_{xx}, f''_{xy}, f''_{yy}$,将每一个驻点代入,得到相应的数值 A, B, C;

(3) 判断 $B^2 - AC$ 的符号,并由定理 6.11 判定其是否为极值,是极大值还是极小值.

【例 6.42】　求二元函数 $f(x,y) = x^2 - xy + y^2 - 2x + y$ 的极值.

解　$\dfrac{\partial f}{\partial x} = 2x - y - 2, \dfrac{\partial f}{\partial y} = -x + 2y + 1$,令 $\dfrac{\partial f}{\partial x} = 0, \dfrac{\partial f}{\partial y} = 0$,解方程组

$$\begin{cases} 2x - y - 2 = 0 \\ -x + 2y + 1 = 0 \end{cases}$$

得 $x = 1, y = 0$,则二元函数 $f(x,y)$ 存在唯一驻点 $(1,0)$,由于

$$\frac{\partial^2 f}{\partial x^2} = 2, \frac{\partial^2 f}{\partial x \partial y} = -1, \frac{\partial^2 f}{\partial y^2} = 2$$

所以在点 $(1,0)$ 处,$A = 2, B = -1, C = 2$.

又由于 $\Delta = B^2 - AC = (-1)^2 - 2 \times 2 = -3 < 0$,所以函数 $f(x,y)$ 在点 $(1,0)$ 处取得极值,又因为 $A = 2 > 0$,于是函数 $f(x,y)$ 极小值点为 $(1,0)$,且极小值为 $f(1,0) = -1$.

【例6.43】 求函数 $f(x,y) = x^3 - y^3 + 3x^2 + 3y^2 - 9x$ 的极值.

解 先解方程组

$$\begin{cases} f'_x(x,y) = 3x^2 + 6x - 9 = 0 \\ f'_y(x,y) = -3y^2 + 6y = 0 \end{cases}$$

求得驻点为 $(1,0),(1,2),(-3,0)$ 和 $(-3,2)$

再求出二阶偏导数

$$f''_{xx}(x,y) = 6x + 6, f''_{xy}(x,y) = 0, f''_{yy}(x,y) = -6y + 6$$

在点 $(1,0)$ 处,$\Delta = B^2 - AC = -12 \times 6 < 0$,又 $A > 0$,所以函数在点 $(1,0)$ 处有极小值 $f(1,0) = -5$;

在点 $(1,2)$ 处,$\Delta = B^2 - AC = -12 \times (-6) > 0$,所以 $f(1,2)$ 不是极值;

在点 $(-3,0)$ 处,$\Delta = B^2 - AC = 12 \times 6 > 0$,所以 $f(-3,0)$ 不是极值;

在点 $(-3,2)$ 处,$\Delta = B^2 - AC = 12 \times (-6) < 0$,又 $A < 0$,所以函数在点 $(-3,2)$ 处有极大值 $f(-3,2) = 31$.

与一元函数类似,在二元函数的偏导数不存在的点,函数也可能取得极值,在考虑函数的极值问题时,除了考虑函数的驻点外,如果有偏导数不存在的点,那么对这些点也应当考虑.

6.5.2 多元函数的最值

由定理6.1可知,有界闭区域 D 上的连续函数 $f(x,y)$ 一定有最大值和最小值. 为了求出最值,首先要计算函数 $f(x,y)$ 在所有驻点和不可导点处的函数值,再求出函数 $f(x,y)$ 在闭区域 D 的边界上的最大值和最小值,将这些函数值进行比较,得到最大者和最小者,它们即为函数 $f(x,y)$ 在闭区域 D 上的最大值和最小值. 但由于求函数 $f(x,y)$ 在闭区域 D 的边界上的最值通常比较复杂或困难,因此,在求解实际问题时,若已知函数 $f(x,y)$ 的最大(小)值一定在 D 的内部取到,并且 $f(x,y)$ 在 D 内只有一个驻点,此时即可以断定该驻点处的函数值就是 $f(x,y)$ 在 D 上的最大(小)值.

【例6.44】 某工厂用钢板制造一个容积为 V 的无盖长方形盒,问长、宽、高如何取才能最省钢板?

解 设长方形盒的长、宽、高分别为 x,y,z,则表面积为

$$S = xy + 2xz + 2yz, x,y,z > 0$$

由于 $z = \dfrac{V}{xy}$,将其代入 S 中,得

$$S = xy + \frac{2V}{y} + \frac{2V}{x}$$

由题意知,$x > 0, y > 0$,等式两边分别对 x,y 求偏导数

$$\begin{cases} \dfrac{\partial S}{\partial x} = y - \dfrac{2V}{x^2} = 0 \\ \dfrac{\partial S}{\partial y} = x - \dfrac{2V}{y^2} = 0 \end{cases}$$

解方程组得唯一驻点 $x = y = \sqrt[3]{2V}, z = \dfrac{\sqrt[3]{2V}}{2}$. 则该驻点也是最小值点,即当长方形的长,宽,高分

别为 $\sqrt[3]{2V}, \sqrt[3]{2V}, \dfrac{\sqrt[3]{2V}}{2}$ 时,盒子用料最省,此时用料 $S = 3\sqrt[3]{4V^2}$.

【例6.45】 某企业生产两种商品的产量分别为 Q_1 单位和 Q_2 单位,利润函数为
$$L = -2Q_1^2 - 4Q_2^2 + 4Q_1Q_2 + 64Q_1 + 32Q_2 - 16$$
求最大利润.

解 解方程组
$$\begin{cases} L'_{Q_1} = 64 - 4Q_1 + 4Q_2 = 0 \\ L'_{Q_2} = 4Q_1 - 8Q_2 + 32 = 0 \end{cases}$$

解得唯一驻点 $Q_1 = 40, Q_2 = 24$. 又因为
$$L''_{Q_1Q_1} = -4, A = -4; L''_{Q_1Q_2} = 4, B = 4; L''_{Q_2Q_2} = -8, C = -8$$
所以 $B^2 - AC = -16 < 0$,且 $A < 0$,故点 $(40, 24)$ 为极大值点,亦即最大值点. 最大值为
$$L(40, 24) = 1\ 648$$
即该企业生产的两种产品的产量分别为40单位和24单位时,所获利润最大,最大利润为1 648单位.

【例6.46】 某厂家生产的一种产品同时在两个市场销售,售价分别为 p_1 和 p_2,需求函数分别为 $Q_1 = 24 - 0.2p_1, Q_2 = 10 - 0.05p_2$. 总成本函数为 $C = 34 + 40(Q_1 + Q_2)$,问厂家如何确定两个市场的售价,能使其获得的总利润最大? 最大利润为多少?

解 总利润为
$$\begin{aligned} L(p_1, p_2) &= Q_1p_1 + Q_2p_2 - C = (24 - 0.2p_1)p_1 + (10 - 0.05p_2)p_2 - \\ &\quad 34 - 40(24 - 0.2p_1 + 10 - 0.05p_2) \\ &= -0.2p_1^2 - 0.05p_2^2 + 32p_1 + 12p_2 - 1\ 394 \end{aligned}$$
分别对 p_1, p_2 求偏导数,并令其等于0,得
$$\begin{cases} L'_{p_1} = -0.4p_1 + 32 = 0 \\ L'_{p_2} = -0.1p_2 + 12 = 0 \end{cases}$$

解得唯一驻点 $p_1 = 80, p_2 = 120$,又因为
$$L''_{p_1p_1} = -0.4, A = -0.4; L''_{p_1p_2} = 0, B = 0; L''_{p_2p_2} = -0.1, C = -0.1$$
所以 $B^2 - AC = -0.04 < 0$,且 $A < 0$,故当 $p_1 = 80, p_2 = 120$ 时,所获得总利润最大,最大利润

为

$$L(80,120) = 606$$

6.5.3　条件极值与拉格朗日乘数法

前面讨论的极值问题,自变量在定义域内不受限制,可以任意取值,通常称为**无条件极值**. 但在实际问题中常常会遇到这样的问题:求 $z = f(x,y)$ 在条件 $\varphi(x,y) = 0$ 下的极值,如例6.44, 实际上是求三元函数

$$S = xy + 2xz + 2yz, x,y,z > 0$$

在条件

$$xyz = V$$

下的极值问题,这种有条件的极值称为**条件极值**. 一般地,$z = f(x,y)$ 称为**目标函数**,$\varphi(x,y) = 0$ 称为**约束条件**. 约束条件可能是有限个.

求解条件极值问题一般有两种方法:方法一,若从 $\varphi(x,y) = 0$ 中能解出 $y = y(x)$(或 $x = x(y)$),将其代入 $f(x,y)$ 中,就变成一元函数 $z = f(x,y(x))$,(或 $z = f(x(y),y)$)从而转化为求解一元函数的极值问题. 方法二就是下面介绍的拉格朗日乘数法.

拉格朗日乘数法

设 $f(x,y)$,$\varphi(x,y)$ 在区域 D 内有二阶连续偏导数,求 $z = f(x,y)$ 在 D 内满足条件 $\varphi(x,y) = 0$ 的极值,可按下述方法进行.

(1)作**拉格朗日函数**

$$F(x,y,\lambda) = f(x,y) + \lambda\varphi(x,y)$$

其中,$f(x,y)$ 为目标函数,$\varphi(x,y) = 0$ 为约束条件,λ 是待定常数称为**拉格朗日乘数**.

(2)求函数 $F(x,y,\lambda)$ 分别对 x,y,λ 的偏导数,并令其等于0,即建立方程组

$$\begin{cases} F'_x(x,y,\lambda) = f'_x(x,y) + \lambda\varphi'_x(x,y) = 0 \\ F'_y(x,y,\lambda) = f'_y(x,y) + \lambda\varphi'_y(x,y) = 0 \\ F'_\lambda(x,y,\lambda) = \varphi(x,y) = 0 \end{cases}$$

(3)求解方程组,得到可能取得极值的点. 一般解法是消去 λ,解出 x_0 和 y_0,则点 (x_0,y_0) 就可能是取得极值的极值点.

(4)根据实际问题的具体情况判断 (x_0,y_0) 为何种极值点. 例如实际问题中有极大值点, 而求得可能取极值的唯一点 (x_0,y_0),则点 (x_0,y_0) 就是条件极值的极大值点.

这种方法还可以推广到自变量多于两个的情形. 例如,要求函数

$$u = f(x,y,z)$$

在约束条件

$$\varphi(x,y,z) = 0$$

下的极值,可以先作拉格朗日函数

$$F(x,y,z,\lambda) = f(x,y,z) + \lambda\varphi(x,y,z)$$

求其各一阶偏导数,并令之为 0,然后将四个方程联立起来求解,这样求得的 x,y,z 就是函数 $f(x,y,z)$ 在约束条件 $\varphi(x,y,z) = 0$ 下的可能极值点.

【例 6.47】　利用拉格朗日乘数法,求解例 6.44.

解　由已知,目标函数为

$$S = xy + 2xz + 2yz, x,y,z > 0$$

约束条件为

$$xyz = V$$

拉格朗日函数为

$$F(x,y,z,\lambda) = xy + 2xz + 2yz + \lambda(xyz - V)$$

求拉格朗日函数分别对 x,y,z,λ 的偏导数,并令其等于 0,得方程组

$$\begin{cases} y + 2z + \lambda yz = 0 \\ x + 2z + \lambda xz = 0 \\ 2x + 2y + \lambda xy = 0 \\ xyz = V \end{cases}$$

其中 $x,y,z > 0$,得方程组唯一解 $x = y = \sqrt[3]{2V}, z = \dfrac{\sqrt[3]{2V}}{2}$. 即当长方形的长、宽、高分别为 $\sqrt[3]{2V}$,

$\sqrt[3]{2V}, \dfrac{\sqrt[3]{2V}}{2}$ 时,盒子用料最省,此时用料 $S = 3\sqrt[3]{4V^2}$.

【例 6.48】　设某工厂生产甲、乙两种产品,产量分别为 Q_1 和 Q_2(单位:千件),利润函数为

$$L(Q_1,Q_2) = -Q_1^2 - 4Q_2^2 + 8Q_1 + 16Q_2 - 2 \quad (单位:万元)$$

已知生产这两种产品时,每千件产品均需消耗某种原料 2 000 kg,现有该原料 18 000 kg,求两种产品各生产多少千件时利润最大? 最大总利润为多少?

解　由已知,目标函数为

$$L(Q_1,Q_2) = -Q_1^2 - 4Q_2^2 + 8Q_1 + 16Q_2 - 2$$

约束条件为

$$Q_1 + Q_2 = 9$$

拉格朗日函数为

$$F(Q_1,Q_2,\lambda) = -Q_1^2 - 4Q_2^2 + 8Q_1 + 16Q_2 - 2 + \lambda(Q_1 + Q_2 - 9)$$

$$\begin{cases} F'_{Q_1} = 8 - 2Q_1 + \lambda = 0 \\ F'_{Q_2} = 16 - 8Q_2 + \lambda = 0 \\ F'_{\lambda} = Q_1 + Q_2 - 9 = 0 \end{cases}$$

得唯一解 $Q_1 = 6.4(千件)$, $Q_2 = 2.6(千件)$, 最大利润为

$$L(6.4, 2.6) = 22.8(万元)$$

6.6 二重积分的概念与性质

前面几节将一元函数的微分学推广到多元函数,这一节要将一元函数 $y = f(x)$ 在闭区间 $[a, b]$ 上的定积分推广到二元函数 $z = f(x, y)$ 在 xOy 平面的有界闭区域 D 上的二重积分. 二重积分的定义与定积分的定义类似,仍从几何上的实例出发引入二重积分的概念.

6.6.1 二重积分的概念

1. 曲顶柱体的体积

设 $z = f(x, y)$ 是有界闭区域 D 上的非负连续函数,则它的图形是一张连续的曲面,记为 S. 以区域 D 为底,以 S 为顶,以柱面(其准线为 D 的边界,母线平行于 z 轴)为侧面的立体,称为**曲顶柱体**,见图 6.21,求该曲顶柱体的体积 V.

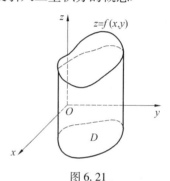

图 6.21

(1) 若柱体的顶是平行于底面的平面,则**平顶柱体**的体积 V = 底面积 × 高.

(2) 柱体的顶是曲面,则可以用类似于求曲边梯形面积的办法(即分割、求和、取极限)来求曲顶柱体的体积,具体步骤如下:

① **分割** 用任意的曲线网将闭区域 D 分成 n 个小区域

$$\Delta\sigma_1, \Delta\sigma_2, \cdots, \Delta\sigma_n$$

并以 $\Delta\sigma_i (i = 1, 2, \cdots, n)$ 表示第 i 个小闭区域的面积,见图 6.22,相应的曲顶柱体也被分成 n 个小曲顶柱体,设其体积为 $\Delta V_i (i = 1, 2, \cdots, n)$,则

$$V = \sum_{i=1}^{n} \Delta V_i$$

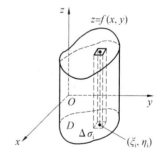

图 6.22

② **求和** 在每个小闭区域 $\Delta\sigma_i$ 上任取一点 (ξ_i, η_i). 因为 $f(x, y)$ 连续,所以分割非常细密时,小曲顶柱体的体积 ΔV_i 就近似地等于以 $f(\xi_i, \eta_i)$ 为高,以 $\Delta\sigma_i$ 为底的小平顶柱体,即

$$\Delta V_i \approx f(\xi_i, \eta_i)\Delta\sigma_i, i = 1, 2, \cdots, n$$

曲顶柱体的体积

$$V = \sum_{i=1}^{n} \Delta V_i \approx \sum_{i=1}^{n} f(\xi_i, \eta_i)\Delta\sigma_i$$

③ **取极限**　记 λ_i 为第 $i(i=1,2,\cdots,n)$ 个小闭区域外接圆的直径(简称直径),并记

$$\lambda = \max\{\lambda_1,\lambda_2,\cdots,\lambda_n\}$$

当 $\lambda \to 0$ 时,有 $\sum\limits_{i=1}^{n} f(\xi_i,\eta_i)\Delta\sigma_i \to V$,即

$$V = \lim_{\lambda\to 0}\sum_{i=1}^{n} f(\xi_i,\eta_i)\Delta\sigma_i$$

还有许多实际问题都可以化为上述形式的和式极限,如不均匀平面薄板的质量等,从中抽象概括就得到二重积分的定义.

2. 二重积分的定义

定义 6.10　设二元函数 $f(x,y)$ 在有界闭区域 D 上有定义.用任意曲线网将 D 分成 n 个小闭区域 $\Delta\sigma_1,\Delta\sigma_2,\cdots,\Delta\sigma_n$,并以 $\Delta\sigma_i,\lambda_i$ 分别表示第 i 个小区域的面积和直径,$\lambda=\max\{\lambda_1,\lambda_2,\cdots,\lambda_n\}$,在每个小闭区域 $\Delta\sigma_i$ 上任取一点 $(\xi_i,\eta_i)(i=1,2,\cdots,n)$,作乘积并求和

$$\sum_{i=1}^{n} f(\xi_i,\eta_i)\Delta\sigma_i$$

如果当 $\lambda\to 0$ 时,上述和式的极限 $\lim\limits_{\lambda\to 0}\sum\limits_{i=1}^{n} f(\xi_i,\eta_i)\Delta\sigma_i$ 存在,则称函数 $f(x,y)$ 在闭区域 D 上可积,并称此极限值为函数 $f(x,y)$ 在闭区域 D 上的二重积分,记作 $\iint\limits_{D} f(x,y)\mathrm{d}\sigma$,即

$$\iint\limits_{D} f(x,y)\mathrm{d}\sigma = \lim_{\lambda\to 0}\sum_{i=1}^{n} f(\xi_i,\eta_i)\Delta\sigma_i \tag{6.19}$$

其中 $f(x,y)$ 称为被积函数,$f(x,y)\mathrm{d}\sigma$ 称为被积表达式,$\mathrm{d}\sigma$ 称为面积元素,x 与 y 称为积分变量,D 称为积分区域,$\sum\limits_{i=1}^{n} f(\xi_i,\eta_i)\Delta\sigma_i$ 称为积分和.

关于二元函数 $f(x,y)$ 的可积性,有以下结论:

(1) 若函数 $f(x,y)$ 在有界闭区域 D 上有界,则 $f(x,y)$ 在 D 上可积;

(2) 若函数 $f(x,y)$ 在有界闭区域 D 上连续,则 $f(x,y)$ 在 D 上可积.

二重积分的几何意义:一般地,若 $f(x,y)\geqslant 0$,被积函数 $f(x,y)$ 可解释为曲顶柱体的顶在点 (x,y) 处的竖坐标,所以,二重积分的几何意义就是曲顶柱体的体积.若 $f(x,y)<0$,柱体就在 xOy 面的下方,二重积分的绝对值仍等于柱体的体积,但二重积分的值是负的.如果 $f(x,y)$ 在闭区域 D 的若干部分闭区域上是正的,而在其他的部分闭区域上是负的,可以把 xOy 面上方的柱体体积取成正,xOy 面下方的柱体体积取成负,那么,$f(x,y)$ 在闭区域 D 上的二重积分就等于这些部分闭区域上的曲顶柱体体积的代数和.

6.6.2　二重积分的性质

比较定积分与二重积分的定义可以想到,二重积分与定积分有类似的性质,现叙述如下:

性质1 若 $f(x,y) \equiv 1$, D 的面积为 A,则

$$\iint\limits_{D} 1 \mathrm{d}\sigma = \iint\limits_{D} \mathrm{d}\sigma = A$$

性质2 若函数 $f(x,y)$ 和 $g(x,y)$ 在闭区域 D 上皆可积,则

$$\iint\limits_{D} [af(x,y) + bg(x,y)] \mathrm{d}\sigma = a\iint\limits_{D} f(x,y) \mathrm{d}\sigma + b\iint\limits_{D} g(x,y) \mathrm{d}\sigma$$

其中 a,b 为任意实数.

性质3(二重积分对闭区域 D 的可加性) 若积分闭区域 D 被一曲线分成两个部分闭区域 D_1 和 D_2,则

$$\iint\limits_{D} f(x,y) \mathrm{d}\sigma = \iint\limits_{D_1} f(x,y) \mathrm{d}\sigma + \iint\limits_{D_2} f(x,y) \mathrm{d}\sigma$$

性质4 若在闭区域 D 上,恒有 $f(x,y) \leqslant g(x,y)$,则

$$\iint\limits_{D} f(x,y) \mathrm{d}\sigma \leqslant \iint\limits_{D} g(x,y) \mathrm{d}\sigma$$

特别地,有

$$\left| \iint\limits_{D} f(x,y) \mathrm{d}\sigma \right| \leqslant \iint\limits_{D} |f(x,y)| \mathrm{d}\sigma$$

性质5 若 M 与 m 分别是函数 $f(x,y)$ 在闭区域 D 上的最大值与最小值,A 是闭区域 D 的面积,则

$$mA \leqslant \iint\limits_{D} f(x,y) \mathrm{d}\sigma \leqslant MA$$

上述不等式是对于二重积分估值的不等式,因为

$$m \leqslant f(x,y) \leqslant M$$

所以由性质 4 有

$$\iint\limits_{D} m \mathrm{d}\sigma \leqslant \iint\limits_{D} f(x,y) \mathrm{d}\sigma \leqslant \iint\limits_{D} M \mathrm{d}\sigma$$

再应用性质 1 和性质 2,便得此估值不等式.

性质6(二重积分的中值定理) 设函数 $f(x,y)$ 在有界闭区域 D 上连续,A 是闭区域 D 的面积. 则在 D 内至少存在一点 (ξ,η),使得

$$\iint\limits_{D} f(x,y) \mathrm{d}\sigma = f(\xi,\eta) \cdot A$$

证明 显然 $A \neq 0$. 将性质 5 中不等式各除以 A,有

$$m \leqslant \frac{1}{A} \iint\limits_{D} f(x,y) \mathrm{d}\sigma \leqslant M$$

这就是说,确定的数值 $\dfrac{1}{A} \iint\limits_{D} f(x,y) \mathrm{d}\sigma$ 是介于函数 $f(x,y)$ 的最大值 M 与最小值 m 之间的. 根据

闭区域上连续函数的介值定理,在闭区域 D 上至少存在一点 (ξ,η) 使得函数在该点的值与这个确定的数值相等,即

$$\frac{1}{A}\iint\limits_{D}f(x,y)\mathrm{d}\sigma = f(\xi,\eta)$$

上式两端各乘以 A,就是所需要证明的公式. $\frac{1}{A}\iint\limits_{D}f(x,y)\mathrm{d}\sigma$ 为 $f(x,y)$ 在闭区域 D 上的**平均值**.

【例 6.49】 比较 $\iint\limits_{D}(x+y)^2\mathrm{d}\sigma$ 与 $\iint\limits_{D}(x+y)^3\mathrm{d}\sigma$ 的大小,其中

$D = \{(x,y) \mid (x-2)^2 + (y-1)^2 \leqslant 2\}$

解 考虑 $x+y$ 在 D 上的取值,见图 6.23.

由于点 $A(1,0)$ 在圆周 $(x-2)^2 + (y-1)^2 = 2$ 上,且过该点的切线方程为

$$x + y = 1$$

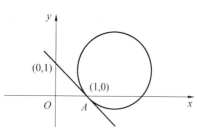

图 6.23

所以,在 D 上处处有 $x+y \geqslant 1$. 因此,在闭区域 D 上,有

$$(x+y)^2 \leqslant (x+y)^3$$

从而由性质 4,有

$$\iint\limits_{D}(x+y)^2\mathrm{d}\sigma \leqslant \iint\limits_{D}(x+y)^3\mathrm{d}\sigma$$

【例 6.50】 设 $D = \{(x,y) \mid 4 \leqslant x^2 + y^2 \leqslant 16\}$,求 $\iint\limits_{D}2\mathrm{d}\sigma$.

解 D 是由半径为 4 和 2 的两个同心圆围成的圆环,其面积为

$$A = \pi \times 4^2 - \pi \times 2^2 = 12\pi$$

故

$$\iint\limits_{D}2\mathrm{d}\sigma = 2\iint\limits_{D}\mathrm{d}\sigma = 24\pi$$

6.7 二重积分的计算

计算二重积分的主要方法是将其化为两次定积分,称为**累次积分**,这样就可以利用定积分来计算二重积分. 计算二重积分的关键是根据积分区域 D 的边界来确定两个定积分的上下限.

6.7.1 在直角坐标系下计算二重积分

由二重积分的定义可以看出,当 $f(x)$ 在积分区域 D 上可积时,其积分值与分割方法无关.

因此,可选用平行于坐标轴的两组直线来分割 D,这时每个小闭区域的面积 $\Delta\sigma = \Delta x \cdot \Delta y$,这样,在直角坐标系下,面积元素 $\mathrm{d}\sigma = \mathrm{d}x\mathrm{d}y$,从而有

$$\iint\limits_{D} f(x,y)\,\mathrm{d}\sigma = \iint\limits_{D} f(x,y)\,\mathrm{d}x\mathrm{d}y$$

设 $f(x,y) \geqslant 0$ 在有界闭区域 D 上连续,下面就积分区域 D 的不同形状讨论二重积分的计算.

1. X 型区域

若积分区域 D 是由两条直线 $x = a$,$x = b(a < b)$,两条曲线 $y = \varphi_1(x)$,$y = \varphi_2(x)(\varphi_1(x) \leqslant \varphi_2(x))$ 围成,见图 6.24. 若 D 可以表示为

$$D = \{(x,y) \mid a \leqslant x \leqslant b, \varphi_1(x) \leqslant y \leqslant \varphi_2(x)\}$$

其中函数 $\varphi_1(x)$,$\varphi_2(x)$ 在区间 $[a,b]$ 上连续,则称 D 为 X **型区域**. 图 6.25 为 X 型区域的特殊情况.

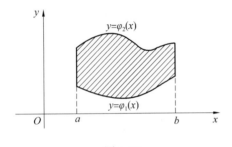

图 6.24

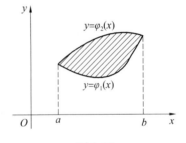

图 6.25

由二重积分的几何意义可知,$\displaystyle\iint\limits_{D} f(x,y)\,\mathrm{d}\sigma$ 表示以 D 为底,曲面 $z = f(x,y)$ 为顶的曲顶柱体的体积 V,下面通过 V 的计算来说明这种情况下二重积分的计算方法.

对任意取定的 $x_0 \in [a,b]$,过点 $(x_0,0,0)$ 作垂直于 x 轴的平面 $x = x_0$,该平面与曲顶柱体相交所得截面是以区间 $[\varphi_1(x_0),\varphi_2(x_0)]$ 为底,$z = f(x_0,y)$ 为曲边的曲边梯形(见图 6.26 阴影部分),显然,这一截面的面积为

$$A(x_0) = \int_{\varphi_1(x_0)}^{\varphi_2(x_0)} f(x_0,y)\,\mathrm{d}y$$

由 x_0 的任意性,对区间 $[a,b]$ 上任意点 x,过点 $(x,0,0)$ 作垂直于 x 轴的平面,该平面与曲顶柱体相交所得截面的面积为

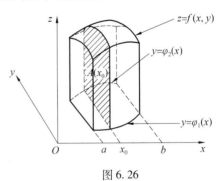

图 6.26

$$A(x) = \int_{\varphi_1(x)}^{\varphi_2(x)} f(x,y)\,\mathrm{d}y$$

其中 y 是积分变量,在积分过程中将 x 看做常量.

由以上分析可知,上述曲顶柱体可看成平行截面面积为 $A(x)$ 的立体,由定积分应用可知,所求曲顶柱体的体积为

$$V = \int_a^b A(x)\,\mathrm{d}x = \int_a^b \Big[\int_{\varphi_1(x)}^{\varphi_2(x)} f(x,y)\,\mathrm{d}y \Big]\mathrm{d}x$$

从而得到二重积分的计算公式

$$\iint\limits_D f(x,y)\,\mathrm{d}\sigma = \int_a^b \Big[\int_{\varphi_1(x)}^{\varphi_2(x)} f(x,y)\,\mathrm{d}y \Big]\mathrm{d}x$$

或

$$\iint\limits_D f(x,y)\,\mathrm{d}\sigma = \int_a^b \mathrm{d}x \int_{\varphi_1(x)}^{\varphi_2(x)} f(x,y)\,\mathrm{d}y \tag{6.20}$$

上面将二重积分的计算化成先对 y 后对 x 的两次定积分的计算,通常称为**化二重积分为二次积分**或**累次积分**.

2. Y 型区域

类似地,若积分区域 D 如图 6.27,即
$$D = \{(x,y) \mid \psi_1(y) \leqslant x \leqslant \psi_2(y), c \leqslant y \leqslant d\}$$
其中函数 $\psi_1(y),\psi_2(y)$ 在区间 $[c,d]$ 上连续,则称 D 为 **Y 型区域**. 图 6.28 为 Y 型区域的特殊情况.

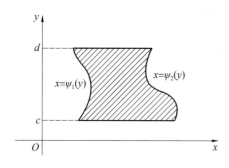

图 6.27

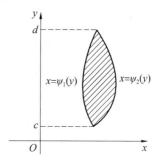

图 6.28

此时可采用先对 x 后对 y 积分的积分次序,将二重积分化为累次积分

$$\iint\limits_D f(x,y)\,\mathrm{d}\sigma = \int_c^d \Big[\int_{\psi_1(y)}^{\psi_2(y)} f(x,y)\,\mathrm{d}x \Big]\mathrm{d}y = \int_c^d \mathrm{d}y \int_{\psi_1(y)}^{\psi_2(y)} f(x,y)\,\mathrm{d}x \tag{6.21}$$

由此可以看出,化二重积分为累次积分的关键是确定积分限,而积分限是由积分区域 D 的几何形状确定的.

(1) 若积分区域 D 为 X 型区域,则先对 y 积分,y 的积分限为 x 的函数或常数,x 的积分限

为常数. 由此可以在积分区域 D 内画一条平行于 y 轴的由下向上的直线,与积分区域 D 先交的边界线就为 y 的积分下限,与积分区域 D 后交的边界线为 y 的积分上限;x 的下限为积分区域 D 边界线上 x 的最小值,x 的上限为积分区域 D 边界线上 x 的最大值.

(2) 若积分区域 D 为 Y 型区域,则先对 x 积分,x 的积分限为 y 的函数或常数,y 的积分限为常数. 由此可以在积分区域 D 内画一条平行于 x 轴的由左向右的直线,与积分区域 D 先交的边界线就为 x 的积分下限,与积分区域 D 后交的边界线为 x 的积分上限;y 的下限为积分区域 D 边界线上 y 的最小值,y 的上限为积分区域 D 边界线上 y 的最大值.

(3) 若积分区域 D 既不是 X 型区域也不是 Y 型区域,则应先将 D 分成若干个小的**标准型区域**(X 型区域或 Y 型区域). D 的划分一般以分块数越少越好为原则.

(4) 若积分区域 D 既是 X 型区域又是 Y 型区域,将二重积分化成两种不同顺序的累次积分. 这两种不同顺序的累次积分的计算结果是相同的,但在实际计算时,不同的积分顺序可能影响到计算的繁简,甚至有的积分顺序无法计算出结果. 因此,还要根据被积函数的特点,结合积分区域来选择积分次序.

注意 与二元微分相同,在对 x 积分时将 y 看做常量,对 y 积分时将 x 看做常量.

【例 6.51】 求 $\iint\limits_{D} xy \mathrm{d}x\mathrm{d}y$,其中 D 是由 $y=x^2$ 与 $y=x$ 围成.

解 解方程组 $\begin{cases} y=x^2 \\ y=x \end{cases}$,得两曲线的交点为 $(0,0)$,$(1,1)$.

解法一 把积分区域 D 看做 X 型区域,画一条平行于 y 轴由下向上的直线,见图 6.29. 则 $D = \{(x,y) \mid 0 \leqslant x \leqslant 1, x^2 \leqslant y \leqslant x\}$,由式(6.20) 先对 y 积分,有

$$\iint\limits_{D} xy\mathrm{d}x\mathrm{d}y = \int_0^1 \mathrm{d}x \int_{x^2}^x xy\mathrm{d}y = \int_0^1 x\mathrm{d}x \int_{x^2}^x y\mathrm{d}y = \frac{1}{2}\int_0^1 x \cdot y^2 \Big|_{x^2}^x \mathrm{d}x$$

$$= \frac{1}{2}\int_0^1 (x^3 - x^5)\mathrm{d}x = \frac{1}{2}\left(\frac{x^4}{4} - \frac{x^6}{6}\right)\Big|_0^1 = \frac{1}{24}$$

解法二 把积分区域 D 看做 Y 型区域,画一条平行于 x 轴由左向右的直线,见图 6.30.

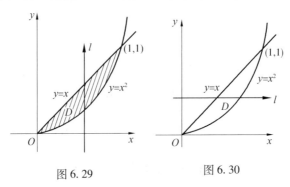

图 6.29   图 6.30

则 $D = \{(x,y) \mid y \le x \le \sqrt{y}, 0 \le y \le 1\}$, 由式 (6.21) 先
对 x 积分, 有

$$\iint\limits_{D} xy \mathrm{d}x \mathrm{d}y = \int_0^1 \mathrm{d}y \int_y^{\sqrt{y}} xy \mathrm{d}x = \frac{1}{2} \int_0^1 y \cdot x^2 \Big|_y^{\sqrt{y}} \mathrm{d}y$$

$$= \frac{1}{2} \int_0^1 (y^2 - y^3) \mathrm{d}y = \frac{1}{2} \left(\frac{y^3}{3} - \frac{y^4}{4} \right) \Big|_0^1 = \frac{1}{24}$$

【例 6.52】　求 $\iint\limits_{D} x^2 \mathrm{e}^{-y^2} \mathrm{d}x \mathrm{d}y$, 其中 D 是以 $(0,0)$, $(1,1)$,
$(0,1)$ 为顶点的三角形.

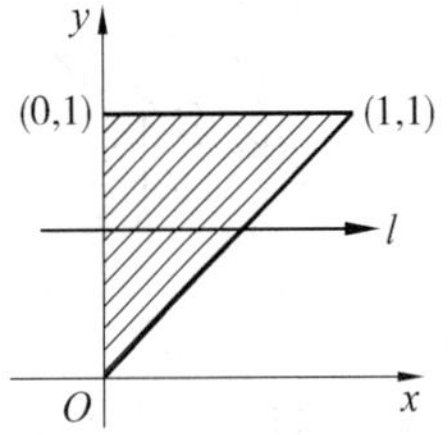

解　积分区域 D, 见图 6.31. 既是 X 型区域又是 Y 型区域,
但 $\int \mathrm{e}^{-y^2} \mathrm{d}y$ 不能用解析形式表示其结果, 所以不能先对 y 积分,
故只能选择 Y 型区域, 画一条由左向右平行于 x 轴的直线.

图 6.31

则 $D = \{(x,y) \mid 0 \le x \le y, 0 \le y \le 1\}$, 由式 (6.21), 得

$$\iint\limits_{D} x^2 \mathrm{e}^{-y^2} \mathrm{d}x \mathrm{d}y = \int_0^1 \mathrm{e}^{-y^2} \mathrm{d}y \int_0^y x^2 \mathrm{d}x = \frac{1}{3} \int_0^1 y^3 \mathrm{e}^{-y^2} \mathrm{d}y$$

$$= -\frac{1}{6} \int_0^1 y^2 \mathrm{d}(\mathrm{e}^{-y^2})$$

$$= -\frac{1}{6} \left(y^2 \mathrm{e}^{-y^2} \Big|_0^1 - 2 \int_0^1 y \mathrm{e}^{-y^2} \mathrm{d}y \right) = \frac{1}{6} \left(1 - \frac{2}{\mathrm{e}} \right)$$

【例 6.53】　求 $\iint\limits_{D} xy \mathrm{d}x \mathrm{d}y$, 其中 D 由 $x^2 + y^2 = 2$ 和 $y = x^2$ 分别与 y 轴正向, x 轴正向所围成.

解　设 D_1 是由 $x^2 + y^2 = 2$ 和 $y = x^2$ 与 y 轴正向围成的闭区域, 见图 6.32. 积分区域为 X
型区域, 即

$$D_1 = \{(x,y) \mid 0 \le x \le 1, x^2 \le y \le \sqrt{2 - x^2}\}$$

所以

$$\iint\limits_{D_1} xy \mathrm{d}x \mathrm{d}y = \int_0^1 x \mathrm{d}x \int_{x^2}^{\sqrt{2-x^2}} y \mathrm{d}y = \int_0^1 x \cdot \frac{y^2}{2} \Big|_{x^2}^{\sqrt{2-x^2}} \mathrm{d}x$$

$$= \frac{1}{2} \int_0^1 (2x - x^3 - x^5) \mathrm{d}x = \frac{7}{24}$$

设 D_2 是由 $x^2 + y^2 = 2$ 和 $y = x^2$ 与 x 轴正向围成的闭区域, 见图 6.33. 积分区域为 Y 型区域,
即 $D_2 = \{(x,y) \mid \sqrt{y} \le x \le \sqrt{2 - y^2}, 0 \le y \le 1\}$, 所以

$$\iint\limits_{D_2} xy \mathrm{d}x \mathrm{d}y = \int_0^1 y \mathrm{d}y \int_{\sqrt{y}}^{\sqrt{2-y^2}} x \mathrm{d}x = \int_0^1 y \cdot \frac{x^2}{2} \Big|_{\sqrt{y}}^{\sqrt{2-y^2}} \mathrm{d}y$$

$$= \frac{1}{2} \int_0^1 (2y - y^3 - y^2) \, \mathrm{d}y = \frac{5}{24}$$

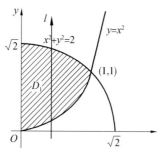

图 6.32　　　　　　　　　　图 6.33

【例 6.54】　交换累次积分 $\int_0^1 \mathrm{d}x \int_0^x f(x,y) \, \mathrm{d}y + \int_1^2 \mathrm{d}x \int_0^{\sqrt{2x-x^2}} f(x,y) \, \mathrm{d}y$ 的积分次序.

解　该积分区域分成两部分,可分别表示为

$$D_1 = \{(x,y) \mid 0 \leqslant x \leqslant 1, 0 \leqslant y \leqslant x\}, D_2 = \{(x,y) \mid 1 \leqslant x \leqslant 2, 0 \leqslant y \leqslant \sqrt{2x - x^2}\}$$

D_1 图形是一个三角形,D_2 图形为一个圆的 $\frac{1}{4}$,见图 6.34 阴影部分,已知是将 D 看做 X 型区域,

若将 D 看做 Y 型区域,则有 $D = \{(x,y) \mid y \leqslant x \leqslant 1 + \sqrt{1 - y^2}, 0 \leqslant y \leqslant 1\}$

$$\int_0^1 \mathrm{d}x \int_0^x f(x,y) \, \mathrm{d}y + \int_1^2 \mathrm{d}x \int_0^{\sqrt{2x-x^2}} f(x,y) \, \mathrm{d}y = \int_0^1 \mathrm{d}y \int_y^{1+\sqrt{1-y^2}} f(x,y) \, \mathrm{d}x$$

【例 6.55】　证明 $\int_a^b \mathrm{d}x \int_a^x f(y) \, \mathrm{d}y = \int_a^b f(y)(b - y) \, \mathrm{d}y$.

证明　$\int_a^b \mathrm{d}x \int_a^x f(y) \, \mathrm{d}y$ 的积分区域见图 6.35 阴影部分,将积分区域看成 Y 型区域,则

$$D = \{(x,y) \mid y \leqslant x \leqslant b, a \leqslant y \leqslant b\}$$

交换积分次序,得

$$\int_a^b \mathrm{d}x \int_a^x f(y) \, \mathrm{d}y = \int_a^b f(y) \, \mathrm{d}y \int_y^b \mathrm{d}x = \int_a^b f(y) \cdot x \mid_y^b \mathrm{d}y = \int_a^b f(y)(b - y) \, \mathrm{d}y$$

命题得证.

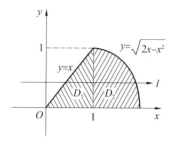

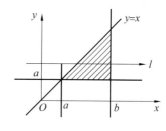

　图 6.34　　　　　　　　　　图 6.35

【**例 6.56**】　求二重积分 $\iint\limits_{D} y(1 + x\mathrm{e}^{\frac{x^2+y^2}{2}})\mathrm{d}x\mathrm{d}y$,其中 D

是由直线 $y = x, y = -1, x = 1$ 围成的平面区域.

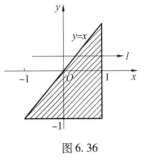

图 6.36

解　积分区域 D 见图 6.36 阴影部分

$$\iint\limits_{D} y(1 + x\mathrm{e}^{\frac{x^2+y^2}{2}})\mathrm{d}x\mathrm{d}y = \iint\limits_{D} y\mathrm{d}x\mathrm{d}y + \iint\limits_{D} xy\mathrm{e}^{\frac{x^2+y^2}{2}}\mathrm{d}x\mathrm{d}y$$

把 D 看做 Y 型区域,即 $D = \{(x,y) \mid y \le x \le 1, -1 \le y \le 1\}$,则

$$\iint\limits_{D} y\mathrm{d}x\mathrm{d}y = \int_{-1}^{1}\mathrm{d}y\int_{y}^{1}y\mathrm{d}x = \int_{-1}^{1}y(1-y)\mathrm{d}y = -\frac{2}{3}$$

$$\iint\limits_{D} xy\mathrm{e}^{\frac{x^2+y^2}{2}}\mathrm{d}x\mathrm{d}y = \int_{-1}^{1}y\mathrm{d}y\int_{y}^{1}x\mathrm{e}^{\frac{x^2+y^2}{2}}\mathrm{d}x = \int_{-1}^{1}y\cdot\mathrm{e}^{\frac{x^2+y^2}{2}}\Big|_{y}^{1}\mathrm{d}y$$

因为被积函数为奇函数,积分区域为对称区域,所以

$$\iint\limits_{D} xy\mathrm{e}^{\frac{x^2+y^2}{2}}\mathrm{d}x\mathrm{d}y = \int_{-1}^{1}y(\mathrm{e}^{\frac{1+y^2}{2}} - \mathrm{e}^{y^2})\mathrm{d}y = 0$$

所以

$$\iint\limits_{D} y(1 + x\mathrm{e}^{\frac{x^2+y^2}{2}})\mathrm{d}x\mathrm{d}y = -\frac{2}{3}$$

6.7.2　在极坐标系下计算二重积分

二重积分的计算除考虑被积函数外,还要考虑积分区域,有许多二重积分依靠直角坐标系下化为累次积分的方法难以达到简化和求解的目的. 当积分区域为圆域,环域,扇域等,或被积函数为 $f(x^2 + y^2), f\left(\dfrac{y}{x}\right), f\left(\dfrac{x}{y}\right)$ 等形式时,采用极坐标会更方便.

在直角坐标系 xOy 中,取原点作为极坐标的极点,取 x 轴正方向为极轴,则点 P 的直角坐标 (x,y) 与极坐标 (r,θ) 之间有关系式,见图 6.37.

$$\begin{cases} x = r\cos\theta \\ y = r\sin\theta \end{cases}, \qquad \begin{cases} r = \sqrt{x^2 + y^2} \\ \tan\theta = \dfrac{y}{x} \end{cases}$$

在极坐标系下计算二重积分 $\iint\limits_{D} f(x,y)\mathrm{d}\sigma$,需将被积函数 $f(x,y)$,积分区域 D 以及面积元素 $\mathrm{d}\sigma$ 都用极坐标表示. 函数 $f(x,y)$ 的极坐标形式为 $f(r\cos\theta, r\sin\theta)$.

与直角坐标系不同,在极坐标系下,用极坐标曲线网去分割积分区域 D,即用 $r = $ 常数(以 O 为圆心的圆)和 $\theta = $ 常数(以 O 为起点的射线)去分割 D. 设 $\Delta\sigma$ 是从 r 到 $r + \mathrm{d}r$ 和 θ 到 $\theta + \mathrm{d}\theta$ 之间的小区域,见图 6.38 阴影部分. 则其面积为

$$\Delta\sigma = \frac{1}{2}(r+\mathrm{d}r)^2\mathrm{d}\theta - \frac{1}{2}r^2\mathrm{d}\theta = r\mathrm{d}r\mathrm{d}\theta + \frac{1}{2}(\mathrm{d}r)^2\mathrm{d}\theta$$

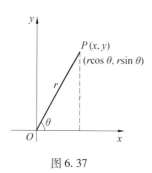

图 6.37

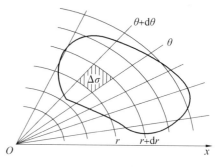

图 6.38

当 $\mathrm{d}r$ 和 $\mathrm{d}\theta$ 都充分小时,略去比 $\mathrm{d}r\mathrm{d}\theta$ 更高阶的无穷小,得到 $\Delta\sigma$ 的近似公式

$$\Delta\sigma \approx r\mathrm{d}r\mathrm{d}\theta$$

于是得到极坐标系下的面积元素

$$\mathrm{d}\sigma = r\mathrm{d}r\mathrm{d}\theta$$

一般来说,极坐标系中二重积分的积分次序是先对 r 积分,再对 θ 积分,即

$$\iint\limits_{D} f(x,y)\mathrm{d}\sigma = \int_{\alpha}^{\beta}\mathrm{d}\theta\int_{r_1(\theta)}^{r_2(\theta)} f(r\cos\theta, r\sin\theta)r\mathrm{d}r$$

根据极点 O 与积分区域 D 的相对位置分为以下三种情况:

(1) 极点 O 在积分区域 D 内,D 的边界是连续封闭曲线 $r = r(\theta)$,见图 6.39,则

$$\iint\limits_{D} f(r\cos\theta, r\sin\theta)r\mathrm{d}r\mathrm{d}\theta = \int_{0}^{2\pi}\mathrm{d}\theta\int_{0}^{r(\theta)} f(r\cos\theta, r\sin\theta)r\mathrm{d}r \tag{6.22}$$

(2) 极点 O 在积分区域 D 外,且区域 D 由两条射线 $\theta = \alpha, \theta = \beta$,以及两条连续曲线 $r = r_1(\theta), r = r_2(\theta)$ 围成,见图 6.40 所示,图 6.41 为特殊情况,则

$$\iint\limits_{D} f(r\cos\theta, r\sin\theta)r\mathrm{d}r\mathrm{d}\theta = \int_{\alpha}^{\beta}\mathrm{d}\theta\int_{r_1(\theta)}^{r_2(\theta)} f(r\cos\theta, r\sin\theta)r\mathrm{d}r \tag{6.23}$$

(3) 极点 O 在积分区域 D 的边界曲线 $r = r(\theta)$ 上,见图 6.42,则

$$\iint\limits_{D} f(r\cos\theta, r\sin\theta)r\mathrm{d}r\mathrm{d}\theta = \int_{\alpha}^{\beta}\mathrm{d}\theta\int_{0}^{r(\theta)} f(r\cos\theta, r\sin\theta)r\mathrm{d}r \tag{6.24}$$

其中,$r = r(\theta)$ 在区间 $[\alpha, \beta]$ 上连续.

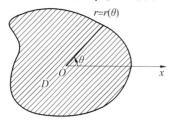

图 6.39

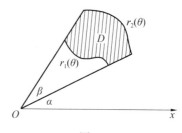

图 6.40

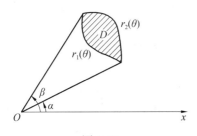

图 6.41

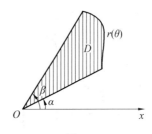

图 6.42

下面给出几种常见的积分区域

（1）积分区域为圆心在坐标原点的圆域，见图 6.43，积分区域为

$$D = \{(x,y) \mid x^2 + y^2 \leqslant a^2\}, a > 0$$

积分区域 D 的边界极坐标方程为 $r = a$，则

$$I = \iint\limits_{D} f(x,y)\,\mathrm{d}\sigma = \int_0^{2\pi} \mathrm{d}\theta \int_0^a f(r\cos\theta, r\sin\theta)\,r\mathrm{d}r$$

（2）积分区域为圆心在坐标原点的环域，见图 6.44，积分区域为

$$D = \{(x,y) \mid a^2 \leqslant x^2 + y^2 \leqslant b^2\}, 0 < a < b$$

积分区域 D 的边界极坐标方程为 $r = a, r = b$，则

$$I = \iint\limits_{D} f(x,y)\,\mathrm{d}\sigma = \int_0^{2\pi} \mathrm{d}\theta \int_a^b f(r\cos\theta, r\sin\theta)\,r\mathrm{d}r$$

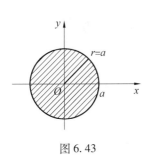

图 6.43

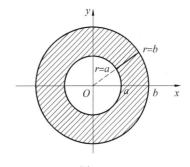

图 6.44

（3）积分区域为圆心在坐标轴上，并且过原点的圆域

① 积分区域为

$$D = \{(x,y) \mid (x-a)^2 + y^2 = a^2\}, a > 0$$

积分区域 D 的边界为 $r = 2a\cos\theta$，见图 6.45，则

$$I = \iint\limits_{D} f(x,y)\,\mathrm{d}\sigma = \int_{-\frac{\pi}{2}}^{\frac{\pi}{2}} \mathrm{d}\theta \int_0^{2a\cos\theta} f(r\cos\theta, r\sin\theta)\,r\mathrm{d}r$$

② 积分区域为

$$D = \{(x,y) \mid x^2 + (y - a)^2 = a^2\}, a > 0$$

积分区域 D 的边界为 $r = 2a\sin\theta$，见图6.46，则

$$I = \iint\limits_{D} f(x,y)\mathrm{d}\sigma = \int_0^\pi \mathrm{d}\theta \int_0^{2a\sin\theta} f(r\cos\theta, r\sin\theta)r\mathrm{d}r$$

【例6.57】 求 $\iint\limits_{D}\arctan\dfrac{y}{x}\mathrm{d}x\mathrm{d}y$，其中 D 为扇形区域 $\{(x,y) \mid 1 \leqslant x^2 + y^2 \leqslant 4, y \geqslant 0\}$.

解 作极坐标变换，积分区域可表示为

$$D = \{(r,\theta) \mid 1 \leqslant r \leqslant 2, 0 \leqslant \theta \leqslant \pi\}$$

所以

$$\iint\limits_{D}\arctan\frac{y}{x}\mathrm{d}x\mathrm{d}y = \int_0^\pi \mathrm{d}\theta \int_1^2 \theta \cdot r\mathrm{d}r = \int_0^\pi \theta\mathrm{d}\theta \cdot \int_1^2 r\mathrm{d}r = \frac{\theta^2}{2}\Big|_0^\pi \cdot \frac{r^2}{2}\Big|_1^2 = \frac{3\pi^2}{4}$$

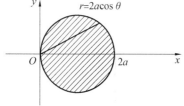

图6.45

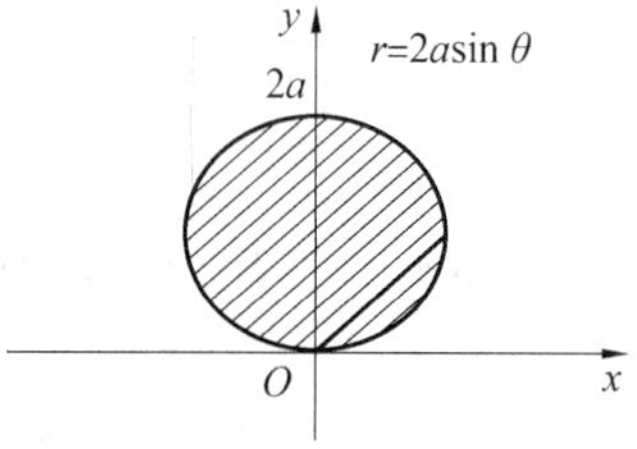

图6.46

【例6.58】 求以 xOy 面上的圆域 $D = \{(x,y) \mid x^2 + y^2 \leqslant 1\}$ 为底，圆柱面 $x^2 + y^2 = 1$ 为侧面，旋转抛物面 $z = 2 - x^2 - y^2$ 为顶的曲顶柱体的体积.

解 在极坐标系中，圆域 $D = \{(x,y) \mid x^2 + y^2 \leqslant 1\}$ 可表示为

$$D = \{(r,\theta) \mid 0 \leqslant r \leqslant 1, 0 \leqslant \theta \leqslant 2\pi\}$$

于是，所求曲顶柱体的体积

$$V = \int_0^{2\pi}\mathrm{d}\theta\int_0^1 (2 - r^2)r\mathrm{d}r = \int_0^{2\pi}\left(r^2 - \frac{r^4}{4}\right)\Big|_0^1\mathrm{d}\theta = \frac{3}{4}\int_0^{2\pi}\mathrm{d}\theta = \frac{3\pi}{2}$$

【例6.59】 求 $I = \iint\limits_{D}\dfrac{1 - x^2 - y^2}{1 + x^2 + y^2}\mathrm{d}x\mathrm{d}y$，其中 D 是由圆 $x^2 + y^2 = 1$ 和圆 $x^2 + y^2 = 4$ 围成.

解 积分区域 D 见图6.47阴影部分.

在极坐标下，圆 $x^2 + y^2 = 1$ 和圆 $x^2 + y^2 = 4$ 的方程分别为 $r = 1$ 和 $r = 2$，极点 O 在区域 D 内，故有

$$I = \int_0^{2\pi}\mathrm{d}\theta\int_1^2 \frac{1 - r^2}{1 + r^2}r\mathrm{d}r = 2\pi\int_1^2\left(\frac{2}{1 + r^2} - 1\right)r\mathrm{d}r$$

$$= 2\pi\left(\ln(1 + r^2) - \frac{r^2}{2}\right)\Big|_1^2$$

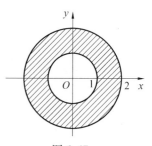

图6.47

$$= 2\pi\left[\ln 5 - 2 - \ln 2 + \frac{1}{2}\right] = 2\pi\left(\ln\frac{5}{2} - \frac{3}{2}\right)$$

【例 6.60】　求 $\displaystyle\iint\limits_{D}\sqrt{x^2 + y^2}\,\mathrm{d}\sigma$，其中 D 为扇形区域 $\{(x,y)\mid x^2 + y^2 \leqslant 2x, y \geqslant 0\}$.

解　作极坐标变换，积分区域可表示为

$$D = \left\{(r,\theta)\mid 0 \leqslant r \leqslant 2\cos\theta, 0 \leqslant \theta \leqslant \frac{\pi}{2}\right\}$$

所以

$$\iint\limits_{D}\sqrt{x^2 + y^2}\,\mathrm{d}\sigma = \int_0^{\frac{\pi}{2}}\mathrm{d}\theta\int_0^{2\cos\theta} r\cdot r\,\mathrm{d}r = \frac{1}{3}\int_0^{\frac{\pi}{2}} r^3\,\Big|_0^{2\cos\theta}\mathrm{d}\theta$$

$$= \frac{8}{3}\int_0^{\frac{\pi}{2}}\cos^3\theta\,\mathrm{d}\theta = \frac{8}{3}\times\frac{2}{3} = \frac{16}{9}$$

【例 6.61】　求 $\displaystyle\iint\limits_{D}\mathrm{e}^{-x^2-y^2}\,\mathrm{d}x\mathrm{d}y$，其中 D 为中心在原点，半径为 a 的圆在第一象限内的部分.

解　在极坐标中，圆 $x^2 + y^2 = a$ 的方程为 $r = a$. 极点 O 在区域 D 边界上，故有

$$\iint\limits_{D}\mathrm{e}^{-x^2-y^2}\,\mathrm{d}x\mathrm{d}y = \int_0^{\frac{\pi}{2}}\mathrm{d}\theta\int_0^a \mathrm{e}^{-r^2} r\,\mathrm{d}r = \frac{\pi}{2}\left(-\frac{1}{2}\mathrm{e}^{-r^2}\right)\Big|_0^a = \frac{\pi}{4}(1 - \mathrm{e}^{-a^2})$$

本题若用直角坐标系计算，由于积分 $\displaystyle\int\mathrm{e}^{-x^2}\,\mathrm{d}x$ 不能用初等函数表述，所以无法计算. 下面将用极坐标来计算工程上常用的反常积分 $\displaystyle\int_0^{+\infty}\mathrm{e}^{-x^2}\,\mathrm{d}x$.

定义 6.11　设 D 是平面上一无界区域，函数 $f(x,y)$ 在 D 上有定义，用任意光滑或分段光滑曲线 C 在 D 中划出有界区域 D_C，见图 6.48. 若二重积分 $\displaystyle\iint\limits_{D_C}f(x,y)\,\mathrm{d}\sigma$ 存在，且当曲线 C 连续变动，使区域 D_C 以任意过程无限扩展而趋于区域 D 时，极限

$$\lim_{D_C\to D}\iint\limits_{D_C}f(x,y)\,\mathrm{d}\sigma$$

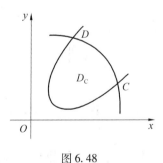

图 6.48

都存在且取相同值 I，则称反常二重积分 $\displaystyle\iint\limits_{D}f(x,y)\,\mathrm{d}\sigma$ 收敛于 I，即

$$\iint\limits_{D}f(x,y)\,\mathrm{d}\sigma = \lim_{D_C\to D}\iint\limits_{D_C}f(x,y)\,\mathrm{d}\sigma = I$$

否则,称 $\displaystyle\iint_D f(x,y)\,\mathrm{d}\sigma$ 发散.

【例 6.62】 设 D 为全平面,求 $\displaystyle\iint_D \mathrm{e}^{-x^2-y^2}\,\mathrm{d}\sigma$.

解 设 D_R 是以原点为圆心,半径为 R 的圆域,则

$$\iint_{D_R} \mathrm{e}^{-x^2-y^2}\,\mathrm{d}\sigma = \int_0^{2\pi}\mathrm{d}\theta\int_0^R \mathrm{e}^{-r^2}r\,\mathrm{d}r = \pi\left(-\mathrm{e}^{-r^2}\Big|_0^R\right) = \pi\left(1-\mathrm{e}^{-R^2}\right)$$

当 $R\to+\infty$ 时,$D_R\to D$,于是

$$\iint_D \mathrm{e}^{-x^2-y^2}\,\mathrm{d}\sigma = \lim_{R\to+\infty}\iint_{D_R}\mathrm{e}^{-x^2-y^2}\,\mathrm{d}\sigma = \lim_{R\to+\infty}\pi\left(1-\mathrm{e}^{-R^2}\right) = \pi$$

由上述积分,可以得到

$$\iint_D \mathrm{e}^{-x^2-y^2}\,\mathrm{d}\sigma = \int_{-\infty}^{+\infty}\int_{-\infty}^{+\infty}\mathrm{e}^{-x^2-y^2}\,\mathrm{d}x\mathrm{d}y = \left(\int_{-\infty}^{+\infty}\mathrm{e}^{-x^2}\,\mathrm{d}x\right)^2 = \pi$$

$$\int_{-\infty}^{+\infty}\mathrm{e}^{-x^2}\,\mathrm{d}x = \sqrt{\pi}$$

又由于函数 $y=\mathrm{e}^{-x^2}$ 关于 y 轴对称,所以

$$\int_0^{+\infty}\mathrm{e}^{-x^2}\,\mathrm{d}x = \frac{\sqrt{\pi}}{2}$$

同理可以得到概率论与数理统计中的一个重要的无穷限积分

$$\int_{-\infty}^{+\infty}\mathrm{e}^{-\frac{x^2}{2}}\,\mathrm{d}x = \sqrt{2\pi}$$

实际上

$$\int_{-\infty}^{+\infty}\mathrm{e}^{-\frac{x^2}{2}}\,\mathrm{d}x = \sqrt{\int_{-\infty}^{+\infty}\int_{-\infty}^{+\infty}\mathrm{e}^{-\frac{x^2+y^2}{2}}\,\mathrm{d}x\mathrm{d}y} = \sqrt{\int_0^{2\pi}\mathrm{d}\theta\int_0^{+\infty}\mathrm{e}^{-\frac{r^2}{2}}r\,\mathrm{d}r} = \sqrt{2\pi}$$

6.8 经济应用实例:影子价格及税收问题

6.8.1 拉格朗日乘数与影子价格

在进行某项生产活动的过程中,若投入的生产要素为 $x_1,x_2,\cdots,x_n$,产量为 $u=f(x_1,x_2,\cdots,x_n)$,则在资源总量为 a,即满足 $\varphi(x_1,x_2,\cdots,x_n)=a$ 的限制下,要求最大的产量,可以运用条件极值的方法,通过构造拉格朗日函数

$$F(x_1,x_2,\cdots,x_n,\lambda) = f(x_1,x_2,\cdots,x_n) + \lambda\left[\varphi(x_1,x_2,\cdots,x_n)-a\right]$$

来求解. 这里的资源总量 a 是一个常量.

可以转换角度来思考另一个问题:若资源总量 a 是一个变量,那么 a 的变化将会对产量 $u=$

$f(x_1, x_2, \cdots, x_n)$ 产生什么样的影响呢?

为讨论简单起见,不妨设产量为二元函数 $u = f(x, y)$,其中 x, y 为两个生产要素,约束条件为 $\varphi(x, y) = a$(这里的 a 是一个参变量),则求最大产出的拉格朗日函数为

$$F(x, y, \lambda) = f(x, y) + \lambda[\varphi(x, y) - a]$$

产量最大化的必要条件为

$$\begin{cases} F'_x = f'_x(x, y) - \lambda\varphi'_x(x, y) = 0 \\ F'_y = f'_y(x, y) - \lambda\varphi'_y(x, y) = 0 \\ F'_\lambda = \varphi(x, y) - a = 0 \end{cases}$$

假设该问题存在最优解 $x_0 = x_0(a)$,$y_0 = y_0(a)$,$\lambda_0 = \lambda_0(a)$,它们均为 a 的函数,且满足

$$\begin{cases} f'_x(x_0, y_0) = \lambda_0\varphi'_x(x_0, y_0) \\ f'_y(x_0, y_0) = \lambda_0\varphi'_y(x_0, y_0) \\ \varphi(x_0, y_0) = a \end{cases}$$

则最优值 $u_0 = f(x_0, y_0)$ 显然也是 a 的函数,于是,要讨论 a 的变化对 u_0 的影响,只需要求 u_0 相对于 a 的边际函数

$$\frac{\mathrm{d}u_0}{\mathrm{d}a} = f'_x(x_0, y_0)\frac{\mathrm{d}x_0}{\mathrm{d}a} + f'_y(x_0, y_0)\frac{\mathrm{d}y_0}{\mathrm{d}a}$$

$$= \lambda_0\varphi'_x(x_0, y_0)\frac{\mathrm{d}x_0}{\mathrm{d}a} + \lambda_0\varphi'_y(x_0, y_0)\frac{\mathrm{d}y_0}{\mathrm{d}a}$$

$$= \lambda_0\left[\varphi'_x(x_0, y_0)\frac{\mathrm{d}x_0}{\mathrm{d}a} + \varphi'_y(x_0, y_0)\frac{\mathrm{d}y_0}{\mathrm{d}a}\right]$$

注意到对恒等式 $\varphi(x_0, y_0) = a$ 两边关于 a 求导,可得

$$\varphi'_x(x_0, y_0)\frac{\mathrm{d}x_0}{\mathrm{d}a} + \varphi'_y(x_0, y_0)\frac{\mathrm{d}y_0}{\mathrm{d}a} = 1$$

代入上式,即得

$$\frac{\mathrm{d}u_0}{\mathrm{d}a} = \lambda_0$$

这个结果表明,产量最大化时的拉格朗日乘数 λ_0,正是资源总量 a 对最优目标函数值的边际贡献. 即若这时资源总量 a 再增加一个单位,产量将随之增加 λ_0 个单位. 换句话说,此时的资源投入若再增加一个单位,将能够带来 λ_0 个单位的追加效益. 不难看出,拉格朗日乘数是有着非常明确的经济意义的. 在经济学上,把 λ_0 称为产量最大化时资源的**影子价格**.

影子价格又称会计价格、最优计划价格. 假设某种资源的市场价格为 p,若将一个单位的这种资源投入到某项生产活动中可以产生 P 单位的效益,则数量 P 就反映了这种资源在该项生产活动中的"价值". 在经济学上,就把数量 P 称为这种资源在该项生产活动中的**影子价格**. 显然,影子价格不同于市场价格,且对于同一种资源来说,在不同的企业、不同的时期,其影子

价格也是不同的.

从影子价格的经济学意义可以看出,影子价格实际上是资源投入某项生产活动的潜在边际效益,它反映了产品的供求状况和资源的稀缺程度. 而且资源的数量、产品的价格都影响着影子价格的大小. 一般来说,资源越丰富,其影子价格就越低,反之亦然. 正因为如此,企业的管理者在进行科学决策的时候,影子价格是必须要参考的主要依据之一.

6.8.2 税收问题

某城市受地理限制呈直角三角形分布,斜边临一条河. 由于交通关系,城市发展不太均衡,这一点可从税收状况反映出来. 若以两直角边为坐标轴建立直角坐标系,则位于 x 轴和 y 轴上的城市长度各为 16 km 和 12 km,且税收情况与地理位置的关系大体为

$$T(x,y) = 20x + 10y(万元 / km^2)$$

求该市总的税收收入.

由题意该城市分布如图6.49阴影部分所示.

其中积分区域 D 由 x 轴、y 轴及直线 $\dfrac{x}{16} + \dfrac{y}{12} = 1$ 围

成,可表示为

$$D = \left\{ (x,y) \mid 0 \leqslant y \leqslant 12 - \frac{3x}{4}, 0 \leqslant x \leqslant 16 \right\}$$

于是所求总税收收入为

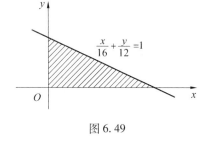

图 6.49

$$L = \iint\limits_{D} T(x,y)\,d\sigma = \int_0^{16} dx \int_0^{12 - \frac{3x}{4}} (20x + 10y)\,dy$$

$$= \int_0^{16} \left(720 + 150x - \frac{195x^2}{16} \right) dx = 14\,080\,(万元)$$

故该市总的税收收入为 14 080 万元.

直角坐标系的由来

直角坐标系是法国数学家笛卡尔发明的.

在笛卡尔之前,几何与代数是数学中两个不同的研究领域. 笛卡尔对数学最重要的贡献是创立了解析几何. 笛卡尔站在方法论的自然哲学的高度,认为希腊人的几何学过于依赖于图形,束缚了人的想象力. 对于当时流行的代数学,他觉得它完全从属于法则和公式,不能成为一门改进智力的科学. 有一天,笛卡尔生病卧床,但他头脑一直没有休息,在反复思考一个问题:几何图形是直观的,而代数方程则比较抽象,能不能用几何图形来表示方程呢? 这里,关键是如何把组成几何的图形的点和满足方程的每一组"数"挂上钩. 他就拼命琢磨. 通过什么样的办法,才能把"点"和"数"联系起来. 突然,他看见屋顶角上的一只蜘蛛,拉着丝垂了下来,一

会儿,蜘蛛又顺着丝爬上去,在上边左右拉丝.蜘蛛的"表演",使笛卡尔思路豁然开朗.他想,可以把蜘蛛看做一个点,它在屋子里可以上、下、左、右运动,能不能把蜘蛛的每个位置用一组数确定下来呢? 他又想,屋子里相邻的两面墙与地面交出了三条线,如果把地面上的墙角作为起点,把交出来的三条线作为三根数轴,那么空间中任意一点的位置,不是都可以用这三根数轴上找到的有顺序的三个数来表示吗? 反过来,任意给一组三个有顺序的数,也可以用空间中的一个点 P 来表示它们.同样,用一组数 (a,b) 可以表示平面上的一个点,平面上的一个点也可以用一组二个有顺序的数来表示.于是在蜘蛛的启示下,笛卡尔创建了直角坐标系.成功地将当时完全分开的代数和几何学联系到了一起.1637 年,笛卡尔发表了《几何学》,在他的著作中,笛卡尔向世人证明,几何问题可以归结成代数问题,也可以通过代数转换来发现、证明几何性质.进而引入线段的运算概念.

笛卡尔在数学上的成就为后人在微积分上的工作提供了坚实的基础,而后者又是现代数学的重要基石.此外,现在使用的许多数学符号都是笛卡尔最先使用的,这包括了已知数 a,b,c 以及未知数 x,y,z 等,还有指数的表示方法.他还发现了凸多面体边、顶点、面之间的关系,后人称为欧拉 – 笛卡尔公式.还有微积分中常见的笛卡尔叶形线也是他发现的.

笛卡尔的思想核心是:把几何学的问题归结成代数形式的问题,用代数学的方法进行计算、证明,从而达到最终解决几何问题的目的.依照这种思想他创立了我们现在称为的"解析几何学".

解析几何的出现,改变了自古希腊以来代数和几何分离的趋向,把相互对立着的"数"与"形"统一了起来,使几何曲线与代数方程相结合.笛卡尔的这一天才创造,更为微积分的创立奠定了基础,从而开拓了变量数学的广阔领域.最为可贵的是,笛卡尔用运动的观点,把曲线看成点的运动的轨迹,不仅建立了点与实数的对应关系,而且把形(包括点、线、面) 和"数"两个对立的对象统一起来,建立了曲线和方程的对应关系,这种对应关系的建立,不仅标志着函数概念的萌芽,而且标明变数进入了数学,使数学在思想方法上发生了伟大的转折 —— 由常量数学进入变量数学的时期.

习 题 六

1.判断下列平面点集中哪些是开集,闭集,区域,有界集,无界集? 并分别指出它们的边界.

$(1)\{(x,y)\mid x\neq 0,y\neq 0\}$;$(2)\{(x,y)\mid 1\leqslant x^2+y^2<9\}$;

$(3)\{(x,y)\mid x+y>1\}$;$(4)\{(x,y)\mid x^2+y^2\geqslant 1\}\cap\{(x,y)\mid (x-1)^2+(y-1)^2\leqslant 8\}$.

2.求下列两曲面的交线在各坐标面上的投影方程.

$(1)z=\sqrt{4-x^2-y^2},x^2+y^2=2x$;

(2)$x^2 + y^2 = a^2, y^2 + z^2 = a^2$.

3. 求下列函数的定义域 D:

(1)$z = \sqrt{x - \sqrt{y}}$;　　　　　　(2)$z = \arcsin(x^2 + 2y)$;

(3)$z = \dfrac{\ln xy}{\sqrt{1 - x^2 - y^2}}$;　　　　(4)$z = \dfrac{1}{\sqrt{x + y}} + \dfrac{1}{x - y}$;

(5)$z = \ln(x - y) + \sqrt{x^2 - y^2}$;　　(6)$u = \arccos \dfrac{z}{\sqrt{x^2 + y^2}}$.

4. 已知函数 $f(x, y) = x^2 + y^2 - 2xy\tan \dfrac{x}{y}$, 求 $f(tx, ty)$.

5. 已知函数有 $f(u, v, w) = u^w + w^{u+v}$, 求 $f(x + y, x - y, xy)$.

6. 求下列各极限:

(1)$\lim\limits_{(x,y) \to (1,1)} \dfrac{xy}{x^2 + y^2}$;　　　　　(2)$\lim\limits_{(x,y) \to (1,0)} \dfrac{\ln(x + e^y)}{\sqrt{x^2 + y^2}}$;

(3)$\lim\limits_{(x,y) \to (0,1)} \dfrac{\ln(x + y)}{x + 2y}$;　　　(4)$\lim\limits_{(x,y) \to (2,0)} \dfrac{\sin xy}{y}$.

7. 求曲面 $x^2 + y^2 + z^2 - 4y - 2z = 4$ 的球心与半径.

8. 求下列函数在给定点处的偏导数:

(1)$z = x^2 + y^2 + xy + 4$, 求 $z'_x(1, -1), z'_y(1, -1)$;

(2)$z = \ln(x + \sqrt{xy})$, 求 $z'_x(1, 1), z'_y(1, 1)$;

(3)$z = e^{xy} + \ln xy$, 求 $z'_x(1, 2), z'_y(-1, -2)$.

9. 求下列函数的一阶偏导数:

(1)$z = x^2 y + y^2 x + xy$;　　　　(2)$z = e^{xy} + \dfrac{y}{x}$;

(3)$z = x^y + y^x, x > 0, y > 0$;　　(4)$z = \ln(x + \sqrt{x^2 + y^2})$;

(5)$z = x\arctan \dfrac{y}{x} - y\arctan \dfrac{x}{y}$;　　(6)$u = x^{\frac{y}{z}}, x > 0$.

10. 设 $u = (x - y)(y - z)(z - x)$, 证明 $\dfrac{\partial u}{\partial x} + \dfrac{\partial u}{\partial y} + \dfrac{\partial u}{\partial z} = 0$.

11. 设 $z = e^{-\left(\frac{1}{x} + \frac{1}{y}\right)}$, 证明 $x^2 \dfrac{\partial z}{\partial x} + y^2 \dfrac{\partial z}{\partial y} = 2z$.

12. 求下列函数的二阶偏导数 $\dfrac{\partial^2 z}{\partial x^2}, \dfrac{\partial^2 z}{\partial y^2}, \dfrac{\partial^2 z}{\partial x \partial y}$:

(1)$z = x^2 y^2 + 2x^2 y + xy$;　　　　(2)$z = \dfrac{x}{y}$;

$(3)z = \arctan\dfrac{y}{x}$; $\qquad\qquad\qquad$ $(4)z = \mathrm{e}^x + \mathrm{e}^y + \sin xy$;

$(5)z = \dfrac{x^2 - y^2}{x^2 + y^2}$.

13. 求下列函数的全微分:

$(1)z = \ln\sqrt{x^2 + y^2 + 4}$; $\qquad\qquad$ $(2)z = x^{\sin y}, x > 0$;

$(3)z = 2^{x^2+y^2}$; $\qquad\qquad\qquad$ $(4)z = \arctan\dfrac{x + y}{x - y}$;

$(5)u = x^{yz}, x > 0$; $\qquad\qquad\qquad$ $(6)u = (\mathrm{e}^x + \ln y)^z$.

14. 求函数 $z = \dfrac{y}{x}$, 当 $x = 2, y = 1, \Delta x = 0.1, \Delta y = -0.2$ 时的全增量和全微分.

15. 求函数 $z = \mathrm{e}^{xy}$, 当 $x = 1, y = 1, \Delta x = 0.15, \Delta y = 0.1$ 时的全微分.

16. 求下列各题的近似值:

$(1)1.02^{4.05}$; $\qquad\qquad\qquad$ $(2)\sqrt{1.02^3 + 1.97^3}$.

17. 当圆锥体形变时, 它的底面半径 R 由 30 cm 增到 30.1 cm, 高 h 由 60 cm 减到 59.5 cm, 求体积变化的近似值.

18. 用水泥做一个长方形无盖水池, 其外形长 5 m, 宽 4 m, 深 3 m, 侧面和底均厚 20 cm, 求体积变化的近似值.

19. 求下列复合函数的全导数或偏导数:

$(1)z = \arcsin(x + y)$, 而 $x = t^2, y = 2t^3 + 1$, 求 $\dfrac{\mathrm{d}z}{\mathrm{d}t}$;

$(2)z = \ln(\mathrm{e}^{2x} + \mathrm{e}^y)$, 而 $y = x^2$, 求 $\dfrac{\mathrm{d}z}{\mathrm{d}x}$;

$(3)u = z\mathrm{e}^x(x + y)$, 而 $y = \sin x, z = \cos x$, 求 $\dfrac{\mathrm{d}u}{\mathrm{d}x}$;

$(4)z = x^y$, 而 $x = \mathrm{e}^t, y = t$, 求 $\dfrac{\mathrm{d}z}{\mathrm{d}t}$;

$(5)z = u^2 + v^2$, 而 $u = \dfrac{y}{x}, v = xy$, 求 $\dfrac{\partial z}{\partial x}, \dfrac{\partial z}{\partial y}$;

$(6)z = \dfrac{x}{y}$, 而 $x = \sin uv, y = u + v^2$, 求 $\dfrac{\partial z}{\partial u}, \dfrac{\partial z}{\partial v}$;

$(7)z = \sin uv$, 而 $u = x^2 + y^2, v = x^y, x > 0$, 求 $\dfrac{\partial z}{\partial x}, \dfrac{\partial z}{\partial y}$;

$(8)m = \mathrm{e}^{uvw}$, 而 $u = x + y + z, v = \sin xy, w = x^2 + y^2 + z^2$, 求 $\dfrac{\partial m}{\partial x}, \dfrac{\partial m}{\partial y}, \dfrac{\partial m}{\partial z}$.

20. 求下列函数的全微分, 其中 f 可微:

$(1)z = f(x, x^2 + y^2)$；　　　　　$(2)z = f(x^2 - y^2, \sin xy)$；

$(3)z = f(\mathrm{e}^{xy}, \sin xy)$；　　　　　$(4)u = f\left(\dfrac{x}{y}, \dfrac{y}{z}, \dfrac{z}{x}\right)$.

21. 设 $u = \sin x + f(\sin y - \sin x)$，其中可微，证明

$$\frac{\partial u}{\partial x}\cos y + \frac{\partial u}{\partial y}\cos x = \cos x\cos y$$

22. 设 $z = \dfrac{y^2}{3x} + f(xy)$，且 f 可微，证明

$$x^2\frac{\partial z}{\partial x} - xy\frac{\partial z}{\partial y} + y^2 = 0$$

23. 求下列方程所确定的隐函数的导数 $\dfrac{\mathrm{d}y}{\mathrm{d}x}$：

$(1)\mathrm{e}^{xy} + x^2 + y^2 = 4$；　　　　　$(2)x^2 + 2xy + y^3 = 0$；

$(3)\ln(x + y) = x^2 + y^2 - 2xy.$

24. 设 $\dfrac{x}{z} = \dfrac{z}{y} + \dfrac{y}{x}$，求 $\dfrac{\partial z}{\partial x}, \dfrac{\partial z}{\partial y}$.

25. 设 $2\sin(x + 2y - 3z) = x + 2y - 3z$，证明 $\dfrac{\partial z}{\partial x} + \dfrac{\partial z}{\partial y} = 1$.

26. 设 $\mathrm{e}^z + x^2 + y^2 + z^2 = 8$，求 $\dfrac{\partial^2 z}{\partial x^2}$.

27. 设 $z^3 - 3xyz = a^3$，求 $\dfrac{\partial^2 z}{\partial x \partial y}$.

28. 求下列函数的极值，并判定是极大值还是极小值：

$(1)f(x,y) = x^3 + y^2 - 6xy$；

$(2)f(x,y) = x^2 + y^2 - 2\ln x - 2\ln y + 5$；

$(3)f(x,y) = \mathrm{e}^{2x}(x + y^2 + 2y)$；

$(4)f(x,y) = (2ax - x^2)(2by - y^2), a, b$ 为非零常数.

29. 设某工厂生产甲、乙两种产品，产量分别为 Q_1 和 Q_2（单位：千件），利润函数为

$$L(Q_1, Q_2) = 6Q_1 - Q_1^2 + 16Q_2 - 4Q_2^2 - 2（单位：万元）$$

已知生产这两种产品时，每千件产品均需要消耗某种原料 2 000 kg，现有该原料 12 000 kg，问两种产品各生产多少千件时，总利润最大？最大利润为多少？

30. 某养殖场饲养两种鱼，若甲种鱼放养 x（单位：万尾），乙种鱼放养 y（单位：万尾），收获时两种鱼的收获量分别为

$$(3 - \alpha x - \beta y)x \text{ 和 } (4 - \beta x - 2\alpha y)y, \alpha > \beta > 0$$

求使产鱼量最大时，甲、乙两种鱼的放养数.

31. 某地区生产出口服装和家用电器，由以往的经验得知，欲使这两类产品的产量分别增

加 Q_1 单位和 Q_2 单位,需要分别增加 $\sqrt{Q_1}$ 和 $\sqrt{Q_2}$ 单位的投资,这时出口的销售总收入将增加 $R = 3Q_1 + 4Q_2$ 单位. 现该地区用 K 单位的资金投给服装工业和家用电器工业,问如何分配这 K 单位资金,才能使出口总收入增加最大? 最大增量为多少?

32. 设生产某种产品必须投入两种要素,x_1 和 x_2 分别为两种要素的投入量,Q 为产出量;若产量函数为 $Q = 2x_1^\alpha x_2^\beta$,其中 α,β 为正常数,且 $\alpha + \beta = 1$. 假设两种要素的价格分别为 p_1 和 p_2,求当产出量为 12 时,两要素各投入多少可以使得投入总费用最小?

33. 求椭圆 $\dfrac{x^2}{a^2} + \dfrac{y^2}{b^2} = 1$ 内接矩形的最大面积.

34. 求内接于半径为 a 球且有最大体积的长方体.

35. 将二重积分 $I = \iint\limits_{D} f(x,y)\,\mathrm{d}\sigma$ 按两种积分次序化成累次积分,其中 D 是由下列曲线围成的区域:

(1) $y = x^3, y = x, x > 0$;

(2) $y = x^3, x = 1, x = 2$;

(3) $y = x^2, y = 4 - x^2$;

(4) $y = \dfrac{2}{x}, y = 2x, y = \dfrac{x}{2}, x > 0$.

36. 交换下列积分次序:

(1) $\displaystyle\int_0^1 \mathrm{d}y \int_0^y f(x,y)\,\mathrm{d}x$;

(2) $\displaystyle\int_0^1 \mathrm{d}x \int_{x^2}^x f(x,y)\,\mathrm{d}y$;

(3) $\displaystyle\int_0^1 \mathrm{d}y \int_{-\sqrt{1-y^2}}^{\sqrt{1-y^2}} f(x,y)\,\mathrm{d}x$;

(4) $\displaystyle\int_1^e \mathrm{d}y \int_0^{\ln x} f(x,y)\,\mathrm{d}y$;

(5) $\displaystyle\int_0^1 \mathrm{d}y \int_{\sqrt{1-y}}^{e^y} f(x,y)\,\mathrm{d}x$;

(6) $\displaystyle\int_{-1}^0 \mathrm{d}x \int_{\sqrt{-x}}^1 f(x,y)\,\mathrm{d}y + \int_0^1 \mathrm{d}x \int_{\sqrt{x}}^1 f(x,y)\,\mathrm{d}y$;

(7) $\displaystyle\int_{-1}^0 \mathrm{d}x \int_{x^2-2}^{-x^2} f(x,y)\,\mathrm{d}y$;

(8) $\displaystyle\int_0^\pi \mathrm{d}x \int_{-\sin\frac{x}{2}}^{\sin x} f(x,y)\,\mathrm{d}y$.

37. 计算下列二重积分:

(1) $\displaystyle\int_0^1 \mathrm{d}x \int_1^2 f(x^2 + y^2)\,\mathrm{d}y$;

(2) $\displaystyle\int_1^2 \mathrm{d}x \int_x^{\sqrt{3x}} xy\,\mathrm{d}y$;

$(3)\int_1^5 dy\int_y^5 \dfrac{1}{y\ln x}dx$； $(4)\int_1^3 dx\int_{x-1}^2 \sin y^2 dy$.

38. 计算下列给定区域内的二重积分：

$(1)\iint\limits_D 2xy dxdy,D$ 由 $y=x^2+1,y=2x$ 和 $x=0$ 所围成；

$(2)\iint\limits_D e^{x+y}dxdy,D$ 由 $x=0,x=1,y=0,y=1$ 所围成；

$(3)\iint\limits_D x^2 y dxdy,D$ 由 $y=\sqrt{1-x^2}(x>0),x=0,y=0$ 所围成；

$(4)\iint\limits_D ye^{xy}dxdy,D$ 由 $x=2,x=4,y=\ln 2,y=\ln 3$ 所围成.

39. 利用极坐标求下列各题：

$(1)\iint\limits_D e^{x^2+y^2}d\sigma$，其中 D 是由圆周 $x^2+y^2=4$ 所围成的闭区域；

$(2)\iint\limits_D \ln(1+x^2+y^2)d\sigma$，其中 D 是由圆周 $x^2+y^2=4$ 及坐标轴所围成的第一象限的闭区域；

$(3)\iint\limits_D \sqrt{x^2+y^2}d\sigma$，其中 D 是由圆周 $(x-a)^2+y^2=a^2,a>0$ 和 $y=0$ 所围成的第一象限的区域.

40. 选用适当的坐标求下列各题：

$(1)\iint\limits_D \dfrac{x^2}{y^2}d\sigma$，其中 D 是由直线 $x=2,y=x$ 及曲线 $xy=1$ 所围成的闭区域；

$(2)\iint\limits_D (x^2+y^2)d\sigma$，其中 D 是由直线 $y=x,y=x+a,y=a,y=3a(a>0)$ 所围成的闭区域；

$(3)\iint\limits_D \sqrt{x^2+y^2}d\sigma$，其中 $D=\{(x,y)\mid a^2\leqslant x^2+y^2\leqslant b^2,b>a>0\}$.

41. 利用二重积分计算下列曲面所围成的立体体积：

$(1)x+y+z=3,x^2+y^2=1,z=0$；

$(2)z=x+y,z=6,x=0,y=0,z=0$.

第7章

Chapter 7

无穷级数

1. 理解无穷级数及其一般项、部分和收敛与发散，以及收敛级数的和等基本概念.

2. 掌握级数收敛的必要条件，以及收敛级数的基本性质.

3. 掌握正项级数的比较判别法，熟练掌握正项级数的达朗贝尔比值判别法. 掌握几何级数与 p - 级数的敛散性判别条件，了解调和级数的敛散性.

4. 掌握交错级数的莱布尼茨判别法.

5. 了解任意项级数绝对收敛与条件收敛的概念；掌握绝对收敛与条件收敛的判别法.

无穷级数是进一步研究函数性质和进行函数值近似计算的有力工具. 它是高等数学中极为重要的基本概念之一，是学好后续课程（如《概率论与数理统计》）的基础，在自然科学和经济学中都有着广泛的应用（例如，可以通过无穷级数得出三角函数表和对数函数表等等）.

本章将研究无穷级数的概念及性质、无穷级数敛散性的判别法则、幂级数及其应用等内容.

7.1 常数项级数的概念与性质

7.1.1 常数项级数的概念

人们认识事物在数量方面的特性,往往有一个由近似到精确的过程. 在这种认识过程中,会遇到由有限个数相加到无穷多个数相加的过程. 例如,从《庄子·天下篇》的"一尺之棰,日取其半,万世不竭",就可以得到一个数列

$$\frac{1}{2},\frac{1}{2^2},\cdots,\frac{1}{2^n},\cdots$$

显然,当 n 无限增大时, $\frac{1}{2^n}$ 会无限缩小,但却永远不会减小到 0,因此"万世不竭"包含了朴素的极限思想. 若再深究这句话,还可以得到一个数学近似式

$$1 \approx \frac{1}{2} + \frac{1}{2^2} + \cdots + \frac{1}{2^n} \tag{$*$}$$

从表面上看,上式从左到右形式复杂了,但是其中却蕴含着深刻的数学思想. 这种思想无论对数学本身还是自然科学领域都产生了巨大的影响及实际应用价值.

定义 7.1 将数列

$$\{u_n\} : u_1, u_2, \cdots, u_n, \cdots$$

的各项依次相加,得到的和式

$$u_1 + u_2 + \cdots + u_n + \cdots \tag{7.1}$$

称为(常数项)无穷级数,简称(常数项)级数,记为 $\sum\limits_{n=1}^{\infty} u_n$,即

$$\sum_{n=1}^{\infty} u_n = u_1 + u_2 + \cdots + u_n + \cdots$$

其中 u_n 称为级数的一般项.

定义 7.1 只是级数的一种形式上的定义,怎么样理解级数中无穷多个数相加呢? 从上面的例子可知,可以从有限项的和出发,观察它们的变化趋势,由此理解无穷多个数相加的含义,即利用有限来研究无限.

定义 7.2 给定级数 $\sum\limits_{n=1}^{\infty} u_n$,作该级数的前 n 项的和

$$S_n = u_1 + u_2 + \cdots + u_n = \sum_{k=1}^{n} u_k$$

S_n 称为此级数的部分和. 即

$$S_1 = u_1$$

$$S_2 = u_1 + u_2$$

$$\vdots$$

$$S_n = u_1 + u_2 + \cdots + u_n = \sum_{k=1}^{n} u_k$$

$$\vdots$$

由 $S_1, S_2, \cdots, S_n, \cdots$ 构成的数列 $\{S_n\}$ 称为此级数的部分和数列.

这样, 级数的部分和就是通常的有限和, 是能够用常规加法来计算的. 如式(*)中的级数的部分和为 $S_n = 1 - \dfrac{1}{2^n}$. 虽然式(*)中的任意有限项的和不等于1, 无穷多项也不能进行逐项相加, 但是根据这个数列有没有极限, 可以引入级数(7.1)收敛与发散的概念, 从而定义它们的和.

定义 7.3 若级数 $\sum\limits_{n=1}^{\infty} u_n$ 的部分和数列 $\{S_n\}$ 有极限, 即

$$\lim_{n \to \infty} S_n = S$$

则称级数 $\sum\limits_{n=1}^{\infty} u_n$ 收敛并且它的和是 S, 即

$$S = u_1 + u_2 + \cdots + u_n + \cdots$$

若级数的部分和数列 $\{S_n\}$ 没有极限, 则称级数 $\sum\limits_{n=1}^{\infty} u_n$ 发散.

进而可以证明:级数收敛的充分必要条件是部分和数列有极限, 即

$$\sum_{i=1}^{n} u_n = S \Leftrightarrow \lim_{n \to +\infty} S_n = S$$

由此可见, 研究级数的收敛问题, 实质上就是研究部分和数列有没有极限的问题, 这就能够应用有关数列极限的理论来研究级数, 进而在实际问题中破除有限和的局限.

【例 7.1】 讨论**叠缩级数**

$$\sum_{n=1}^{\infty} \frac{1}{n(n+1)} = \frac{1}{1 \times 2} + \frac{1}{2 \times 3} + \cdots + \frac{1}{n(n+1)} + \cdots \tag{7.2}$$

的敛散性. 若收敛, 求该级数的和.

解 注意到此级数的一般项可分解为

$$\frac{1}{n(n+1)} = \frac{1}{n} - \frac{1}{n+1}$$

所以, 部分和数列

$$S_n = \frac{1}{1 \times 2} + \frac{1}{2 \times 3} + \cdots + \frac{1}{n(n+1)} = \left(1 - \frac{1}{2}\right) + \left(\frac{1}{2} - \frac{1}{3}\right) + \cdots + \left(\frac{1}{n} - \frac{1}{n+1}\right)$$

$$= 1 - \frac{1}{n + 1}$$

从而

$$\lim_{n \to \infty} S_n = \lim_{n \to \infty} \left(1 - \frac{1}{n + 1} \right) = 1$$

故该级数收敛,其和为 1,即

$$\sum_{n = 1}^{\infty} \frac{1}{n(n + 1)} = 1$$

【例 7.2】 证明**等比级数(几何级数)**

$$\sum_{n = 1}^{\infty} aq^{n-1} = a + aq + aq^2 + \cdots + aq^{n-1} + \cdots, a \neq 0 \tag{7.3}$$

当 $|q| < 1$ 时收敛于 $\dfrac{a}{1 - q}$,当 $|q| \geqslant 1$ 时发散.

证明 当公比 $q \neq 1$ 时,部分和

$$S_n = a + aq + aq^2 + \cdots + aq^{n-1} = \frac{a(1 - q^n)}{1 - q}$$

所以,若 $|q| < 1$,由于

$$\lim_{n \to \infty} S_n = \lim_{n \to \infty} \frac{a(1 - q^n)}{1 - q} = \frac{a}{1 - q} \lim_{n \to \infty}(1 - q^n) = \frac{a}{1 - q}$$

故当 $|q| < 1$ 时等比级数 (7.3) 收敛于 $\dfrac{a}{1 - q}$.

若 $|q| > 1$,由于 $\lim\limits_{n \to \infty}(1 - q^n) = \infty$,所以 $\lim\limits_{n \to \infty} S_n = \infty$,此时等比级数 (7.3) 发散.

若公比 $q = 1$ 时,$S_n = na \to \infty \, (n \to \infty)$,显然级数发散.

若公比 $q = -1$ 时,S_n 的值与项数有关,即

$$S_n = \begin{cases} a, & n \text{ 为奇数} \\ 0, & n \text{ 为偶数} \end{cases}$$

所以,$n \to \infty$ 时,S_n 无极限. 从而当 $|q| = 1$ 时,等比级数 (7.3) 也发散.

综合上述结果有,$|q| < 1$ 时,等比级数 $\sum\limits_{n = 1}^{\infty} aq^{n-1}$ 收敛,且收敛于 $\dfrac{a}{1 - q}$;$|q| \geqslant 1$ 时,等比级数 $\sum\limits_{n = 1}^{\infty} aq^{n-1}$ 发散.

【例 7.3】 证明**调和级数**

$$\sum_{n = 1}^{\infty} \frac{1}{n} = 1 + \frac{1}{2} + \frac{1}{3} + \cdots + \frac{1}{n} + \cdots \tag{7.4}$$

发散.

证明 由拉格朗日中值定理,可知

$$\ln(n+1) - \ln n = \frac{1}{n+\theta} < \frac{1}{n}, \quad 0 < \theta < 1$$

利用此不等式,可得

$$S_n = 1 + \frac{1}{2} + \cdots + \frac{1}{n} > (\ln 2 - \ln 1) + (\ln 3 - \ln 2) + (\ln 4 - \ln 3) + \cdots +$$

$$[\ln(n+1) - \ln n] = \ln(n+1)$$

由于 $\lim\limits_{n\to\infty} \ln(n+1) = +\infty$,所以,$\lim\limits_{n\to\infty} S_n = +\infty$,从而调和级数 $\sum\limits_{n=1}^{\infty} \frac{1}{n}$ 发散.

用定义求级数的和或判断级数的敛散性往往比较困难,所以,有必要给出级数的基本性质.

7.1.2　级数的基本性质

性质 1　若级数 $\sum\limits_{n=1}^{\infty} u_n$ 收敛,a 为任一常数,则 $\sum\limits_{n=1}^{\infty} au_n$ 也收敛,并且有

$$\sum_{n=1}^{\infty} au_n = a \sum_{n=1}^{\infty} u_n$$

证明　设级数 $\sum\limits_{n=1}^{\infty} u_n$ 与级数 $\sum\limits_{n=1}^{\infty} au_n$ 的部分和分别为 S_n 与 σ_n,则

$$\sigma_n = au_1 + au_2 + \cdots + au_n = aS_n$$

于是,有

$$\lim_{n\to\infty} \sigma_n = \lim_{n\to\infty} aS_n = a \lim_{n\to\infty} S_n$$

即

$$\sum_{n=1}^{\infty} au_n = a \sum_{n=1}^{\infty} u_n$$

这表明级数 $\sum\limits_{n=1}^{\infty} au_n$ 收敛.

由关系式 $\sigma_n = aS_n$ 可知,如果数列 $\{S_n\}$ 没有极限且 $a \neq 0$,那么 $\{\sigma_n\}$ 也不可能有极限. 因此可得如下结论:**一个无穷级数乘以一个不为 0 的常数,并不改变它的敛散性.**

性质 2　若两个级数 $\sum\limits_{n=1}^{\infty} u_n$ 和 $\sum\limits_{n=1}^{\infty} v_n$ 都收敛,则 $\sum\limits_{n=1}^{\infty} (u_n \pm v_n)$ 也收敛,并且有

$$\sum_{n=1}^{\infty} (u_n \pm v_n) = \sum_{n=1}^{\infty} u_n \pm \sum_{n=1}^{\infty} v_n$$

证明　设级数 $\sum\limits_{n=1}^{\infty} u_n$ 与级数 $\sum\limits_{n=1}^{\infty} v_n$ 的部分和分别为 S_n 与 σ_n,则级数 $\sum\limits_{n=1}^{\infty} (u_n \pm v_n)$ 的部分和

$$\tau_n = (u_1 \pm v_1) + (u_2 \pm v_2) + \cdots + (u_n \pm v_n)$$

$$= (u_1 + u_2 + \cdots + u_n) \pm (v_1 + v_2 + \cdots + v_n) = S_n \pm \sigma_n$$

于是

$$\lim_{n \to \infty} \tau_n = \lim_{n \to \infty} (S_n \pm \sigma_n) = \lim_{n \to \infty} S_n \pm \lim_{n \to \infty} \sigma_n$$

即

$$\sum_{n=1}^{\infty} (u_n \pm v_n) = \sum_{n=1}^{\infty} u_n \pm \sum_{n=1}^{\infty} v_n$$

性质 2 说明:**两个收敛级数逐项相加或逐项相减得到的级数仍收敛.**

注意 (1) 若级数 $\sum_{n=1}^{\infty} u_n$ 收敛, $\sum_{n=1}^{\infty} v_n$ 发散,则 $\sum_{n=1}^{\infty} (u_n \pm v_n)$ 必定发散.

(2) 若级数 $\sum_{n=1}^{\infty} u_n$ 和 $\sum_{n=1}^{\infty} v_n$ 都发散,则 $\sum_{n=1}^{\infty} (u_n \pm v_n)$ 可能收敛,也可能发散. 如 $\sum_{n=1}^{\infty} n$ 和 $\sum_{n=1}^{\infty} (-n)$ 都发散,但 $\sum_{n=1}^{\infty} [n + (-n)] = \sum_{n=1}^{\infty} 0 = 0$ 收敛.

性质 3 在一个级数中,任意去掉、增加或改变有限项后,级数的敛散性不变,但对于收敛级数,其和将受到影响.

证明 这里只需证明"在级数的前面部分去掉或加上有限项,不会改变级数的敛散性",因为其他情形(即在级数中任意去掉、加上或改变有限项的情形)都可以看成在级数的前面部分先去掉有限项,然后再加上有限项的结果.

现将级数

$$u_1 + u_2 + \cdots + u_k + u_{k+1} + \cdots + u_{k+n} + \cdots$$

的前 k 项去掉,可得级数

$$u_{k+1} + u_{k+2} + \cdots + u_{k+n} + \cdots$$

于是新得到的级数的部分和为

$$\sigma_n = u_{k+1} + u_{k+2} + \cdots + u_{k+n} = S_{k+n} - S_k$$

其中 S_{k+n} 是原来级数的前 $k+n$ 项的和. 因为 S_k 是原来级数的前 k 项的和,因此 S_k 是常数,所以当 $n \to \infty$ 时,σ_n 与 S_{k+n} 或者同时具有极限,或者同时没有极限.

类似地,可以证明,在级数的前面加上有限项,不会改变级数的敛散性.

性质 3 说明:**级数的敛散性与它的有限项无关.** 如 $\sum_{n=100}^{\infty} \frac{1}{n}$ 仍然发散,$\sum_{n=100}^{\infty} \frac{1}{2^n}$ 仍然收敛.

性质 4 若级数 $\sum_{n=1}^{\infty} u_n$ 收敛,则对该级数的项任意加括号后所成的级数

$$(u_1 + u_2 + \cdots + u_{n_1}) + (u_{n_1+1} + \cdots + u_{n_2}) + \cdots + (u_{n_{k-1}+1} + \cdots + u_{n_k}) + \cdots$$

仍收敛,且其和不变.

证明 设级数 $\sum_{n=1}^{\infty} u_n$(相应于前 n 项)的部分和为 S_n,加括号后所成的级数(相应于前 k 项)的部分和为 A_k,则

$$A_1 = u_1 + u_2 + \cdots + u_{n_1} = S_{n_1}$$
$$A_2 = (u_1 + u_2 + \cdots + u_{n_1}) + (u_{n_1+1} + \cdots + u_{n_2}) = S_{n_2}$$
$$\vdots$$
$$A_k = (u_1 + u_2 + \cdots + u_{n_1}) + (u_{n_1+1} + \cdots + u_{n_2}) + \cdots + (u_{n_{k-1}+1} + \cdots + u_{n_k}) = S_{n_k}$$
$$\vdots$$

可见,数列 $\{A_k\}$ 是数列 $\{S_n\}$ 的一个子数列. 由数列 $\{S_n\}$ 的收敛性以及收敛数列与其子数列的关系可知,数列 $\{A_k\}$ 必定收敛,且有

$$\lim_{k \to \infty} A_k = \lim_{n \to \infty} S_n$$

即加括号后所成的级数收敛,且其和不变.

　　注意　发散级数不能任意加括号,否则新的级数可能收敛. 例如:级数

$$1 - 1 + 1 - 1 + \cdots$$

发散,但

$$(1 - 1) + (1 - 1) + \cdots = 0 + 0 + \cdots = 0$$

却是收敛的.

　　反之,加括号后收敛的级数也不能随意去掉括号,否则新的级数可能发散.

　　根据性质 4,可得如下结论:**如果加括号后所成的级数发散,则原来级数也发散.**

　　性质 5(级数收敛的必要条件)　若级数 $\sum\limits_{n=1}^{\infty} u_n$ 收敛,则当 $n \to \infty$ 时,它的一般项 u_n 趋于 0,即

$$\lim_{n \to \infty} u_n = 0$$

　　证明　设级数 $\sum\limits_{n=1}^{\infty} u_n$ 的部分和为 S_n,且 $S_n \to S(n \to +\infty)$,则

$$\lim_{n \to \infty} u_n = \lim_{n \to \infty}(S_n - S_{n-1}) = \lim_{n \to \infty} S_n - \lim_{n \to \infty} S_{n-1} = S - S = 0$$

　　由这一性质可知,当考察一个级数是否收敛时,首先应该考察当 $n \to \infty$ 时,这个级数的一般项 u_n 是否趋于 0. 如果 u_n 不趋于 0,则立即可以断言这个级数是发散的. 但要注意的是:一般项趋于 0 的级数不一定收敛. 例如:调和级数 $\sum\limits_{n=1}^{\infty} \dfrac{1}{n}$ 的一般项

$$\frac{1}{n} \to 0, \; n \to \infty$$

但由例 7.3 可知,调和级数 $\sum\limits_{n=1}^{\infty} \dfrac{1}{n}$ 是发散的.

　　【例 7.4】　讨论级数 $\sum\limits_{n=1}^{\infty} \dfrac{n}{2n+1}$ 的敛散性.

　　解　因为 $\lim\limits_{n \to \infty} u_n = \lim\limits_{n \to \infty} \dfrac{n}{2n+1} = \dfrac{1}{2} \neq 0$,所以以级数 $\sum\limits_{n=1}^{\infty} \dfrac{n}{2n+1}$ 发散.

7.2 正项级数的敛散性判别

每一项都非负的级数称为**正项级数**. 本节专门考虑正项级数的敛散性问题, 并给出若干常用的级数敛散性的判别法则.

设正项级数 $\sum\limits_{n=1}^{\infty} u_n$ 的部分和为 S_n, 显然部分和数列 $\{S_n\}$ 是单调增加的, 即

$$S_1 \leqslant S_2 \leqslant S_3 \leqslant \cdots \leqslant S_n \leqslant \cdots$$

根据数列极限的单调有界原理, 若数列 $\{S_n\}$ 单调增加有上界, 则它的极限必存在. 若数列 $\{S_n\}$ 单调增加没有上界, 则它的部分和 $S_n \to +\infty \, (n \to \infty)$, 即 $\sum\limits_{n=1}^{\infty} u_n = +\infty$. 据此, 可得正项级数收敛的重要结论.

定理 7.1　正项级数 $\sum\limits_{n=1}^{\infty} u_n$ 收敛的充分必要条件为它的部分和数列 $\{S_n\}$ 有上界.

从此定理出发, 可以得到一些正项级数基本的判别准则.

准则 Ⅰ（比较判别法）　若两个正项级数 $\sum\limits_{n=1}^{\infty} u_n$ 和 $\sum\limits_{n=1}^{\infty} v_n$ 之间成立着关系

$$u_n \leqslant v_n, n = 1,2,3,\cdots$$

则有

（1）当级数 $\sum\limits_{n=1}^{\infty} v_n$ 收敛时, 级数 $\sum\limits_{n=1}^{\infty} u_n$ 也收敛;

（2）当级数 $\sum\limits_{n=1}^{\infty} u_n$ 发散时, 级数 $\sum\limits_{n=1}^{\infty} v_n$ 也发散.

证明　设级数 $\sum\limits_{n=1}^{\infty} v_n$ 收敛于 σ, 则级数 $\sum\limits_{n=1}^{\infty} u_n$ 的部分和

$$S_n = u_1 + u_2 + \cdots + u_n \leqslant v_1 + v_2 + \cdots + v_n \leqslant \sigma, n = 1,2,3,\cdots$$

即部分和数列 $\{S_n\}$ 有上界, 则由定理 7.1 知, 级数 $\sum\limits_{n=1}^{\infty} u_n$ 收敛.

反之, 设级数 $\sum\limits_{n=1}^{\infty} u_n$ 发散, 则级数 $\sum\limits_{n=1}^{\infty} v_n$ 必发散. 这是因为若级数 $\sum\limits_{n=1}^{\infty} v_n$ 收敛, 由上面已经证明的结论, 有级数 $\sum\limits_{n=1}^{\infty} u_n$ 也收敛, 这与假设矛盾.

此定理可简单地理解为, 对于正项级数, 较大的收敛, 较小的也应该收敛; 反之, 较小的发散, 较大的也应该发散.

注意到级数的每一项同乘不为 0 的常数 a, 以及去掉级数前面部分的有限项不会影响级数

的敛散性,可得如下推论

推论　若两个正项级数 $\sum\limits_{n=1}^{\infty} u_n$ 和 $\sum\limits_{n=1}^{\infty} v_n$ 之间成立着关系:存在常数 $c > 0$,使

$$u_n \leqslant cv_n, n = 1,2,3,\cdots$$

或者自某项以后(即存在 N,当 $n > N$ 时)成立以上关系式,则

(1) 当级数 $\sum\limits_{n=1}^{\infty} v_n$ 收敛时,级数 $\sum\limits_{n=1}^{\infty} u_n$ 也收敛;

(2) 当级数 $\sum\limits_{n=1}^{\infty} u_n$ 发散时,级数 $\sum\limits_{n=1}^{\infty} v_n$ 也发散.

【例 7.5】　讨论级数 $\sum\limits_{n=1}^{\infty} \dfrac{1}{2^n + 1}$ 的敛散性.

解　因为 $\dfrac{1}{2^n + 1} < \dfrac{1}{2^n}$,而级数 $\sum\limits_{n=1}^{\infty} \dfrac{1}{2^n}$ 是公比 $q = \dfrac{1}{2}$ 的等比级数,由于 $|q| = \dfrac{1}{2} < 1$,故等

比级数 $\sum\limits_{n=1}^{\infty} \dfrac{1}{2^n}$ 收敛,则由比较判别法可知,级数 $\sum\limits_{n=1}^{\infty} \dfrac{1}{2^n + 1}$ 收敛.

【例 7.6】　证明 p - 级数

$$\sum_{n=1}^{\infty} \frac{1}{n^p} = 1 + \frac{1}{2^p} + \frac{1}{3^p} + \cdots + \frac{1}{n^p} + \cdots, p > 0 \tag{7.5}$$

当 $0 < p \leqslant 1$ 时发散;当 $p > 1$ 时收敛.

证明　当 $0 < p \leqslant 1$ 时,有

$$\frac{1}{n^p} \geqslant \frac{1}{n}, n = 1,2,3,\cdots$$

而调和级数 $\sum\limits_{n=1}^{\infty} \dfrac{1}{n}$ 发散,则由比较判别法可知:$0 < p \leqslant 1$ 时,p - 级数 $\sum\limits_{n=1}^{\infty} \dfrac{1}{n^p}$ 发散.

当 $p > 1$ 时,因为当 $k - 1 \leqslant x \leqslant k$ 时,有 $\dfrac{1}{k^p} \leqslant \dfrac{1}{x^p}$,所以

$$\frac{1}{k^p} = \int_{k-1}^{k} \frac{1}{k^p} \mathrm{d}x \leqslant \int_{k-1}^{k} \frac{1}{x^p} \mathrm{d}x, k = 2,3,\cdots$$

从而级数(7.5)的部分和

$$S_n = 1 + \sum_{k=2}^{n} \frac{1}{k^p} \leqslant 1 + \sum_{k=2}^{n} \int_{k-1}^{k} \frac{1}{x^p} \mathrm{d}x = 1 + \int_{1}^{n} \frac{1}{x^p} \mathrm{d}x$$

$$= 1 + \frac{1}{p-1}\left(1 - \frac{1}{n^{p-1}}\right) < 1 + \frac{1}{p-1}, n = 2,3,\cdots$$

这表明数列 $\{S_n\}$ 有上界,因此 p - 级数(7.5)收敛.

综合上述结果,得到 p - 级数 $\sum\limits_{n=1}^{\infty} \dfrac{1}{n^p}$ 当 $p > 1$ 时收敛,当 $0 < p \leqslant 1$ 时发散.

【例 7.7】 证明级数 $\sum\limits_{n=1}^{\infty} \dfrac{1}{n\sqrt{n+1}}$ 是收敛的.

解 因为 $n\sqrt{n+1} > n\sqrt{n} = n^{\frac{3}{2}}$,所以 $\dfrac{1}{n\sqrt{n+1}} < \dfrac{1}{n^{\frac{3}{2}}}$. 而级数 $\sum\limits_{n=1}^{\infty} \dfrac{1}{n^{\frac{3}{2}}}$ 是 $p = \dfrac{3}{2}$ 的 p-级数,

因为 $p = \dfrac{3}{2} > 1$,所以 p-级数 $\sum\limits_{n=1}^{\infty} \dfrac{1}{n^{\frac{3}{2}}}$ 收敛,再由比较判别法可知,级数 $\sum\limits_{n=1}^{\infty} \dfrac{1}{n\sqrt{n+1}}$ 是收敛的.

使用正项级数的比较判别法时,经常将需判定的级数的一般项与等比级数 $\sum\limits_{n=1}^{\infty} aq^{n-1}$ 或 p-

级数 $\sum\limits_{n=1}^{\infty} \dfrac{1}{n^p}$ 的一般项相比较,然后确定该级数的敛散性.

【例 7.8】 讨论级数 $\sum\limits_{n=1}^{\infty} 2^n \sin \dfrac{\pi}{3^n}$ 的敛散性.

解 因为当 $0 < x < \dfrac{\pi}{2}$ 时,$\sin x < x$,则有

$$0 < u_n = 2^n \sin \dfrac{\pi}{3^n} < 2^n \cdot \dfrac{\pi}{3^n} = \pi \left(\dfrac{2}{3} \right)^n$$

而等比级数 $\sum\limits_{n=1}^{\infty} \pi \left(\dfrac{2}{3} \right)^n$ 收敛,则由比较判别法可知,级数 $\sum\limits_{n=1}^{\infty} 2^n \sin \dfrac{\pi}{3^n}$ 收敛.

为应用方便,下面给出比较判别法的极限形式.

准则 Ⅱ(比较判别法的极限形式) 设 $\sum\limits_{n=1}^{\infty} u_n$ 和 $\sum\limits_{n=1}^{\infty} v_n$ 都是正项级数,则

(1) 若 $\lim\limits_{n\to\infty} \dfrac{u_n}{v_n} = l\, (0 \leqslant l < +\infty)$,且级数 $\sum\limits_{n=1}^{\infty} v_n$ 收敛,则级数 $\sum\limits_{n=1}^{\infty} u_n$ 收敛;

(2) 若 $\lim\limits_{n\to\infty} \dfrac{u_n}{v_n} = l > 0$ 或 $\lim\limits_{n\to\infty} \dfrac{u_n}{v_n} = +\infty$,且级数 $\sum\limits_{n=1}^{\infty} v_n$ 发散,则级数 $\sum\limits_{n=1}^{\infty} u_n$ 发散.

证明 (1) 由极限定义可知,对 $\varepsilon = 1$,存在自然数 N,当 $n > N$ 时,有

$$\dfrac{u_n}{v_n} < l + 1,\ 即 u_n < (l+1)v_n$$

而级数 $\sum\limits_{n=1}^{\infty} v_n$ 收敛,根据比较判别法的推论,知级数 $\sum\limits_{n=1}^{\infty} u_n$ 收敛.

(2) 按已知条件知极限 $\lim\limits_{n\to\infty} \dfrac{v_n}{u_n}$ 存在,若级数 $\sum\limits_{n=1}^{\infty} u_n$ 收敛,则由结论(1)必有级数 $\sum\limits_{n=1}^{\infty} v_n$ 收敛,

但已知级数 $\sum\limits_{n=1}^{\infty} v_n$ 发散,因此级数 $\sum\limits_{n=1}^{\infty} u_n$ 不可能收敛,即级数 $\sum\limits_{n=1}^{\infty} u_n$ 发散.

极限形式的比较判别法,在两个正项级数的一般项均趋向于 0 的情况下,其实是比较它们

的一般项作为无穷小量的阶. 准则 Ⅱ 表明,当 $n \to \infty$ 时,如果 u_n 是与 v_n 同阶或是比 v_n 高阶的无穷小量,而级数 $\sum\limits_{n=1}^{\infty} v_n$ 收敛,则级数 $\sum\limits_{n=1}^{\infty} u_n$ 收敛;如果 u_n 是与 v_n 同阶或是比 v_n 低阶的无穷小量,而级数 $\sum\limits_{n=1}^{\infty} v_n$ 发散,则级数 $\sum\limits_{n=1}^{\infty} u_n$ 发散.

【例7.9】　讨论级数 $\sum\limits_{n=1}^{\infty} \sin \dfrac{1}{n}$ 的敛散性.

解　因为

$$\lim_{n \to \infty} \frac{\sin \dfrac{1}{n}}{\dfrac{1}{n}} = 1 > 0$$

而级数 $\sum\limits_{n=1}^{\infty} \dfrac{1}{n}$ 发散,则由准则 Ⅱ 可知,级数 $\sum\limits_{n=1}^{\infty} \sin \dfrac{1}{n}$ 发散.

比较判别法在实际应用中需要找一个已知敛散性的级数作为参照物与给定的级数相对比,但是把一个级数放缩到合适的程度,这一点通常很难做到. 因此,在实际应用中,这种方法虽然很方便,但用得较少. 理想的判别法是通过级数自身的通项来判断其敛散性,这就是比值判别法与根值判别法.

比值判别法(也称**检比法**)是通过检查比值 $\dfrac{u_{n+1}}{u_n}$ 来度量级数增加(或者下降)的速度,最终达到判别级数敛散性的目的.

准则 Ⅲ(比值判别法,达朗贝尔(D'Alembert)判别法)　给定正项级数 $\sum\limits_{n=1}^{\infty} u_n$,假设

$$\lim_{n \to \infty} \frac{u_{n+1}}{u_n} = \rho$$

则当 $0 \leqslant \rho < 1$ 时,级数收敛;当 $\rho > 1$ 或者 $\lim\limits_{n \to \infty} \dfrac{u_{n+1}}{u_n} = +\infty$ 时,级数发散;当 $\rho = 1$ 时,级数可能收敛也可能发散,应另行讨论.

证明　(1) 当 $0 \leqslant \rho < 1$ 时,取一个适当小的正数 ε,使得 $\rho + \varepsilon = q < 1$,根据极限定义,存在自然数 m,当 $n \geqslant m$ 时有不等式

$$\frac{u_{n+1}}{u_n} < \rho + \varepsilon = q$$

因此,有

$$u_{m+1} < q u_m, u_{m+2} < q u_{m+1} < q^2 u_m, \cdots, u_{m+k} < q^k u_m, \cdots$$

而级数 $\sum\limits_{k=1}^{\infty} q^k u_m$ 收敛(公比 $0 < q < 1$),根据准则 Ⅰ 的推论,知级数 $\sum\limits_{n=1}^{\infty} u_n$ 收敛.

（2）当 $\rho > 1$ 时，取一个适当小的正数 ε，使得 $\rho - \varepsilon > 1$，根据极限定义，存在自然数 m，当 $n \geq m$ 时有不等式

$$\frac{u_{n+1}}{u_n} > \rho - \varepsilon > 1$$

也就是

$$u_{n+1} > u_n$$

所以，当 $n \geq m$ 时，级数的一般项 u_n 是逐渐增大的，从而 $\lim\limits_{n\to\infty} u_n \neq 0$. 根据级数收敛的必要条件可知级数 $\sum\limits_{n=1}^{\infty} u_n$ 发散.

类似地，可以证明当 $\lim\limits_{n\to\infty} \dfrac{u_{n+1}}{u_n} = +\infty$ 时，级数 $\sum\limits_{n=1}^{\infty} u_n$ 发散.

（3）当 $\rho = 1$ 时，级数可能收敛也可能发散. 例如 $p-$ 级数，不论 p 为何值均有

$$\rho = \lim\limits_{n\to\infty} \frac{u_{n+1}}{u_n} = \lim\limits_{n\to\infty} \frac{\dfrac{1}{(n+1)^p}}{\dfrac{1}{n^p}} = 1$$

但是，由例 7.6 可知，当 $0 < p \leq 1$ 时级数发散；当 $p > 1$ 时级数收敛，因此只根据 $\rho = 1$ 不能判定级数的敛散性，这说明 $p-$ 级数不能用比值判别法判别其敛散性，而只能用比较判别法.

【例 7.10】 讨论级数 $\sum\limits_{n=1}^{\infty} \dfrac{(2n)!}{(n!)^2}$ 的敛散性.

解 由 $u_n = \dfrac{(2n)!}{(n!)^2}$，$u_{n+1} = \dfrac{(2n+2)!}{[(n+1)!]^2}$，可知

$$\frac{u_{n+1}}{u_n} = \frac{(n!)^2(2n+2)(2n+1)(2n)!}{[(n+1)!]^2(2n)!} = \frac{(2n+2)(2n+1)}{(n+1)^2} = \frac{4n+2}{n+1}$$

从而

$$\lim\limits_{n\to\infty} \frac{u_{n+1}}{u_n} = \lim\limits_{n\to\infty} \frac{4n+2}{n+1} = 4 > 1$$

由比值判别法可知，级数 $\sum\limits_{n=1}^{\infty} \dfrac{(2n)!}{(n!)^2}$ 发散.

下面用比值判别法再讨论一下例 7.8.

由 $u_n = 2^n \sin\dfrac{\pi}{3^n}$，$u_{n+1} = 2^{n+1} \sin\dfrac{\pi}{3^{n+1}}$，可知

$$\frac{u_{n+1}}{u_n} = \frac{2^{n+1} \sin\dfrac{\pi}{3^{n+1}}}{2^n \sin\dfrac{\pi}{3^n}} = \frac{2 \sin\dfrac{\pi}{3^{n+1}}}{\sin\dfrac{\pi}{3^n}}$$

从而

$$\lim_{n \to \infty} \frac{u_{n+1}}{u_n} = \lim_{n \to \infty} \frac{2\sin \dfrac{\pi}{3^{n+1}}}{\sin \dfrac{\pi}{3^n}} = \frac{2}{3} < 1$$

由比值判别法知,级数 $\displaystyle\sum_{n=1}^{\infty} 2^n \sin \frac{\pi}{3^n}$ 收敛.

这说明对于同一级数的敛散性的判别,有时可以选取不同的判别准则.

【例 7.11】　讨论级数 $\displaystyle\sum_{n=1}^{\infty} \frac{2^n n!}{n^n}$ 的敛散性.

解　由 $u_n = \dfrac{2^n n!}{n^n}, u_{n+1} = \dfrac{2^{n+1}(n+1)!}{(n+1)^{n+1}}$,可知

$$\frac{u_{n+1}}{u_n} = \frac{2^{n+1} n^n (n+1)!}{2^n (n+1)^{n+1} n!} = \frac{2n^n}{(n+1)^n} = \frac{2}{\left(1 + \dfrac{1}{n}\right)^n}$$

从而

$$\lim_{n \to \infty} \frac{u_{n+1}}{u_n} = \lim_{n \to \infty} \frac{2}{\left(1 + \dfrac{1}{n}\right)^n} = \frac{2}{e} < 1$$

则由比值判别法知,级数 $\displaystyle\sum_{n=1}^{\infty} \frac{2^n n!}{n^n}$ 收敛.

准则 Ⅳ(根值判别法,柯西判别法)　给定正项级数 $\displaystyle\sum_{n=1}^{\infty} u_n$,假设

$$\lim_{n \to \infty} \sqrt[n]{u_n} = \rho$$

则当 $\rho < 1$ 时,级数收敛;当 $\rho > 1$ 或者 $\lim\limits_{n \to \infty} \sqrt[n]{u_n} = +\infty$ 时,级数发散;当 $\rho = 1$ 时,级数可能收敛也可能发散.

准则 Ⅳ 的证明与准则 Ⅲ 相似,这里从略.

注意　根值判别法经常用到以下极限

$$\lim_{n \to \infty} \sqrt[n]{a} = 1(a > 0),\ \lim_{n \to \infty} \sqrt[n]{n} = 1,\ \lim_{n \to \infty} \frac{1}{\sqrt[n]{n!}} = 0,\ \lim_{n \to \infty} \frac{n}{\sqrt[n]{n!}} = e$$

【例 7.12】　讨论级数 $\displaystyle\sum_{n=1}^{\infty} \left(\frac{n}{2n+1}\right)^n$ 的敛散性.

解　因为

$$\lim_{n \to \infty} \sqrt[n]{u_n} = \lim_{n \to \infty} \frac{n}{2n+1} = \frac{1}{2} < 1$$

所以由根值判别法知,级数 $\sum\limits_{n=1}^{\infty}\left(\dfrac{n}{2n+1}\right)^{n}$ 收敛.

【例7.13】 讨论级数 $\sum\limits_{n=1}^{\infty}\dfrac{1}{3^{n+(-1)^{n}}}$ 的敛散性.

解 因为

$$\lim_{n\to\infty}\sqrt[n]{u_{n}}=\lim_{n\to\infty}\frac{1}{3}\frac{1}{\sqrt[n]{3^{(-1)^{n}}}}=\frac{1}{3}\lim_{n\to\infty}\frac{1}{\sqrt[n]{3^{(-1)^{n}}}}=\frac{1}{3}<1$$

所以由根值判别法知,级数 $\sum\limits_{n=1}^{\infty}\dfrac{1}{3^{n+(-1)^{n}}}$ 收敛.

注意 此例不能用比值判别法,因为极限

$$\lim_{n\to\infty}\frac{u_{n+1}}{u_{n}}=\lim_{n\to\infty}3^{-1+2\times(-1)^{n}}$$

不存在,从而说明 $\lim\limits_{n\to\infty}\sqrt[n]{u_{n}}$ 存在时,$\lim\limits_{n\to\infty}\dfrac{u_{n+1}}{u_{n}}$ 可能不存在. 所以根值判别法的应用范围要比比值判别法的应用范围更广一些.

7.3　任意项级数的敛散性判别

正负项可以任意出现的级数称为**任意项级数**,本节主要讨论此类级数的收敛与发散问题. 因为这类级数的形式多种多样,因而其敛散性的研究也具有一定的复杂性. 首先考虑如下级数:

凡正负项相间的级数,也就是形如

$$\sum_{n=1}^{\infty}(-1)^{n-1}u_{n}=u_{1}-u_{2}+u_{3}-\cdots+(-1)^{n-1}u_{n}+\cdots \tag{7.6}$$

或者

$$\sum_{n=1}^{\infty}(-1)^{n}u_{n}=-u_{1}+u_{2}-u_{3}+\cdots+(-1)^{n}u_{n}+\cdots \tag{7.7}$$

的级数,其中 $u_{n}>0(n=1,2,3,\cdots)$,称为**交错级数**.

对于交错级数,有下面的定理.

定理7.2(莱布尼茨定理) 若一个交错级数 $\sum\limits_{n=1}^{\infty}(-1)^{n-1}u_{n}$ 满足以下两个条件

(1) $u_{n+1}\leqslant u_{n},n=1,2,3,\cdots$;

(2) $\lim\limits_{n\to\infty}u_{n}=0.$

则交错级数 $\sum\limits_{n=1}^{\infty}(-1)^{n-1}u_{n}$ 收敛,且其和 $S\leqslant u_{1}.$

证明　由条件(1)可知,对任意的 $n \in \mathbf{N}$,有

$$S_{2n} = u_1 - (u_2 - u_3) - \cdots - (u_{2n-2} - u_{2n-1}) - u_{2n} \leqslant u_1$$
$$S_{2n} = (u_1 - u_2) + (u_3 - u_4) + \cdots + (u_{2n-1} - u_{2n}) \geqslant 0$$

这表明,下标为偶数的部分和数列 $\{S_{2n}\}$ 单调增加且有上界,故极限 $\lim\limits_{n\to\infty} S_{2n}$ 存在.

另一方面,由条件(2)可知 $\lim\limits_{n\to\infty} u_{2n+1} = 0$,从而有

$$\lim_{n\to\infty} S_{2n+1} = \lim_{n\to\infty}(S_{2n} + u_{2n+1}) = \lim_{n\to\infty} S_{2n}$$

由此可见,极限 $\lim\limits_{n\to\infty} S_n$ 存在,从而级数 $\sum\limits_{n=1}^{\infty} (-1)^{n-1} u_n$ 收敛,且由 $S_{2n} \leqslant u_1$ 可知

$$\sum_{n=1}^{\infty} (-1)^{n-1} u_n = S \leqslant u_1$$

定理得证.

对于级数 $\sum\limits_{n=1}^{\infty} u_n$,如果将其每一项加上绝对值之后所组成的正项级数 $\sum\limits_{n=1}^{\infty} |u_n|$ 收敛,则称级数 $\sum\limits_{n=1}^{\infty} u_n$ 为绝对收敛. 如果 $\sum\limits_{n=1}^{\infty} |u_n|$ 发散但 $\sum\limits_{n=1}^{\infty} u_n$ 是收敛的,则称级数 $\sum\limits_{n=1}^{\infty} u_n$ 为条件收敛.

【例 7.14】　讨论**交错调和级数** $\sum\limits_{n=1}^{\infty} (-1)^{n+1} \dfrac{1}{n}$ 的敛散性,若收敛,指出是条件收敛,还是绝对收敛.

解　因为调和级数 $\sum\limits_{n=1}^{\infty} \dfrac{1}{n}$ 发散,所以级数 $\sum\limits_{n=1}^{\infty} (-1)^{n+1} \dfrac{1}{n}$ 不是绝对收敛的,又因为

$$u_{n+1} = \frac{1}{n+1} < \frac{1}{n} = u_n, n = 1, 2, 3, \cdots$$

而

$$\lim_{n\to\infty} u_n = \lim_{n\to\infty} \frac{1}{n} = 0$$

从而由莱布尼兹判别法可知,级数 $\sum\limits_{n=1}^{\infty} (-1)^{n+1} \dfrac{1}{n}$ 收敛. 所以级数 $\sum\limits_{n=1}^{\infty} (-1)^{n+1} \dfrac{1}{n}$ 是条件收敛的.

容易证明,对于交错的 p - 级数 $\sum\limits_{n=1}^{\infty} (-1)^{n+1} \dfrac{1}{n^p} (p > 0)$ 有

$$\sum_{n=1}^{\infty} (-1)^{n+1} \frac{1}{n^p} = \begin{cases} 绝对收敛, p > 1 \\ 条件收敛, p \leqslant 1 \end{cases}$$

关于绝对收敛和收敛之间的关系,有如下定理:

定理7.3 级数 $\sum\limits_{n=1}^{\infty} u_n$ 为任意项级数,则有

(1) 若 $\sum\limits_{n=1}^{\infty} |u_n|$ 收敛,则 $\sum\limits_{n=1}^{\infty} u_n$ 也收敛;若 $\sum\limits_{n=1}^{\infty} u_n$ 发散,则 $\sum\limits_{n=1}^{\infty} |u_n|$ 必定发散.

(2) 若 $\sum\limits_{n=1}^{\infty} u_n$ 收敛,$\sum\limits_{n=1}^{\infty} |u_n|$ 不一定收敛;若 $\sum\limits_{n=1}^{\infty} |u_n|$ 发散,$\sum\limits_{n=1}^{\infty} u_n$ 不一定发散.

绝对收敛(条件收敛)级数有如下运算性质:

性质1 若 $\sum\limits_{n=1}^{\infty} u_n$ 和 $\sum\limits_{n=1}^{\infty} v_n$ 都绝对收敛,则 $\sum\limits_{n=1}^{\infty} (u_n \pm v_n)$ 也绝对收敛;

性质2 若 $\sum\limits_{n=1}^{\infty} u_n$ 绝对收敛,$\sum\limits_{n=1}^{\infty} v_n$ 条件收敛,则 $\sum\limits_{n=1}^{\infty} (u_n \pm v_n)$ 必定条件收敛;

性质3 若 $\sum\limits_{n=1}^{\infty} u_n$ 和 $\sum\limits_{n=1}^{\infty} v_n$ 都条件收敛,则 $\sum\limits_{n=1}^{\infty} (u_n \pm v_n)$ 可能条件收敛,也可能绝对收敛.

前两个性质很容易证明,对于性质3,取 $u_n = \dfrac{(-1)^n}{n}$,$v_n = -u_n = \dfrac{(-1)^{n+1}}{n}$,则 $\sum\limits_{n=1}^{\infty} u_n$ 和 $\sum\limits_{n=1}^{\infty} v_n$

都条件收敛,但级数 $\sum\limits_{n=1}^{\infty} (u_n + v_n) = 0 + 0 + \cdots$ 是绝对收敛的.

【例7.15】 讨论任意项级数 $\sum\limits_{n=1}^{\infty} \dfrac{\sin n\alpha}{1 + n^2}$ 的敛散性.

解 因为

$$|u_n| = \left| \frac{\sin n\alpha}{1 + n^2} \right| \leqslant \frac{1}{1 + n^2} < \frac{1}{n^2}$$

而正项级数 $\sum\limits_{n=1}^{\infty} \dfrac{1}{n^2}$ 是收敛的,所以任意项级数 $\sum\limits_{n=1}^{\infty} \dfrac{\sin n\alpha}{1 + n^2}$ 绝对收敛.

对于任意项级数 $\sum\limits_{n=1}^{\infty} u_n$,正项级数的敛散性判别准则 Ⅲ(比值判别法)可以加以改进,即有

准则 Ⅲ′ 给定任意项级数 $\sum\limits_{n=1}^{\infty} u_n$,设

$$\rho = \lim_{n \to \infty} \left| \frac{u_{n+1}}{u_n} \right|$$

则当 $0 \leqslant \rho < 1$ 时,级数 $\sum\limits_{n=1}^{\infty} u_n$ 收敛,且为绝对收敛;当 $\rho > 1$ 或者 $\lim\limits_{n \to +\infty} \left| \dfrac{u_{n+1}}{u_n} \right| = \infty$ 时,级数 $\sum\limits_{n=1}^{\infty}$

u_n 发散;当 $\rho = 1$ 时,另行讨论.

【例7.16】 讨论级数 $\sum\limits_{n=1}^{\infty} \dfrac{(-1)^{n-1} n}{2^n}$ 的敛散性.

解 由于

$$\rho = \lim_{n \to \infty} \left| \frac{u_{n+1}}{u_n} \right| = \lim_{n \to \infty} \left| \frac{\dfrac{(-1)^n (n+1)}{2^{n+1}}}{\dfrac{(-1)^{n-1} n}{2^n}} \right| = \lim_{n \to \infty} \frac{n+1}{2n} = \frac{1}{2} < 1$$

因此,由准则 Ⅲ′ 可知,级数 $\sum\limits_{n=1}^{\infty} \dfrac{(-1)^{n-1} n}{2^n}$ 绝对收敛.

7.4　幂级数

7.4.1　函数项级数的概念

若给定一个定义在区间 I 上的函数列

$$u_1(x), u_2(x), u_3(x), \cdots, u_n(x), \cdots$$

则由这个函数列构成的表达式

$$u_1(x) + u_2(x) + u_3(x) + \cdots + u_n(x) + \cdots \tag{7.8}$$

称为定义在区间 I 上的**(函数项)无穷级数**,简称**(函数项)级数**.

对于每一个确定的值 $x_0 \in I$,函数项级数(7.8)成为常数项级数

$$u_1(x_0) + u_2(x_0) + u_3(x_0) + \cdots + u_n(x_0) + \cdots \tag{7.9}$$

这个常数项级数(7.9)可能收敛也可能发散. 若常数项级数(7.9)收敛,则称点 x_0 是函数项级数(7.8)的**收敛点**;若常数项级数(7.9)发散,则称点 x_0 是函数项级数(7.8)的**发散点**. 函数项级数(7.8)的所有收敛点构成的集合称为它的**收敛域**,所有发散点构成的集合称为它的**发散域**.

对应于收敛域内的任意一个数 x,函数项级数成为一个收敛的常数项级数,因而有一个确定的和 S. 这样,在收敛域上,函数项级数的和是 x 的函数 $S(x)$,通常称 $S(x)$ 为函数项级数的**和函数**,这个函数的定义域就是级数的收敛域,并写成

$$S(x) = u_1(x) + u_2(x) + u_3(x) + \cdots + u_n(x) + \cdots$$

将函数项级数(7.8)的前 n 项的部分和记作 $S_n(x)$,即

$$S_n(x) = u_1(x) + u_2(x) + u_3(x) + \cdots + u_n(x)$$

则 $S_n(x)$ 在收敛域上恒有

$$\lim_{n \to \infty} S_n(x) = S(x)$$

7.4.2　幂级数及其收敛性

函数项级数中简单而常见的一类级数就是各项都是幂函数的函数项级数,即**幂级数**.
形如

$$\sum_{n=0}^{\infty} a_n (x - x_0)^n = a_0 + a_1(x - x_0) + a_2(x - x_0)^2 + \cdots + a_n(x - x_0)^n + \cdots \tag{7.10}$$

的函数项级数称为**关于 $x = x_0$ 的幂级数**,其中 x_0 是某个定数,$a_0, a_1, a_2, \cdots, a_n, \cdots$ 都是常数,称为**幂级数的系数**.

特别地,当 $x_0 = 0$ 时,形如

$$\sum_{n=0}^{\infty} a_n x^n = a_0 + a_1 x + a_2 x^2 + \cdots + a_n x^n + \cdots \tag{7.11}$$

的函数项级数称为**关于 $x = 0$ 的幂级数**,$a_0, a_1, a_2, \cdots, a_n, \cdots$ 都是常数.

例如

$$1 + x + x^2 + \cdots + x^n + \cdots$$

$$1 + x + \frac{1}{2!} x^2 + \cdots + \frac{1}{n!} x^n + \cdots$$

都是关于 $x = 0$ 的幂级数.

显然,通过变换 $t = x - x_0$,就可以将关于 $x = x_0$ 的幂级数化为关于 $x = 0$ 的幂级数. 因此,本节将重点讨论关于 $x = 0$ 的幂级数,建立有关幂级数敛散性的判别方法及幂级数的运算.

当 x 取一定值 x_0 时,幂级数 $\sum_{n=0}^{\infty} a_n x^n$ 就是一个常数项级数 $\sum_{n=0}^{\infty} a_n x_0^n$,那么就可以用常数项级数的敛散性判别法确定它的敛散性.

对于一个给定的幂级数,它的收敛域与发散域是怎样的呢? 即 x 取数轴上哪些点时幂级数收敛,取哪些点时幂级数发散? 这就是幂级数的敛散性问题.

先看一个例子. 考察幂级数

$$1 + x + x^2 + \cdots + x^n + \cdots$$

的敛散性. 由例 7.2 可知,当 $|x| < 1$ 时,此幂级数收敛于和 $\frac{1}{1-x}$;当 $|x| \geq 1$ 时,此幂级数发散. 因此,此幂级数的收敛域是开区间 $(-1, 1)$,发散域是 $(-\infty, -1]$ 和 $[1, +\infty)$. 如果 x 在区间 $(-1, 1)$ 内取值,则

$$\frac{1}{1-x} = 1 + x + x^2 + \cdots + x^n + \cdots$$

由此可以看出,这个幂级数的收敛域是一个区间. 下面再通过例子来说明如何判别幂级数的敛散性和可能产生的结果.

【例 7.17】 求幂级数 $\sum_{n=1}^{\infty} (-1)^{n-1} \dfrac{x^n}{n}$ 的收敛域.

解 由于

$$\left| \frac{u_{n+1}}{u_n} \right| = \frac{n}{n+1} |x| \to |x|$$

所以由比值判别法,级数当 $|x| < 1$ 时绝对收敛. 若 $|x| > 1$,因为第 n 项不收敛于 0,则级数发散. 当 $x = 1$ 得到交错调和级数

$$1 - \frac{1}{2} + \frac{1}{3} - \frac{1}{4} + \cdots$$

这个级数收敛. 当 $x = -1$,得到

$$-1 - \frac{1}{2} - \frac{1}{3} - \frac{1}{4} - \cdots$$

这是调和级数的负值项级数,它是发散的.

综上所述,该级数的收敛域为 $x \in (-1,1]$,而对于其余 x 值该级数均发散.

　　下面的定理说明,如果幂级数在一个非零点处收敛,那么它在这些值的一个完整区间上收敛.

　　定理7.4(阿贝尔*(Abel)定理)　　若幂级数 $\sum_{n=0}^{\infty} a_n x^n$ 在点 $x = x_0 (x_0 \neq 0)$ 处收敛,则对于所有满足 $|x| < |x_0|$ 的 x 值该幂级数绝对收敛. 反之,如果幂级数 $\sum_{n=0}^{\infty} a_n x^n$ 在点 $x = x_0 (x_0 \neq 0)$ 处发散,则对于所有满足 $|x| > |x_0|$ 的 x 值该幂级数发散.

　　证明　　先设 x_0 是幂级数(7.11)的收敛点,即级数

$$a_0 + a_1 x_0 + a_2 x_0^2 + \cdots + a_n x_0^n + \cdots$$

收敛. 根据级数收敛的必要条件,这时有

$$\lim_{n \to \infty} a_n x_0^n = 0$$

于是存在一个正常数 M,使得

$$|a_n x_0^n| \leq M, n = 0,1,2\cdots$$

这样,级数(7.11)的一般项的绝对值

$$|a_n x^n| = \left| a_n x_0^n \cdot \frac{x^n}{x_0^n} \right| = |a_n x_0^n| \cdot \left| \frac{x^n}{x_0^n} \right| \leq M \left| \frac{x}{x_0} \right|^n$$

因为当 $|x| < |x_0|$ 时,等比数列 $\sum_{n=0}^{\infty} M \left| \frac{x}{x_0} \right|^n$ 收敛(公比 $\left| \frac{x}{x_0} \right| < 1$),所以,级数 $\sum_{n=0}^{\infty} |a_n x^n|$ 收敛,即级数 $\sum_{n=0}^{\infty} a_n x^n$ 绝对收敛.

　　＊　数学家小传

　　阿贝尔:尼尔斯·亨利克·阿贝尔,1802—1829,挪威数学家,在很多数学领域做出了开创性的工作. 他最著名的一个结果是首次完整给出了高于四次的一般代数方程没有一般形式的代数解的证明. 这个问题是他那时最著名的未解决问题之一,悬疑达 250 多年. 他也是椭圆函数领域的开拓者,阿贝尔函数的发现者. 尽管阿贝尔成就极高,却在生前没有得到认可,他的生活非常贫困,死时只有 27 岁.

定理的第二部分可用反证法证明. 若幂级数在点 $x = x_0$ 处发散而有一点 x_1 适合 $|x_1| > |x_0|$ 使级数收敛,则根据本定理的第一部分,级数在点 $x = x_0$ 处应收敛,这与假设矛盾. 定理得证.

由定理7.4可知,若幂级数在 $x = x_0$ 处收敛,则对于开区间 $(-|x_0|, |x_0|)$ 内的任何 x,幂级数都收敛;若幂级数在 $x = x_0$ 处发散,则对于闭区间 $[-|x_0|, |x_0|]$ 外的任何 x,幂级数都发散.

设已知幂级数在数轴上既有收敛点(不仅是原点)也有发散点. 现在从原点沿数轴向右方移动,最初只遇到收敛点,然后就只遇到发散点. 这两部分的分界点可能是收敛点也可能是发散点. 从原点沿数轴向左方移动情形也是如此. 两个分界点 P 与 P' 在原点的两侧,且由定理7.4可以证明它们到原点的距离是相等的,见图7.1.

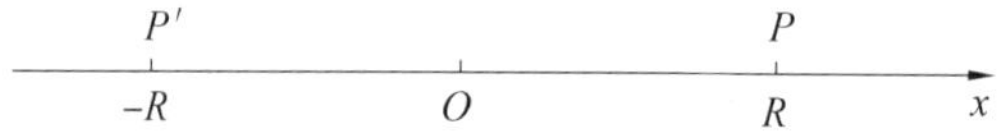

图 7.1

从上面的几何说明,可得到如下推论:

推论 若幂级数 $\sum\limits_{n=0}^{\infty} a_n x^n$ 不是仅在 $x = 0$ 一点收敛,也不是在整个数轴上均收敛,则必有一个确定的正数 R 存在,使得

当 $|x| < R$ 时,幂级数绝对收敛;

当 $|x| > R$ 时,幂级数发散;

当 $x = R$ 与 $x = -R$ 时,幂级数可能收敛也可能发散.

正数 R 通常称为幂级数(7.11)的**收敛半径**. 开区间 $(-R, R)$ 称为幂级数(7.11)的**收敛区间**. 再由幂级数在 $x = \pm R$ 处的敛散性就可以决定它的收敛域是 $(-R, R), [-R, R), (-R, R]$ 或 $[-R, R]$ 这四个区间之一.

如果幂级数(7.11)只在 $x = 0$ 处收敛,这时收敛域只有一点 $x = 0$,且 $S(0) = a_0$,但为了方便起见,规定这时收敛半径 $R = 0$;如果幂级数(7.11)对一切 x 都收敛,则规定收敛半径 $R = +\infty$,这时收敛域是 $(-\infty, +\infty)$.

关于幂级数的收敛半径的求解方法,有下面的定理.

定理7.5 对于幂级数 $\sum\limits_{n=0}^{\infty} a_n x^n (a_n \neq 0)$,若

$$\lim_{n \to \infty} \left| \frac{a_{n+1}}{a_n} \right| = \rho, 0 \leq \rho \leq +\infty$$

则幂级数的收敛半径

$$R = \begin{cases} +\infty, & \rho = 0 (幂级数处处收敛) \\ \dfrac{1}{\rho}, & 0 < \rho < +\infty \\ 0, & \rho = +\infty (幂级数仅在 x = 0 处收敛) \end{cases}$$

【例 7.18】　求下列幂级数的收敛半径和收敛域：

$(1) \sum_{n=0}^{\infty} n!\ x^n$；　$(2) \sum_{n=1}^{\infty} \dfrac{x^n}{2^n \cdot n}$；　$(3) \sum_{n=0}^{\infty} \dfrac{x^n}{(2n)!}$.

解　(1) 因为 $\rho = \lim\limits_{n\to\infty} \left| \dfrac{a_{n+1}}{a_n} \right| = \lim\limits_{n\to\infty} \dfrac{(n+1)!}{n!} = \lim\limits_{n\to\infty}(n+1) = +\infty$，所以该级数的收敛半径为 $R = 0$，即级数仅在 $x = 0$ 处收敛.

(2) 因为 $\rho = \lim\limits_{n\to\infty} \left| \dfrac{a_{n+1}}{a_n} \right| = \lim\limits_{n\to\infty} \dfrac{2^n \cdot n}{(n+1)2^{n+1}} = \lim\limits_{n\to\infty} \dfrac{n}{2(n+1)} = \dfrac{1}{2}$，所以收敛半径为 $R = 2$.

当 $x = 2$ 时，幂级数 $\sum_{n=1}^{\infty} \dfrac{x^n}{2^n \cdot n}$ 为调和级数 $\sum_{n=1}^{\infty} \dfrac{1}{n}$，则级数发散；当 $x = -2$ 时，幂级数 $\sum_{n=1}^{\infty} \dfrac{x^n}{2^n \cdot n}$ 为交错级数 $\sum_{n=1}^{\infty} (-1)^n \dfrac{1}{n}$，则级数条件收敛. 所以，幂级数 $\sum_{n=1}^{\infty} \dfrac{x^n}{2^n \cdot n}$ 的收敛域为 $[-2, 2)$.

(3) 因为 $\rho = \lim\limits_{n\to\infty} \left| \dfrac{a_{n+1}}{a_n} \right| = \lim\limits_{n\to\infty} \dfrac{(2n)!}{(2n+2)!} = \lim\limits_{n\to\infty} \dfrac{1}{(2n+2)(2n+1)} = 0$，所以收敛半径为 $R = +\infty$，收敛域为 $(-\infty, +\infty)$.

【例 7.19】　求关于 $x = 1$ 的幂级数 $\sum_{n=1}^{\infty} \dfrac{1}{\sqrt{n}}(x-1)^n$ 的收敛半径和收敛域.

解　令 $t = x - 1$，则 $\sum_{n=1}^{\infty} \dfrac{1}{\sqrt{n}}(x-1)^n = \sum_{n=1}^{\infty} \dfrac{1}{\sqrt{n}} t^n$，因为

$$\lim_{n\to\infty} \frac{\sqrt{n}}{\sqrt{n+1}} = 1$$

所以幂级数 $\sum_{n=1}^{\infty} \dfrac{1}{\sqrt{n}} t^n$ 的收敛半径 $R = 1$. 因此，当 $|t| < 1$，即 $|x-1| < 1$，亦即 $0 < x < 2$ 时，幂级数 $\sum_{n=1}^{\infty} \dfrac{1}{\sqrt{n}}(x-1)^n$ 绝对收敛.

当 $x = 0$ 时，幂级数 $\sum_{n=1}^{\infty} \dfrac{1}{\sqrt{n}}(x-1)^n = \sum_{n=1}^{\infty} \dfrac{(-1)^n}{\sqrt{n}}$ 条件收敛，当 $x = 2$ 时，幂级数 $\sum_{n=1}^{\infty} \dfrac{1}{\sqrt{n}}(x-1)^n = \sum_{n=1}^{\infty} \dfrac{1}{\sqrt{n}}$ 发散.

所以，级数 $\sum_{n=1}^{\infty} \dfrac{1}{\sqrt{n}}(x-1)^n$ 的收敛半径为 1，收敛域为 $[0, 2)$.

一般地，求幂级数的收敛域可分为两步：

对于幂级数 $\sum_{n=0}^{\infty} a_n x^n$ 先求收敛半径 R，再讨论 $x = \pm R$ 处的敛散性，然后写出收敛域.

对于幂级数 $\sum\limits_{n=0}^{\infty} a_n (x - x_0)^n$，其收敛区间是以点 x_0 为中心的，所以也可以不做变换，先求出收敛半径 R，然后讨论收敛区间 $(x_0 - R, x_0 + R)$ 的两个端点处对应的常数项级数的敛散性，由此确定收敛域.

【例 7.20】 求幂级数 $\sum\limits_{n=0}^{\infty} \dfrac{1}{3^n} x^{2n}$ 的收敛域.

解 由于该幂级数的系数 $a_{2n+1} = 0(n = 0, 1, 2, \cdots)$，故不能直接利用定理 7.5. 下面直接利用比值判别法求解. 由于

$$\lim_{n \to \infty} \left| \frac{u_{n+1}}{u_n} \right| = \lim_{n \to \infty} \left| \frac{x^{2(n+1)}}{3^{n+1}} \cdot \frac{3^n}{x^{2n}} \right| = \frac{x^2}{3}$$

故由比值判别法可知，当 $\dfrac{x^2}{3} < 1$，即 $|x| < \sqrt{3}$ 时，$\sum\limits_{n=0}^{\infty} \dfrac{1}{3^n} x^{2n}$ 绝对收敛；当 $\dfrac{x^2}{3} > 1$，即 $|x| > \sqrt{3}$ 时，$\sum\limits_{n=0}^{\infty} \dfrac{1}{3^n} x^{2n}$ 发散；又当 $x = \pm\sqrt{3}$ 时，幂级数为

$$\sum_{n=0}^{\infty} 1 = 1 + 1 + \cdots$$

发散.

因此，幂级数 $\sum\limits_{n=0}^{\infty} \dfrac{1}{3^n} x^{2n}$ 的收敛域为 $(-\sqrt{3}, \sqrt{3})$.

注意 幂级数 $\sum\limits_{n=0}^{\infty} a_n x^n$ 具有良好的性质：

(1) 至少有一个收敛点 $x = 0$，且 $S(0) = a_0$；

(2) 在收敛区间内都是绝对收敛的.

7.4.3 幂级数的运算

设幂级数

$$\sum_{n=0}^{\infty} a_n x^n = a_0 + a_1 x + a_2 x^2 + \cdots + a_n x^n + \cdots$$

及

$$\sum_{n=0}^{\infty} b_n x^n = b_0 + b_1 x + b_2 x^2 + \cdots + b_n x^n + \cdots$$

分别在区间 $(-R, R)$ 及 $(-R', R')$ 内收敛，对于这两个幂级数，可以进行下列四则运算：

加、减法

$$\sum_{n=0}^{\infty} a_n x^n \pm \sum_{n=0}^{\infty} b_n x^n = \sum_{n=0}^{\infty} (a_n \pm b_n) x^n$$

根据收敛级数的基本性质，上面两式在 $(-R, R) \cap (-R', R')$ 内成立.

乘法

$$\sum_{n=0}^{\infty} a_n x^n \cdot \sum_{n=0}^{\infty} b_n x^n = a_0 b_0 + (a_0 b_1 + a_1 b_0) x + \cdots +$$
$$(a_0 b_n + a_1 b_{n-1} + \cdots + a_n b_0) x^n + \cdots$$

这是两个幂级数的**柯西乘积**. 可以证明上式在 $(-R, R) \cap (-R', R')$ 内成立.

关于幂级数的和函数有下列重要性质:

性质 1　设幂级数 $\sum\limits_{n=0}^{\infty} a_n x^n$ 的收敛半径为 R, 则其和函数 $S(x)$ 在其收敛域上连续.

性质 2　设幂级数 $\sum\limits_{n=0}^{\infty} a_n x^n$ 的收敛半径为 R, 其和函数为 $S(x)$, 则在 $(-R, R)$ 内幂级数可以逐项积分和逐项求导. 即对于 $(-R, R)$ 内任意一点 x, 有

$$\sum_{n=0}^{\infty} \int_0^x a_n x^n \mathrm{d}x = \sum_{n=0}^{\infty} \frac{a_n}{n+1} x^{n+1} = \int_0^x S(x) \mathrm{d}x$$

以及

$$\sum_{n=0}^{\infty} \frac{\mathrm{d}}{\mathrm{d}x}(a_n x^n) = \sum_{n=1}^{\infty} n a_n x^{n-1} = \frac{\mathrm{d}S(x)}{\mathrm{d}x}$$

并且逐项积分和逐项求导后的级数仍为幂级数, 其收敛半径也是 R.

【例 7.21】　已知幂级数 $\sum\limits_{n=1}^{\infty} n x^{n-1}$, (1) 求和函数 $S(x)$; (2) 求 $\sum\limits_{n=1}^{\infty} \frac{n}{2^n}$ 的值.

解　(1) 由

$$\frac{1}{1-x} = \sum_{n=0}^{\infty} x^n = 1 + x + x^2 + \cdots, \quad -1 < x < 1$$

和性质 2, 可知

$$\left(\frac{1}{1-x}\right)' = \left(\sum_{n=0}^{\infty} x^n\right)' = \sum_{n=1}^{\infty} n x^{n-1}, \quad -1 < x < 1$$

即幂级数 $\sum\limits_{n=1}^{\infty} n x^{n-1}$ 的和函数为

$$\sum_{n=1}^{\infty} n x^{n-1} = \left(\frac{1}{1-x}\right)' = \frac{1}{(1-x)^2}, \quad -1 < x < 1$$

(2) 令 $x = \frac{1}{2}$, 则有

$$\sum_{n=1}^{\infty} \frac{n}{2^n} = \frac{1}{2} \sum_{n=1}^{\infty} n \cdot \left(\frac{1}{2}\right)^{n-1} = \frac{1}{2} \cdot \frac{1}{\left(1-\frac{1}{2}\right)^2} = 2$$

7.5 泰勒公式

对于一些较复杂的函数,为了便于研究,往往希望用一些简单的函数来近似表达. 由于用多项式表示的函数只要对自变量进行有限次加、减、乘三种算术运算,便能求出它的函数值,因此在实际应用中经常用多项式来近似表达函数.

于是提出问题:设函数 $f(x)$ 在含有 x_0 的开区间内具有直到 $(n+1)$ 阶的导数,找出一个关于 $(x-x_0)$ 的 n 次多项式

$$p_n(x) = a_0 + a_1(x-x_0) + a_2(x-x_0)^2 + \cdots + a_n(x-x_0)^n \tag{7.12}$$

来近似表达函数 $f(x)$,要求 $p_n(x)$ 与 $f(x)$ 之差是比 $(x-x_0)^n$ 高阶的无穷小量,并给出误差 $|f(x) - p_n(x)|$ 的具体表达式.

下面就来讨论这个问题. 假设 $p_n(x)$ 在点 x_0 处的函数值及它的直到 n 阶导数在点 x_0 处的值依次与 $f(x_0), f'(x_0), f''(x_0), \cdots, f^{(n)}(x_0)$ 相等,即满足

$$p_n(x_0) = f(x_0), p_n'(x_0) = f'(x_0), p_n''(x_0) = f''(x_0), \cdots, p_n^{(n)}(x_0) = f^{(n)}(x_0)$$

按这些等式来确定多项式(7.12)的系数 $a_0, a_1, a_2, \cdots, a_n$. 为此,对式(7.12)求各阶导数,然后分别代入以上等式,得

$$a_0 = f(x_0), 1 \cdot a_1 = f'(x_0), 2! \ a_2 = f''(x_0), \cdots, n! \ a_n = f^{(n)}(x_0)$$

即

$$a_0 = f(x_0), a_1 = f'(x_0), a_2 = \frac{1}{2!}f''(x_0) \cdots, a_n = \frac{1}{n!}f^{(n)}(x_0)$$

将求得的系数 $a_0, a_1, a_2, \cdots, a_n$ 代入式(7.12),有

$$p_n(x) = f(x_0) + f'(x_0)(x-x_0) + \frac{f''(x_0)}{2!}(x-x_0)^2 + \cdots + \frac{f^{(n)}(x_0)}{n!}(x-x_0)^n \tag{7.13}$$

下面不加证明的给出如下定理,此定理表明,多项式(7.13)的确是所要找的 n 次多项式.

定理7.6(泰勒*(Taylor)中值定理) 若函数 $f(x)$ 在含有点 x_0 的某个开区间 (a,b) 内具有直到 $(n+1)$ 阶的导数,则对任一 $x \in (a,b)$,有

---

* **数学家小传**

泰勒:布鲁克·泰勒,1685—1731,出生于英格兰密德萨斯埃德蒙顿,1709年后移居伦敦,获法学硕士学位. 他在1712年当选为英国皇家学会会员,并于两年后获法学博士学位.同年出任英国皇家学会秘书,四年后因健康理由辞退职务.1717年,他以泰勒定理求解了数值方程. 最后在1731年12月29日于伦敦逝世.他主要以泰勒公式和泰勒级数出名.

$$f(x) = f(x_0) + f'(x_0)(x - x_0) + \frac{f''(x_0)}{2!}(x - x_0)^2 + \cdots + \frac{f^{(n)}(x_0)}{n!}(x - x_0)^n + R_n(x)$$

$$(7.14)$$

其中

$$R_n(x) = \frac{f^{(n+1)}(\xi)}{(n+1)!}(x - x_0)^{n+1} \tag{7.15}$$

这里，ξ 是 x_0 与 x 之间的某个值.

多项式(7.13) 称为函数 $f(x)$ 按 $(x - x_0)$ 的幂展开的 n 次**近似多项式**，式(7.14) 称为 $f(x)$ 按 $(x - x_0)$ 的幂展开的带有拉格朗日型余项的 n 阶**泰勒公式**，而 $R_n(x)$ 的表达式(7.15) 称为**拉格朗日型余项**.

由泰勒中值定理可知，以多项式 $p_n(x)$ 近似表达函数 $f(x)$ 时，其误差为 $| R_n(x) |$. 若对于某个固定的 n，当 $x \in (a, b)$ 时，$| f^{(n+1)}(x) | \leqslant M$，则有估计式

$$| R_n(x) | = \left| \frac{f^{(n+1)}(\xi)}{(n+1)!}(x - x_0)^{n+1} \right| \leqslant \frac{M}{(n+1)!} | x - x_0 |^{n+1} \tag{7.16}$$

及

$$\lim_{x \to x_0} \frac{R_n(x)}{(x - x_0)^n} = 0$$

由此可见，当 $x \to x_0$ 时误差 $| R_n(x) |$ 是比 $(x - x_0)^n$ 高阶的无穷小量，即

$$R_n(x) = o[(x - x_0)^n] \tag{7.17}$$

这样，提出的问题圆满地得到了解决.

在不需要余项的精确表达式时，n 阶泰勒公式也可写成

$$f(x) = f(x_0) + f'(x_0)(x - x_0) + \frac{f''(x_0)}{2!}(x - x_0)^2 + \cdots +$$

$$\frac{f^{(n)}(x_0)}{n!}(x - x_0)^n + o[(x - x_0)^n] \tag{7.18}$$

$R_n(x)$ 的表达式(7.17) 称为**佩亚诺***（Peano）**型余项**，公式(7.18) 称为 $f(x)$ 按 $(x - x_0)$

---

*　**数学家小传**

佩亚诺：1858—1932，意大利数学家. 佩亚诺致力于发展布尔所创始的符号逻辑系统. 1889 年他出版了《几何原理的逻辑表述》一书，书中他把符号逻辑用来作为数学的基础，这工作在二十多年后为怀特黑德所继续. 佩亚诺由未定义的概念"零"，"数"及"后继数"出发，建立了公理系统.

的幂展开的带有佩亚诺型余项的 n 阶泰勒公式.

在泰勒公式(7.14)中,若取 $x_0 = 0$,则 ξ 在 0 与 x 之间. 因此可令 $\xi = \theta x (0 < \theta < 1)$,从而泰勒公式变成较简单的形式,即所谓带有拉格朗日型余项的**麦克劳林** [*] **(Maclaurin) 公式**

$$f(x) = f(0) + f'(0)x + \frac{f''(0)}{2!}x^2 + \cdots + \frac{f^{(n)}(0)}{n!}x^n + \frac{f^{(n+1)}(\theta x)}{(n+1)!}x^{n+1}, 0 < \theta < 1$$

$$(7.19)$$

在泰勒公式(7.18)中,若取 $x_0 = 0$,则带有佩亚诺型余项的麦克劳林公式为

$$f(x) = f(0) + f'(0)x + \frac{f''(0)}{2!}x^2 + \cdots + \frac{f^{(n)}(0)}{n!}x^n + o(x^n) \qquad (7.20)$$

由式(7.19)或式(7.20)可得近似公式

$$f(x) \approx f(0) + f'(0)x + \frac{f''(0)}{2!}x^2 + \cdots + \frac{f^{(n)}(0)}{n!}x^n$$

误差估计式(7.16)相应地变为

$$|R_n(x)| \leqslant \frac{M}{(n+1)!}|x|^{n+1} \qquad (7.21)$$

【**例 7.22**】 写出函数 $f(x) = \mathrm{e}^x$ 的带有拉格朗日型余项的 n 阶麦克劳林公式.

解 因为

$$f'(x) = f''(x) = \cdots = f^{(n)}(x) = \mathrm{e}^x$$

所以

$$f(0) = f'(0) = f''(0) = \cdots = f^{(n)}(0) = 1$$

将这些值代入式(7.19),并注意到 $f^{(n+1)}(\theta x) = \mathrm{e}^{\theta x}$,即得

$$\mathrm{e}^x = 1 + x + \frac{x^2}{2!} + \cdots + \frac{x^n}{n!} + \frac{\mathrm{e}^{\theta x}}{(n+1)!}x^{n+1}, 0 < \theta < 1$$

由这个公式可知,若将 e^x 用它的 n 次近似多项式表达,则其表达式为

$$\mathrm{e}^x \approx 1 + x + \frac{x^2}{2!} + \cdots + \frac{x^n}{n!}$$

这时所产生的误差为

[*] **数学家小传**

　　麦克劳林:1698—1746,是 18 世纪英国最具有影响的数学家之一. 1719 年他在访问伦敦时见到了牛顿,从此便成为了牛顿的门生. 他在 1742 年撰写的名著《流数论》是最早为牛顿流数方法做出了系统逻辑阐述的著作. 还把级数作为求积分的方法,并独立于柯西以几何形式给出了无穷级数收敛的积分判别法. 他得到数学分析中著名的麦克劳林级数展开式,并用待定系数法给予证明.

$$| R_n(x) | = \left| \frac{e^{\theta x}}{(n+1)!} x^{n+1} \right| < \frac{e^{|x|}}{(n+1)!} | x |^{n+1}, 0 < \theta < 1$$

若取 $x = 1$,则得无理数 e 的近似式为

$$e \approx 1 + 1 + \frac{1}{2!} + \cdots + \frac{1}{n!}$$

其误差为

$$| R_n | < \frac{e}{(n+1)!} < \frac{3}{(n+1)!}$$

当 $n = 10$ 时,可算出 $e \approx 2.718\,282$,其误差不超过 10^{-6}.

【例 7.23】　写出函数 $f(x) = \sin x$ 的带有拉格朗日型余项的 n 阶麦克劳林公式.

解　因为

$$f'(x) = \cos x = \sin\left(x + \frac{\pi}{2}\right), \quad f''(x) = -\sin x = \sin\left(x + \frac{2\pi}{2}\right)$$

$$f'''(x) = -\cos x = \sin\left(x + \frac{3\pi}{2}\right), \quad f^{(4)}(x) = \sin x = \sin\left(x + \frac{4\pi}{2}\right), \cdots$$

$$f^{(n)}(x) = \sin\left(x + \frac{n\pi}{2}\right)$$

所以

$$f(0) = 0, f'(0) = 1, f''(0) = 0, f'''(0) = -1, f^{(4)}(0) = 0$$

等等. 它们顺序循环地取四个数 $0, 1, 0, -1$,于是按式 (7.19) 得 (令 $n = 2m$)

$$\sin x = x - \frac{x^3}{3!} + \frac{x^5}{5!} - \cdots + \frac{(-1)^{m-1} x^{2m-1}}{(2m-1)!} + R_{2m}$$

其中

$$R_{2m}(x) = \frac{\sin\left[\theta x + (2m+1)\dfrac{\pi}{2}\right]}{(2m+1)!} x^{2m+1}, 0 < \theta < 1$$

若取 $m = 1$,则得到近似公式

$$\sin x \approx x$$

这时误差为

$$| R_2 | = \left| \frac{\sin\left(\theta x + \dfrac{3\pi}{2}\right)}{3!} x^3 \right| \leqslant \frac{| x |^3}{6}, 0 < \theta < 1$$

若 m 分别取 2 和 3,则可得 $\sin x$ 的 3 次和 5 次近似多项式

$$\sin x \approx x - \frac{x^3}{3!} \quad 和 \quad \sin x \approx x - \frac{x^3}{3!} + \frac{x^5}{5!}$$

其误差的绝对值依次不超过 $\dfrac{1}{5!} | x |^5$ 和 $\dfrac{1}{7!} | x |^7$. 以上三个近似多项式及正弦函数的图象被

画在了同一图形中,见图7.2,以便于比较.

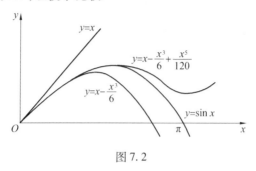

图 7.2

类似地,还可以得到

$$\cos x = 1 - \frac{x^2}{2!} + \frac{x^4}{4!} - \cdots + (-1)^m \frac{x^{2m}}{(2m)!} + R_{2m+1}(x)$$

其中

$$R_{2m+1}(x) = \frac{\cos\left[\theta x + (m+1)\pi\right]}{(2m+2)!} x^{2m+2}, 0 < \theta < 1$$

由以上带有拉格朗日型余项的麦克劳林公式,易得相应的带有佩亚诺型余项的麦克劳林公式,读者可自行写出.

7.6　函数的幂级数展开

函数的幂级数不仅形式简单,而且有很多特殊的性质. 那么,能否把一个函数表示为幂级数来进行研究.

幂级数的和函数在级数收敛区间内是具有各阶导数的连续函数. 但是,反过来有什么结论? 如果函数 $f(x)$ 在区间 I 上具有各阶导数,它在 I 上能够表示成幂级数吗? 如果可能,它的系数是什么?

假设 $f(x)$ 是具有收敛半径 $R > 0$ 的幂级数的和函数,即

$$f(x) = \sum_{n=0}^{\infty} a_n (x - x_0)^n = a_0 + a_1 (x - x_0) + a_2 (x - x_0)^2 + \cdots + a_n (x - x_0)^n + \cdots$$

$$(7.22)$$

则在收敛区间 I 内重复对 $f(x)$ 逐项求导,得到

$$f^{(n)}(x) = n! \, a_n + \frac{(n+1)!}{1!} a_{n+1} (x - x_0) + \frac{(n+2)!}{2!} a_{n+2} (x - x_0)^2 + \cdots, n = 0, 1, 2, \cdots$$

在上式两端令 $x = x_0$,即得

$$f(x_0) = a_0, f'(x_0) = 1! \, a_1, f''(x_0) = 2! \, a_2, \cdots$$

这样函数 $f(x)$ 在点 x_0 的幂级数展开式的系数为

$$a_0 = f(x_0), a_1 = \frac{f'(x_0)}{1!}, a_2 = \frac{f''(x_0)}{2!}, \cdots, a_n = \frac{f^n(x_0)}{n!}, \cdots \tag{7.23}$$

由此可得

$$f(x) = f(x_0) + f'(x_0)(x - x_0) + \frac{f''(x_0)}{2!}(x - x_0)^2 + \cdots + \frac{f^{(n)}(x_0)}{n!}(x - x_0)^n + \cdots$$

$$\tag{7.24}$$

以上步骤都是在假设 $f(x)$ 可以表示为幂级数的前提下获得的. 实际上,若函数 $f(x)$ 在点 $x = x_0$ 的某邻域内具有各阶导数,则 $f(x)$ 就可以展开成 $x = x_0$ 的幂级数. 此时,式(7.24) 就称为**函数 $f(x)$ 关于 $x = x_0$ 的幂级数展开式**. 而若想将函数 $f(x)$ 展开为关于 $x = 0$ 的幂级数,只要取 $x_0 = 0$ 就可以了,此时也称将函数 $f(x)$ 展开为 x 的幂级数,即

$$f(x) = f(0) + \frac{f'(0)}{1!}x + \frac{f''(0)}{2!}x^2 + \cdots + \frac{f^{(n)}(0)}{n!}x^n + \cdots \tag{7.25}$$

其中,幂级数(7.22)中的系数 $a_n = \frac{f^n(0)}{n!}, n = 0, 1, 2, \cdots$,且规定 $f^{(0)}(0) = f(0)$.

为了区别函数的这两种幂级数展开式,称式(7.24) 为**泰勒展开式**,此时级数称为**泰勒级数**;称式(7.25) 为**麦克劳林展开式**,此时级数称为**麦克劳林级数**;

【例 7.24】　将函数 $f(x) = e^x$ 展开成 x 的幂级数.

解　由于 $f^{(n)}(x) = e^x, n = 0, 1, 2, \cdots$,所以有 $f^{(n)}(0) = 1, n = 0, 1, 2, \cdots$. 于是,$e^x$ 的幂级数为

$$e^x = 1 + x + \frac{x^2}{2!} + \frac{x^3}{3!} + \frac{x^4}{4!} + \cdots = \sum_{n=0}^{\infty} \frac{x^n}{n!}$$

其收敛半径为

$$R = \lim_{n \to \infty} \frac{(n+1)!}{n!} = \lim_{n \to \infty}(n+1) = +\infty$$

【例 7.25】　将函数 $f(x) = \sin x$ 展开成 x 的幂级数.

解　由于 $\sin^{(n)} x = \sin\left(x + n \cdot \frac{\pi}{2}\right), n = 0, 1, 2, 3, \cdots$,所以有

$$\sin^{(n)} 0 = \begin{cases} 0, & n = 2k \\ (-1)^k, & n = 2k + 1 \end{cases}, k \text{ 为自然数}$$

于是,$f(x) = \sin x$ 的幂级数展开式为

$$\sin x = x - \frac{x^3}{3!} + \frac{x^5}{5!} - \frac{x^7}{7!} + \cdots = \sum_{n=1}^{\infty} (-1)^{n-1} \frac{x^{2n-1}}{(2n-1)!}$$

同时可以求得,其收敛半径为 $R = +\infty$.

【例7.26】 将函数 $f(x) = \cos x$ 展开成 x 的幂级数.

解 将例7.25中得到的 $\sin x$ 的展开式两边逐项求导,得到 $\cos x$ 的展开式

$$\cos x = 1 - \frac{x^2}{2!} + \frac{x^4}{4!} - \frac{x^6}{6!} + \cdots = \sum_{n=0}^{\infty} (-1)^n \frac{x^{2n}}{(2n)!}$$

其收敛半径为 $R = +\infty$.

【例7.27】 将函数 $f(x) = \ln(1+x)$ 展开成 x 的幂级数.

解 由于 $[\ln(1+x)]' = \dfrac{1}{1+x}$,而

$$\frac{1}{1+x} = 1 - x + x^2 - x^3 + x^4 - \cdots = \sum_{n=0}^{\infty} (-1)^n x^n, \quad -1 < x < 1$$

从 0 到 x 逐项积分,得

$$\ln(1+x) = x - \frac{x^2}{2} + \frac{x^3}{3} - \frac{x^4}{4} + \cdots = \sum_{n=1}^{\infty} (-1)^{n-1} \frac{x^n}{n}, \quad -1 < x \leqslant 1$$

上述展开式对 $x = 1$ 也成立,这是因为上式右端的幂级数当 $x = 1$ 时收敛,而 $\ln(1+x)$ 在 $x = 1$ 处有定义且连续.

【例7.28】 将函数 $f(x) = \arctan x$ 展开成 x 的幂级数.

解 将展开式

$$\frac{1}{1+x^2} = 1 - x^2 + x^4 - x^6 + x^8 - \cdots = \sum_{n=0}^{\infty} (-1)^n x^{2n}, \quad -1 < x < 1$$

从 0 到 x 逐项积分,得

$$\arctan x = x - \frac{x^3}{3} + \frac{x^5}{5} - \frac{x^7}{7} + \cdots = \sum_{n=0}^{\infty} (-1)^n \frac{x^{2n+1}}{2n+1}, \quad -1 < x \leqslant 1$$

上述展开式对 $x = 1$ 也成立,这是因为上式右端的幂级数当 $x = 1$ 时收敛,而 $\arctan x$ 在 $x = 1$ 处有定义且连续.

【例7.29】 求 $\ln 2$ 的近似值,要求误差不超过 0.000 1.

解 在例7.27中令 $x = 1$,可得

$$\ln 2 = 1 - \frac{1}{2} + \frac{1}{3} - \frac{1}{4} + \cdots + (-1)^{n-1} \frac{1}{n} + \cdots$$

若取此级数的前 n 项的和作为 $\ln 2$ 的近似值,其误差为

$$|r_n| \leqslant \frac{1}{n+1}$$

(见第7.5节).为了保证误差不超过 10^{-4},就需要取级数的前 10 000 项进行计算.这样做计算量太大了,所以必须用收敛较快的级数来代替它.

把展开式

$$\ln(1+x) = x - \frac{x^2}{2} + \frac{x^3}{3} - \frac{x^4}{4} + \cdots, \quad -1 < x \leqslant 1$$

中的 x 换成 $-x$,得

$$\ln(1 - x) = -x - \frac{x^2}{2} - \frac{x^3}{3} - \frac{x^4}{4} - \cdots, \quad -1 \leqslant x < 1$$

两式相减,得到不含有偶次幂的展开式

$$\ln \frac{1 + x}{1 - x} = \ln(1 + x) - \ln(1 - x) = 2\left(x + \frac{x^3}{3} + \frac{x^5}{5} + \cdots\right), \quad -1 < x < 1$$

令 $\dfrac{1 + x}{1 - x} = 2$,解得 $x = \dfrac{1}{3}$. 将 $x = \dfrac{1}{3}$ 代入最后一个展开式,得

$$\ln 2 = 2\left(\frac{1}{3} + \frac{1}{3} \times \frac{1}{3^3} + \frac{1}{5} \times \frac{1}{3^5} + \frac{1}{7} \times \frac{1}{3^7} + \cdots\right)$$

若取前 4 项作为 $\ln 2$ 的近似值,则误差为

$$|r_4| = 2\left(\frac{1}{9} \times \frac{1}{3^9} + \frac{1}{11} \times \frac{1}{3^{11}} + \frac{1}{13} \times \frac{1}{3^{13}} + \cdots\right) < \frac{2}{3^{11}}\left[1 + \frac{1}{9} + \left(\frac{1}{9}\right)^2 + \cdots\right]$$

$$= \frac{2}{3^{11}} \times \frac{1}{1 - \frac{1}{9}} = \frac{1}{4 \times 3^9} < \frac{1}{70\,000}$$

于是取

$$\ln 2 \approx 2\left(\frac{1}{3} + \frac{1}{3} \times \frac{1}{3^3} + \frac{1}{5} \times \frac{1}{3^5} + \frac{1}{7} \times \frac{1}{3^7}\right)$$

同样地,考虑到舍入误差,计算时应取五位小数:

$$\frac{1}{3} \approx 0.333\,33, \frac{1}{3} \times \frac{1}{3^3} \approx 0.012\,35, \frac{1}{5} \times \frac{1}{3^5} \approx 0.000\,82, \frac{1}{7} \times \frac{1}{3^7} \approx 0.000\,07$$

因此得

$$\ln 2 \approx 0.693\,14$$

由以上各例可以看出,奇函数的展开式只有奇次幂,偶函数的展开式只有偶次幂. 同时,将函数展开成幂级数主要有两种方法:**直接展开法**和**间接展开法**.

直接展开法先求 $f^{(n)}(x_0), n = 0, 1, 2, \cdots$,由此得到

$$f(x) = \sum_{n=0}^{\infty} \frac{f^{(n)}(x_0)}{n!}(x - x_0)^n$$

间接展开法是利用已知的展开式求函数的展开式,如将 $\sin x$ 的展开式逐项求导,便得到 $\cos x$ 的展开式;将 $\dfrac{1}{1 + x}$ 的展开式逐项积分,便得到 $\ln(1 + x)$ 的展开式;将 x^2 带入 e^x 的展开式,便得到 e^{x^2} 的展开式等.

现将几个重要且常见的函数的幂级数展开式列在下面:

$$(1)\ \frac{1}{1 - x} = \sum_{n=0}^{\infty} x^n = 1 + x + x^2 + \cdots + x^n + \cdots, \quad -1 < x < 1$$

(2) $\dfrac{1}{1+x} = \sum\limits_{n=0}^{\infty} (-1)^n x^n = 1 - x + x^2 - \cdots + (-1)^n x^n + \cdots, \; -1 < x < 1$

(3) $e^x = \sum\limits_{n=0}^{\infty} \dfrac{x^n}{n!} = 1 + x + \dfrac{x^2}{2!} + \dfrac{x^3}{3!} + \dfrac{x^4}{4!} + \cdots, \; -\infty < x < +\infty$

(4) $\sin x = \sum\limits_{n=1}^{\infty} (-1)^{n-1} \dfrac{x^{2n-1}}{(2n-1)!} = x - \dfrac{x^3}{3!} + \dfrac{x^5}{5!} - \dfrac{x^7}{7!} + \cdots, \; -\infty < x < +\infty$

(5) $\cos x = \sum\limits_{n=0}^{\infty} (-1)^n \dfrac{x^{2n}}{(2n)!} = 1 - \dfrac{x^2}{2!} + \dfrac{x^4}{4!} - \dfrac{x^6}{6!} + \cdots, \; -\infty < x < +\infty$

(6) $\ln(1+x) = \sum\limits_{n=1}^{\infty} (-1)^{n-1} \dfrac{x^n}{n} = x - \dfrac{x^2}{2} + \dfrac{x^3}{3} - \dfrac{x^4}{4} + \cdots, \; -1 < x \leqslant 1$

(7) $\ln(1-x) = -\sum\limits_{n=1}^{\infty} \dfrac{x^n}{n} = -\left(x + \dfrac{x^2}{2} + \dfrac{x^3}{3} + \dfrac{x^4}{4} + \cdots \right), \; -1 \leqslant x < 1$

(8) $(1+x)^\mu = \sum\limits_{n=0}^{\infty} \dfrac{\mu(\mu-1)\cdots(\mu-n+1)}{n!} x^n = 1 + \mu x + \dfrac{\mu(\mu-1)}{2!} x^2 + \cdots, \; -1 < x < 1$

(9) $\arctan x = \sum\limits_{n=0}^{\infty} (-1)^n \dfrac{x^{2n+1}}{2n+1} = x - \dfrac{x^3}{3} + \dfrac{x^5}{5} - \dfrac{x^7}{7} + \cdots, \; -1 < x \leqslant 1$

最后再举两个用间接展开法将函数展开成 $(x - x_0)$ 的幂级数的例子.

【例 7.30】 将函数 $\sin x$ 展开成 $\left(x - \dfrac{\pi}{4} \right)$ 的幂级数.

解 因为

$$\sin x = \sin\left[\dfrac{\pi}{4} + \left(x - \dfrac{\pi}{4} \right) \right] = \sin\dfrac{\pi}{4}\cos\left(x - \dfrac{\pi}{4} \right) + \cos\dfrac{\pi}{4}\sin\left(x - \dfrac{\pi}{4} \right)$$

$$= \dfrac{1}{\sqrt{2}}\left[\cos\left(x - \dfrac{\pi}{4} \right) + \sin\left(x - \dfrac{\pi}{4} \right) \right]$$

并且有

$$\cos\left(x - \dfrac{\pi}{4} \right) = 1 - \dfrac{\left(x - \dfrac{\pi}{4} \right)^2}{2!} + \dfrac{\left(x - \dfrac{\pi}{4} \right)^4}{4!} - \dfrac{\left(x - \dfrac{\pi}{4} \right)^6}{6!} + \cdots, \; -\infty < x < +\infty$$

$$\sin\left(x - \dfrac{\pi}{4} \right) = \left(x - \dfrac{\pi}{4} \right) - \dfrac{\left(x - \dfrac{\pi}{4} \right)^3}{3!} + \dfrac{\left(x - \dfrac{\pi}{4} \right)^5}{5!} - \dfrac{\left(x - \dfrac{\pi}{4} \right)^7}{7!} + \cdots, \; -\infty < x < +\infty$$

所以

$$\sin x = \dfrac{1}{\sqrt{2}}\left[1 + \left(x - \dfrac{\pi}{4} \right) - \dfrac{\left(x - \dfrac{\pi}{4} \right)^2}{2!} - \dfrac{\left(x - \dfrac{\pi}{4} \right)^3}{3!} + \cdots \right], \; -\infty < x < +\infty$$

【**例 7.31**】　将函数 $f(x) = \dfrac{1}{x^2 + 4x + 3}$ 展开成 $(x-1)$ 的幂级数.

解　因为

$$f(x) = \frac{1}{x^2 + 4x + 3} = \frac{1}{(x+1)(x+3)} = \frac{1}{2(1+x)} - \frac{1}{2(3+x)} = \frac{1}{4\left(1 + \dfrac{x-1}{2}\right)} - \frac{1}{8\left(1 + \dfrac{x-1}{4}\right)}$$

而

$$\frac{1}{4\left(1 + \dfrac{x-1}{2}\right)} = \frac{1}{4}\sum_{n=0}^{\infty} \frac{(-1)^n}{2^n}(x-1)^n, \quad -1 < x < 3$$

$$\frac{1}{8\left(1 + \dfrac{x-1}{4}\right)} = \frac{1}{8}\sum_{n=0}^{\infty} \frac{(-1)^n}{4^n}(x-1)^n, \quad -3 < x < 5$$

所以

$$f(x) = \frac{1}{x^2 + 4x + 3} = \sum_{n=0}^{\infty} (-1)^n \left(\frac{1}{2^{n+2}} - \frac{1}{2^{2n+3}}\right)(x-1)^n, \quad -1 < x < 3$$

7.7　经济应用实例:经济中的乘数原理与最大货币供应量

7.7.1　经济中的乘数原理

【**例 7.32**】　设想政府通过一项削减 100 亿美元税收的法案,假设每人将花费这笔额外收入的 53%,并把其余的存起来. 试估算削减税对经济活动的总效应.

解　削减税后人们的收入增加了 0.53×100 亿美元将被用于消费. 对某些人来说,这些钱变成了增加的收入,它的 53% 又被用于消费,因此又增加了 $0.53 \times (0.53 \times 100)$ 亿美元的消费,这些钱 ($0.53^2 \times 100$ 亿美元) 的接受者又将花费它的 53%,即又增加了 $0.53 \times (0.53^2 \times 100) = 0.53^3 \times 100$ 亿美元的消费. 如此下去,削减税后所产生的新的消费的总和由下列无穷级数给出:

$$100 \times 0.53 + 100 \times 0.53^2 + 100 \times 0.53^3 + \cdots + 100 \times 0.53^n + \cdots$$

这是一个首项为 0.53×100,公比为 0.53 的几何级数,此级数收敛,它的和为

$$\frac{a}{1-q} = \frac{100 \times 0.53}{1 - 0.53} = \frac{53}{0.47} \approx 112.8 \text{ 亿美元}$$

也就是说,削减 100 亿美元的税收将产生附加的消费大约是 112.8 亿美元.

此例描述了乘数原理. 每人花费 1 美元额外收入的比例被称作"边际消费倾向"(the Marginal Propensity to Consume),记为 MPC.

在例 7.32 中,MPC = 0.53,正如上面讨论的,削减税后所产生的附加消费的总和为:

$$\text{附件消费的总和} = 100 \times \frac{0.53}{1 - 0.53} = \left[\text{削减税额}\right] \frac{\text{MPC}}{1 - \text{MPC}} \tag{7.26}$$

即削减税额乘以" $\dfrac{\text{MPC}}{1 - \text{MPC}}$ ",就是它的实际效应.

7.7.2　最大货币供应量的计算

银行与企业之间货币流通过程可作如下描述：

(1) 设银行现有资金为 B(称为**基础货币**),准备贷给企业 A_1;

(2) 企业 A_1 从所获贷款额度中按一定比例 α(例如 $\alpha = 10\% = 0.1$)提取现金作为流动资金,而将剩余部分作为企业的存款(称为**派生存款**)仍然存在银行;

(3) 银行收到企业 A_1 的派生存款后,首先按一定比例 r(比如 $r = 15\% = 0.15$)提留法定存款准备金(备付金),然后将剩余的部分作为新的贷款额度发给另一个企业 A_2;

(4) 企业 A_2 重复程序(2),于是又产生一笔派生存款;银行重复程序(3),于是又有一笔新的贷款额度可以发放给另一个企业 A_3;

……

从理论上讲,上述过程是可以无休止地辗转发生的.

另一方面,由于银行必须储备一定量的货币以应付客户的提款,而随着派生存款的不断产生,势必要加大货币的供应量. 最大货币供应量 M 可按公式

$$M = B \cdot K \tag{7.27}$$

计算. 其中 B 是基础货币(如(1)所述); K 是货币乘数,它的计算公式是

$$K = \frac{1 + C}{r + C} \tag{7.28}$$

这里的 r 是存款准备金率(如(3)所述); C 是现金流通量(即各企业提取现金的总和)占银行(派生)存款总和的百分比,也称**提现率**.

现在的问题是：假设基础货币 $B = 100$(万元),且在每一轮的信用过程中,企业从所获贷款额度中提取现金的比例 $\alpha = 0.1$ 及银行从存款中提留法定准备金的比例 $r = 0.15$ 保持不变,则从以上提供的计算公式不难看出,计算最大货币供应量的关键是要知道提现率 C ,即各企业提取现金的总和占银行派生存款总和的比例. 为此可作如下分析：

在第一轮的信用活动中,企业 A_1 从银行获得贷款额度 B 之后,首先按比例 α 提取现金 αB ,然后将剩余部分 $(1 - \alpha)B$ 作为派生存款存入银行;银行则对该存款以比例 r 提留法定准备金 $r(1 - \alpha)B$,余下的部分 $(1 - r)(1 - \alpha)B$,即 $(1 - r)(1 - \alpha)B$ 可作为新的贷款额度发放给另一个企业 A_2 . 这就完成了资金的第一次循环.

在第二轮的信用活动中,企业 A_2 可从银行获得的贷款额度为 $(1 - r)(1 - \alpha)B$,提取的现金为 $\alpha(1 - \alpha)(1 - r)B$,派生存款为 $(1 - \alpha)(1 - \alpha)(1 - r)B$,即 $(1 - \alpha)^2(1 - r)B$;银行对此存款在提留法定准备金 $r(1 - \alpha)^2(1 - r)B$ 后,余下的部分 $(1 - r)(1 - \alpha)^2(1 - r)B$,即

$(1 - \alpha)^2 (1 - r)^2 B$ 又可作为新的贷款额度发放给下一个企业 A_3 ……

如此类推,可以计算出各轮次的资金循环过程如表 7.1 所示.

表 7.1

名称	企　业		银　行	
	提取现金数额 $\alpha \times$ 贷款额度	派生存款数额 $(1 - \alpha) \times$ 贷款额度	提留准备金数额 $r \times$ 派生存款	可发放贷款额度 $(1 - r) \times$ 派生存款
A_1	αB	$(1 - \alpha)B$	$r(1 - \alpha)B$	$(1 - \alpha)(1 - r)B$
A_2	$\alpha(1 - \alpha)(1 - r)B$	$(1 - \alpha)^2(1 - r)B$	$r(1 - \alpha)^2(1 - r)B$	$(1 - \alpha)^2(1 - r)^2 B$
A_3	$\alpha(1 - \alpha)^2(1 - r)^2 B$	$(1 - \alpha)^3(1 - r)^2 B$	$r(1 - \alpha)^3(1 - r)^2 B$	$(1 - \alpha)^3(1 - r)^3 B$
…	…	…	…	…
A_n	$\alpha(1 - \alpha)^{n-1}(1 - r)^{n-1}B$	$(1 - \alpha)^n(1 - r)^{n-1}B$	$r(1 - \alpha)^n(1 - r)^{n-1}B$	$(1 - \alpha)^n(1 - r)^n B$
…	…	…	…	…

将表中第二列数据相加,可以得到各企业从贷款额度中提取现金的总和

$$S_1 = \alpha B + \alpha(1 - \alpha)(1 - r)B + \alpha(1 - \alpha)^2(1 - r)^2 B + \cdots +$$
$$\alpha(1 - \alpha)^{n-1}(1 - r)^{n-1}B + \cdots$$
$$= \sum_{i=1}^{\infty} \alpha(1 - \alpha)^{i-1}(1 - r)^{i-1}B$$

这是一个公比为 $(1 - \alpha)(1 - r) < 1$ 的等比级数,其和为 $\dfrac{\alpha B}{1 - (1 - \alpha)(1 - r)}$,即

$$S_1 = \frac{\alpha B}{1 - (1 - \alpha)(1 - r)}$$

将表中的第三列数据相加,可以得到各企业由贷款所产生的派生存款的总和. 这也是一个公比为 $(1 - \alpha)(1 - r) < 1$ 的等比级数,其和为 $\dfrac{(1 - \alpha)B}{1 - (1 - \alpha)(1 - r)}$,即

$$S_2 = \frac{(1 - \alpha)B}{1 - (1 - \alpha)(1 - r)}$$

由定义可知,提现率

$$C = \frac{S_1}{S_2} = \frac{\alpha B}{1 - (1 - \alpha)(1 - r)} \bigg/ \frac{(1 - \alpha)B}{1 - (1 - \alpha)(1 - r)} = \frac{\alpha}{1 - \alpha}$$

特别地,当 $\alpha = 0.1$ 时,有

$$C\big|_{\alpha = 0.1} = \frac{0.1}{1 - 0.1} \approx 0.111$$

若银行的存款准备金率 $r = 0.15$,则由公式(7.28)可求得货币乘数

$$K = \frac{1 + 0.111}{0.15 + 0.111} \approx 4.257$$

代入式(7.27),即得此时的最大货币供应量为

$$M = B \cdot K \approx 100 \times 4.257 = 425.7(万元)$$

无穷级数简史

无穷级数的概念起源很早,我国魏晋时期的刘徽就已经利用级数的概念进行面积的计算.古希腊时期的亚里士多德(Aristotle,公元前384—公元前322),就知道公比小于1大于0的几何级数可以求出和数.14世纪的法国数学家奥雷姆(Nicole Oresme,约1320—1382)证明了调和级数的和为无穷,并把一些收敛级数和发散级数区别开来.

无穷级数是现代微积分的重要组成部分,它从离散的角度来研究函数关系.无穷级数几乎是和微积分同时产生的,由于级数是研究复杂函数性质的有力工具,18世纪时,无穷级数一直被认为是微积分的一个不可缺少的部分.实际上,在微积分的初创时期,就为级数理论的建立提供了基本素材.许多数学家通过微积分的基本运算与级数运算的纯形式的结合,得到了一些初等函数的幂级数展开式.将一个函数展开成无穷级数的概念最早来自印度的马德哈瓦(Madhava).它首先发展了幂级数的概念,对泰勒级数、麦克劳林级数、无穷级数的有理逼近,以及无穷连分数做了研究.他发现了正弦、余弦、正切函数的泰勒展开,还用幂级数计算了π的值.他的学生发展了他关于级数的工作.

17世纪后期和18世纪,为了适应航海、天文学和地理学的发展,摆在数学家们面前的问题之一是函数表的插值.由于对函数表的精确度要求较高,数学家们开始寻求较好的插值方法,牛顿和格雷戈里给出了著名的内插公式.1721年,泰勒(B. Taylor,1685—1731)在牛顿—格雷戈里公式的基础上,提出了函数展开为无穷级数的一般方法,建立了著名的泰勒定理.18世纪末,拉格朗日在研究泰勒级数时,给出了我们今天所谓的泰勒定理.1742年,麦克劳林(C. Maclaurin,1698—1746)给出了泰勒级数的特殊情形,称为麦克劳林级数.雅克·贝努里、欧拉、斯特灵(J. Stirling,1692—1770)等都对级数理论的早期发展做了大量的工作.

1810年前后,数学家们开始确切地表述无穷级数.高斯在其《无穷级数的一般研究》(1812年)中,第一个对级数的收敛性作出重要而严密的探讨.1821年,柯西给出了级数收敛和发散的确切定义,并建立了判别级数收敛的柯西准则,以及正项级数收敛的根值判别法和比值判别法,推导出交错级数的莱布尼茨判别法,然后他研究函数项级数,给出了确定收敛区间的方法,并推广到复变函数的情形.

函数项级数的一致收敛性概念最初由斯托克斯和德国数学家塞得尔认识到.1842年,维尔斯特拉斯给出一致收敛概念的确切表述,并建立了逐项积分和微分的条件.狄里克雷在1837年证明了绝对收敛级数的性质,并和黎曼(B. Riemann,1826—1866)分别给出例子,说明

条件收敛级数通过重新排序使其和不相同或等于任何已知数. 到 19 世纪末, 无穷级数收敛的许多法则都已经建立起来.

习 题 七

1. 写出下列级数的前三项:

(1) $\displaystyle\sum_{n=1}^{\infty} \frac{1+n}{1+n^2}$;

(2) $\displaystyle\sum_{n=1}^{\infty} \frac{(-1)^n}{n(n+2)}$;

(3) $\displaystyle\sum_{n=1}^{\infty} \frac{1 \times 3 \times \cdots \times (2n-1)}{2 \times 4 \times \cdots \times 2n}$;

(4) $\displaystyle\sum_{n=1}^{\infty} \frac{n!}{n^n}$.

2. 写出下列级数的一般项:

(1) $1 + \dfrac{1}{3} + \dfrac{1}{5} + \dfrac{1}{7} + \cdots$;

(2) $\dfrac{2}{1 \times 2} + \dfrac{3}{2 \times 3} + \dfrac{4}{3 \times 4} + \dfrac{5}{4 \times 5} + \cdots$;

(3) $\dfrac{a^2}{3} - \dfrac{a^3}{5} + \dfrac{a^4}{7} - \dfrac{a^5}{9} + \cdots$;

(4) $\dfrac{\sqrt{x}}{2} + \dfrac{x}{2 \times 4} + \dfrac{x\sqrt{x}}{2 \times 4 \times 6} + \dfrac{x^2}{2 \times 4 \times 6 \times 8} + \cdots$.

3. 已知级数 $\displaystyle\sum_{n=1}^{\infty} u_n$ 的部分和 $S_n = \dfrac{2n}{n+1}$, 求 u_1, u_2 和 u_n.

4. 利用定义证明下列级数收敛, 并求其和:

(1) $\displaystyle\sum_{n=1}^{\infty} \frac{1}{(2n-1)(2n+1)}$;

(2) $\displaystyle\sum_{n=1}^{\infty} \frac{\sqrt{n+1} - \sqrt{n}}{\sqrt{n^2+n}}$;

(3) $\displaystyle\sum_{n=1}^{\infty} \frac{2n+1}{n^2(n+1)^2}$;

(4) $\displaystyle\sum_{n=1}^{\infty} \left(\sqrt{n+2} - 2\sqrt{n+1} + \sqrt{n} \right)$.

5. 利用级数的性质以及几何级数与调和级数的敛散性, 判断下列级数的敛散性:

(1) $-\dfrac{8}{9} + \dfrac{8^2}{9^2} - \dfrac{8^3}{9^3} + \cdots + (-1)^n \dfrac{8^n}{9^n} + \cdots$;

(2) $\dfrac{1}{3} + \dfrac{1}{6} + \dfrac{1}{9} + \cdots + \dfrac{1}{3n} + \cdots$;

(3) $1 + \dfrac{1}{2} + \displaystyle\sum_{n=1}^{\infty} \dfrac{1}{4^n}$;

(4) $\cos \dfrac{\pi}{4} + \cos \dfrac{\pi}{5} + \cos \dfrac{\pi}{6} + \cdots + \cos \dfrac{\pi}{n+3} + \cdots$;

(5) $\dfrac{1}{3} + \dfrac{1}{\sqrt{3}} + \dfrac{1}{\sqrt[3]{3}} + \cdots + \dfrac{1}{\sqrt[n]{3}} + \cdots$;

(6) $\left(\dfrac{1}{3} + \dfrac{6}{7} \right) + \left(\dfrac{1}{3^2} + \dfrac{6^2}{7^2} \right) + \left(\dfrac{1}{3^3} + \dfrac{6^3}{7^3} \right) + \cdots + \left(\dfrac{1}{3^n} + \dfrac{6^n}{7^n} \right) + \cdots$;

(7) $\dfrac{1}{2} + \dfrac{1}{10} + \dfrac{1}{4} + \dfrac{1}{20} + \dfrac{1}{8} + \dfrac{1}{30} + \cdots$;

(8) $\dfrac{3}{2} + \dfrac{3^2}{2^2} + \dfrac{3^3}{2^3} + \cdots + \dfrac{3^n}{2^n} + \cdots$.

6. 用比较判别法或其极限形式判断下列级数的敛散性:

(1) $\displaystyle\sum_{n=1}^{\infty} \dfrac{2}{5n+3}$;

(2) $\displaystyle\sum_{n=1}^{\infty} \dfrac{1}{\sqrt{9n^3+5}}$;

(3) $\displaystyle\sum_{n=1}^{\infty} \dfrac{2}{n^2-n}$;

(4) $\displaystyle\sum_{n=1}^{\infty} \sin\dfrac{\pi}{3^n}$;

(5) $\displaystyle\sum_{n=1}^{\infty} \dfrac{2^n}{2^n+1}$;

(6) $\displaystyle\sum_{n=1}^{\infty} \dfrac{n+3}{n(n+1)(n+2)}$;

(7) $\displaystyle\sum_{n=1}^{\infty} \dfrac{1}{n\sqrt[n]{n}}$;

(8) $\displaystyle\sum_{n=1}^{\infty} \left(\dfrac{1+n^2}{1+n^3}\right)^2$;

(9) $\displaystyle\sum_{n=1}^{\infty} \dfrac{\ln n}{n^2}$;

(10) $\displaystyle\sum_{n=1}^{\infty} \dfrac{1}{1+a^n}, a>0$.

7. 利用比值判别法判断下列级数的敛散性:

(1) $\dfrac{1}{2} + \dfrac{3}{2^2} + \dfrac{5}{2^3} + \dfrac{7}{2^4} + \cdots$;

(2) $1 + \dfrac{1}{2!} + \dfrac{1}{3!} + \dfrac{1}{4!} + \cdots$;

(3) $\displaystyle\sum_{n=1}^{\infty} \dfrac{n!}{a^n}(a>0)$;

(4) $\displaystyle\sum_{n=1}^{\infty} \dfrac{1\times3\times5\times\cdots\times(2n-1)}{3^n n!}$;

(5) $\displaystyle\sum_{n=1}^{\infty} n^2\sin\dfrac{\pi}{2^n}$;

(6) $\displaystyle\sum_{n=1}^{\infty} \dfrac{3^n n!}{n^n}$;

(7) $\displaystyle\sum_{n=1}^{\infty} \dfrac{n^2}{a^n}, a>0$;

(8) $\displaystyle\sum_{n=1}^{\infty} \dfrac{x^{2n}}{n^2}$.

8. 用根值判别法判断下列级数的敛散性:

(1) $\displaystyle\sum_{n=1}^{\infty} \dfrac{1}{[\ln(n+1)]^n}$;

(2) $\displaystyle\sum_{n=1}^{\infty} \left(\dfrac{n}{3n-1}\right)^{2n-1}$;

(3) $\displaystyle\sum_{n=1}^{\infty} \dfrac{2+(-1)^n}{2^n}$;

(4) $\displaystyle\sum_{n=1}^{\infty} \left(\dfrac{b}{a_n}\right)^n$, 其中 $a_n \to a(n\to\infty)$, a_n, b, a 均为正数.

9. 用适当方法判断下列级数的敛散性:

(1) $\dfrac{3}{4} + 2\times\left(\dfrac{3}{4}\right)^2 + 3\times\left(\dfrac{3}{4}\right)^3 + \cdots + n\times\left(\dfrac{3}{4}\right)^n + \cdots$;

(2) $\displaystyle\sum_{n=1}^{\infty} \dfrac{n^2+1}{(n^2+3)(n^2+2)}$;

(3) $\displaystyle\sum_{n=1}^{\infty} \dfrac{n^p}{n!}$;

(4) $\displaystyle\sum_{n=1}^{\infty} n^2\left(1-\cos\dfrac{\pi}{n^2}\right)$;

(5) $\sqrt{\dfrac{3}{2}} + \sqrt{\dfrac{4}{3}} + \cdots + \sqrt{\dfrac{n+2}{n+1}} + \cdots$;

(6) $\dfrac{1}{a+b}+\dfrac{1}{2a+b}+\cdots+\dfrac{1}{na+b}+\cdots$.

10. 讨论下列交错级数的敛散性：

(1) $\displaystyle\sum_{n=1}^{\infty}\dfrac{(-1)^{n}}{\sqrt{n}}$;

(2) $\displaystyle\sum_{n=1}^{\infty}(-1)^{n}\sqrt{\dfrac{n}{3n+1}}$;

(3) $\displaystyle\sum_{n=1}^{\infty}(-1)^{n-1}\dfrac{n}{\ln(n+1)}$;

(4) $\displaystyle\sum_{n=1}^{\infty}(-1)^{n-1}\sin\dfrac{1}{n}$.

11. 判断下列级数是否收敛? 如果收敛是绝对收敛还是条件收敛：

(1) $1-\dfrac{1}{3^{2}}+\dfrac{1}{5^{2}}-\dfrac{1}{7^{2}}+\dfrac{1}{9^{2}}-\cdots$;

(2) $\dfrac{1}{2}-\dfrac{1}{2\times 2^{2}}+\dfrac{1}{3\times 2^{3}}-\dfrac{1}{4\times 2^{4}}+\cdots$;

(3) $\displaystyle\sum_{n=1}^{\infty}\dfrac{1}{n}\sin\dfrac{n\pi}{2}$;

(4) $\displaystyle\sum_{n=1}^{\infty}(-1)^{n}\ln\dfrac{n+1}{n}$;

(5) $\displaystyle\sum_{n=1}^{\infty}(-1)^{n}\left(1-\cos\dfrac{1}{n}\right)$;

(6) $\displaystyle\sum_{n=1}^{\infty}(-1)^{n}\dfrac{n}{2n+1}$;

(7) $\displaystyle\sum_{n=1}^{\infty}(-1)^{n-1}\dfrac{1}{n!}$;

(8) $\displaystyle\sum_{n=1}^{\infty}(-1)^{n-1}\dfrac{1}{(2n-1)^{2}}$;

(9) $\displaystyle\sum_{n=1}^{\infty}(-1)^{n-1}\dfrac{1}{n-\ln n}$;

(10) $\displaystyle\sum_{n=1}^{\infty}(-1)^{n-1}\dfrac{n^{3}}{2^{n}}$.

12. 下列幂级数的收敛半径和收敛域：

(1) $\displaystyle\sum_{n=1}^{\infty}(-nx)^{n}$;

(2) $\displaystyle\sum_{n=1}^{\infty}nx^{n}$;

(3) $\displaystyle\sum_{n=1}^{\infty}\dfrac{2^{n}}{1+n^{2}}x^{n}$;

(4) $\displaystyle\sum_{n=1}^{\infty}(-1)^{n}\dfrac{x^{2n-1}}{2n-1}$;

(5) $\displaystyle\sum_{n=1}^{\infty}\dfrac{(x-5)^{n}}{n\cdot 3^{n}}$;

(6) $\displaystyle\sum_{n=1}^{\infty}\left[\left(\dfrac{n+1}{n}\right)^{n}x\right]^{n}$;

(7) $\displaystyle\sum_{n=1}^{\infty}\dfrac{3^{n}+(-2)^{n}}{n}(x+1)^{n}$;

(8) $\displaystyle\sum_{n=1}^{\infty}2^{n}(x+3)^{2n}$;

(9) $\dfrac{x}{2}+\dfrac{x^{2}}{2\times 4}+\dfrac{x^{3}}{2\times 4\times 6}+\cdots+\dfrac{x^{n}}{2\times 4\times 6\times\cdots\times(2n)}+\cdots$;

(10) $\displaystyle\sum_{n=0}^{\infty}q^{n^{2}}x^{n}\ 1>q>0$;

(11) $\displaystyle\sum_{n=1}^{\infty}\dfrac{(2x+1)^{n}}{n}$.

13. 按 $(x-1)$ 的幂展开多项式 $f(x)=x^{4}+3x^{2}+4$.

14. 求函数 $f(x)=\dfrac{1}{x}$ 按 $(x+1)$ 的幂展开成带有拉格朗日型余项的 n 阶泰勒公式.

15. 求函数 $f(x)=xe^{x}$ 的带有佩亚诺型余项的 n 阶麦克劳林公式.

16. 将函数 $f(x) = \dfrac{1+x+x^2}{1-x+x^2}$ 在点 $x = 0$ 展开到含 x^4，并求 $f^{(3)}(0)$.

17. 求下列幂级数的收敛域，并求它们在收敛域内的和函数 $S(x)$：

(1) $\displaystyle\sum_{n=0}^{\infty} (n+1)x^n$;

(2) $\displaystyle\sum_{n=1}^{\infty} \dfrac{1}{2n+1}x^{2n+1}$;

(3) $\displaystyle\sum_{n=0}^{\infty} \dfrac{1}{2^n}x^n$;

(4) $\displaystyle\sum_{n=0}^{\infty} \dfrac{x^n}{n+1}$;

(5) $\displaystyle\sum_{n=1}^{\infty} n^2 x^{n-1}$.

18. 求幂级数 $\displaystyle\sum_{n=1}^{\infty} n(n+1)x^n$ 在其收敛区间 $(-1,1)$ 内的和函数 $S(x)$；并求常数项级数 $\displaystyle\sum_{n=1}^{\infty} \dfrac{n(n+1)}{2^n}$ 的和.

19. 将下列函数展开成 x 的幂级数，并求收敛域：

(1) $f(x) = a^x$;

(2) $f(x) = \dfrac{x^2}{1+x}$;

(3) $f(x) = \sin^2 x$;

(4) $f(x) = \dfrac{1}{2}(e^x + e^{-x})$;

(5) $f(x) = \dfrac{1}{3-x}$;

(6) $f(x) = \dfrac{1}{(x-1)(x-2)}$;

(7) $f(x) = \ln(4 - 3x - x^2)$;

(8) $f(x) = \dfrac{x^2}{\sqrt{1-x^2}}$.

20. 求下列函数在指定点处的幂级数展开式，并求收敛域：

(1) $f(x) = e^x, x_0 = 1$;

(2) $f(x) = \ln x, x_0 = 3$;

(3) $f(x) = \sin x, x_0 = a \neq 0$;

(4) $f(x) = \cos x, x_0 = \dfrac{\pi}{4}$;

(5) $f(x) = \dfrac{1}{x}, x_0 = 2$;

(6) $f(x) = \dfrac{1}{x^2 + 3x + 2}, x_0 = -4$.

第 8 章

Chapter 8

微分方程与差分方程

> ## 学习目标和要求
>
> 1. 了解微分方程及其阶、解、通解与特解的概念.
>
> 2. 掌握可分离变量的微分方程的求解方法;掌握一阶常系数齐次线性方程和常系数非齐次线性微分方程的解法,了解常数变易法;会解简单的齐次方程,了解用变量代换求解方程的思想.
>
> 3. 理解二阶线性微分方程解的结构,掌握有效的利用特征方程求解微分方程的方法,重点掌握二阶常系数齐次线性微分方程的通解.
>
> 4. 了解差分的概念,理解差分方程解的概念,会求一阶、二阶常系数齐次线性差分方程的解.
>
> 5. 了解微分方程、差分方程在经济中的应用,会用方程知识解决经济管理中的一些实际问题.

在自然科学、生物科学以及经济管理科学的许多实际问题中,常常需要寻求某些变量的函数关系,但这种函数关系往往不能直接由实际问题的实际意义得到,而是要通过建立实际问题的数学模型并对模型求解才能获得. 微分方程和差分方程是实际应用中经常遇到的数学模型. 其中差分方程是描述各变量之间变化规律的离散型的数学模型.

本章主要介绍微分方程和差分方程的基本知识,求解方法及其在经济学中的简单应用.

8.1 微分方程的基本概念

8.1.1 微分方程的概念

【例8.1】 一条曲线通过点$(0,1)$,且在该曲线上任意一点(x,y)处切线的斜率为$2x$,求该曲线的方程.

解 设所求曲线方程为$y=f(x)$,根据导数的几何意义,得

$$\frac{dy}{dx}=2x \quad 或 \quad dy=2xdx \tag{8.1}$$

对方程两端分别积分,得

$$y=\int 2xdx=x^2+C$$

其中C为任意常数. 又因$f(0)=1$,得$C=1$. 故曲线方程为

$$y=x^2+1$$

【例8.2】 列车在直线轨道上以20 m/s的速度行驶,制动时列车获得加速度-0.4 m/s^2,求开始制动后要经过多长时间才能把列车刹住? 在这段时间内列车行驶了多少路程.

解 列车制动时的时刻记为$t=0$,制动后经过t s列车行驶了S m,则S与t的关系为$S=S(t)$,根据题意

$$\frac{d^2S}{dt^2}=-0.4 \tag{8.2}$$

这是一个含有未知函数的二阶导数的方程. 同时,未知函数$S(t)$还应满足

$$S(0)=0, v(0)=\frac{dS}{dt}\bigg|_{t=0}=20 \tag{8.3}$$

下面利用方程(8.2)和条件(8.3)确定未知函数$S(t)$.

方程(8.2)两端分别对t积分,得

$$v(t)=\frac{dS}{dt}=-0.4t+C_1 \tag{8.4}$$

方程(8.4)两端分别对t再积分一次,得

$$S(t)=-0.2t^2+C_1t+C_2$$

其中C_1,C_2均为任意常数.

利用条件(8.3),得$C_2=0,C_1=20$,则所求函数为

$$S(t)=-0.2t^2+20t$$

其导数为$S'(t)=-0.4t+20$,因为列车刹住时速度为0,令

$$v(t)=\frac{dS}{dt}=-0.4t+20=0$$

得 $t = 50$ s,列车制动后所行驶的路程为
$$S(50) = -0.2 \times 50^2 + 20 \times 50 = 500$$

通过例 8.1 和例 8.2 发现,方程(8.1) 和(8.2) 都是含有未知函数的导数的方程. 一般地,把含有未知函数的导数(或微分) 的方程称为微分方程.

定义 8.1 含有自变量、未知函数以及未知函数的导数(或微分) 的方程称为微分方程. 未知函数为一元函数的微分方程,称为常微分方程;未知函数为多元函数,从而出现偏导数的微分方程,称为偏微分方程.

例如 $y' = x, xy' + y^2 - 3x = 0$ 为常微分方程;而 $\dfrac{\partial^2 z}{\partial x^2} - \dfrac{\partial^2 z}{\partial y^2} = f(x, y)$,$\dfrac{\partial^2 u}{\partial x^2} + \dfrac{\partial^2 u}{\partial y^2} + \dfrac{\partial^2 u}{\partial z^2} = 0$ 为偏微分方程.

经济学中遇到的微分方程大多数是常微分方程,因此本章仅介绍常微分方程的一些基本理论. 为了叙述简单,将常微分方程简称为微分方程,有时也称为方程.

定义 8.2 微分方程中出现的未知函数的最高阶导数的阶数,称为微分方程的阶.

例如,方程(8.1) 为一阶微分方程,方程(8.2) 为二阶微分方程.

n 阶微分方程的一般形式为
$$F(x, y, y', \cdots, y^{(n)}) = 0 \tag{8.5}$$

其中,x 为自变量,y 为未知函数;$F(x, y, y', \cdots, y^{(n)})$ 为 $x, y, y', \cdots, y^{(n)}$ 的已知函数,且 $y^{(n)}$ 一定要出现.

若微分方程中的未知函数及其各阶导数均为一次幂,则称该微分方程为**线性微分方程**;否则称为**非线性微分方程**.

n 阶线性微分方程的一般形式为
$$y^{(n)} + a_1(x) y^{(n-1)} + \cdots + a_{n-1}(x) y' + a_n(x) y = f(x) \tag{8.6}$$
其中 $a_1(x), a_2(x), \cdots, a_n(x)$ 和 $f(x)$ 均为自变量 x 的已知函数.

8.1.2 微分方程的解

定义 8.3 若将已知函数 $y = \varphi(x)$ 代入方程(8.5),能使其成为恒等式,则称函数 $y = \varphi(x)$ 为方程(8.5) 的解;若由关系式 $\Phi(x, y) = 0$ 确定的隐函数 $y = \varphi(x)$ 是方程(8.5) 的解,则称 $\Phi(x, y) = 0$ 为方程(8.5) 的隐式解.

为叙述方便,对微分方程的解和隐式解不加区分,统称为微分方程的解.

定义 8.4 若含有 n 个(独立的) 任意常数 $C_1, C_2, \cdots, C_n$ 的函数
$$y = \varphi(x, C_1, C_2, \cdots, C_n) \text{ 或 } \Phi(x, y, C_1, C_2, \cdots, C_n) = 0$$
为方程(8.5) 的解,则称其为方程(8.5) 的通解;在通解中给任意常数 $C_1, C_2, \cdots, C_n$ 以确定的值而得到的解,称为方程(8.5) 的特解.

例如,$y = x^2 + C$ 与 $S(t) = -0.2t^2 + C_1 t + C_2$ 分别为方程(8.1),方程(8.2) 的通解;而 $y = x^2 + 1$ 与 $S(t) = -0.2t^2 + 20t$ 分别为方程(8.1),方程(8.2) 的特解.

通过例 8.1 和例 8.2 发现,通解中的任意常数,是通过一些该特解应满足的附加条件解出的,这种为求出微分方程的特解而给出的条件,称为**定解条件**. 一般地,n 阶微分方程应有 n 个定解条件. n 阶方程(8.5)常见的定解条件是如下的**初始条件**.

$$y(x_0) = y_0, y'(x_0) = y_1, y''(x_0) = y_2, \cdots, y^{(n-1)}(x_0) = y_{n-1}$$

其中 $x_0, y_0, y_1, \cdots, y_{n-1}$ 为 $n+1$ 个给定的常数.

例如,例 8.1 的初始条件为 $y|_{x=1} = 2(y(1) = 2)$;例 8.2 的初始条件为 $S|_{t=0} = 0$, $S'|_{t=0} = 20(S(0) = 0, S'(0) = 20)$.

求微分方程满足某个定解条件的解的问题,称为**微分方程的定解问题**;求微分方程满足某个初始条件的解的问题,称为**微分方程的初值问题**.

【**例 8.3**】 验证下列函数

$(1) y = x^2 + C$;$(2) y = (x + C)e^{-x}$

是否为微分方程 $y' + y = e^{-x}$ 的解?

解 (1) 已知 $y = x^2 + C$,则 $y' = 2x$. 将 y, y' 代入微分方程的左端,得

$$y' + y = 2x + x^2 + C$$

显然,$2x + x^2 + C \neq e^{-x}$. 因此,函数(1)不是微分方程的解;

(2) 已知 $y = (x + C)e^{-x}$,则 $y' = e^{-x} - (x + C)e^{-x}$. 将 y, y' 代入微分方程的左端,得

$$y' + y = e^{-x}$$

与方程右端相等. 因此,函数(2)是微分方程的解.

【**例 8.4**】 已知函数 $y = C_1 \cos kx + C_2 \sin kx$ 是微分方程 $\dfrac{d^2 y}{dx^2} + k^2 y = 0$ 的通解,其中 k 为非零常数,求满足初始条件

$$y|_{x=0} = A, \left.\frac{dy}{dx}\right|_{x=0} = 0$$

的特解.

解 当 $x = 0$ 时,$y = C_1 = A$

$$\frac{dy}{dx} = -kC_1 \sin kx + kC_2 \cos kx$$

又由 $\left.\dfrac{dy}{dx}\right|_{x=0} = kC_2 = 0$ 得 $C_2 = 0$. 将 C_1, C_2 代入微分方程的通解,得该微分方程的特解为

$$y = A \cos kx$$

8.2 一阶微分方程

一阶微分方程的一般形式为

$$F(x, y, y') = 0 \tag{8.7}$$

或

$$\frac{\mathrm{d}y}{\mathrm{d}x} = f(x,y) \tag{8.8}$$

其中 $F(x,y,y')$ 是 x,y,y' 的已知函数;$f(x,y)$ 为 x,y 的已知函数.

8.2.1　可分离变量的微分方程

形如

$$g(y)\mathrm{d}y = f(x)\mathrm{d}x \tag{8.9}$$

的一阶微分方程,称为**分离变量微分方程**.

形如

$$\frac{\mathrm{d}y}{\mathrm{d}x} = \varphi(x)\psi(y) \tag{8.10}$$

的一阶微分方程,称为**可分离变量的微分方程**.

方程(8.10)可改写为

$$\frac{\mathrm{d}y}{\psi(y)} = \varphi(x)\mathrm{d}x,\psi(y) \neq 0 \tag{8.11}$$

方程(8.9)和方程(8.11)两端分别对 x,y 积分,得

$$\int g(y)\mathrm{d}y = \int f(x)\mathrm{d}x \text{ 和 } \int \frac{\mathrm{d}y}{\psi(y)} = \int \varphi(x)\mathrm{d}x$$

设 $G(y)$ 及 $F(x)$ 分别为 $g(y)$ 及 $f(x)$ 的一个原函数,$\Psi(y)$ 及 $\Phi(x)$ 分别为 $\frac{1}{\psi(y)}$ 及 $\varphi(x)$ 的一个原函数,则有

$$G(y) = F(x) + C \tag{8.12}$$

和

$$\Psi(y) = \Phi(x) + C \tag{8.13}$$

其中 C 为任意常数.

式(8.12)和式(8.13)分别为方程(8.9)和方程(8.11)的通解. 对方程(8.9)和方程(8.11)两端积分时,会出现两个任意常数 C_1 和 C_2,而 C 为 C_1 和 C_2 的合并. 且在分离变量时,假设 $\psi(y) \neq 0$,则有可能丢失 $\psi(y) = 0$ 的根,若 $\psi(y) = 0$ 有根 $y = y_0$,应验证它是否满足原微分方程,若满足,$y = y_0$ 也为原微分方程的一个特解.

【例 8.5】　求微分方程 $\frac{\mathrm{d}y}{\mathrm{d}x} = 2xy$ 的通解.

解　分离变量,得 $\frac{\mathrm{d}y}{y} = 2x\mathrm{d}x$. 两端积分,得

$$\int \frac{1}{y}\mathrm{d}y = \int 2x\mathrm{d}x$$

得
$$\ln |y| = x^2 + C_1$$
即
$$y = \pm e^{x^2 + C_1} = \pm e^{C_1} e^{x^2}$$

因 $\pm e^{C_1}$ 仍为任意常数,则可记为 $C = \pm e^{C_1}$,即所给微分方程的通解为
$$y = Ce^{x^2}$$

【例8.6】 求微分方程 $4x\mathrm{d}x - 3y\mathrm{d}y = 3x^2 y\mathrm{d}y - 2xy^2 \mathrm{d}x$ 的通解.

解 合并同类项,得 $2x(2 + y^2)\mathrm{d}x = 3(1 + x^2)y\mathrm{d}y$. 分离变量,得
$$\frac{3y}{2 + y^2}\mathrm{d}y = \frac{2x}{1 + x^2}\mathrm{d}x$$

两端积分,得
$$\frac{3}{2}\ln(2 + y^2) = \ln(1 + x^2) + \frac{3}{2}\ln |C|$$

即所给微分方程的通解为
$$y^2 = C(1 + x^2)^{\frac{2}{3}} - 2$$

【例8.7】 求微分方程 $\sqrt{1 - y^2} = 3x^2 yy'$ 的通解.

解 当 $y \neq \pm 1$ 时,分离变量,得 $\dfrac{y}{\sqrt{1 - y^2}}\mathrm{d}y = \dfrac{1}{3x^2}\mathrm{d}x$. 两端积分,得
$$-\sqrt{1 - y^2} = -\frac{1}{3x} + C$$

或者
$$\sqrt{1 - y^2} - \frac{1}{3x} + C = 0$$

可以看出,$y = \pm 1$ 时,原微分方程的两端均为0,因此 $y = \pm 1$ 也是微分方程的解,但它们不能并入通解之中.

例8.6和例8.7的通解均为隐式解.

【例8.8】 根据经验可知,某产品的净利润 $p(x)$ 与广告支出 x 的关系式为
$$\frac{\mathrm{d}p}{\mathrm{d}x} = a(b - p), a,b \text{ 均为正的常数}$$

且广告支出为0时,净利润为 $p_0 (0 < p_0 < b)$. 求净利润函数 $p(x)$.

解 将 $\dfrac{\mathrm{d}p}{\mathrm{d}x} = a(b - p)$ 分离变量,得 $\dfrac{1}{p - b}\mathrm{d}p = -a\mathrm{d}x$. 两端积分,得
$$\ln |p - b| = -ax + \ln |C|$$

即
$$p = b + Ce^{-ax}$$

将初始条件为 $p(0) = p_0$,代入上式,得 $C = p_0 - b$. 故净利润为

$$p(x) = b + (p_0 - b)\mathrm{e}^{-ax}$$

8.2.2　齐次微分方程

形如

$$\frac{\mathrm{d}y}{\mathrm{d}x} = f\left(\frac{y}{x}\right) \tag{8.14}$$

的一阶微分方程,称为**齐次微分方程**,简称**齐次方程**.

求解齐次方程(8.14)的常用方法是**变量替换法**,即通过变量替换将其化为可分离变量的微分方程后再求解的方法.

令 $u = \dfrac{y}{x}$,即 $y = ux$,则

$$\frac{\mathrm{d}y}{\mathrm{d}x} = u + x\frac{\mathrm{d}u}{\mathrm{d}x}$$

代入方程(8.14),得

$$u + x\frac{\mathrm{d}u}{\mathrm{d}x} = f(u)$$

分离变量,得

$$\frac{1}{f(u) - u}\mathrm{d}u = \frac{1}{x}\mathrm{d}x$$

两端积分,得

$$\int \frac{1}{f(u) - u}\mathrm{d}u = \ln|x| + C$$

其中 C 为任意常数.

再将 $u = \dfrac{y}{x}$ 代入上式,得方程 $\dfrac{\mathrm{d}y}{\mathrm{d}x} = f\left(\dfrac{y}{x}\right)$ 的通解.

【例 8.9】　求微分方程 $\dfrac{\mathrm{d}y}{\mathrm{d}x} = \dfrac{x}{y} + \dfrac{y}{x}$ 的通解.

解　所给微分方程为齐次方程,令 $u = \dfrac{y}{x}$,代入所给微分方程,得

$$u + x\frac{\mathrm{d}u}{\mathrm{d}x} = \frac{1}{u} + u$$

分离变量,得

$$u\mathrm{d}u = \frac{1}{x}\mathrm{d}x$$

两端积分,得

$$\frac{1}{2}u^2 = \ln|x| + \frac{C}{2}$$

即

$$u^2 = \ln x^2 + C$$

将 $u = \dfrac{y}{x}$ 代入上式,得所给微分方程通解为

$$y^2 = x^2(\ln x^2 + C)$$

【例 8.10】 求微分方程 $\dfrac{\mathrm{d}y}{\mathrm{d}x} = \dfrac{y^2}{xy - x^2}$ 的通解.

解 将所给微分方程右端的分子、分母同时除以 x^2,得

$$\frac{\mathrm{d}y}{\mathrm{d}x} = \frac{\left(\dfrac{y}{x}\right)^2}{\dfrac{y}{x} - 1}$$

令 $u = \dfrac{y}{x}$ 代入上式,得

$$u + x\frac{\mathrm{d}u}{\mathrm{d}x} = \frac{u^2}{u - 1}$$

分离变量,得

$$\frac{u - 1}{u}\mathrm{d}u = \frac{1}{x}\mathrm{d}x$$

两端积分,得

$$u - \ln |u| = \ln |x| - \ln |C|$$

即

$$\ln |xu| = u + \ln |C|$$

整理,得

$$xu = Ce^u$$

将 $u = \dfrac{y}{x}$ 代入上式,得所给微分方程的通解为

$$y = Ce^{\frac{y}{x}}$$

8.2.3 一阶线性微分方程

形如

$$\frac{\mathrm{d}y}{\mathrm{d}x} + P(x)y = 0 \tag{8.15}$$

的一阶微分方程,称为**一阶齐次线性微分方程**,其中 $P(x)$ 为已知函数.

形如

$$\frac{\mathrm{d}y}{\mathrm{d}x} + P(x)y = Q(x) \tag{8.16}$$

的一阶微分方程,称为**一阶非齐次线性微分方程**,其中 $P(x),Q(x)$ 为已知函数,且 $Q(x)$ 不恒等于 0.

一阶齐次线性微分方程(8.15)与一阶非齐次线性微分方程(8.16)统称为**一阶线性微分方程**. 有时也称一阶齐次线性微分方程(8.15)为一阶非齐次线性微分方程(8.16)所**对应的齐次方程**.

1. 一阶齐次线性微分方程的通解

将方程(8.15)分离变量,得

$$\frac{\mathrm{d}y}{y} = -P(x)\mathrm{d}x$$

两端积分,得

$$\ln|y| = -\int P(x)\mathrm{d}x + \ln|C|$$

则方程(8.15)的通解

$$y = Ce^{-\int P(x)\mathrm{d}x} \tag{8.17}$$

其中 C 为任意常数.

2. 一阶非齐次线性微分方程的通解

对于一阶非齐次线性微分方程(8.16)的通解,常用的方法为**常数变易法**,即对方程(8.16)对应的齐次方程(8.15)的通解中的常数 C 换成 x 的函数 $C(x)$,即令

$$y = C(x)e^{-\int P(x)\mathrm{d}x} \tag{8.18}$$

其中 $C(x)$ 为待定函数.

对式(8.18)求导,得

$$y' = \left[C'(x) - C(x)P(x)\right]e^{-\int P(x)\mathrm{d}x}$$

将上述 y,y' 代入方程(8.16),得

$$C'(x) = Q(x)e^{\int P(x)\mathrm{d}x}$$

两端积分,得

$$C(x) = \int Q(x)e^{\int P(x)\mathrm{d}x}\mathrm{d}x + C$$

将 $C(x)$ 代入式(8.18),得方程(8.16)的通解为

$$y = e^{-\int P(x)\mathrm{d}x}\left[\int Q(x)e^{\int P(x)\mathrm{d}x}\mathrm{d}x + C\right] = Ce^{-\int P(x)\mathrm{d}x} + e^{-\int P(x)\mathrm{d}x}\int Q(x)e^{\int P(x)\mathrm{d}x}\mathrm{d}x \tag{8.19}$$

显然式(8.19)右端的第一项为齐次线性微分方程(8.15)的通解,第二项为非齐次线性微分方程(8.16)的一个特解. 由此可得非齐次一阶线性微分方程(8.16)的通解等于对应的齐次线性微分方程(8.15)的通解与非齐次线性微分方程(8.16)的一个特解之和.

【例 8.11】 求微分方程 $y' + 2y\tan x = 3x^2\cos^2 x$ 的通解.

解 先求对应的齐次方程 $y' + 2y\tan x = 0$ 的通解. 分离变量,得

$$\frac{1}{y}\mathrm{d}y = -2\tan x\mathrm{d}x$$

两端积分,得

$$\ln|y| = 2\ln|\cos x| + \ln|C|$$

即对应齐次方程的通解为

$$y = C\cos^2 x$$

利用常数变易法,令所给方程的通解为 $y = C(x)\cos^2 x$,则

$$y' = C'(x)\cos^2 x - 2C(x)\cos x\sin x$$

将 y, y' 代入所给方程,得

$$C'(x)\cos^2 x = 3x^2\cos^2 x$$

即

$$C'(x) = 3x^2$$

两端积分,得

$$C(x) = x^3 + C$$

则所给方程的通解为

$$y = (x^3 + C)\cos^2 x$$

在求解微分方程(8.16)的通解时也可直接使用式(8.19)计算.

【例 8.12】 求微分方程 $y' - \dfrac{2y}{x+1} = (x+1)^{\frac{3}{2}}$ 的通解.

解 这里 $P(x) = -\dfrac{2}{x-1}, Q(x) = (x+1)^{\frac{3}{2}}$ 所给方程的通解为

$$y = \mathrm{e}^{\int\frac{2}{x+1}\mathrm{d}x}\left[\int \mathrm{e}^{-\int\frac{2}{x+1}\mathrm{d}x}(x+1)^{\frac{3}{2}}\mathrm{d}x + C\right] = (x+1)^2\left[\int\frac{1}{(x+1)^2}(x+1)^{\frac{3}{2}}\mathrm{d}x + C\right]$$

$$= (x+1)^2(2\sqrt{x+1} + C)$$

【例 8.13】 求微分方程 $y\mathrm{d}x - 2(x+y^4)\mathrm{d}y = 0$ 的通解,以及满足条件 $y|_{x=0} = 1$ 的特解.

解 将所给方程改写为

$$\frac{\mathrm{d}y}{\mathrm{d}x} = \frac{y}{2(x+y^4)}$$

此方程不是线性微分方程,因此将所给方程改写为

$$\frac{\mathrm{d}x}{\mathrm{d}y} = \frac{2(x+y^4)}{y} = \frac{2x}{y} + 2y^3 \tag{8.20}$$

则得到以 y 为自变量,x 为未知函数的一阶非齐次线性微分方程

$$x' + P(y)x = Q(y)$$

其通解为

318

$$x = e^{-\int P(y)dy}\left[\int e^{\int P(y)dy}Q(y)dy + C\right]$$

则微分方程(8.20)的通解为

$$x = e^{\int \frac{2}{y}dy}\left[\int e^{-\int \frac{2}{y}dy}2y^3dy + C\right]$$

即

$$x = (y^2 + C)y^2$$

由$y\mid_{x=0} = 1$ 得 $C = -1$,则所给微分方程的特解为

$$x = y^4 - y^2$$

【例8.14】　价格调整模型

设有某种商品,其价格主要由市场供求关系决定,或者说,该商品的供给量 S 与需求量 Q 只与该商品的价格 p 有关. 为简单起见,设供给函数与需求函数分别为

$$S = a + bp, Q = \alpha - \beta p$$

其中 a,b,α,β 均为常数,且 $b > 0, \beta > 0$.

当供给量与需求量相等($S = Q$) 时,求得供需相等时的价格为

$$p_e = \frac{\alpha - a}{\beta + b}$$

称 p_e 为该种商品的**均衡价格**.

一般来说,当市场上该商品供过于求($S > Q$) 时,价格将下跌;供不应求($S < Q$) 时,价格将上涨. 因此,该商品在市场上的价格将随着时间的变化而围绕着均衡价格 p_e 上下波动,价格 p 是时间 t 的函数 $p = p(t)$. 根据上述供求关系变化影响价格变化的分析,可以假设 t 时刻价格 $p(t)$ 的变化率$\dfrac{dp}{dt}$ 与 t 时刻的超额需求量 $Q - S$ 成正比,即设

$$\frac{dp}{dt} = k(Q - S)$$

其中 k 为正的常数,用来反映价格的调整速度. 可得

$$\frac{dp}{dt} = \lambda(p_e - p) \tag{$*$}$$

其中常数 $\lambda = (b + \beta)k > 0$. 方程($*$)的通解为

$$p = p(t) = p_e + Ce^{-\lambda t}$$

假设初始价格 $p(0) = p_0$,代入上式得 $C = p_0 - p_e$. 于是,上述价格调整模型的解为

$$p = p(t) = p_e + (p_0 - p_e)e^{-\lambda t}$$

由 $\lambda > 0$ 知,$\lim\limits_{t \to +\infty} p(t) = p_e$. 这表明,实际价格 $p(t)$ 最终将趋向于均衡价格 p_e.

3. 贝努里方程

形如

319

$$\frac{dy}{dx} + P(x)y = Q(x)y^n, n \neq 0,1 \tag{8.21}$$

的方程,称为**贝努里方程**,其中 n 为常数.

以 y^n 除方程(8.21)两端,得

$$y^{-n}\frac{dy}{dx} + P(x)y^{1-n} = Q(x) \tag{8.22}$$

容易看出,上式两端第一项与 $\frac{d}{dx}(y^{1-n})$ 只差一个常数因子 $1-n$,因此引入新的未知函数

$$z = y^{1-n}$$

那么

$$\frac{dz}{dx} = (1-n)y^{-n}\frac{dy}{dx}$$

用 $1-n$ 乘方程(8.22)的两端,再通过上述代换便得线性方程

$$\frac{dz}{dx} + (1-n)P(x)z = (1-n)Q(x)$$

求出这个方程的通解后,以 y^{1-n} 代 z 便得到贝努里方程的通解.

故方程(8.21)的通解为

$$y^{1-n} = e^{-\int(1-n)P(x)dx}\left[\int e^{\int(1-n)P(x)dx}(1-n)Q(x)dx + C\right] \tag{8.23}$$

其中 C 为任意常数.

【例 8.15】 求微分方程 $y' + xy = x^3y^3$ 的通解.

解 所给方程为 $n=3$ 的贝努里方程,则根据式(8.23)得

$$y^{-2} = (-2\int x^3 e^{-2\int x dx}dx + C)e^{2\int x dx} = (x^2 e^{-x^2} + e^{-x^2} + C)e^{x^2} = x^2 + 1 + Ce^{x^2}$$

所以所给方程的通解为

$$y^{-2} = x^2 + 1 + Ce^{x^2}$$

$$(x^2 + 1 + Ce^{x^2})y^2 = 1$$

8.3 可降阶的高阶微分方程

对于二阶以上的微分方程在有些情况下,可以通过适当的变量替换,将它们化成一阶微分方程来求解,具有这种性质的方程称为**可降阶的微分方程**. 相应的求解方法也就称为**降阶法**.

下面介绍三种容易用降阶法求解的二阶微分方程.

8.3.1 $y'' = f(x)$ 型的微分方程

微分方程

$$y'' = f(x) \tag{8.24}$$

的右端仅含有自变量 x，只要将 y' 看做新的未知函数，则方程(8.24)可写成

$$(y')' = f(x) \tag{8.25}$$

它就可看做新的未知函数 y' 的一阶微分方程，对方程(8.25)两端积分，得

$$y' = \int f(x)\,\mathrm{d}x + C_1$$

上式两端再积分一次就得方程(8.24)含有两个任意常数的通解

$$y = \int \left[\int f(x)\,\mathrm{d}x \right] \mathrm{d}x + C_1 x + C_2$$

注　此方法可推广到 $y^{(n)} = f(x)$ $(n > 2)$ 的高阶方程上去.

【例 8.16】　求微分方程 $y'' = \mathrm{e}^{2x} - \sin \dfrac{x}{3}$ 的通解.

解　对所给微分方程连续积分两次，得

$$y' = \frac{\mathrm{e}^{2x}}{2} + 3\cos\frac{x}{3} + C_1, y = \frac{\mathrm{e}^{2x}}{4} + 9\sin\frac{x}{3} + C_1 x + C_2$$

【例 8.17】　求 $y'' = x$ 的经过点 $(0,1)$ 且在此点与直线 $y = \dfrac{x}{2} + 1$ 相切的积分曲线.

解　该几何问题可归结为如下的微分方程的初值问题

$$y'' = x, y\mid_{x=0} = 1, y'\mid_{x=0} = \frac{1}{2}$$

对方程 $y'' = x$ 两端积分，得

$$y' = \frac{x^2}{2} + C_1$$

由条件 $y'\mid_{x=0} = \dfrac{1}{2}$ 得，$C_1 = \dfrac{1}{2}$，从而

$$y' = \frac{x^2}{2} + \frac{1}{2}$$

对上式两端再积分一次，得

$$y = \frac{x^3}{6} + \frac{x}{2} + C_2$$

由条件 $y\mid_{x=0} = 1$ 得，$C_2 = 1$，故所求曲线为

$$y = \frac{x^3}{6} + \frac{x}{2} + 1$$

8.3.2　$y'' = f(x, y')$ 型的微分方程

微分方程

$$y'' = f(x, y') \tag{8.26}$$

的右端不显含未知函数,若设 $y' = p$,则

$$y'' = \frac{\mathrm{d}p}{\mathrm{d}x} = p'$$

从而方程(8.26)就改写为

$$p' = f(x, p)$$

这是一个关于变量 x, p 的一阶微分方程. 若求出它的通解为

$$p = \varphi(x, C_1)$$

又因 $p = y'$,因此又得到一个一阶微分方程

$$y' = \varphi(x, C_1)$$

对上式进行积分,便得到方程(8.26)的通解为

$$y = \int \varphi(x, C_1) \mathrm{d}x + C_2 \tag{8.27}$$

【例 8.18】 求微分方程 $y'' = \frac{1}{x}y' + x\mathrm{e}^x$ 的通解.

解 所给方程是 $y'' = f(x, y')$ 型. 设 $y' = p$,则 $y'' = p'$,代入所给方程得

$$p' - \frac{1}{x}p = x\mathrm{e}^x$$

这是关于 p 的一阶线性微分方程. 由式(8.19)得

$$p = \mathrm{e}^{\int \frac{1}{x}\mathrm{d}x}\left(\int x\mathrm{e}^x \mathrm{e}^{-\int \frac{1}{x}\mathrm{d}x}\mathrm{d}x + C_1\right) = x\left(\int \mathrm{e}^x \mathrm{d}x + C_1\right) = x(\mathrm{e}^x + C_1)$$

即

$$p = y' = x(\mathrm{e}^x + C_1)$$

从而所给微分方程的通解为

$$y = \int x(\mathrm{e}^x + C_1)\mathrm{d}x = (x - 1)\mathrm{e}^x + \frac{C_1}{2}x^2 + C_2$$

【例 8.19】 求微分方程 $(1 + x^2)y'' = 2xy'$ 满足初始条件

$$y\,|_{x=0} = 1, y'\,|_{x=0} = 3$$

的特解.

解 所给微分方程是 $y'' = f(x, y')$ 型. 设 $y' = p$,则 $y'' = p'$,代入方程并分离变量后,得

$$\frac{\mathrm{d}p}{p} = \frac{2x}{1 + x^2}\mathrm{d}x$$

两端积分,得

$$\ln|p| = \ln(1 + x^2) + \ln|C_1|$$

即

$$p = y' = C_1(1 + x^2)$$

由条件 $y'\,|_{x=0} = 3$,得 $C_1 = 3$. 所以

$$y' = 3(1 + x^2)$$

两端积分,得

$$y = x^3 + 3x + C_2$$

又由条件 $y \mid_{x=0} = 1$,得 $C_2 = 1$. 于是所求特解为

$$y = x^3 + 3x + 1$$

8.3.3 $y'' = f(y, y')$ 型的微分方程

微分方程

$$y'' = f(y, y') \tag{8.28}$$

的特点是不明显地含自变量 x. 令 $y' = p$,并利用复合函数的求导法则,将 y'' 化为对 y 的导数,即

$$y'' = \frac{\mathrm{d}p}{\mathrm{d}x} = \frac{\mathrm{d}p}{\mathrm{d}y} \cdot \frac{\mathrm{d}y}{\mathrm{d}x} = p \frac{\mathrm{d}p}{\mathrm{d}y}$$

这样方程(8.28)就改写为

$$p \frac{\mathrm{d}p}{\mathrm{d}y} = f(y, p)$$

这是一个关于 y, p 的一阶微分方程. 若求出它的通解为

$$y' = p = \varphi(y, C_1)$$

则分离变量并两端积分,便得到方程(8.28)的通解为

$$\int \frac{\mathrm{d}y}{\varphi(y, C_1)} = x + C_2 \tag{8.29}$$

【例 8.20】 求微分方程 $yy'' - y'^2 = 0$ 的通解.

解 所给方程不显含自变量 x ,设 $y' = p$,于是 $y'' = p \frac{\mathrm{d}p}{\mathrm{d}y}$,代入所给方程

$$yp \frac{\mathrm{d}p}{\mathrm{d}y} - p^2 = 0$$

在 $y \neq 0, p \neq 0$ 时,约去 p 并分离变量,得

$$\frac{\mathrm{d}p}{p} = \frac{\mathrm{d}y}{y}$$

两端积分,得

$$\ln |p| = \ln |y| + \ln |C_1|$$

即

$$y' = p = C_1 y$$

再分离变量并两端积分,便得方程的通解

$$\ln |y| = C_1 x + \ln |C_2|$$

即

$$y = C_2 \mathrm{e}^{C_1 x}$$

从以上求解过程中看到,应该 $C_1 \neq 0, C_2 \neq 0$,但由于 y 等于常数也是原微分方程的解,所以事实上, C_1, C_2 不必有非零的限制.

8.4　二阶常系数线性微分方程

本节介绍二阶常系数线性微分方程的求解方法,该方法也适应于对一般的 n 阶常系数线性微分方程的求解.

8.4.1　二阶线性微分方程解的结构

形如

$$y'' + P(x)y' + Q(x)y = 0 \qquad\qquad (8.30)$$

的二阶微分方程称为**二阶齐次线性微分方程**,其中 $P(x)$,$Q(x)$ 为已知函数.

形如

$$y'' + P(x)y' + Q(x)y = f(x) \qquad\qquad (8.31)$$

的二阶微分方程称为**二阶非齐次线性微分方程**,其中 $P(x)$,$Q(x)$,$f(x)$ 为已知函数,且 $f(x)$ 不恒等于 0.

二阶齐次线性微分方程(8.30)与二阶非齐次线性微分方程(8.31)统称为**二阶线性微分方程**. 有时也称二阶齐次线性微分方程(8.30)为二阶非齐次线性微分方程(8.31)**对应的齐次方程**.

定理8.1　若函数 $y_1(x)$ 与 $y_2(x)$ 是二阶齐次线性微分方程(8.30)的两个解,则对任意常数 C_1,C_2

$$y = C_1 y_1(x) + C_2 y_2(x) \qquad\qquad (8.32)$$

也是(8.30)的解.

注意到式(8.32)中含有两个任意常数 C_1 和 C_2,那么它是否就是二阶齐次线性微分方程(8.30)的通解呢? 为了回答这个问题,需要引入函数线性相关与线性无关的概念.

定义8.5　设 $y_1(x)$ 与 $y_2(x)$ 是定义在区间 I 上的两个函数,若存在两个不同时为 0 的常数 k_1,k_2,使得

$$k_1 y_1(x) + k_2 y_2(x) \equiv 0, x \in I$$

则称函数 $y_1(x)$ 与 $y_2(x)$ 在区间 I 上线性相关;否则,称函数 $y_1(x)$ 与 $y_2(x)$ 在区间 I 上线性无关.

例如,1 与 x 在区间 $(-\infty\ +\infty)$ 上是线性无关的. 因为要使 $k_1 + k_2 x = 0$ 在 $(-\infty\ +\infty)$ 上恒成立,必须 k_1 与 k_2 同时为 0.

又如,0 与 x 在区间 $(-\infty\ +\infty)$ 上是线性相关的. 因为 $k_1 \cdot 0 + k_2 x = 0$ 时,只要 $k_2 = 0$ 即可,而 k_1 为任意常数均能成立.

根据函数线性无关的定义可知,函数 $y_1(x)$ 与 $y_2(x)$ 线性无关的充分必要条件为 $y_1(x)$ 与 $y_2(x)$ 不成比例,即 $\dfrac{y_1(x)}{y_2(x)}$ 或 $\dfrac{y_2(x)}{y_1(x)}$ 不恒为常数.

利用这个结论,有如下关于齐次线性微分方程的通解的结构定理:

定理 8.2 设 $y_1(x)$ 与 $y_2(x)$ 为二阶齐次线性微分方程(8.30)的两个线性无关的解,则

$$y = C_1 y_1(x) + C_2 y_2(x) \tag{8.33}$$

是该微分方程的通解,其中 C_1, C_2 为任意常数.

在 8.2 节中,已经知道一阶非齐次线性微分方程的通解等于对应的齐次线性微分方程的通解与非齐次线性微分方程的一个特解之和. 对于二阶非齐次线性方程,也有类似的结论.

定理 8.3 设 $y^*(x)$ 为非齐次线性微分方程(8.31)的一个特解,$Y(x)$ 为与其对应的齐次线性微分方程(8.30)的通解,则非齐次线性微分方程(8.31)的通解为

$$y = Y(x) + y^*(x) \tag{8.34}$$

8.4.2 二阶常系数齐次线性微分方程的通解

若二阶齐次线性微分方程(8.30)中的函数 $P(x)$ 和 $Q(x)$ 分别为常数 a 和 b,于是有

$$y'' + ay' + by = 0 \tag{8.35}$$

称方程(8.35)为**二阶常系数齐次线性微分方程**.

根据定理 8.2,只需求出(8.35)的两个线性无关的特解,即可求出(8.35)的通解. 注意到方程(8.35)左端的系数 a 和 b 均为常数,可以自然地想到:其解 y 的一阶导数 y' 与二阶导数 y'' 均应为 y 的常数倍,而当 y 为指数函数 $e^{\lambda x}$ 的形式时就能具有这样的性质. 因此,可尝试微分方程(8.35)有解 $y = e^{\lambda x}$,其中 λ 为待定常数.

令 $y = e^{\lambda x}$,则 $y' = \lambda e^{\lambda x}$,$y'' = \lambda^2 e^{\lambda x}$. 将 y, y', y'' 代入方程(8.35),得

$$(\lambda^2 + a\lambda + b) e^{\lambda x} = 0$$

因 $e^{\lambda x} \neq 0$,即

$$\lambda^2 + a\lambda + b = 0 \tag{8.36}$$

称式(8.36)为方程(8.35)的**特征方程**,特征方程的解称为**特征根**或**特征值**.

特征方程(8.36)是关于 λ 的一元二次方程. 因此可能有两个特征根,记为 λ_1, λ_2,下面根据 $\Delta = a^2 - 4b$ 的三种情况,讨论如何利用特征方程(8.36)求方程(8.35)的通解.

1. $\Delta > 0$ 时,特征根为相异实根

$$\lambda_1 = \frac{1}{2}(-a + \sqrt{\Delta}) \quad \lambda_2 = \frac{1}{2}(-a - \sqrt{\Delta}) \tag{8.37}$$

这时齐次线性微分方程(8.35)有两个特解

$$y_1 = e^{\lambda_1 x}, \ y_2 = e^{\lambda_2 x}$$

因 $\dfrac{y_1}{y_2} = e^{(\lambda_1 - \lambda_2)x} = e^{\sqrt{\Delta} x} \neq$ 常数,则特解 y_1 与 y_2 线性无关. 因此,方程(8.35)的通解为

$$y = C_1 e^{\lambda_1 x} + C_2 e^{\lambda_2 x} \tag{8.38}$$

其中 λ_1, λ_2 由式(8.37)确定,C_1, C_2 为任意常数.

2. $\Delta = 0$ 时,特征根为两个相等实根

$$\lambda = \lambda_1 = \lambda_2 = -\frac{a}{2} \tag{8.39}$$

因此,方程(8.35)有一特解 $y_1 = \mathrm{e}^{\lambda x}$,直接验证可知,$y_2 = x\mathrm{e}^{\lambda x}$ 是方程(8.35)的另一特解,且

$$\frac{y_1}{y_2} = \frac{1}{x} \neq \text{常数}$$

可知,特解 y_1 与 y_2 线性无关. 因此,方程(8.35)的通解为

$$y = C_1\mathrm{e}^{\lambda x} + C_2 x\mathrm{e}^{\lambda x} = (C_1 + C_2 x)\mathrm{e}^{\lambda x} \tag{8.40}$$

其中 λ 由式(8.39)确定. C_1, C_2 为任意常数.

3. $\Delta < 0$ 时,特征根为共轭复根

$$\lambda_1 = \alpha + \mathrm{i}\beta, \lambda_2 = \alpha - \mathrm{i}\beta$$

$$\alpha = -\frac{a}{2}, \beta = \frac{\sqrt{-\Delta}}{2} \tag{8.41}$$

其中 $\mathrm{i} = \sqrt{-1}$ 为虚数单位.

直接验证可知,函数

$$y_1 = \mathrm{e}^{\alpha x}\cos\beta x, y_2 = \mathrm{e}^{\alpha x}\sin\beta x$$

是方程(8.35)的两个线性无关的特解. 因此,方程(8.35)的通解为

$$y = \mathrm{e}^{\alpha x}(C_1\cos\beta x + C_2\sin\beta x) \tag{8.42}$$

其中 α, β 由式(8.41)确定. C_1, C_2 为任意常数.

综上所述,求二阶常系数齐次线性微分方程(8.35)通解的步骤为:

(1)写出特征方程(8.36);

(2)求特征方程(8.36)的根;

(3)由求出的特征根写出通解,见表8.1.

表8.1

特征方程	特征根	通　　解
$\lambda^2 + a\lambda + b = 0$	相异实根 $\lambda_1 \neq \lambda_2$	$y = C_1\mathrm{e}^{\lambda_1 x} + C_2\mathrm{e}^{\lambda_2 x}$
	两个相等实根 $\lambda = -\dfrac{a}{2}$	$y = (C_1 + C_2 x)\mathrm{e}^{\lambda x}$
	共轭复根 $\lambda_{1,2} = \alpha \pm \mathrm{i}\beta$	$y = \mathrm{e}^{\alpha x}(C_1\cos\beta x + C_2\sin\beta x)$

【例8.21】 求微分方程 $y'' - 2y' - 3y = 0$ 的通解.

解 特征方程为 $\lambda^2 - 2\lambda - 3 = (\lambda - 3)(\lambda + 1) = 0$,有两个相异的实根:$\lambda_1 = 3, \lambda_2 = -1$. 因此,根据式(8.38),所给方程的通解为

$$y = C_1\mathrm{e}^{3x} + C_2\mathrm{e}^{-x}$$

【例 8.22】　求微分方程 $y'' - 4y' + 4y = 0$ 的通解.

解　特征方程为 $\lambda^2 - 4\lambda + 4 = (\lambda - 2)^2 = 0$,有两个相等实根:$\lambda = 2$. 因此,根据式 (8.40),所给方程的通解为

$$y = (C_1 + C_2 x)\mathrm{e}^{2x}$$

【例 8.23】　求微分方程 $y'' + 2y' + 2y = 0$ 的通解.

解　特征方程为 $\lambda^2 + 2\lambda + 2 = 0$,有一对共轭复根:$\lambda_1 = -1 + \mathrm{i}, \lambda_2 = -1 - \mathrm{i}$. 因此,根据式(8.42),所给方程的通解为

$$y = \mathrm{e}^{-x}(C_1 \cos x + C_2 \sin x)$$

8.4.3　二阶常系数非齐次线性微分方程的通解

二阶常系数非齐次线性微分方程的一般形式为

$$y'' + ay' + by = f(x) \tag{8.43}$$

其中 a, b 为常数. $f(x)$ 不恒为 0.

根据定理 8.3 可知,二阶常系数非齐次线性微分方程(8.43)的通解等于它所对应的二阶常系数齐次线性微分方程(8.35)的通解 $Y(x)$ 与方程(8.43)的一个特解 $y^*(x)$ 之和. 由于前一部分已经解决了方程(8.35)通解 $Y(x)$ 的求法,现只需求方程(8.43)的一个特解即可.

本节只介绍当方程(8.43)中的 $f(x)$ 取两种常见形式时求 $y^*(x)$ 的方法. 这种方法的特点是不用积分就可求出 $y^*(x)$ 来,也称为**待定系数法**. $f(x)$ 的两种形式是

(1)$f(x) = P_m(x)\mathrm{e}^{\lambda x}$,其中 λ 是常数,$P_m(x)$ 是 x 的一个 m 次多项式

$$P_m(x) = A_0 x^m + A_1 x^{m-1} + \cdots + A_m$$

此时,二阶常系数非齐次线性微分方程(8.43)具有形如

$$y^*(x) = x^k Q_m(x)\mathrm{e}^{\lambda x}$$

的特解,其中 $Q_m(x)$ 是与 $P_m(x)$ 同次(m 次)的多项式,而 k 按 λ 不是特征方程的根、是特征方程的单根或是特征方程的重根依次取为 0、1 或 2.

(2)$f(x) = \mathrm{e}^{\lambda x}[P_l(x)\cos \omega x + P_n(x)\sin \omega x]$ 型

此时,二阶常系数非齐次线性微分方程(8.43)特解可设为

$$y^*(x) = x^k \mathrm{e}^{\lambda x}[R_m^{(1)}(x)\cos \omega x + R_m^{(2)}(x)\sin \omega x]$$

其中 $R_m^{(1)}(x), R_m^{(2)}(x)$ 是 m 次多项式,$m = \max\{l, n\}$,而 k 按 $\lambda + \mathrm{i}\omega$(或 $\lambda - \mathrm{i}\omega$)不是特征方程的根或是特征方程的单根依次取 0 或 1.

下面介绍几个具体的例子,说明用待定系数法求方程(8.43)特解的具体过程.

【例 8.24】　求微分方程 $y'' - 2y' - 3y = 6$ 的通解.

解　由例 8.21 知,对应的齐次方程的通解为 $Y(x) = C_1 \mathrm{e}^{3x} + C_2 \mathrm{e}^{-x}$.

下面求解非齐次方程的一个特解. 函数 $f(x)$ 是 $P_m(x)\mathrm{e}^{\lambda x}$ 型(其中 $P_m(x) = 6, \lambda = 0$),故设特解为 $y^*(x) = A$,A 为待定常数. 将 $y^*(x) = A$ 代入所给方程得 $-3A = 6$,即 $A = -2$. 因此,

$y^*(x) = -2$ 是所给方程的一个特解. 故所给方程的通解为

$$y = C_1 e^{3x} + C_2 e^{-x} - 2$$

【例 8.25】 求微分方程 $y'' - 4y' + 4y = x^2$ 的通解.

解 由例 8.22 知,对应的齐次方程的通解为 $Y(x) = (C_1 + C_2 x) e^{2x}$.

下面求解非齐次方程的一个特解. 函数 $f(x)$ 是 $P_m(x) e^{\lambda x}$ 型(其中 $P_m(x) = x^2, \lambda = 0$),故设特解为

$$y^*(x) = Ax^2 + Bx + C, \text{其中 } A, B, C \text{ 为待定常数}$$

又 $y^{*'}(x) = 2Ax + B, y^{*''}(x) = 2A$. 将 $y^*(x), y^{*'}(x), y^{*''}(x)$ 代入所给方程,得

$$2A - 4(2Ax + B) + 4(Ax^2 + Bx + C) = x^2$$

比较两端 x 同次幂的系数,得

$$\begin{cases} 4A = 1 \\ 2A - 4B + 4C = 0 \\ -8A + 4B = 0 \end{cases}$$

方程组的解为:$A = \dfrac{1}{4}, B = \dfrac{1}{2}, C = \dfrac{3}{8}$

因此,所给方程的特解为

$$y^*(x) = \frac{x^2}{4} + \frac{x}{2} + \frac{3}{8}$$

故所给方程的通解为

$$y = (C_1 + C_2 x) e^{2x} + \frac{x^2}{4} + \frac{x}{2} + \frac{3}{8}$$

【例 8.26】 求微分方程 $y'' - 3y' + 2y = x e^{3x}$ 满足初始条件 $y(0) = 0$ 与 $y'(0) = 0$ 的特解.

解 对应的齐次方程为 $y'' - 3y' + 2y = 0$,特征方程为 $\lambda^2 - 3\lambda + 2 = (\lambda - 2)(\lambda - 1) = 0$. 特征根为:$\lambda_1 = 1, \lambda_2 = 2$. 所以,对应的齐次方程的通解为

$$Y(x) = C_1 e^x + C_2 e^{2x}$$

下面求解非齐次方程的一个特解. 函数 $f(x)$ 是 $P_m(x) e^{\lambda x}$ 型(其中 $P_m(x) = x, \lambda = 3$),故设特解为

$$y^*(x) = (Ax + B) e^{3x}, \text{其中 } A, B \text{ 为待定常数}$$

又 $y^{*'}(x) = e^{3x}(3Ax + A + 3B), y^{*''}(x) = e^{3x}(9Ax + 6A + 9B)$. 将 $y^*(x), y^{*'}(x), y^{*''}(x)$ 代入所给方程,得

$$e^{3x}(9Ax + 6A + 9B) - 3e^{3x}(3Ax + A + 3B) + 2e^{3x}(Ax + B) = x e^{3x}$$

即

$$2Ax + 3A + 2B = x$$

比较两端 x 同次幂的系数,得

$$\begin{cases} 2A = 1 \\ 3A + 2B = 0 \end{cases}$$

方程组的解为: $A = \dfrac{1}{2}, B = -\dfrac{3}{4}$. 因此, 所给方程的特解为

$$y^*(x) = \left(\dfrac{x}{2} - \dfrac{3}{4}\right) \mathrm{e}^{3x}$$

故所给方程的通解为

$$y = C_1 \mathrm{e}^x + C_2 \mathrm{e}^{2x} + \left(\dfrac{x}{2} - \dfrac{3}{4}\right) \mathrm{e}^{3x}$$

将初始条件 $y(0) = 0$ 与 $y'(0) = 0$ 代入上式, 得

$$\begin{cases} C_1 + C_2 = \dfrac{3}{4} \\[2mm] C_1 + 2C_2 = \dfrac{7}{4} \end{cases}$$

方程组的解为: $C_1 = -\dfrac{1}{4}, C_2 = 1$. 故所给方程满足初始条件的特解为

$$y = -\dfrac{1}{4}\mathrm{e}^x + \mathrm{e}^{2x} + \left(\dfrac{x}{2} - \dfrac{3}{4}\right) \mathrm{e}^{3x}$$

【例 8.27】　求微分方程 $y'' + 2y' + 2y = 10\sin 2x$ 的通解.

解　由例 8.23 知, 对应齐次方程的通解为 $Y(x) = \mathrm{e}^{-x}(C_1 \cos x + C_2 \sin x)$.

下面求解非齐次方程的一个特解. 函数 $f(x)$ 是 $\mathrm{e}^{\lambda x}[P_l(x)\cos \omega x + P_n(x)\sin \omega x]$ 型 (其中 $\lambda = 0, \omega = 2, P_l(x) = 0, P_m(x) = 10, k = 0$), 故设特解为

$$y^*(x) = A_1 \cos 2x + A_2 \sin 2x, \text{其中 } A_1, A_2 \text{ 为待定常数}$$

则 $y^{*\prime}(x) = -2A_1 \sin 2x + 2A_2 \cos 2x, y^{*\prime\prime}(x) = -4A_1 \cos 2x - 4A_2 \sin 2x$. 将 $y^*(x), y^{*\prime}(x)$, $y^{*\prime\prime}(x)$ 代入所给方程, 得

$$-4A_1 \cos 2x - 4A_2 \sin 2x - 4A_1 \sin 2x + 4A_2 \cos 2x + 2A_1 \cos 2x + 2A_2 \sin 2x = 10\sin 2x$$

即

$$(4A_2 - 2A_1)\cos 2x - (4A_1 + 2A_2)\sin 2x = 10\sin 2x$$

比较两端系数, 得

$$\begin{cases} -(2A_1 + A_2) = 5 \\ 2A_2 - A_1 = 0 \end{cases}$$

方程组的解为: $A_1 = -2, A_2 = -1$. 因此, 所给方程的特解为

$$y^*(x) = -2\cos 2x - \sin 2x$$

则所给方程的通解为

$$y = \mathrm{e}^{-x}(C_1 \cos x + C_2 \sin x) - 2\cos 2x - \sin 2x$$

8.5   差分方程的基本概念

8.5.1   差分的概念

对于自变量 x 在某个区间上连续取值的函数 $y = f(x)$,可用导数 $\dfrac{\mathrm{d}y}{\mathrm{d}x}$ 表示 y 对 x 的变化率.但是对于自变量 t 取离散值 $\cdots,-2,-1,0,1,2,\cdots$ 的 $y_t = f(t)$,如何描述其变化率呢?

记 $\Delta y = f(t + \Delta t) - f(t)$,则 $\dfrac{\Delta y}{\Delta t}$ 表示离散函数 $y_t = f(t)$ 的**平均变化率**. 由于 t 取离散值 $\cdots,-2,-1,0,1,2,\cdots$,所以可选 $\Delta t = 1$,用 $\Delta y = f(t + 1) - f(t)$ 表示函数 $y_t = f(t)$ 的变化率.

定义 8.6   设函数 $y_t = f(t)$,$t = 0,\pm 1,\pm 2,\cdots$,则差 $y_{t+1} - y_t$ 称为函数 $y_t = f(t)$ 的差分,或一阶差分. 记为 Δy_t,即

$$\Delta y_t = y_{t+i} - y_t = f(t + 1) - f(t)$$

容易验证,差分具有以下运算性质:

(1) $\Delta C = 0$,C 为常数;

(2) $\Delta(Cy_t) = C\Delta(y_t)$,$C$ 为常数;

(3) $\Delta(y_t + y_n) = \Delta y_t + \Delta y_n$.

定义 8.7   函数 $y_t = f(t)$ 的一阶差分的差分,称为函数 $y_t = f(t)$ 的二阶差分,记为 $\Delta^2 y_t$,即

$$\begin{aligned}
\Delta^2 y_t &= \Delta(\Delta y_t) = \Delta(y_{t+1} - y_t) = \Delta y_{t+1} - \Delta y_t = y_{t+2} - y_{t+1} - (y_{t+1} - y_t) \\
&= y_{t+2} - 2y_{t+1} + y_t = f(t + 2) - 2f(t + 1) + f(t)
\end{aligned}$$

一般地,函数 $y_t = f(t)$ 的 $n - 1$ 阶差分的差分,称为函数 $y_t = f(t)$ 的 n **阶差分**,记为 $\Delta^n y_t$.

$$\Delta^n y_t = \Delta(\Delta^{n-1} y_t) = \Delta^{n-1} y_{t+1} - \Delta^{n-1} y_t = \sum_{k=0}^{n} (-1)^k C_n^k y_{t+n-k},\ n = 1,2,\cdots$$

其中 $C_n^k = \dfrac{n!}{k!\,(n - k)!}$.

二阶或二阶以上的差分称为**高阶差分**.

【例 8.28】   设 $y_t = t^2 + 2t$,求 Δy_t.

解 $\Delta y_t = y_{t+1} - y_t = (t + 1)^2 + 2(t + 1) - t^2 - 2t = 2t + 3$

【例 8.29】   设 $y_t = 3^t$,求 $\Delta^2 y_t$.

解 $\Delta y_t = y_{t+1} - y_t = 3^{t+1} - 3^t = 2 \times 3^t$,$\Delta^2 y_t = \Delta(2 \times 3^t) = 2\Delta(3^t) = 4 \times 3^t$

8.5.2   差分方程及其解的概念

定义 8.8   含有自变量 t,未知函数 y_t 以及 y_t 的差分 Δy_t,$\Delta^2 y_t$,$\cdots$ 的函数方程,称为常差分方程,简称差分方程;差分方程中最高阶差分的阶数称为差分方程的阶.

例如, $\Delta y_t = y_t$ 为一阶差分方程, 而 $\Delta^2 y_t + 2\Delta y_t - y_t = 0$ 为二阶差分方程.

n 阶差分方程的一般形式为

$$F(t, y_t, \Delta y_t, \cdots, \Delta^n y_t) = 0 \tag{8.44}$$

其中 $F(t, y_t, \Delta y_t, \cdots, \Delta^n y_t)$ 为 $t, y_t, \Delta y_t, \cdots, \Delta^n y_t$ 的已知函数, 且 $\Delta^n y_t$ 一定出现.

由差分的定义可知, 任何阶的差分均可表示成函数在不同 t 下的代数和, 因此, 差分方程也可定义为:

定义 8.9　含有自变量 t 和函数值 $y_t, y_{t+1}, \cdots$ (不少于两个) 的函数方程, 称为 (常) 差分方程; 差分方程中未知函数下标的最大差称为差分方程的阶.

按定义 8.9, n 阶差分方程的一般形式为

$$F(t, y_t, y_{t+1}, \cdots, y_{t+n}) = 0 \tag{8.45}$$

其中 $F(t, y_t, y_{t+1}, \cdots, y_{t+n})$ 为 $t, y_t, y_{t+1}, \cdots, y_{t+n}$ 的已知函数, 且 y_t 与 y_{t+n} 一定出现.

注意　差分方程的两种定义的两种形式可以相互转化, 但"阶数"不是完全等价的. 例如, 方程 $\Delta^2 y_t + \Delta y_t = 0$ 按照定义 8.8 是二阶差分方程, 但将此方程改写为

$$\Delta^2 y_t + \Delta y_t = (y_{t+2} - 2y_{t+1} + y_t) + (y_{t+1} - y_t) = y_{t+2} - y_{t+1} = 0$$

按照定义 8.9 是一阶差分方程.

由于经济学中经常遇到的是按照定义 8.9 给出的差分方程, 因此, 下面仅讨论形如式 (8.45) 的差分方程.

定义 8.10　若将已知函数 $y_t = \varphi(t)$ 代入方程 (8.45), 使其对 $t = 0, 1, 2, \cdots$ 成为恒等式, 则称 $y_t = \varphi(t)$ 为方程 (8.45) 的解. 含有 n 个 (独立的) 任意常数 $C_1, C_2, \cdots, C_n$ 的解 $y_t = \varphi(t, C_1, C_2, \cdots, C_n)$ 称为 n 阶差分方程 (8.45) 的通解. 在通解中给任意常数 $C_1, C_2, \cdots, C_n$ 以确定的值而得到的解, 称为 n 阶差分方程 (8.45) 的特解.

与微分方程类似地, 为了由通解确定差分方程的某个特解, 需给出此特解应满足的定解条件. 对 n 阶差分方程 (8.45), 应给出 n 个定解条件. 常见的定解条件为初始条件

$$y_0 = a_0, y_1 = a_1, \cdots, y_{n-1} = a_{n-1}$$

其中 $a_0, a_1, \cdots, a_{n-1}$ 为 n 个已知常数.

注意　若保持差分方程 (8.45) 中的左端函数 $F(\cdots)$ 的结构不变, 而将 $F(\cdots)$ 中各未知量的下标 t 向前或向后移动相同的 t_0, 所得到的新差分方程与原差分方程是等价的, 即二者具有相同的解. 基于这个特点, 在求解差分方程时, 可根据需要, 随意地移动下标 t, 只要移动下标时, 保持方程的结构不变即可. 因此, 在解的定义中仅规定对 $t = 0, 1, 2, \cdots$ 恒成立, 今后也仅讨论对 $t = 0, 1, 2, \cdots$ 的解的情况.

8.5.2　线性差分方程

形如

$$y_{t+n} + a_1(t) y_{t+n-1} + \cdots + a_{n-1}(t) y_{t+1} + a_n(t) y_t = f(t) \tag{8.46}$$

的差分方程称为 n 阶非齐次线性差分方程. 其中 $a_1(t), a_2(t), \cdots, a_{n-1}(t), a_n(t), f(t)$ 为 t 的已知函数,且 $a_n(t), f(t)$ 不恒等于 0.

形如

$$y_{t+n} + a_1(t)y_{t+n-1} + \cdots + a_{n-1}(t)y_{t+1} + a_n(t)y_t = 0 \tag{8.47}$$

的差分方程称为 n **阶齐次线性差分方程**. 其中 $a_1(t), a_2(t), \cdots, a_{n-1}(t), a_n(t)$ 为 t 的已知函数,且 $a_n(t)$ 不恒等于 0.

n 阶齐次线性差分方程与 n 阶非齐次线性差分方程统称为 n **阶线性差分方程**,有时也称方程(8.47)为方程(8.46) **对应的齐次方程**.

特别地,若 $a_1(t) \equiv a_1, \cdots, a_{n-1}(t) \equiv a_{n-1}, a_n(t) \equiv a_n \neq 0$ 均为常数,则

$$y_{t+n} + a_1 y_{t+n-1} + \cdots + a_{n-1} y_{t+1} + a_n y_t = f(t) \tag{8.48}$$

$$y_{t+n} + a_1 y_{t+n-1} + \cdots + a_{n-1} y_{t+1} + a_n y_t = 0 \tag{8.49}$$

当 $f(t)$ 不恒等于 0 时,称(8.48)为 n **阶常系数非齐次线性差分方程**,称(8.49)为 n **阶常系数齐次线性差分方程**.

线性差分方程与线性微分方程有许多类似的性质,下面给出线性差分方程的解的结构定理.

定理 8.4 设 $y_1(t), y_2(t), \cdots, y_n(t)$ 为 n 阶齐次线性差分方程(8.47)的 n 个线性无关的特解,则方程(8.47)的通解为

$$y_t = C_1 y_1(t) + C_2 y_2(t) + \cdots + C_n y_n(t)$$

其中 $C_1, C_2, \cdots, C_n$ 为 n 个任意常数.

由定理 8.4 可知,若想求方程(8.47)的通解,只需求出其 n 个线性无关的特解即可.

定理 8.5 设 y_t^* 为 n 阶非齐次线性差分方程(8.46)的一个特解,$y_c(t)$ 为差分方程(8.46)对应齐次方程(8.47)的通解,则差分方程(8.46)的通解为

$$y_t = y_t^* + y_c(t)$$

8.6 一阶常系数线性差分方程

一阶常系数非齐次线性差分方程的一般形式为

$$y_{t+1} + ay_t = f(t), \quad t = 0, 1, 2, \cdots \tag{8.50}$$

其中 a 为非零常数,$f(t)$ 为 t 的已知函数且不恒等于 0.

方程(8.50)对应的齐次方程为

$$y_{t+1} + ay_t = 0, \quad t = 0, 1, 2, \cdots \tag{8.51}$$

由定理 8.5 可知,若想求出方程(8.50)的通解,应分别求出方程(8.50)的特解与对应的齐次方程(8.51)的通解,然后将二者求和. 因此,下面分别讨论齐次方程(8.51)的通解与非齐次方程(8.50)的特解的求解方法.

8.6.1 一阶常系数齐次线性差分方程的解法

将齐次方程(8.51)改写为

$$y_{t+1} = -ay_t, t = 0,1,2,\cdots$$

则由逐次迭代可得,方程(8.51)的通解为

$$y_t = C(-a)^t, t = 0,1,2,\cdots \tag{8.52}$$

其中初值 $y_0 = C$ 为任意常数.

【例 8.30】 求差分方程 $y_{t+1} + 3y_t = 0$ 的解,其中 $y_0 = 3$.

解 由迭代法得

$$y_1 = -3y_0, y_2 = -3y_1 = (-3)^2 y_0, \cdots, y_t = (-3)^t y_0$$

且 $y_0 = 3$,得所给差分方程满足初始条件的特解为

$$y_t = 3 \times (-3)^t = (-1)^t 3^{t+1}$$

这个通解还可以用下面的方法得到:

用配项的方法将方程(8.51)化为它的等价形式,得

$$(y_{t+1} - y_t) + y_t + ay_t = 0$$

即

$$\Delta y_t = -(1+a)y_t$$

上式表明,未知函数 y_t 的差分恰与自身成正比. 指数函数有可能成为方程(8.51)的解,故可设 $y_t = \lambda^t$(λ 为待定常数)并代入方程(8.51),得

$$\lambda^{t+1} + a\lambda^t = 0$$

整理得

$$\lambda^t(\lambda + a) = 0$$

由于 $\lambda^t \neq 0$,故

$$\lambda + a = 0 \tag{8.53}$$

式(8.53)是关于 λ 的代数方程,称为差分方程(8.51)的**特征方程**,解之,可得 $\lambda = -a$(称为**特征根**),因而 $y_t = (-a)^t$ 是方程(8.51)的解. 再运用定理 8.4,即可得到方程(8.51)的通解.

$$y_c(t) = C(-a)^t, C 为任意常数$$

这种解法称为**特征根法**(或**待定系数法**),是解常系数线性齐次差分方程的基本方法.

式(8.52)称为一阶常系数线性齐次差分方程的**通解公式**,在今后求解差分方程的过程中可以直接引用.

8.6.2 一阶常系数非齐次线性差分方程的解法

由定理 8.5 可知,非齐次方程(8.50)的通解 y_t 等于对应的齐次方程(8.51)的通解 $y_c(t)$ 与它的一个特解 y_t^* 之和,即

$$y_t = y_c(t) + y_t^*$$

由于已经求得了齐次方程的通解 $y_c(t) = C(-a)^t$,因此,要求出非齐次方程的通解,关键是如何求出它的一个特解. 在前面,曾经介绍过一个求线性非齐次微分方程特解的试解函数方法,对差分方程来说,也有类似的试解函数方法,其主要步骤如下:

(1)求出非齐次方程对应的齐次方程的通解;

(2)假设试解函数是 $f(t)$ 同类型的函数,见表 8.3

表 8.3

$f(t)$	试解函数
C	k
Cq^t	kq^t
$a_0 t^m + a_1 t^{m-1} + \cdots + a_{m-1} t + a_m$	$b_0 t^m + b_1 t^{m-1} + \cdots + b_{m-1} t + b_m$
$C_1 \cos \beta t \pm C_2 \sin \beta t$	$A\cos \beta t \pm B\sin \beta t$

其中 $k, b_0, b_1, \cdots, b_m, A, B$ 均为待定系数,而且要特别注意后两种试解函数的形式:若 $f(t)$ 为 m 次多项式,不论它由几项构成,其试解函数必须设为同次的完全多项式;若 $f(t)$ 是正弦、余弦函数,不论它是只含有正弦,还是只含有余弦,其试解函数必须设为正弦、余弦的线性组合.

还有一点要说明的是,若 $f(t)$ 是表中多项式函数与其他函数的乘积,则试解函数也设为对应的试解函数的乘积就可以了.

(3)检验所得的试解函数中是否有某项与齐次方程通解的某一项是同类项,若有,则将所得的试解函数乘以 t 可得到新的试解函数,然后继续检验并以此类推,直到新的试解函数与齐次方程的通解没有同类项为止.

(4)将检验后符合要求的试解函数代入非齐次方程,求出使方程两边相等的各待定系数的值,即可求出非齐次方程的一个特解.

【**例 8.31**】 求下列差分方程的通解:

(1)$y_{t+1} + 5y_t = 2$;(2) $y_{t+1} - y_t = 4$.

解 (1)所给方程对应的齐次方程通解为

$$y_c(t) = C(-5)^t$$

由于 k 不是 $y_c(t) = C(-5)^t$ 的同类项,故可以设所给方程的特解为 $y_t^* = k$,代入所给方程,有

$$k + 5k = 2 \text{ 即 } k = \frac{1}{3}$$

故 $y_t^* = \frac{1}{3}$,从而所给方程的通解为

$$y_t = C(-5)^t + \frac{1}{3}$$

（2）所给方程对应的齐次方程通解为

$$y_c(t) = C \cdot 1^t = C$$

因为 k 与 $y_c(t) = C$ 为同类项，故可以设所给方程的特解为 $y_t^* = kt$，代入所给方程的，有

$$k(t+1) - kt = 4 \ \text{即} \ k = 4$$

故 $y_t^* = 4t$，从而所给方程的通解为

$$y_t = C + 4t$$

【例 8.32】　求差分方程 $y_{t+1} - 3y_t = 2 \times 3^t$ 的通解.

解　所给方程对应的齐次方程通解为

$$y_c(t) = C3^t$$

因为 $k3^t$ 与 $y_c(t) = C3^t$ 为同类项，故设所给方程的特解为 $y_t^* = kt3^t$，代入所给方程，有

$$k(t+1)3^{t+1} - 3kt3^t = 2 \times 3^t$$

即

$$3k(t+1) - 3kt = 2$$

解得 $k = \frac{2}{3}$，故所求特解 $y_t^* = \frac{2t}{3}3^t$，从而所给方程通解为

$$y_t = C3^t + \frac{2t}{3}3^t = \left(C + \frac{2t}{3} \right)3^t$$

【例 8.33】　求差分方程 $y_t - 2y_{t-1} = 3(t-1)^2 - 2$ 的通解.

解　将所给方程化为它的等价形式

$$y_{t+1} - 2y_t = 3t^2 - 2 \qquad\qquad (*)$$

其对应的齐次方程通解为

$$y_c(t) = C2^t$$

设方程（*）的特解 $y_t^* = at^2 + bt + c$ 并代入（*），有

$$[a(t+1)^2 + b(t+1) + c] - 2(at^2 + bt + c) = 3t^2 - 2$$

整理得

$$-at^2 + (2a - b)t + (a + b - c) = 3t^2 - 2$$

比较上式两边同次幂的系数，有

$$\begin{cases} -a = 3 \\ 2a - b = 0 \\ a + b - c = -2 \end{cases}$$

解得，$a = -3, b = -6, c = -7$，故有

$$y_t^* = -3t^2 - 6t - 7$$

于是方程(*)的通解为

$$y_t = C2^t - 3t^2 - 6t - 7$$

由差分方程特性知,它也是所给方程的通解.

【例 8.34】 求差分方程 $y_{t+1} - 2y_t = t2^t$ 的通解.

解 所给方程对应的齐次方程通解为

$$y_c(t) = C2^t$$

由于 $f(t)$ 是 t 的一次函数与指数函数 2^t 的乘积,所以先设所给方程的特解为

$$y_t^* = (At + B)2^t = At2^t + B2^t$$

但经检验知,其中的 $B2^t$ 是齐次方程通解 $y_c(t) = C2^t$ 的同类项,因此还应该在所设试解函数的基础上乘以 t,因此设所给方程的特解为

$$y_t^* = t(At + B)2^t$$

代入所给方程,有

$$(t + 1)\left[A(t + 1) + B\right]2^{t+1} - 2t(At + B)2^t = t2^t$$

化简整理后,有

$$4At + (2A + 2B) = t$$

解得 $A = \dfrac{1}{4}, B = -\dfrac{1}{4}$,故有

$$y_t^* = t\left(\frac{1}{4}t - \frac{1}{4}\right)2^t = \frac{1}{4}t(t - 1)2^t$$

从而所给方程的通解为

$$y_t = C2^t + \frac{1}{4}t(t - 1)2^t = \left[C + \frac{1}{4}t(t - 1)\right]2^t$$

8.7 经济应用实例:微分方程、差分方程在经济学中的应用

8.7.1 微分方程在经济学中的应用

1. logistic 方程

logistic 方程在许多领域都有着广泛应用的数学模型.

一棵小树刚栽下去的时候长的比较慢,渐渐地,小树长高了且长得越来越快,几年不见,绿荫下都可以乘凉了.但是当长到某一高度后,它的生长速度趋于稳定,然后再慢慢降下来,这一现象很具有普遍性.

如果假设树的生长速度与它目前的高度成正比,则显然不符合早期以及后期的生长情况,但是如果假设树的生长速度正比于最大高度与目前高度的差,则又明显不符合中间段的生长过程. 因此折中假设树的生长速度既与目前的高度,又与最大高度与目前高度的差成正比.

设树生长的最大高度为 $H(m)$,在 t(年) 时的高度为 $h(t)$,则有

$$\frac{\mathrm{d}h(t)}{\mathrm{d}t} = kh(t)[H - h(t)] \tag{8.54}$$

其中 $k > 0$ 为比例常数.

方程(8.54) 为 logistic 方程,它为可分离变量的一阶微分方程.

方程(8.54) 分离变量得

$$\frac{\mathrm{d}h}{h(H - h)} = k\mathrm{d}t$$

方程两侧积分

$$\int \frac{\mathrm{d}h}{h(H - h)} = \int k\mathrm{d}t$$

得

$$\frac{1}{H}[\ln h - \ln(H - h)] = kt + C_1$$

即

$$\frac{h}{H - h} = \mathrm{e}^{kHt + C_1 H} = C_2 \mathrm{e}^{kHt}$$

得通解为

$$h(t) = \frac{C_2 H \mathrm{e}^{kHt}}{1 + C_2 \mathrm{e}^{kHt}} = \frac{H}{1 + C \mathrm{e}^{-kHt}} \left(其中 C = \frac{1}{C_2} = \mathrm{e}^{-C_1 H} 为正常数\right)$$

函数 $h(t)$ 的图像称为 logistic 曲线,它的图形是 S 形,一般也称为 S 曲线. 如图 8.1 所示,可以看出,它基本符合我们描述树的生长情况. 同时可以算得

$$\lim_{t \to +\infty} h(t) = H$$

这说明树的生长有一个限制,因此也称为限制性生长模式.

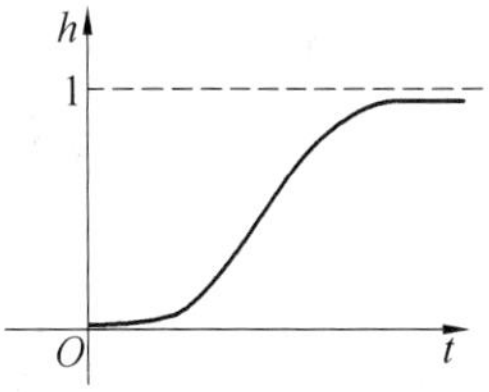

Logistic 的中文音译为"逻辑斯谛"."逻辑" 的解释是"客观事物发展的规律性",因此许多现象本质上都符合这种 S 规律. 除了生物种群的繁殖外,还有信息的传播、新技术的推广、传染病的扩散,以及某些商品的销售等.

下面举例说明 logistic 在新产品推广模型上的应用.

某种新产品推向市场,t 时刻的销售量为 $x(t)$,由于产品性能良好,每个产品都是宣传品,所以 t 时刻的产品销售量的增长率 $\frac{\mathrm{d}x}{\mathrm{d}t}$ 与 $x(t)$ 成正比,同时考虑产品销售量存在一定的市场容量 N,$\frac{\mathrm{d}x}{\mathrm{d}t}$ 与尚未购买该产品的潜在顾客 $N - x(t)$ 也成正比,则有

图 8.1

$$\frac{\mathrm{d}x}{\mathrm{d}t} = kx(N - x) \tag{8.55}$$

分离变量得

$$\frac{\mathrm{d}x}{x(N - x)} = k\mathrm{d}t$$

两侧积分得

$$\frac{x}{N - x} = C_1 \mathrm{e}^{kNt}$$

方程(8.55)的通解为

$$x(t) = \frac{C_1 N \mathrm{e}^{kNt}}{1 + C_1 \mathrm{e}^{kNt}} = \frac{N}{1 + C_2 \mathrm{e}^{-kNt}}$$

而

$$x'(t) = \frac{C_2 k N^2 \mathrm{e}^{-kNt}}{(1 + C_2 \mathrm{e}^{-kNt})^2}$$

$$x''(t) = \frac{C_2 k^2 N^3 \mathrm{e}^{-kNt}(C_2 \mathrm{e}^{-kNt} - 1)}{(1 + C_2 \mathrm{e}^{-kNt})^3}$$

当 $x(t) < N$ 时,$\frac{\mathrm{d}x}{\mathrm{d}t} > 0$,表明销售量单调增加. 当 $x(t*) < \frac{N}{2}$ 时,有 $x''(t) > 0$,当 $x(t*)$ $> \frac{N}{2}$ 时,有 $x''(t) < 0$. 当销量达到最大需求 N 的一半时,销量速度增加,当销量超过一半时,销量速度较少.

国内外许多经济学家调查表明. 许多产品的销售曲线与 logistic 曲线十分接近. 根据对曲线性状的分析,许多分析家认为,在新产品推出的初期,应采用小批量生产并加强广告宣传,而在产品用户达到 20% 到 80% 期间,产品应大批量生产;在产品用户超过 80% 时,应适时转产,可以达到最大的经济效益.

2. 马王堆墓葬年代推测

放射性元素的质量随时间的推移而逐渐减少(负增长),这种现象称为**衰变**. 由物理学定律可知,放射性元素任一时刻的衰变速度与该时刻放射性元素的质量成正比. 根据这一原理,可以通过微分方程研究放射性元素衰变的规律.

设放射性元素 t 时刻的质量 $m = m(t)$,则其衰变速度为 $\frac{\mathrm{d}m}{\mathrm{d}t}$,于是可得

$$\frac{\mathrm{d}m}{\mathrm{d}t} = -\lambda m \tag{8.56}$$

其中 $\lambda > 0$ 是比例常数,可由该元素的半衰变期(质量蜕变到一半所需要的时间)确定;λ 前置负号表明放射性元素的质量 m 是随时间 t 递减的.

若在初始时刻$(t=0)$放射性元素的质量 $m=m_0$，则可求得该方程的特解为

$$m(t)=m_0\mathrm{e}^{-\lambda t} \tag{8.57}$$

这说明放射性元素的质量也是随时刻按指数规律递减的.

为了能将求得的放射性元素衰变规律应用于实际，还必须确定上式中的比例常数 λ. 这时，可以假设放射性元素的半衰期为 T. 从而有

$$\frac{m_0}{2}=m_0\mathrm{e}^{-\lambda T}$$

解之，得 $\lambda=\dfrac{\ln 2}{T}$，于是反映放射性元素衰变规律的式(8.57)又可以表示为

$$m(t)=m_0\mathrm{e}^{-\ln 2t/T} \tag{8.58}$$

并由此可解得

$$t=\frac{T\ln\dfrac{m_0}{m(t)}}{\ln 2} \tag{8.59}$$

它所反映的是放射性元素由初始时刻的质量 m_0 衰减到 $m(t)$ 所需要的时间.

放射性元素的衰变规律常被考古、地质方面的专家用于测定文物和地质的年代，其中最常用的是 ^{14}C(碳–12 的同位素)测定法. 这种方法的原理是：大气层在宇宙射线不断的轰击下所产生的中子与氮气作用生成了具有放射性的 ^{14}C，进一步氧化为二氧化碳，二氧化碳被植物所吸收，而动物又以植物为食物，于是放射性碳就被带到了各种动物的体内. 对于具有放射性的 ^{14}C 来说，不论是存在于空气中还是生物体内，它都在不断地蜕变. 由于活着的生物通过新陈代谢不断地摄取 ^{14}C，因而使得生物体内的 ^{14}C 与空气中的 ^{14}C 有相同的百分含量；一旦生物死亡之后，随着新陈代谢的停止，尸体内的 ^{14}C 就会不断地蜕变而逐渐减少，因此根据 ^{14}C 蜕变减少量的变化情况并利用式(8.59)，就可以判定生物死亡的时间.

下面就是一个运用 ^{14}C 测定法确定年代的具体实例.

1972 年 8 月，湖南长沙出土了马王堆一号墓(注：出土时因墓中女尸历经千年而未腐曾经轰动世界). 经测定，出土的木炭标本中 ^{14}C 的平均原子蜕变速度为29.78 次／分，而新砍伐烧成的木炭中 ^{14}C 的平均原子蜕变速度为38.37 次／分；如果 ^{14}C 的半衰变期取为5568 年(注：^{14}C 的半衰期在各种资料中说法不一，分别有5568 年、5580 年和5730 年不等)，那么怎样才能根据以上数据确定这座墓葬的大致年代呢？

在确定衰变时间公式(8.59)中，由于 m_0 和 $m(t)$ 表示的分别是该墓下葬时和出土时木炭标本中的 ^{14}C 的含量，而测定到的是标本中的 ^{14}C 的平均原子蜕变速度，所以还要对式(8.59)做进一步的修改：

首先将原方程(8.56)改写成

$$m'(t)=-\lambda m(t)$$

则令 $t = 0$,得

$$m'(0) = -\lambda m(0) = -\lambda m_0$$

上面两式相除,得

$$\frac{m'(0)}{m'(t)} = \frac{m_0}{m(t)}$$

代入式(8.59),即得

$$t = \frac{T\dfrac{m'(0)}{m'(t)}}{\ln 2} \tag{8.60}$$

于是,衰变时间由式(8.59)根据^{14}C含量的变化情况确定就转化为由式(8.60)根据^{14}C衰变速度的变化情况来确定,这就给实际操作带来了很大方便.

在本例中,$T = 5\ 568$ 年,$m'(t) = 29.78$ 次/分,$m'(0)$ 虽然表示的是下葬时所烧制的木炭中^{14}C的衰变速度,但考虑到宇宙射线的强度在数千年内的变化不会很大,因而可以假设现代生物体中的^{14}C的衰变速度与马王堆墓葬时代生物体中的^{14}C的衰变速度相同,即可以用新砍伐烧成的木炭中的^{14}C的平均原子蜕变速度 38.37 次/分替代 $m'(0)$.代入式(8.60)可求得

$$t = \frac{T\dfrac{m'(0)}{m'(t)}}{\ln 2} = \frac{5\ 568\ln\dfrac{38.37}{29.78}}{\ln 2} \approx 2\ 036(\text{年})$$

若以 $T = 5\ 580$ 年或 $T = 5\ 730$ 年计算,则可分别算得 $t \approx 2\ 040$ 年或 $t \approx 2\ 050$ 年,即马王堆一号墓大约是 2 000 多年前我国汉代的墓葬(注:后经进一步考证,确定墓主人为汉代长沙国丞相利仓的夫人辛追).

8.7.2 差分方程在经济学中的应用

1. 存款模型

设 S_t 为 t 期期末的存款总额,r 为存款利率,则 $t + 1$ 期期末的存款总额 S_{t+1} 为 t 期期末的存款总额 S_t 与 t 期到 $t + 1$ 期存款总额的利息 rS_t 之和,即

$$S_{t+1} = S_t + rS_t = (1 + r)S_t, t = 0, 1, 2, \cdots$$

这是一个关于 S_t 的一阶常系数齐次线性差分方程,其通解为

$$S_t = (1 + r)^t S_0, t = 0, 1, 2, \cdots$$

其中 S_0 为期初存款额,即本金.

如果各期利率不同,t 期利率为 r_t,则上述模型化为

$$S_{t+1} = (1 + r_t)S_t, t = 0, 1, 2, \cdots$$

由迭代法,可得通解为

$$S_t = (1 + r_0)(1 + r_1)\cdots(1 + r_{t-1})S_0$$

存款模型看似简单,但在经济生活中,却是一个经常碰到的模型.例如,企业贷款投资,个

人贷款买房等.

2. 动态供需均衡模型(蛛网定理)

普通市场是一般商品的价格影响消费者对该种商品的需求量,需求量与价格成反比.

设 D_t 表示 t 期的需求量, S_t 表示 t 期的供给量, P_t 表示商品 t 期价格,则传统的动态供需均衡模型为

$$\begin{cases} Q_t = a + bP_t & (1) \\ S_t = a_1 + b_1 P_{t-1} & (2) \\ Q_t = S_t & (3) \end{cases}$$

其中, a, b, a_1, b_1 均为已知常数.

其经济意义为:式(1)表示 t 期(现期)需求依赖于同期价格;式(2)表示 t 期(现期)供给依赖于 $t-1$ 期(前期)价格. 这里假定该商品生产行为既不是瞬时的,也不是连续的,而是要求一个固定的生产周期. 生产者认为:本期的市场价格将在下一期内保持不变,并按现在价格安排下一周期的生产. 所以,第 t 期的供给量 S_t 由前一周期的价格 P_{t-1} 决定,即供给量滞后于价格一个周期;式(3)为供需均衡条件.

在供需平衡的条件下,而且价格保持不变,即

$$P_t = P_{t-1} = P_e$$

由式(1)(2)(3),即得静态均衡价格

$$P_e = \frac{a - a_1}{b_1 - b}$$

一般地,将动态供需均衡模型的式(1)(2)代入式(3),得到动态供需均衡模型的等价差分方程:

$$P_t - \frac{b_1}{b} P_{t-1} = \frac{a_1 - a}{b} \tag{8.61}$$

式(8.61)为一阶常系数非齐次线性差分方程,可求得该方程的一个特解

$$P_t^* = \frac{a - a_1}{b_1 - b} = P_e$$

则方程(8.61)的通解为

$$P_t = A \left(\frac{b_1}{b} \right)^t + P_e \quad (A \text{ 为任意常数})$$

当初始价格 P_0 已知时,将其代入通解,可求得任意常数 $A = P_0 - P_e$,则通解为

$$P_t = (P_0 - P_e) \left(\frac{b_1}{b} \right)^t + P_e \tag{8.62}$$

若初始价格 $P_0 = P_e$,则 $P_t = P_e$,这表明没有外部干扰时,价格将固定在常数 P_e 上,则为静态均衡.

若初始价格 $P_0 \neq P_e$,则价格 P_t 将随 t 的变化而变化. 显然由通解式(8.62)可知,当且仅当 $\left|\dfrac{b_1}{b}\right| < 1$ 时,有

$$\lim_{t \to +\infty} P_t = \lim_{t \to +\infty} (P_0 - P_e)\left(\frac{b_1}{b}\right)^t + P_e = P_e$$

即动态价格 P_t 随 t 的无限增大逐渐地振荡趋近于静态均衡价格 P_e,如图 8.2.

图 8.2 的形状类似于蜘蛛网,故称此模型为蛛网模型(或蛛网定理).

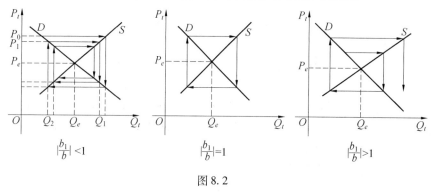

图 8.2

伸延 阅读

微分方程简介

微分方程起源于 17 世纪末,是为了解决物理以及天文学问题而产生的,几乎和微积分的发展是同一时期.

荷兰数学家、物理学家、天文学家惠更斯在 1693 年的《教师学报》上明确提出微分方程. 雅克·贝努里是利用微积分求解常微分方程问题的先驱者之一,他在 1690 年发表的关于等时问题的解答中引入了微分方程 $\sqrt{b^2 - a^3}\,\mathrm{d}y = \sqrt{a^3}\,\mathrm{d}x$,1691 年给出了用微积分方法建立悬链线问题的解答,建立微分方程 $\dfrac{\mathrm{d}y}{\mathrm{d}x} = \dfrac{s}{c}$. 莱布尼茨(Leibniz)提出了求解 $y\dfrac{\mathrm{d}x}{\mathrm{d}y} = f(x)g(y)$ 类型方程的变量分离法,同时给出了 $y' = f\left(\dfrac{y}{x}\right)$ 的求解方法. 1694 年,莱布尼茨还利用变量替换法给出了 $y' + P(x)y = Q(x)$ 的解. 雅克·贝努里在 1695 年提出了贝努里方程 $\dfrac{\mathrm{d}x}{\mathrm{d}y} = P(x)y + Q(x)y^n$ 的解. 莱布尼茨在 1696 年给出了利用变量替换 $z = y^{1-n}$,可以把方程化为一阶线性方程的证明. 约翰·贝努里首先提出了全微分方程的概念. 欧拉在 1734—1735 年的论文中给出了方程为全微分方程的条件,提出了积分因子的概念,确立了可采用积分因子求解的方程类型. 求解一阶微分方程的所有初等方法的探讨工作于 1740 年基本完成.

二阶常微分方程于 1691 年在物理问题的研究中首次提出. 雅克·贝努里研究船帆在风力作用下的形状, 引入二阶方程 $\dfrac{\mathrm{d}^2 x}{\mathrm{d}s^2} = \left(\dfrac{\mathrm{d}x}{\mathrm{d}s}\right)^3$, 其中 s 为弧长. 1734 年, 丹尼尔·贝努里解决了弹性横梁的横向位移问题 $k^4 \dfrac{\mathrm{d}^4 y}{\mathrm{d}x^4} = y$. 欧拉也发现了这个方程, 又同时研究了线性常系数齐次微分方程 $0 = Ay + B\dfrac{\mathrm{d}y}{\mathrm{d}x} + C\dfrac{\mathrm{d}^2 y}{\mathrm{d}x^2} + \cdots + L\dfrac{\mathrm{d}^n y}{\mathrm{d}x^n}$, 完整地解决了它的求解问题. 十年后, 欧拉又给出了常系数线性非齐次微分方程的解法, 但是他采用的方法是逐次降低方程阶数.

1700 年以后, 利用级数求解微分方程的方法得到了广泛的应用. 1750 年, 欧拉将这种方法提到了重要的位置. 1766 年, 达朗贝尔指出, 线性非齐次方程的通解等于它的特解与相应线性齐次微分方程的通解之和.

微分方程在 18 世纪中期成为一个独立的学科, 带动了许多科学领域的发展. 其应用十分广泛, 许多物理或化学的基本定律都可以写成微分方程的形式, 在生物学及经济学中, 微分方程也可以作为许多复杂的数学模型.

习　题　八

1. 求下列微分方程的阶数:

(1) $x + yy' = 0$; 　　　　(2) $x\,(y')^2 + 2y' + x = 0$; 　　　　(3) $\dfrac{\mathrm{d}^2 y}{\mathrm{d}x^2} + \left(\dfrac{\mathrm{d}y}{\mathrm{d}x}\right)^3 = 4 - y$.

2. 验证 $y = x\mathrm{e}^x$ 是微分方程 $y'' - 2y' + y = 0$ 的特解.

3. 设 $y = y(x)$ 是由方程 $x^2 - xy + y^2 = 1$ 所确定的隐函数, 验证 $y(x)$ 是微分方程 $(x - 2y)y' = 2x - y$ 的解.

4. 写出由下列条件确定的曲线所满足的微分方程:

(1) 曲线在点 (x, y) 处的切线的斜率等于该点横坐标的平方;

(2) 曲线上点 $P(x, y)$ 处的法线与 x 轴的交点为 Q, 且线段 PQ 被 y 轴平分.

5. 求微分方程 $y'' = x$ 的通解.

6. 求下列微分方程的通解或在所给初始条件下的特解:

(1) $2xy\mathrm{d}x = \mathrm{d}y$; 　　　　　　(2) $\sec^2 x \tan y \mathrm{d}x + \sec^2 y \tan x \mathrm{d}y = 0$;

(3) $(y + 1)^2 y' + x^3 = 0$; 　　　　(4) $y\mathrm{d}x + (x^2 - 4x)\mathrm{d}y = 0$;

(5) $y' = \mathrm{e}^{2x-y}, y(0) = 0$; 　　　(6) $xy\mathrm{d}x + \sqrt{1 + x^2}\,\mathrm{d}y = 0, y(0) = 1$;

(7) $yy' + x\mathrm{e}^y = 0, y(1) = 0$.

7. 求下列微分方程的通解或在所给初始条件下的特解:

(1) $(x^2 + y^2)\mathrm{d}x - 2xy\mathrm{d}y = 0$; 　　　　(2) $y' = \dfrac{y}{x} + \sin\dfrac{y}{x}$;

$(3)\left(1 + 2\mathrm{e}^{\frac{x}{y}}\right)\mathrm{d}x + 2\mathrm{e}^{\frac{x}{y}}\left(1 - \dfrac{x}{y}\right)\mathrm{d}y = 0$; $\quad(4)y' = \left(\dfrac{y}{x}\right)^2 + \dfrac{y}{x} + 4, y(1) = 2$;

$(5)xy' - y = x\tan\dfrac{y}{x}, y(1) = \dfrac{\pi}{2}$;

$(6)(x^2 + 2xy - y^2)\mathrm{d}x + (y^2 + 2xy - x^2)\mathrm{d}y = 0, y(1) = 1.$

8. 求下列微分方程的通解或在所给初始条件下的特解:

$(1)y' - 3y = \mathrm{e}^{2x}$; $\qquad\qquad\qquad(2)\dfrac{\mathrm{d}y}{\mathrm{d}x} - \dfrac{2y}{x+1} = (x+1)^3$;

$(3)(x^2 - 1)y' + 2xy - \cos x = 0$; $\qquad(4)(x - 2)y' = y + 2(x - 2)^3$;

$(5)y' + y\tan x = \cos^2 x, y\left(\dfrac{\pi}{4}\right) = \dfrac{1}{2}$; $\qquad(6)y' + 3y = 8, y(0) = 2$;

$(7)\dfrac{\mathrm{d}y}{\mathrm{d}x} - 3xy = xy^2$; $\qquad\qquad\qquad(8)\dfrac{\mathrm{d}y}{\mathrm{d}x} + \dfrac{1}{3}y = \dfrac{1}{3}(1 - 2x)y^4.$

9. 验证 $y_1 = \mathrm{e}^{x^2}$ 及 $y_2 = x\mathrm{e}^{x^2}$ 都是方程 $y'' - 4xy' + (4x^2 - 2)y = 0$ 的解,并写出该方程的通解.

10. 求下列各微分方程的通解或在给定初始条件下的特解:

$(1)y'' = x + \sin x$; $\qquad\qquad\qquad(2)y'' = 1 + y'^2$;

$(3)xy'' + y' = 0$; $\qquad\qquad\qquad(4)y'' = \mathrm{e}^{2y}, y\big|_{x=0} = y'\big|_{x=0} = 0$;

$(5)y'' - ay'^2 = 0, y\big|_{x=0} = 0, y'\big|_{x=0} = -1$;

$(6)x^2y'' + xy' = 1, y\big|_{x=1} = 0, y'\big|_{x=1} = 1.$

11. 求下列二阶齐次线性微分方程的通解或在给定初始条件下的特解:

$(1)y'' - 2y' = 0$; $\quad(2)y'' - 6y' + 9y = 0$; $\quad(3)y'' - 4y' + 5y = 0$;

$(4)y'' - 2y' - 3y = 0, y(0) = 2, y'(0) = 2$;

$(5)y'' - 10y' + 25y = 0, y(0) = 0, y'(0) = 1$;

$(6)y'' + 25y = 0, y(0) = 2, y'(0) = 5$;

$(7)\ y'' - 4y' + 13y = 0, y(0) = 0, y'(0) = 3$

12. 求下列二阶非齐次线性微分方程的通解或在给定初始条件下的特解:

$(1)y'' + 5y' + 4y = 3 - 2x$; $\qquad\qquad(2)y'' - 6y' + 8y = 8x^2 - 4x + 12$;

$(3)\ y'' - 6y' + 9y = (x + 1)\mathrm{e}^{3x}$; $\qquad(4)y'' - y = 4x\mathrm{e}^x, y(0) = 0, y'(0) = 1$;

$(5)\ y'' - 4y' = 5, y(0) = 1, y'(0) = 0$; $\qquad(6)y'' + y = \cos 3x, y\left(\dfrac{\pi}{2}\right) = 4, y'\left(\dfrac{\pi}{2}\right) = -1.$

13. 求下列各题的差分:

$(1)y_t = \mathrm{e}^t$, 求 Δy_t; $\quad(2)y_t = \sin t$, 求 $\Delta^2 y_t.$

14. 确定下列差分方程的阶:

$(1)y_{t+3} - y_t = 7$; $\qquad\qquad\qquad(2)y_{t+4} - ty_{t+3} + 3t^2 y_t = 1$;

(3)$3y_{t+6} - 5y_{t+1} = 7$.

15. 证明下列函数是所给方程的通解：

(1)$y_t = \dfrac{C}{1 + Ct}$，$(1 + y_t)y_{t+1} = y_t$；

(2)$y_t = C_1 + C_2 2^t + C_3 3^t$，$y_{t+3} - 6y_{t+2} + 11y_{t+1} - 6y_t = 0$.

16. 求下列差分方程的通解或满足所给初始条件下的特解：

(1)$4y_{t+1} - y_t = 9$；　　　　　　　　　(2)$2y_{t+1} + y_t = 3 + t$；

(3)$y_{t+1} + 2y_t = 2^t$，$y_0 = \dfrac{3}{4}$.

17. 已知某商品的生产成本 $C = C(Q)$ 随着生产量 Q 的增加而增加，其增长率为 $C'(Q) = \dfrac{1 + Q + C(Q)}{1 + Q}$，且生产量为 0 时，固定成本 $C(0) = C_0 \geqslant 0$，求该商品的生产成本函数 $C(Q)$.

18. 假设某品牌小汽车 t 时刻的运行成本和转让价值分别为 $R = R(t)$ 和 $S = S(t)$，它们满足如下关系：$R' = \dfrac{a}{S}$，$S' = -bS$，其中 a, b 为正的常数. 已知 $R(0) = 0$，$S(0) = S_0$（S_0 为购买成本），求 $R(t)$ 和 $S(t)$.

19. 某人在银行存入 1 000 元人民币，年利率为 4%，该人以后每年年终都续存 100 元. m 年后此人账目中有多少存款？试列出差分方程并计算. 再用迭代法求出前四年此人账目中的存款数.

20. 设 Y_t 为 t 期国民收入，C_t 为 t 期消费，I 为投资（各期相同）. 卡恩（Kahn）曾提出如下宏观经济模型：$Y_t = C_t + I$，$C_t = \alpha Y_{t-1} + \beta$，其中 $0 < \alpha < 1$，$\beta > 0$，已知 Y_0，试求 Y_t，C_t.

参考答案

习 题 一

1. $(1)6,9,a^2+5,\dfrac{1}{x^2}+5,x^4+10x^2+30,\dfrac{1}{x^2+5};(2)\dfrac{1}{2},2,1$

2. $(1)(-\infty,-2)\cup(-2,1)\cup(1,+\infty);(2)[-3,3];(3)(-\infty,4];(4)(1,+\infty);$
$(5)[-3,0)\cup(2,3];(6)(-1,+\infty);(7)(-\infty,+\infty);(8)(0,+\infty)$

3. (1)偶函数;(2)奇函数;(3)偶函数;(4)偶函数;(5)奇函数;(6)非奇非偶函数

4. (1)在$(-\infty,+\infty)$内单调增加;(2)在$(-\infty,+\infty)$内单调增加;
(3)在$(0,+\infty)$内单调增加

5. $e^{x-1}(2e^{x-1}+1),e^{2x^2+x-1}$

6. $(1)y=e^{\sin^3 x};(2)y=\left(1+\sqrt{x^2+2}\right)^2;(3)y=\arctan 3^{\cos x};(4)y=\arcsin\left[\lg^2(2x+1)\right]$

7. $(1)y=\sin u,u=1-3x;(2)y=u^2,u=1+\ln v,v=x+1;(3)y=\sqrt{u},u=\ln v,v=\sqrt{x}+1;$
$(4)y=5^u,u=\ln v,v=\sin x;(5)y=\log_2 x\cdot\arccos u,u=e^x;$
$(6)y=u^2,u=\arctan v,v=\dfrac{2x}{1-x^2}$

8. $(1)p_0=80,Q(p_0)=S(p_0)=70;(2)$略$;(3)p=10,$价格低于10时,无人愿供货

9. $(1)C(Q)=10Q+150(0<Q\leqslant100),\overline{C(Q)}=\dfrac{150}{Q}+10(0<Q\leqslant100);$
$(2)R(Q)=14Q(0<Q\leqslant100);(3)L(Q)=4Q-150(0<Q\leqslant100)$

10. $(1)1,2,\dfrac{7}{3},\dfrac{5}{2},\dfrac{13}{5}$ 收敛,极限为3;$(2)2,0,2,0,2$ 发散;
$(3)\dfrac{4}{3},\dfrac{8}{9},\dfrac{28}{27},\dfrac{80}{81},\dfrac{244}{243}$ 收敛,极限为1;$(4)0,\dfrac{3}{4},\dfrac{4}{3},\dfrac{15}{8},\dfrac{12}{5}$ 发散

11. (1) 错误;(2) 错误;(3) 正确;(4) 错误;(5) 错误;(6) 错误;(7) 错误;(8) 正确;
(9) 错误

12. (1) 高阶;(2) 同阶;(3) 低阶;(4) 同阶;(5) 等价;(6) 同阶;(7) 高阶

13. $(1)5;(2)2;(3)2;(4)\dfrac{1}{3};(5)0;(6)\dfrac{1}{6};(7)2x;(8)\infty;(9)0;(10)\dfrac{1}{2};(11)+\infty;$

$(12)\dfrac{1}{2};(13)\dfrac{1}{2};(14)\dfrac{1}{2};(15)2;(16)\dfrac{3^{13}}{2^{20}};(17)2;(18)0;(19)2;(20)3;(21)1$

14. $k=-3$

15. $a=1,b=-2$

16. (1) $\lim\limits_{x\to0}f(x)$ 不存在,$\lim\limits_{x\to1}f(x)=2$;(2) 不存在;(3) 不存在

17. 提示$(2)0<\dfrac{n!}{n^n}\leqslant\dfrac{2}{n^2};(3)5^n\leqslant1+2^n+5^n\leqslant3\cdot5^n$

18. $(1)6;(2)\dfrac{2}{5};(3)4;(4)1;(5)1;(6)1;(7)2;(8)\dfrac{1}{3};(9)\mathrm{e}^{-1};(10)\mathrm{e}^3;(11)\mathrm{e}^{-\frac{3}{2}};$

$(12)\mathrm{e}^2;(13)\mathrm{e}^{-1};(14)\mathrm{e}^{-4};(15)\mathrm{e}^{-\frac{1}{2}};(16)x$

19. 4

20. (1) 连续;(2) 连续;(3) 不连续;(4) 连续

21. $(1)x=1,$可去间断点;$x=2,$无穷间断点;
$(2)x=0,$可去间断点;$(3)x=1,$跳跃间断点;$(4)x=0,$无穷间断点;
$(5)x=0,$可去间断点;$x=1,$无穷间断点;
$(6)x=0,$跳跃间断点

22. $(1)a=1;(2)a=1,b=0;(3)a=1,b=\mathrm{e};(4)a=1$

23. $(1)1;(2)0;(3)\mathrm{e}^2;(4)0;(5)1;(6)\mathrm{e}^3;(7)1;(8)\dfrac{\mathrm{e}^2}{5}$

24. 略

习 题 二

1. $\dfrac{\mathrm{d}m}{\mathrm{d}x}\bigg|_{x=x_0}$

2. $\dfrac{\mathrm{d}T}{\mathrm{d}t}$

3. $(1)8x,-8;(2)\dfrac{1}{2\sqrt{x}},\dfrac{\sqrt{2}}{4}$

4. (1) $-\dfrac{1}{2}f'(x_0)$;(2)$3f'(x_0)$

5. (1) $-2\,011!$;(2)$\varphi(0)\ln 2$

6. (1)$f'(0)$;(2)$tf'(0)$;(3)0;(4)$2tf'(0)$

7. (1) 正确;(2) 正确;(3) 正确;(4) 正确

8. (1) $\dfrac{2}{5}x^{-\frac{3}{5}}$;(2) $\dfrac{1}{6}x^{-\frac{5}{6}}$;(3) $(2\mathrm{e})^x(\ln 2+1)$;(4) $-\dfrac{2}{x^3}$;(5) $\dfrac{1}{x\ln 10}$;(6) $\dfrac{3}{4}x^{-\frac{1}{4}}$

9. 提示:考虑$f'(-x)$

10. 提示:因为$f(x)$为偶函数,则$f(-x)=f(x)$,考虑$f'(-x)$和$f'(x)$

11. 切线方程:$y=\dfrac{\sqrt{3}}{2}\left(x-\dfrac{\pi}{6}\right)+\dfrac{1}{2}$;法线方程:$y=\dfrac{-2\sqrt{3}}{3}\left(x-\dfrac{\pi}{6}\right)+\dfrac{1}{2}$

12. $x+y=2$

13. (1) 连续不可导;(2) 连续不可导;(3) 连续不可导;(4) 连续可导

14. $a=2,b=-1$

15. 当点a为$\varphi(x)$的连续点或可去间断点时,$f(x)$可导,否则$f(x)$不可导

16. 提示:首先构造出曲线上点$\left(x_0,\dfrac{a^2}{x_0}\right)$处的切线方程:$y-\dfrac{a^2}{x_0}=-\dfrac{a^2}{x_0^2}(x-x_0)$

17. (1)$3x^2-\dfrac{14}{x^3}+\dfrac{2}{x^2}$;(2) $-\dfrac{1+x}{2x\sqrt{x}}$;(3)$10x-2^x\ln 2+3\mathrm{e}^x$;(4)$\sec x(2\sec x+\tan x)$;

(5)$x^2(3\cos x-x\sin x)$;(6)$x(2\ln x+1)$;(7)$\mathrm{e}^x\left(\arctan x+\dfrac{1}{1+x^2}\right)$;(8)$2x\sec^2 x\tan x$;

(9) $\dfrac{2}{(x+1)^2}$;(10) $\dfrac{(x-2)\mathrm{e}^x}{x^3}$;(11)$(1-2x\ln 2)4^{-x}$;(12) $-\dfrac{1}{\arcsin^2 x\sqrt{1-x^2}}$;

(13) $\dfrac{\sin t-\cos t-1}{(1+\cos t)^2}$;(14)$3(\sin x+\cos x)^{-2}$;(15) $\dfrac{x-x\ln x+(1+x-x^2-x\ln x)\mathrm{e}^x}{x(x+\mathrm{e}^x)^2}$;

(16)$x(2\ln x\cdot\cos x+\cos x-x\ln x\cdot\sin x)$

18. (1)$6(2x+5)^2$;(2) $-3\cos(2-3x)$;(3) $\dfrac{x}{\sqrt{(1-x^2)^3}}$;(4) $\dfrac{10x^9}{(1+x)^{11}}$;(5) $\dfrac{\mathrm{e}^x}{1+\mathrm{e}^{2x}}$;

(6) $\dfrac{2\arcsin x}{\sqrt{1-x^2}}$;(7) $\dfrac{-1}{\sqrt{x-x^2}}$;(8) $\dfrac{-x}{|x|\sqrt{1-x^2}}$;(9) $\dfrac{\mathrm{e}^{\arctan\sqrt{x}}}{2\sqrt{x}(1+x)}$;(10) $\dfrac{(\ln x-1)\ln 2}{\ln^2 x}2^{\frac{x}{\ln x}}$;

(11) $-\dfrac{1}{1+x^2}$;(12)$4(\mathrm{e}^x+\mathrm{e}^{-x})^{-2}$;(13) $\dfrac{1}{x^2}\sin\dfrac{2}{x}\mathrm{e}^{-\sin^2\frac{1}{x}}$;(14) $\dfrac{1}{x\ln x\ln\ln x}$;

(15) $-\dfrac{1}{2}\mathrm{e}^{-\frac{x}{2}}(\cos 2x+4\sin 2x)$;(16)$\sec x$;(17)$\tan^3 x$;(18)$\arccos x$;(19) $\dfrac{1}{x^2}\tan\dfrac{1}{x}$;

$(20)\ \dfrac{1}{\sqrt{2x+x^2}};(21)\ -\mathrm{e}^{-2x}(2x^2-4x+3);(22)\arcsin(\ln x)+\dfrac{1}{\sqrt{1-\ln^2 x}};$

$(23)\sin x\cdot\ln\tan x;(24)\ \dfrac{\mathrm{e}^x}{\sqrt{1+\mathrm{e}^{2x}}};(25)\arcsin\dfrac{x}{2};(26)\ \sqrt{x^2+a^2}$

19. $(1)\ -\dfrac{\sqrt{y}}{\sqrt{x}};(2)\ \dfrac{\mathrm{e}^{x+y}-y}{x-\mathrm{e}^{x+y}};(3)\ \dfrac{x+y}{x-y};(4)\ -\dfrac{1+y\sin(xy)}{x\sin(xy)}$

20. 切线方程: $x+y-\dfrac{\sqrt{2}}{2}a=0$;法线方程: $x-y=0$

21. $(1)\left(1+\dfrac{1}{2}\ln x\right)x^{\sqrt{x}-\frac{1}{2}};(2)\ -(1+\cos x)^{\frac{1}{x}}\left(\dfrac{\ln(1+\cos x)}{x^2}+\dfrac{\sin x}{x(1+\cos x)}\right);$

$(3)\ \dfrac{1}{2}\left(\dfrac{1}{x-1}-\dfrac{1}{x}-\dfrac{1}{x+3}\right)\sqrt{\dfrac{x-1}{x(x+3)}};(4)\left(\dfrac{x}{a}\right)^b\cdot\left(\dfrac{b}{x}\right)^a\cdot\left(\dfrac{b}{a}\right)^x\left(\dfrac{b-a}{x}+\ln\dfrac{b}{a}\right)$

22. $(1)\ \dfrac{-2(x^2+1)}{(x^2-1)^2};(2)2\arctan x+\dfrac{2x}{1+x^2};(3)2x(3+2x^2)\mathrm{e}^{x^2};(4)\ -\dfrac{x}{(1+x^2)^{\frac{3}{2}}};$

$(5)\ \dfrac{\mathrm{e}^{2y}(3-y)}{(2-y)^3};(6)\ -2\csc^2(x+y)\cdot\cot^3(x+y)$

23. $-\sqrt{2}$

24. $-\dfrac{1}{2\pi},\ -\dfrac{1}{4\pi^2}$

25. $(1)2f'(x^2)+4x^2f''(x^2);(2)\ \dfrac{2}{x^3}f'\left(\dfrac{1}{x}\right)+\dfrac{1}{x^4}f''\left(\dfrac{1}{x}\right);$

$(3)\mathrm{e}^{-f(x)}\{[f'(x)]^2-f''(x)\};(4)\ \dfrac{f''(x)f(x)-[f'(x)]^2}{[f(x)]^2}$

26. $(1)2^{n-1}\sin\left(2x+\dfrac{n-1}{2}\pi\right);(2)\ (-1)^n\dfrac{(n-2)!}{x^{n-1}},n\geqslant 2;(3)\ (-1)^n\dfrac{2\cdot n!}{(1+x)^{n+1}};$

$(4)n!$

27. $(1)\ \dfrac{\mathrm{d}x}{(1-x)^2};(2)\begin{cases}\dfrac{\mathrm{d}x}{\sqrt{1-x^2}},\ -1<x<0\\[2mm]-\dfrac{\mathrm{d}x}{\sqrt{1-x^2}},0<x<1\end{cases};$

$(3)2x(1+x)\mathrm{e}^{2x}\mathrm{d}x;(4)\mathrm{e}^{-x}[\sin(3-x)-\cos(3-x)]\mathrm{d}x;$

$(5)\mathrm{e}^x(\sin^2 x+\sin 2x)\mathrm{d}x;(6)8x\tan(1+2x^2)\sec^2(1+2x^2)\mathrm{d}x$

28. $(1)\ \dfrac{y}{y-x}\mathrm{d}x;(2)\ -\dfrac{(x-y)^2}{(x-y)^2+2}\mathrm{d}x;(3)\ \dfrac{2\sin x}{\cos y-2}\mathrm{d}x;(4)\ \dfrac{\sqrt{1-y^2}}{1+2y\sqrt{1-y^2}}\mathrm{d}x$

29. (1)2.745 5;(2)0.001;(3)0.484 9;(4)9.986 7

30. 提示:(1) 考虑 $y = \tan x$ 在 $x = 0$ 处的近似公式;

(2) 考虑 $y = \ln x$ 在 $x = 1$ 处的近似公式

31. (1) 边际成本函数:$C'(Q) = 5 + 4Q$,边际收入函数:$R'(Q) = 200 + 2Q$,边际利润函数:$L'(Q) = 195 - 2Q$; (2)145

32. (1)a;(2)kx;(3) $\dfrac{\sqrt{x}}{2(\sqrt{x} - 4)}$;(4) $\dfrac{x}{2(x - 9)}$

33. (1) -24,说明当价格为6时,再提高(下降)1单位价格,需求将减少(增加)24单位商品量;

(2)$\varepsilon(6) = 1.85$,价格上升(下降)1%,则需求减少(增加)1.85%,故总收入减少(增加)1.85%;

(3) 当 $p = 6$ 时,若价格下降2%,总收入会增加 1.692%

习题 三

1. (1)$\xi = \dfrac{\pi}{2}$;(2)$\xi = 1$;(3)$\xi = \dfrac{14}{9}$

2. 3 个实根,分别在开区间$(-1,1)$,$(1,2)$,$(2,3)$ 内

3. 提示:应用零值定理和罗尔定理

4. 提示:(1) 考虑函数 $y = \ln x, x \in [b,a]$;(2)$y = \arctan u, u \in [x,y], x < y$;

(3)$y = x^n, x \in [b,a]$

5. 令 $F(x) = \arctan x - \arcsin \dfrac{x}{\sqrt{1 + x^2}}$,应用推论1

6. 提示:在$[0,x_0]$ 上应用罗尔定理

7. 提示:构造辅助函数 $F(x) = e^x f(x)$,对 $F(x)$ 在$[a,b]$ 上应用罗尔定理

8. 提示:构造辅助函数 $F(x) = f(x) - x$,对 $F(x)$ 应用零值定理和罗尔定理

9. 提示:三次应用拉格朗日中值定理

10. 提示:对 $f(x)$ 和 $g(x) = \ln x$ 在$[a,b]$ 上应用柯西中值定理

11. $c = \dfrac{1}{2}$

12. (1)108;(2)2;(3)5;(4)0;(5)1;(6)0;(7) $\dfrac{1}{2}$;(8)1;(9)2;(10)1;(11) $+\infty$;

(12) $\dfrac{1}{2}$;(13) $-\dfrac{1}{2}$;(14)1;(15)1;(16)e

13.（1）在$(-\infty, +\infty)$内单调减少；

（2）在$(-\infty, -1]$,$[1, +\infty)$内单调减少,在$[-1,1]$内单调增加；

（3）在$(-\infty, 0]$内单调增加,在$[0, +\infty)$内单调减少；

（4）在$(-\infty, 0]$,$[3, +\infty)$内单调增加,在$[0,3]$内单调减少；

（5）在$(-\infty, +\infty)$内单调增加；

（6）在$\left(-\infty, \dfrac{1}{2}\right]$内单调减少,在$\left[\dfrac{1}{2}, +\infty\right)$内单调增加

14. 略

15.（1）极大值$y(0) = 6$,极小值$y(1) = 5$；

（2）极小值$y(0) = 0$；

（3）极大值$y(2) = \dfrac{4}{e^2}$,极小值$y(0) = 0$；

（4）极大值$y\left(-\dfrac{3}{2}\right) = 0$,极小值$y\left(-\dfrac{1}{2}\right) = -\dfrac{27}{2}$；

（5）极大值$y(0) = 0$,极小值$y\left(\dfrac{2}{5}\right) = -\dfrac{3\sqrt[3]{20}}{25}$；

（6）极大值$y(1) = \dfrac{1}{4}$

16.（1）最大值$y(1) = -16$,最小值$y(3) = -48$；

（2）最大值$y(\pi) = 2\pi$,最小值$y\left(\dfrac{\pi}{4}\right) = \dfrac{\pi}{2} - 1$；

（3）最小值$y(4) = 5e^{-4}$,最大值$y(1) = 2e^{-1}$；

（4）最大值$y(-3) = -27$,无最小值；

（5）最大值$y\left(\dfrac{3}{4}\right) = \dfrac{5}{4}$,最小值$y(-5) = \sqrt{6} - 5$；

（6）最小值$y\left(-\dfrac{1}{2}\right) = -\dfrac{1}{18}$,无最大值

17. 侧面为 15 m,正面为 10 m,用料最省

18. 销售量$Q = 10^5$,销售价格$p = 4\ 200$

19. $p = 101$元,最大利润为 167 080 元

20. 140 个单位

21.（1）$\dfrac{18 - t}{8}$,（2）$t = 9$

22. $\sqrt{\dfrac{2NC_1}{C_2}}$

23. $a = -3, b = -9$, 拐点 $(1, -7)$

24. (1) 凹区间为 $(-\infty, -1], [1, +\infty)$，凸区间为 $[-1, 1]$，拐点为 $(-1, -10)$ 和 $(1, -10)$；

(2) 凹区间为 $[6, +\infty)$，凸区间为 $(-\infty, -3)$、$(-3, 6]$，拐点为 $\left(6, \dfrac{2}{27}\right)$；

(3) 凹区间为 $(-\infty, 4]$，凸区间为 $[4, +\infty)$，拐点为 $(4, 2)$；

(4) 凹区间为 $\left(-\infty, \dfrac{1}{2}\right]$，凸区间为 $\left[\dfrac{1}{2}, +\infty\right)$，拐点为 $\left(\dfrac{1}{2}, \mathrm{e}^{\arctan\frac{1}{2}}\right)$；

(5) 凸区间为 $(-\infty, +\infty)$，没有拐点；

(6) 凹区间为 $(0, +\infty)$，没有拐点

25. (1) $a = -3, b = 0, c = 1$；

(2) 在 $(-\infty, 0]$ 和 $[2, +\infty)$ 内单调增加；在 $[0, 2]$ 内单调减少.

凹区间为 $[1, +\infty)$，凸区间为 $(-\infty, 1]$，极小值 $f(2) = -3$

26. (1) 铅垂渐近线 $x = 0$；

(2) 水平渐近线 $y = 0$，铅垂渐近线 $x = -2$；

(3) 铅垂渐近线 $x = 0$，斜渐近线 $y = x$；

(4) 水平渐近线 $y = -2$，铅垂渐近线 $x = 0$；

(5) 斜渐近线 $y = x$；

(6) 铅垂渐近线 $x = 1$，斜渐近线 $y = x + 2$

27. 略

习 题 四

1. $f(x) = 2x^3 + \dfrac{5x^2}{2} - 6x + 1$

2. $f(x) = \dfrac{x^2}{4} + 3\mathrm{e}^x - 1$

3. $f(x) = x^3 + 6x^2 - 15x + 2$

4. (1) $-x^3 + x^2 + x + C$；(2) $\ln|x| + \dfrac{2^x}{\ln 2} + C$；(3) $\dfrac{x^3}{3} - 2x - \dfrac{1}{x} + C$；(4) $-2x^{-\frac{1}{2}} + C$；

(5) $\mathrm{e}^x - x + C$；(6) $\dfrac{1}{3}\arcsin x + C$；(7) $2\arctan x + \dfrac{1}{x} + C$；(8) $\dfrac{x^3}{3} - x + 3\arctan x + C$；

(9) $\dfrac{4^x \mathrm{e}^x}{2\ln 2 + 1} + C$；(10) $\dfrac{3^x}{\mathrm{e}^x(\ln 3 - 1)} - \dfrac{4^x}{\mathrm{e}^x(2\ln 2 - 1)} + C$；(11) $2\arcsin x + C$；

(12) $\dfrac{x}{2} + \dfrac{1}{2}\sin x + C$；(13) $-2\tan x + C$；(14) $\dfrac{1}{2}\tan x + \dfrac{x}{2} + C$；(15) $-4\cot x + C$；

$(16) \tan x + \sec x + C$

5. $(1) \dfrac{1}{200}(2x-7)^{100} + C$;　　　　　　$(2) -\dfrac{1}{2}\ln|3-2x| + C$;

$(3) \dfrac{2^{3x}}{3\ln 2} + C$;　　　　　　　　　　$(4) -\mathrm{e}^{-x} + C$;

$(5) \ln(x^2+1) + C$;　　　　　　　　　$(6) -\dfrac{1}{2}\mathrm{e}^{-x^2} + C$;

$(7) \arctan \mathrm{e}^x + C$;　　　　　　　　　$(8) \dfrac{1}{2}\arctan \dfrac{x-1}{2} + C$;

$(9) \dfrac{1}{5}\ln\left|\dfrac{x-2}{x+3}\right| + C$;　　　　　　　$(10) -\ln|1-\ln x| + C$;

$(11) \dfrac{2}{3}(\arcsin x)^{\frac{3}{2}} + C$　　　　　　$(12) -2\ln|\cos\sqrt{x}| + C$;

$(13) \dfrac{1}{2}\ln(1+x^2) + \dfrac{2}{3}(\arctan x)^{\frac{3}{2}} + C$; $(14) \dfrac{1}{2}\ln(3+\sin^2 x) + C$;

$(15) \dfrac{1}{2}(\ln\tan x)^2 + C$;　　　　　　$(16) -\dfrac{1}{x\sin x} + C$;

$(17) \dfrac{1}{7}\sin^7 x - \dfrac{2}{5}\sin^5 x + \dfrac{1}{3}\sin^3 x + C$; $(18) \dfrac{1}{6}\sin^3 4x + C$;

$(19) \dfrac{\sqrt{3}}{3}\arctan \dfrac{\tan x}{\sqrt{3}} + C$;　　　　　$(20) 2\ln|\tan\sqrt{x}| + C$;

$(21) \dfrac{1}{4}\arctan \dfrac{x^2+1}{2} + C$;　　　　　$(22) -\dfrac{1}{2}\left[\ln\left(1+\dfrac{1}{x}\right)\right]^2 + C$;

$(23) \dfrac{1}{6}\left[(2x+1)^{\frac{3}{2}} - (2x-1)^{\frac{3}{2}}\right] + C$; $(24) \dfrac{2}{3}\left[\ln(x+\sqrt{1+x^2})\right]^{\frac{3}{2}} + C$

6. $(1) \dfrac{1}{10}(2x+3)^{\frac{5}{2}} - \dfrac{1}{2}(2x+3)^{\frac{3}{2}} + C$; $(2) 2\sqrt{1+\mathrm{e}^x} - x + 2\ln(\sqrt{1+\mathrm{e}^x}-1) + C$;

$(3) -\dfrac{2}{3}\left(\dfrac{x+1}{x}\right)^{\frac{3}{2}} + C$;　　　　　$(4) 2\sqrt{x-2} + \sqrt{2}\arctan\sqrt{\dfrac{x-2}{2}} + C$;

$(5) -\dfrac{\sqrt{1-x^2}}{x} + C$;　　　　　　　$(6) \dfrac{x}{\sqrt{1-x^2}} + C$;

$(7) \arcsin \dfrac{x}{\sqrt{2}} - \dfrac{1}{2}x\sqrt{2-x^2} + C$;　　$(8) \sqrt{x^2-9} - 3\arccos \dfrac{3}{x} + C$;

$(9) \sqrt{1+x^2} + \ln\left|\dfrac{\sqrt{1+x^2}-1}{x}\right| + C$;　$(10) \dfrac{1}{2}\left(\arctan x + \dfrac{x}{1+x^2}\right) + C$;

$(11) - \dfrac{\sqrt{x^2+4}}{4x} + C;$

$(12)\, 2\arcsin \dfrac{x}{2} - \dfrac{x\sqrt{4-x^2}}{2} + C;$

$(13)\, 2\ln(x + \sqrt{x}) + C;$

$(14)\, \ln x - 6\ln(1 + \sqrt[6]{x}) + C$

7. $(1) - xe^{-x} - e^{-x} + C;$

$(2)\, x\ln x - x + C;$

$(3) - x\cos x + \sin x + C;$

$(4)\, x\ln(x^2+1) - 2x + 2\arctan x + C;$

$(5) - \dfrac{1}{x}(\ln x + 1) + C;$

$(6)\, \dfrac{1}{2}e^x(\sin x + \cos x) + C;$

$(7)\,(\ln\ln x - 1)\ln x + C;$

$(8)\, \dfrac{2}{3}x^{\frac{3}{2}}\ln x - \dfrac{4}{9}x^{\frac{3}{2}} + C;$

$(9)\, 2\sqrt{x}\,e^{\sqrt{x}} - 2e^{\sqrt{x}} + C;$

$(10)\, \dfrac{1}{2}x\sin 2x + \dfrac{1}{4}\cos 2x + C;$

$(11)\, \dfrac{1}{1+x}e^x + C;$

$(12)\,\cos x\ln\cos x - \cos x + C;$

$(13)\, \dfrac{\sin x}{x} + C;$

$(14)\,\tan x\ln\sin x - x + C;$

$(15)\, \dfrac{1}{2}x^2 e^{x^2} + C;$

$(16) - \dfrac{1}{2}e^{-x} + \dfrac{1}{5}e^{-x}\sin 2x - \dfrac{1}{10}e^{-x}\cos 2x + C;$

$(17)\, \dfrac{x^2}{4} + \dfrac{1}{2}x\sin x + \dfrac{1}{2}\cos x + C;$

$(18)\, x(\arcsin x)^2 + 2\sqrt{1-x^2}\arcsin x - 2x + C;$

$(19)\, \dfrac{1}{2}(\sec x\tan x + \ln|\sec x + \tan x|) + C;$

$(20)\, x\ln(\sqrt{1+x} + \sqrt{1-x}) + \dfrac{1}{2}(x - \arcsin x) + C;$

$(21)\,(x+1)e^{3x} + C;$

$(22)\, \dfrac{x^2}{2}\arctan\sqrt{x} - \dfrac{1}{6}x^{\frac{3}{2}} + \dfrac{\sqrt{x}}{2} - \dfrac{1}{2}\arctan\sqrt{x} + C$

8. $(1)\, \dfrac{2}{3}(\arcsin\sqrt{x})^3 + C;$

$(2)\, \dfrac{x}{x+1}\ln x - \ln(x+1) + C;$

$(3)\, \dfrac{2}{3}\sqrt{1+\ln x}(\ln x - 2) + C;$

$(4) - \dfrac{x}{1+e^x} + x - \ln(1+e^x) + C;$

$(5)\,\arcsin \dfrac{x}{a} - \dfrac{a}{x} + \dfrac{\sqrt{a^2-x^2}}{x} + C;$

$(6) x\arctan x - \dfrac{1}{2}\ln(1 + x^2) - \dfrac{1}{2}(\arctan x)^2 + C;$

$(7)\ \dfrac{1}{3}\sqrt{(1 - x^2)^3} - \sqrt{1 - x^2} + C;$

$(8)(4 - 2x)\cos\sqrt{x} + 4\sqrt{x}\sin\sqrt{x} + C;$

$(9) - 2\sqrt{1 - x}\sin\sqrt{1 - x} - 2\cos\sqrt{1 - x} + C;$

$(10)\ \dfrac{\sqrt{x^2 - 1}}{x} + \arccos\dfrac{1}{x} + C;$

$(11)(3x^2 + x - 7)\sin x + (6x + 1)\cos x + C;$

$(12)\ \dfrac{1}{2}(\arcsin x + \ln\mid x + \sqrt{1 - x^2}\mid) + C$

9. $(1)\ \dfrac{x^2}{2} + \ln\mid x - 1\mid + C;$

$(2)\ln\dfrac{\sqrt{1 + x^2}}{\mid x + 1\mid} + C;$

$(3)\ \dfrac{1}{2}\ln\left|\dfrac{(x - 1)(x - 3)}{(x - 2)^2}\right| + C;$

$(4)2\ln\mid 1 + x\mid - \ln(x^2 - x + 1) + 2\sqrt{3}\arctan\dfrac{2x - 1}{\sqrt{3}} + C;$

$(5)\ \dfrac{1}{x + 1} + \dfrac{1}{2}\ln\mid x^2 - 1\mid + C;$

$(6)\ln\mid x\mid - \dfrac{1}{2}\ln\mid x + 1\mid - \dfrac{1}{4}\ln(x^2 + 1) - \dfrac{1}{2}\arctan x + C;$

$(7)\ln\mid x^2 + 3x - 10\mid + C;$

$(8)\ \dfrac{1}{16}\ln\left|\dfrac{x^2 - 4}{x^2 + 4}\right| + C$

10. $\cos x - \dfrac{2\sin x}{x} + C$

11. $(1)C(Q) = \dfrac{Q^3}{3} - 10Q^2 + 1\,000Q + 9\,000, R(Q) = 3\,400Q$

$L(Q) = -\dfrac{Q^3}{3} + 10Q^2 + 2\,400Q - 9\,000; (2)$ 销售量为 $Q = 60\ \text{kg}$ 时,可获得最大利润,最大利润是 $99\,000$ 元.

12. $R(Q) = 18Q - 0.25Q^2(万元)$

13. $(1)\ \dfrac{1}{\sqrt{2}}\ln\left|\tan\left(\dfrac{x}{2} + \dfrac{\pi}{8}\right)\right| + C; (2) - \sin x - \cos x + C$

习 题 五

1. 略.

2. (1) $\int_0^1 x^2 \mathrm{d}x > \int_0^1 x^5 \mathrm{d}x$; (2) $\int_1^2 x^3 \mathrm{d}x < \int_1^2 x^4 \mathrm{d}x$; (3) $\int_0^{\frac{\pi}{2}} x \mathrm{d}x > \int_0^{\frac{\pi}{2}} \sin x \mathrm{d}x$;

(4) $\int_1^2 \ln x \mathrm{d}x > \int_1^2 (\ln x)^2 \mathrm{d}x$; (5) $\int_0^1 \left(\frac{1}{2}\right)^x \mathrm{d}x > \int_0^1 \left(\frac{1}{3}\right)^x \mathrm{d}x$; (6) $\int_0^1 \mathrm{e}^x \mathrm{d}x > \int_0^1 \mathrm{e}^{x^2} \mathrm{d}x$;

(7) $\int_0^5 \mathrm{e}^{-x} \mathrm{d}x < \int_0^5 \mathrm{e}^x \mathrm{d}x$; (8) $\int_0^{\frac{\pi}{2}} \sin^2 x \mathrm{d}x > \int_0^{\frac{\pi}{2}} \sin^4 x \mathrm{d}x$

3. (1) $\cos^2 x$; (2) $3x^2 \mathrm{e}^{x^6}$; (3) $-\ln(1+x^2)$; (4) $2x\sqrt{1+x^4}$; (5) $\dfrac{3x^2}{\sqrt{1+x^6}} - \dfrac{2x}{\sqrt{1+x^4}}$;

(6) $(\sin x - \cos x)\cos(\pi \sin^2 x)$

4. (1) $\dfrac{1}{4}$; (2) $\dfrac{1}{2}$; (3) $\dfrac{1}{2\mathrm{e}}$; (4) 1 ; (5) 2 ; (6) $\dfrac{\pi^2}{4}$

5. (1) $\dfrac{21}{8}$; (2) $\dfrac{7}{12}\pi$; (3) $a^3 - \dfrac{a^2}{2} + a$; (4) $\dfrac{\pi}{3}$; (5) $\dfrac{\pi}{4} + 1$; (6) $1 - \dfrac{\pi}{4}$; (7) $\mathrm{e}^2 - 3$; (8) 1 ;

(9) $\dfrac{8}{3}$

6. (1) $\dfrac{22}{3}$; (2) $4 - 2\ln 3$; (3) $\dfrac{\pi}{6}$; (4) $\dfrac{51}{512}$; (5) $\dfrac{1}{6}$; (6) $7 + 2\ln 2$; (7) $10 + 12\ln 2 - 4\ln 3$;

(8) $1 - 2\ln 2$; (9) 12 ; (10) $\dfrac{\pi}{8}$; (11) $\dfrac{1}{3}$; (12) $\sqrt{3} - \dfrac{\pi}{3}$; (13) $\dfrac{\sqrt{3}}{2} + \dfrac{\pi}{3}$; (14) $1 - \dfrac{\pi}{4}$;

(15) $\dfrac{a^4 \pi}{16}$; (16) $\sqrt{2} - \dfrac{2\sqrt{3}}{3}$; (17) $(\sqrt{3} - 1)a$; (18) 0 ; (19) 0 ; (20) $\dfrac{1}{4}$; (21) $\dfrac{\pi}{12} - \dfrac{\sqrt{3}}{8}$;

(22) $\pi - \dfrac{4}{3}$; (23) $\dfrac{4}{5}$; (24) $\dfrac{4}{3}$; (25) $2\sqrt{2}$; (26) $\dfrac{1 - \ln 2}{2}$; (27) $\ln 2$; (28) $-\dfrac{(\ln 2)^2}{8}$;

(29) $2 - \dfrac{\pi}{2}$; (30) $1 - \mathrm{e}^{-\frac{1}{2}}$; (31) 2 ; (32) $\mathrm{e} - \sqrt{\mathrm{e}}$; (33) $\dfrac{\pi^3}{324}$; (34) $2 + \ln\dfrac{3}{2}$; (35) $4 - \pi$;

(36) $\dfrac{\pi}{2}$

7. $\dfrac{\mathrm{e}^4}{2} - \dfrac{1}{6}$

8. (1) $2\ln 2 - 1$; (2) $\dfrac{\sqrt{2}}{2}\left(1 - \dfrac{\pi}{4}\right)$; (3) $1 - \dfrac{2}{\mathrm{e}}$; (4) $\dfrac{\mathrm{e}^2 + 1}{4}$; (5) $\dfrac{\pi}{4} - \dfrac{\ln 2}{2}$; (6) $2 - \dfrac{4}{\mathrm{e}}$;

$(7)\ln 2 - 2 + \dfrac{\pi}{2};(8)\dfrac{\pi}{12} + \dfrac{\sqrt{3}}{2} - 1;(9)\pi - 2;(10) - e + 2;(11)6 - 2e;$

$(12)\dfrac{1}{2}(\text{esin } 1 - \text{ecos } 1 + 1);(13)1;(14)\dfrac{e^{\frac{\pi}{2}} - 1}{2}$

9. (1) 收敛于 $\dfrac{1}{3}$;(2) 发散;(3) 发散;(4) 收敛于 $\dfrac{1}{2}$;(5) 发散;(6) 收敛于 1;(7) 发散;

(8) 收敛于 $\dfrac{3}{2}$;(9) 收敛于 $- 1$;(10) 发散;(11) 收敛于 1

10. $(1)2;(2)1;(3)1;(4)\dfrac{3}{2} - \ln 2;(5)\dfrac{1\ 331}{96};(6)\dfrac{5}{2};(7)\dfrac{9}{2}$

11. πab

12. $(1)V_y = \dfrac{96\pi}{5};(2)V_x = \dfrac{3\pi}{4};(3)V_x = \dfrac{3\pi}{10};(4)V_x = \dfrac{\pi^2}{2};(5)V_x = \dfrac{\pi(e^2 - 1)}{2};$

$(6)V_x = \dfrac{16\pi}{3},V_y = \pi$

13. $Q(t) = \dfrac{at^3}{3} + \dfrac{bt^2}{2} + ct$

14. 2 400 元,60 元,100 元

15. 75 元

16. 300t

17. 40 000 万元

习 题 六

1. (1) 开集,无界集,边界:$\{(x,y) \mid x = 0$ 或 $y = 0\}$;

(2) 有界集,边界:$\{(x,y) \mid x^2 + y^2 = 1\} \cup \{(x,y) \mid x^2 + y^2 = 9\}$;

(3) 开集,无界集,边界:$\{(x,y) \mid x + y = 1\}$;

(4) 闭集,有界集,边界:$\{(x,y) \mid x^2 + y^2 = 1\} \cup \{(x,y) \mid (x - 1)^2 + (y - 1)^2 = 8\}$

2. (1) 在 xOy 平面上的投影方程为 $\begin{cases}(x - 1)^2 + y^2 = 1 \\ z = 0\end{cases}$;

在 yOz 平面上的投影方程为 $\begin{cases}4(z^2 - y^2) = z^4 \\ x = 0\end{cases},0 \leq z \leq 2$;

在 zOx 平面上的投影方程为 $\begin{cases}x = -\dfrac{z^2}{2} + 2 \\ y = 0\end{cases},0 \leq z \leq 2$

(2) 在 xOy 平面上的投影方程为 $\begin{cases} x^2 + y^2 = a^2 \\ z = 0 \end{cases}$;

在 yOz 平面上的投影方程为 $\begin{cases} y^2 + z^2 = a^2 \\ x = 0 \end{cases}$;

在 zOx 平面上的投影方程为 $\begin{cases} z = \pm x \\ y = 0 \end{cases}$, $-a \leqslant z \leqslant a$

3. (1) $D = \{ (x,y) \mid 0 \leqslant y \leqslant x^2, x \geqslant 0 \}$;

(2) $D = \{ (x,y) \mid \mid x^2 + 2y \mid \leqslant 1 \}$;

(3) $D = \{ (x,y) \mid x^2 + y^2 < 1 \text{ 且 } xy > 0 \}$;

(4) $D = \{ (x,y) \mid x + y > 0 \text{ 且 } x \neq y \}$;

(5) $D = \{ (x,y) \mid -x \leqslant y < x \}$;

(6) $D = \{ (x,y,z) \mid x^2 + y^2 - z^2 \geqslant 0 \text{ 且 } x^2 + y^2 \neq 0 \}$

4. $t^2 f(x,y)$

5. $(x + y)^{xy} + (xy)^{2x}$

6. (1) $\dfrac{1}{2}$; (2) $\ln 2$; (3) 0 ; (4) 2

7. 球心为 $(0,2,1)$,半径为 3

8. (1) $1, -1$; (2) $\dfrac{3}{4}, \dfrac{1}{4}$; (3) $2e^2 + 1, -\left(e^2 + \dfrac{1}{2} \right)$

9. (1) $z'_x = 2xy + y^2 + y, z'_y = x^2 + 2xy + x$;

(2) $z'_x = ye^{xy} - \dfrac{y}{x^2}, z'_y = xe^{xy} + \dfrac{1}{x}$;

(3) $z'_x = yx^{y-1} + y^x \ln y, z'_y = x^y \ln x + xy^{x-1}$;

(4) $z'_x = \dfrac{1}{\sqrt{x^2 + y^2}}, z'_y = \dfrac{y}{x\sqrt{x^2 + y^2} + x^2 + y^2}$

(5) $z'_x = \arctan \dfrac{y}{x} - \dfrac{xy + y^2}{x^2 + y^2}, z'_y = \dfrac{xy + x^2}{x^2 + y^2} - \arctan \dfrac{x}{y}$, ;

(6) $u'_x = \dfrac{y}{z} x^{\frac{y}{z} - 1}, u'_y = \dfrac{1}{z} x^{\frac{y}{z}} \ln x, u'_z = -\dfrac{y}{z^2} x^{\frac{y}{z}} \ln x$

10. 略

11. 略

12. (1) $\dfrac{\partial^2 z}{\partial x^2} = 2y^2 + 4y, \dfrac{\partial^2 z}{\partial y^2} = 2x^2, \dfrac{\partial^2 z}{\partial x \partial y} = 4xy + 4x + 1$;

(2) $\dfrac{\partial^2 z}{\partial x^2} = 0, \dfrac{\partial^2 z}{\partial y^2} = \dfrac{2x}{y^3}, \dfrac{\partial^2 z}{\partial x \partial y} = -\dfrac{1}{y^2}$;

(3) $\dfrac{\partial^2 z}{\partial x^2} = \dfrac{2xy}{(x^2 + y^2)^2}, \dfrac{\partial^2 z}{\partial y^2} = \dfrac{-2xy}{(x^2 + y^2)^2}, \dfrac{\partial^2 z}{\partial x \partial y} = \dfrac{y^2 - x^2}{(x^2 + y^2)^2};$

(4) $\dfrac{\partial^2 z}{\partial x^2} = e^x - y^2 \sin xy, \dfrac{\partial^2 z}{\partial y^2} = e^y - x^2 \sin xy, \dfrac{\partial^2 z}{\partial x \partial y} = \cos xy - xy \sin xy;$

(5) $\dfrac{\partial^2 z}{\partial x^2} = \dfrac{4y^2(y^2 - 3x^2)}{(x^2 + y^2)^3}, \dfrac{\partial^2 z}{\partial y^2} = \dfrac{4x^2(3y^2 - x^2)}{(x^2 + y^2)^3}, \dfrac{\partial^2 z}{\partial x \partial y} = \dfrac{8xy(x^2 - y^2)}{(x^2 + y^2)^3}$

13. (1) $\mathrm{d}z = \dfrac{x \mathrm{d}x + y \mathrm{d}y}{x^2 + y^2 + 4};$

(2) $\mathrm{d}z = x^{\sin y}\left(\dfrac{\sin y}{x}\mathrm{d}x + \cos y \ln x \mathrm{d}y\right);$

(3) $\mathrm{d}z = 2^{x^2 + y^2 + 1} \ln 2 (x \mathrm{d}x + y \mathrm{d}y);$

(4) $\mathrm{d}z = \dfrac{x \mathrm{d}y - y \mathrm{d}x}{x^2 + y^2};$

(5) $\mathrm{d}u = x^{yz}\left(\dfrac{yz}{x}\mathrm{d}x + z \ln x \mathrm{d}y + y \ln x \mathrm{d}z\right);$

(6) $\mathrm{d}u = (e^x + \ln y)^z\left[\dfrac{z e^x \mathrm{d}x}{e^x + \ln y} + \dfrac{z \mathrm{d}y}{y(e^x + \ln y)} + \ln(e^x + \ln y)\mathrm{d}z\right]$

14. $\Delta z = -\dfrac{5}{42} \approx -0.119, \mathrm{d}z = -0.125$

15. $0.25\mathrm{e}$

16. (1) 1.08; (2) 2.95

17. 体积减少 $30\pi\ \mathrm{cm}^3$

18. 体积减少 $14.8\ \mathrm{m}^3$

19. (1) $\dfrac{\mathrm{d}z}{\mathrm{d}t} = \dfrac{2t + 6t^2}{\sqrt{1 - (t^2 + 2t^3 + 1)^2}};$

(2) $\dfrac{\mathrm{d}z}{\mathrm{d}x} = \dfrac{2e^{2x} + 2xe^{x^2}}{e^{2x} + e^{x^2}};$

(3) $\dfrac{\mathrm{d}u}{\mathrm{d}x} = e^x\left(x\cos x - x\sin x + \cos x + \cos 2x + \dfrac{\sin 2x}{2}\right);$

(4) $\dfrac{\mathrm{d}z}{\mathrm{d}t} = 2te^{t^2};$

(5) $\dfrac{\partial z}{\partial x} = 2y^2\left(x - \dfrac{1}{x^3}\right), \dfrac{\partial z}{\partial y} = 2y\left(\dfrac{1}{x^2} + x^2\right);$

(6) $\dfrac{\partial z}{\partial u} = \dfrac{(u + v^2)v\cos uv - \sin uv}{(u + v^2)^2}, \dfrac{\partial z}{\partial v} = \dfrac{(u + v^2)u\cos uv - 2v\sin uv}{(u + v^2)^2};$

(7) $\dfrac{\partial z}{\partial x} = x^{y-1}(2x^2 + x^2 y + y^3)\cos[x^y(x^2 + y^2)],$

$$\frac{\partial z}{\partial y} = x^y \big[2y + (x^2 + y^2) \ln x \big] \cos \big[x^y (x^2 + y^2) \big];$$

(8) $\dfrac{\partial u}{\partial x} = \mathrm{e}^{(x+y+z)(x^2+y^2+z^2)\sin xy} \big[(x^2 + y^2 + z^2) \sin xy + (x + y + z)(x^2 + y^2 + z^2) y \cos xy +$

$\qquad\qquad 2x(x + y + z) \sin xy \big]$

$\dfrac{\partial u}{\partial y} = \mathrm{e}^{(x+y+z)(x^2+y^2+z^2)\sin xy} \big[(x^2 + y^2 + z^2) \sin xy + (x + y + z)(x^2 + y^2 + z^2) x \cos xy +$

$\qquad\qquad 2y(x + y + z) \sin xy \big]$

$\dfrac{\partial u}{\partial z} = \mathrm{e}^{(x+y+z)(x^2+y^2+z^2)\sin xy} \sin xy (x^2 + y^2 + 3z^2 + 2xz + 2yz)$

20. (1) $(f'_1 + 2x f'_2) \mathrm{d}x + 2y f'_2 \mathrm{d}y$;

(2) $(2x f'_1 + y \cos xy f'_2) \mathrm{d}x + (-2y f'_1 + x \cos xy f'_2) \mathrm{d}y$;

(3) $(y \mathrm{e}^{xy} f'_1 + y \cos xy f'_2) \mathrm{d}x + (x \mathrm{e}^{xy} f'_1 + x \cos xy f'_2) \mathrm{d}y$;

(4) $\left(\dfrac{1}{y} f'_1 - \dfrac{z}{x^2} f'_3 \right) \mathrm{d}x + \left(-\dfrac{x}{y^2} f'_1 + \dfrac{1}{z} f'_2 \right) \mathrm{d}y + \left(-\dfrac{y}{z^2} f'_2 + \dfrac{1}{x} f'_3 \right) \mathrm{d}z$

21. 略

22. 略

23. (1) $\dfrac{\mathrm{d}x}{\mathrm{d}y} = -\dfrac{y \mathrm{e}^{xy} + 2x}{x \mathrm{e}^{xy} + 2y}$;

(2) $\dfrac{\mathrm{d}y}{\mathrm{d}x} = -\dfrac{2(x + y)}{2x + 3y^2}$;

(3) $\dfrac{\mathrm{d}y}{\mathrm{d}x} = -\dfrac{1 + 2y^2 - 2x^2}{1 + 2x^2 - 2y^2}$

24. $\dfrac{\partial z}{\partial x} = \dfrac{yz(x^2 + yz)}{x^2(xy + z^2)}, \dfrac{\partial z}{\partial y} = \dfrac{z^2(xz - y^2)}{xy(xy + z^2)}$

25. 略

26. $\dfrac{\partial^2 z}{\partial x^2} = -\dfrac{2(\mathrm{e}^z + 2z)^2 + 4x^2(2 + \mathrm{e}^z)}{(\mathrm{e}^z + 2z)^3}$

27. $\dfrac{\partial^2 z}{\partial x \partial y} = \dfrac{z(z^4 - 2xyz^2 - x^2 y^2)}{(z^2 - xy)^3}$

28. (1) 点 $(6,18)$ 为极小值点,极小值 $f(6,18) = -108$;

(2) 点 $(1,1)$ 为极小值点,极小值 $f(1,1) = 7$;

(3) 点 $\left(\dfrac{1}{2}, -1 \right)$ 为极小值点,极小值 $f\left(\dfrac{1}{2}, -1 \right) = -\dfrac{\mathrm{e}}{2}$;

(4) 点 (a,b) 为极大值点,极大值 $f(a,b) = a^2 b^2$

29. 甲、乙两种产品分别生产 3.8 和 2.2 千件时利润最大,最大利润为 22.2 万元

30. 甲种鱼 $x = \dfrac{3\alpha - 2\beta}{2\alpha^2 - \beta^2}$（万尾），乙种鱼 $y = \dfrac{4\alpha - 3\beta}{2(2\alpha^2 - \beta^2)}$（万尾）

31. 服装业投资 $\dfrac{4K}{7}$，家电业投资 $\dfrac{3K}{7}$，出口总收入增量最大值为 $\dfrac{12K^2}{7}$

32. $x_1 = 6\left(\dfrac{p_2\alpha}{p_1\beta}\right)^{\beta}, x_2 = 6\left(\dfrac{p_1\beta}{p_2\alpha}\right)^{\alpha}$

33. 最大面积为 $2ab$

34. 当长、宽、高都是 $\dfrac{2\sqrt{3}\,a}{3}$ 时，可得最大的体积

35. （1）$I = \displaystyle\int_0^1 dx \int_{x^3}^x f(x,y)\,dy = \int_0^1 dy \int_y^{\sqrt[3]{y}} f(x,y)\,dx$;

（2）$I = \displaystyle\int_1^2 dx \int_0^{x^3} f(x,y)\,dy = \int_0^1 dy \int_1^2 f(x,y)\,dx + \int_1^8 dy \int_{\sqrt[3]{y}}^2 f(x,y)\,dx$;

（3）$I = \displaystyle\int_{-\sqrt{2}}^{\sqrt{2}} dx \int_{x^2}^{4-x^2} f(x,y)\,dy = \int_0^2 dy \int_{-\sqrt{y}}^{\sqrt{y}} f(x,y)\,dx + \int_2^4 dy \int_{-\sqrt{4-y}}^{\sqrt{4-y}} f(x,y)\,dx$;

（4）$\displaystyle\int_0^1 dx \int_{\frac{x}{2}}^{2x} f(x,y)\,dy + \int_1^2 dx \int_{\frac{x}{2}}^{\frac{2}{x}} f(x,y)\,dy = \int_0^1 dy \int_{\frac{y}{2}}^{2y} f(x,y)\,dx + \int_1^2 dy \int_{\frac{y}{2}}^{\frac{2}{y}} f(x,y)\,dx$

36. （1）$\displaystyle\int_0^1 dx \int_x^1 f(x,y)\,dy$;

（2）$\displaystyle\int_0^1 dy \int_y^{\sqrt{y}} f(x,y)\,dx$;

（3）$\displaystyle\int_{-1}^1 dx \int_0^{\sqrt{1-x^2}} f(x,y)\,dy$;

（4）$\displaystyle\int_0^1 dy \int_{e^y}^e f(x,y)\,dx$;

（5）$\displaystyle\int_0^1 dx \int_{1-x^2}^1 f(x,y)\,dy + \int_1^e dx \int_{\ln x}^1 f(x,y)\,dy$;

（6）$\displaystyle\int_0^1 dy \int_{-y^2}^{y^2} f(x,y)\,dx$;

（7）$\displaystyle\int_{-2}^{-1} dy \int_{-\sqrt{2+y}}^0 f(x,y)\,dx + \int_{-1}^0 dy \int_{-\sqrt{-y}}^0 f(x,y)\,dx$;

（8）$\displaystyle\int_{-1}^0 dy \int_{-2\arcsin y}^{\pi} f(x,y)\,dx + \int_0^1 dy \int_{\arcsin y}^{\pi - \arcsin y} f(x,y)\,dx$

37. （1）$\dfrac{8}{3}$;（2）$\dfrac{15}{4}$;（3）4;（4）$\dfrac{1}{2}(1 - \cos 4)$

38. （1）$\dfrac{1}{6}$;（2）$(e-1)^2$;（3）$\dfrac{1}{15}$;（4）$\dfrac{55}{4}$

39. $(1)\pi(e^4-1);(2)\dfrac{\pi}{4}(2\ln 2-1);(3)\dfrac{16a^3}{9}$

40. $(1)\dfrac{9}{4};(2)14a^4;(3)\dfrac{2\pi}{3}(b^3-a^3)$

41. $(1)3\pi;(2)36$

习 题 七

1. $(1)\dfrac{1+1}{1+1^2}+\dfrac{1+2}{1+2^2}+\dfrac{1+3}{1+3^2}+\cdots;(2)-\dfrac{1}{3}+\dfrac{1}{8}-\dfrac{1}{15}+\cdots;$

$(3)\dfrac{1}{2}+\dfrac{1\times 3}{2\times 4}+\dfrac{1\times 3\times 5}{2\times 4\times 6}+\cdots;(4)\dfrac{1!}{1^1}+\dfrac{2!}{2^2}+\dfrac{3!}{3^3}+\cdots$

2. $(1)\dfrac{1}{2n-1};(2)\dfrac{n+1}{n(n+1)};(3)(-1)^{n-1}\dfrac{a^{n+1}}{2n+1};(4)\dfrac{x^{\frac{n}{2}}}{2\times 4\times 6\times\cdots\times(2n)}$

3. $u_1=1,u_2=\dfrac{1}{3},u_n=\dfrac{2}{n(n+1)}$

4. $(1)S_n=\dfrac{1}{2}\left(1-\dfrac{1}{2n+1}\right),S=\lim\limits_{n\to\infty}S_n=\dfrac{1}{2};(2)S_n=1-\dfrac{1}{\sqrt{n+1}},S=\lim\limits_{n\to\infty}S_n=1;$

$(3)S_n=1-\dfrac{1}{(n+1)^2},S=\lim\limits_{n\to\infty}S_n=1;$

$(4)S_n=\dfrac{1}{\sqrt{n+2}+\sqrt{n+1}}-\dfrac{1}{\sqrt{2}+1},S=\lim\limits_{n\to\infty}S_n=\dfrac{-1}{\sqrt{2}+1}=1-\sqrt{2}$

5. (1)收敛;(2)发散;(3)收敛;(4)发散;(5)发散;(6)收敛;(7)发散;(8)发散

6. (1)发散;(2)收敛;(3)收敛;(4)收敛;(5)发散;(6)收敛;(7)发散;(8)收敛;

(9)收敛;(10)$0<a\leqslant 1$发散,$a>1$收敛

7. (1)收敛;(2)收敛;(3)发散;(4)收敛;(5)收敛;(6)发散;(7)$0<a\leqslant 1$发散,$a>1$收敛;

(8)$|x|\leqslant 1$时收敛,$|x|>1$时发散

8. (1)收敛;(2)收敛;(3)收敛;(4)当$b<a$时收敛,当$b>a$时发散,当$b=a$时不能判断

9. (1)收敛;(2)收敛;(3)收敛;(4)收敛;(5)发散;(6)发散

10. (1)收敛;(2)发散;(3)发散;(4)收敛

11. (1)绝对收敛;(2)绝对收敛;(3)条件收敛;(4)条件收敛;(5)绝对收敛;(6)发散;

(7)绝对收敛;(8)绝对收敛;(9)条件收敛;(10)绝对收敛

12. $(1)R=0,$幂级数仅在$x=0$处收敛;$(2)R=1,$收敛域为$(-1,1);$

$(3)R = \dfrac{1}{2}$，收敛域为$\left[-\dfrac{1}{2}, \dfrac{1}{2}\right]$；$(4)R = 1$，收敛域为$[-1, 1]$；

$(5)R = 3$，收敛域为$(2, 8)$；$(6)R = \dfrac{1}{e}$，收敛域为$\left(-\dfrac{1}{e}, \dfrac{1}{e}\right)$；

$(7)R = \dfrac{1}{3}$，收敛域为$\left[-\dfrac{4}{3}, -\dfrac{2}{3}\right)$；

$(8)R = \dfrac{\sqrt{2}}{2}$，收敛域为$\left(-3-\dfrac{\sqrt{2}}{2}, -3+\dfrac{\sqrt{2}}{2}\right)$；

$(9)R = +\infty$，收敛域为$(-\infty, +\infty)$；

$(10)R = +\infty$，收敛域为$(-\infty, +\infty)$；$(11)R = \dfrac{1}{2}$，收敛域为$[-1, 0)$

13. $f(x) = (x-1)^4 + 4(x-1)^3 + 9(x-1)^2 + 10(x-1) + 8$

14. $\dfrac{1}{x} = -\left[1 + (x+1) + (x+1)^2 + \cdots + (x+1)^n\right] + (-1)^{n+1}\dfrac{(x+1)^{n+1}}{\left[-1+\theta(x+1)\right]^{n+2}}$，

$0 < \theta < 1$

15. $xe^x = x + x^2 + \dfrac{x^3}{2!} + \cdots + \dfrac{x^n}{(n-1)!} + o(x^n)$

16. $f(x) = 1 + 2x + 2x^2 - 2x^4 + o(x^4), f^{(3)}(0) = 0$

17. $(1)S(x) = \dfrac{1}{(1-x)^2}, (-1, 1)$；$(2)S(x) = -x + \ln\sqrt{\dfrac{1+x}{1-x}}, (-1, 1)$；

$(3)S(x) = \dfrac{2}{2-x}, (-2, 2)$；$(4)S(x) = \begin{cases} -\dfrac{\ln(1-x)}{x}, & x \in [-1, 0) \cup (0, 1] \\ 1, & x = 0 \end{cases}, [-1, 1]$；

$(5)S(x) = \dfrac{1+x}{(1-x)^3}, (-1, 1)$

18. $S(x) = \dfrac{2x}{(1-x)^3}, 8$

19. $(1)\displaystyle\sum_{n=0}^{\infty} \dfrac{(x\ln a)^n}{n!}, (-\infty, +\infty)$；$(2)\displaystyle\sum_{n=0}^{\infty} (-1)^n x^{n+2}, (-1, 1)$；

$(3)\displaystyle\sum_{n=1}^{\infty} \dfrac{(-1)^{n+1} 2^{2n-1}}{(2n)!} x^{2n}, (-\infty, +\infty)$；$(4)\displaystyle\sum_{n=0}^{\infty} \dfrac{x^{2n}}{(2n)!}, (-\infty, +\infty)$；

$(5)\displaystyle\sum_{n=0}^{\infty} \dfrac{x^n}{3^{n+1}}, (-3, 3)$；$(6)\displaystyle\sum_{n=0}^{\infty} \left(1 - \dfrac{1}{2^{n+1}}\right) x^n, (-1, 1)$；

$(7)2\ln 2 + \displaystyle\sum_{n=1}^{\infty} \dfrac{(-1)^{n-1} - 4^n}{n \cdot 4^n} x^n, (-1, 1)$；

$(8) x^2 + \dfrac{1}{2} x^4 + \dfrac{1 \times 3}{2 \times 4} x^6 + \dfrac{1 \times 3 \times 5}{2 \times 4 \times 6} x^8 + \dfrac{1 \times 3 \times 5 \times 7}{2 \times 4 \times 6 \times 8} x^{10} + \cdots, (-1,1)$

20. $(1) \displaystyle\sum_{n=0}^{\infty} \dfrac{e}{n!} (x-1)^n, (-\infty, +\infty); (2) \ln 3 + \sum_{n=1}^{\infty} \dfrac{(-1)^{n-1}}{n 3^n} (x-3)^n, (0,6];$

$(3) \displaystyle\sum_{n=0}^{\infty} \sin\left(a + \dfrac{n\pi}{2}\right) \dfrac{1}{n!} (x-a)^n, (-\infty, +\infty);$

$(4) \dfrac{\sqrt{2}}{2} \displaystyle\sum_{n=0}^{\infty} \left[\dfrac{(-1)^n}{(2n)!} \left(x - \dfrac{\pi}{4}\right)^{2n} + \dfrac{(-1)^{n+1}}{(2n+1)!} \left(x - \dfrac{\pi}{4}\right)^{2n+1} \right], (-\infty, +\infty);$

$(5) \displaystyle\sum_{n=0}^{\infty} \dfrac{(-1)^n}{2^{n+1}} (x-2)^n, (0,4); (6) \sum_{n=0}^{\infty} \left(\dfrac{1}{2^{n+1}} - \dfrac{1}{3^{n+1}} \right) (x+4)^n, (-6,-2)$

习 题 八

1. (1) 一阶;(2) 一阶;(3) 二阶

2. 略

3. 略

4. $(1) y' = x^2;$ $(2) yy' + 2x = 0$

5. $y = \dfrac{x^3}{6} + C_1 x + C_2$

6. $(1) y = Ce^{x^2};$ $(2) \tan x \tan y = C;$ $(3) 3x^4 + 4 (y+1)^3 = C;$ $(4) (x-4) y^4 = Cx;$

$(5) e^y = \dfrac{1}{2} (e^{2x} + 1);$ $(6) y = e^{1 - \sqrt{1+x^2}};$ $(7) (y+1) e^{-y} = \dfrac{1}{2} (1 + x^2)$

7. $(1) y^2 = x^2 - Cx;$ $(2) \tan \dfrac{y}{2x} = Cx;$ $(3) x + 2y e^{\frac{x}{y}} = C;$ $(4) \arctan \dfrac{y}{2x} = \ln x^2 + \dfrac{\pi}{4};$

$(5) \sin \dfrac{y}{x} = x;$ $(6) \dfrac{x+y}{x^2 + y^2} = 1$

8. $(1) y = Ce^{3x} - e^{2x};$ $(2) y = \dfrac{1}{2} (x+1)^4 + C (x+1)^2;$ $(3) y = \dfrac{\sin x + C}{x^2 - 1};$

$(4) y = (x-2)^3 + C(x-2);$ $(5) y = \dfrac{1}{2} \sin 2x;$ $(6) y = \dfrac{2}{3} (4 - e^{-3x});$

$(7) \dfrac{3}{2} x^2 + \ln \left| 1 + \dfrac{3}{y} \right| = C;$ $(8) \dfrac{1}{y^3} = Ce^x - 1 - 2x$

9. $y = (C_1 + C_2 x) e^{x^2}$

10. $(1) y = \dfrac{1}{6} x^3 - \sin x + C_1 x + C_2;$ $(2) y = - \ln | \cos (x + C_1) | + C_2;$

$(3) y = C_1 \ln | x | + C_2; \quad (4) e^y = \sec x; \quad (5) y = -\dfrac{1}{a} \ln(ax + 1);$

$(6) y = \ln x + \dfrac{1}{2} \ln^2 x$

11. $(1) y = C_1 + C_2 e^{2x}; \quad (2) y = (C_1 + C_2 x) e^{3x}; \quad (3) y = e^{2x}(C_1 \cos x + C_2 \sin x);$

$(4) y = e^{-x} + e^{3x}; \quad (5) y = x e^{5x}; \quad (6) y = 2\cos 5x + \sin 5x; \quad (7) y = e^{2x} \sin 3x$

12. $(1) y = C_1 e^{-x} + C_2 e^{-4x} + \dfrac{11}{8} - \dfrac{1}{2}x; (2) y = C_1 e^{2x} + C_2 e^{4x} + x^2 + x + 2;$

$(3) y = (C_1 + C_2 x) e^{3x} + \dfrac{1}{2} x^2 \left(\dfrac{1}{3}x + 1 \right) e^{3x}; \quad (4) y = e^x - e^{-x} + e^x(x^2 - x);$

$(5) y = \dfrac{11}{16} + \dfrac{5}{16} e^{4x} - \dfrac{5}{4}x; \quad (6) y = \dfrac{5}{8}\cos x + 4\sin x - \dfrac{1}{8}\cos 3x$

13. $(1) \Delta y_t = (e - 1) e^t; \quad (2) \Delta^2 y_t = -4 \sin^2 \dfrac{1}{2} \cdot \sin(t + 1)$

14. $(1) 3$ 阶; $(2) 4$ 阶; $(3) 5$ 阶

15. 略

16. $(1) y = 3 + C \left(\dfrac{1}{4} \right)^t; \quad (2) y = C \left(-\dfrac{1}{2} \right)^t + \dfrac{7}{9} + \dfrac{1}{3}t; \quad (3) y = \dfrac{1}{2}(-2)^t + 2^{t-2}$

17. $C(Q) = (Q + 1)[C_0 + \ln(1 + Q)]$

18. $S(t) = S_0 e^{-bt}, R(t) = \dfrac{a}{bS_0}(e^{bt} - 1)$

19. $y_{m+1} = y_m \times 1.04 + 100, y_0 = 1\,000, y_m = -2\,500 + 3\,500 \times 1.04^m,$ 第一年 $1\,000$ 元, 一年后 $1\,140$ 元, 二年后 $1\,285.6$ 元, 三年后 $1\,437.02$ 元

20. $Y_t = (Y_0 - Y_e)\alpha^t + Y_e \quad \left(Y_e = \dfrac{I + \beta}{1 - \alpha} \right), C_t = (Y_0 - Y_e)\alpha^t + \dfrac{\alpha I + \beta}{1 - \alpha}$

附录 几种常用的曲线

（1）三次抛物线

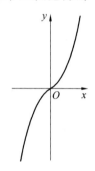

$$y = ax^3$$

（2）半立方抛物线

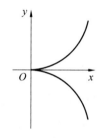

$$y^2 = ax^3$$

（3）概率曲线

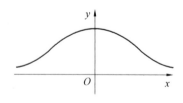

$$y = e^{-x^2}$$

（4）箕舌线

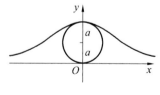

$$y = \frac{8a^3}{x^2 + 4a^2}$$

（5）蔓叶线

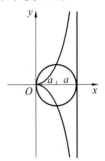

$$y^2(2a - x) = x^3$$

（6）笛卡儿叶形线

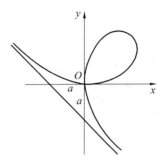

$$x^3 + y^3 - 3axy = 0$$

$$x = \frac{3at}{1 + t^3}, y = \frac{3at^2}{1 + t^3}$$

（7）星形线（内摆线的一种）

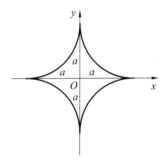

$$x^{\frac{2}{3}} + y^{\frac{2}{3}} = z^{\frac{2}{3}}$$

$$\begin{cases} x = a\cos^3\theta \\ y = a\sin^3\theta \end{cases}$$

（8）摆线

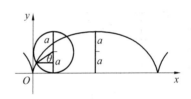

$$\begin{cases} x = a(\theta - \sin\theta) \\ y = a(1 - \cos\theta) \end{cases}$$

（9）心形线（外摆线的一种）

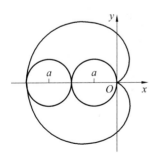

$$x^2 + y^2 + ax = a\sqrt{x^2 + y^2}$$
$$\rho = a(1 - \cos\theta)$$

（10）阿基米德螺线

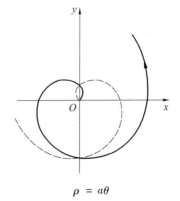

$$\rho = a\theta$$

367

（11）对数螺线

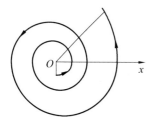

$$\rho = e^{a\theta}$$

（12）双曲螺线

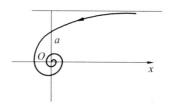

$$\rho\theta = a$$

（13）伯努利双纽线

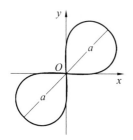

$$(x^2 + y^2)^2 = 2a^2xy$$
$$\rho^2 = a^2\sin 2\theta$$

（14）伯努利双纽线

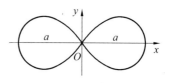

$$(x^2 + y^2)^2 = a^2(x^2 - y^2)$$
$$\rho^2 = a^2\cos 2\theta$$

（15）三叶玫瑰线

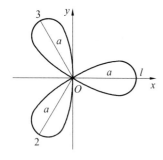

$$\rho = a\cos 3\theta$$

（16）三叶玫瑰线

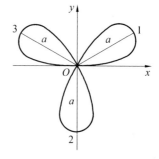

$$\rho = a\sin 3\theta$$

（17）四叶玫瑰线

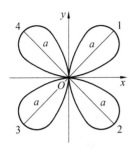

$$\rho = a\sin 2\theta$$

（18）四叶玫瑰线

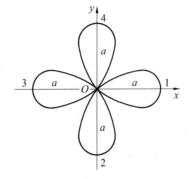

$$\rho = a\cos 2\theta$$

参考文献

[1] 同济大学数学组. 高等数学(上、下册)[M].6 版. 北京:高等教育出版社,2007.

[2] 龚德恩,范培华,胡显佑. 经济数学基础:第一分册[M]. 四川:四川人民出版社,2005.

[3] 吴赣昌. 微积分(经管类)(上、下册)[M]. 北京:中国人民大学出版社,2007.

[4] 詹耀华,何剑宇. 经济数学[M]. 北京:原子能出版社,2010.

[5] 徐小湛. 高等数学学习手册[M]. 北京:科学出版社,2005.

[6] 孟军,朱荣胜. 高等数学[M]. 北京:中国农业出版社,2007.

[7] 复旦大学数学系. 数学分析[M]. 北京:高等教育出版社,1983.

[8] 哈斯 托马斯. 托马斯大学微积分[M].李伯民,译. 北京:机械工业出版社,2009.

[9] 姜启源. 数学模型[M].2 版. 北京:高等教育出版社,1993.

[10] 边馥萍,侯文华,梁冯珍. 数学模型方法与算法[M]. 北京:高等教育出版社,2005.

[11] 雷功炎. 数学模型讲义[M]. 北京:北京大学出版社,2002.

[12] 周义仓,赫孝良. 数学建模实验[M]. 西安:西安交通大学出版社,2001.

[13] 朱建青,张国梁. 数学建模方法[M]. 郑州:郑州大学出版社,2003.

[14] 张从军,等. 常见经济问题的数学解析[M]. 南京:东南大学出版社,2004.

[15] 吴振奎. 分形漫话[J]. 读者,1998(10).

[16] 常大勇,等. 经济管理数学模型[M]. 北京:北京经济学院出版社,1996.

[17] 傅维潼. 数学解题方法点拨[M]. 北京:科学技术文献出版社,2000.

[18] 李心灿,等. 高等数学应用 205 例[M]. 北京:高等教育出版社,1997.

[19] 周冰等. 经济数学基础[M]. 广州:暨南大学出版社,1989.

[20] 刘来福,等. 数学模型与数学建模[M]. 北京:北京师范大学出版社,1997.

[21] 阎国辉,张宏志. 高等数学教与学参考[M]. 北京:原子能出版社,2006.

[22] 吴传生. 经济数学 —— 微积分[M]. 北京:高等教育出版社,2004.

[23] 陈东彦,李冬梅,王树忠. 数学建模[M]. 北京:科学出版社,2007.

[24] 顾静相. 经济应用数学(上册)[M]. 北京:高等教育出版社,2005.

[25] 徐建豪,刘克宁. 经济应用数学 —— 微积分[M]. 北京:高等教育出版社,2007.

[26] 杜聪慧. 大学数学:微积分及其在经济管理中的应用[M]. 北京:北京交通大学出版社,2014.

[27] 张杰明,张晋珠,郝建华. 经济数学(第 2 版)[M]. 北京:清华大学出版社,2011.

[28] 吴赣昌. 微积分(经管类·第 4 版)[M]. 北京中国人民大学出版社,2011.